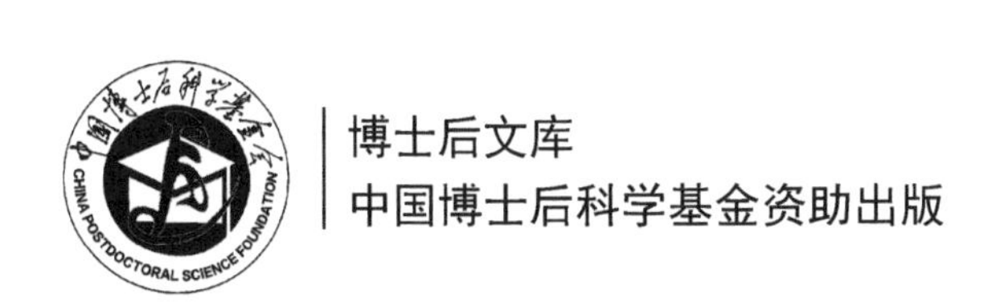

成像衍射光学元件设计及应用

毛　珊　著

科 学 出 版 社
北　京

内 容 简 介

本书以衍射光学基础理论为载体，将物理光学、几何光学、光学设计与技术以及应用等知识有效结合，针对成像衍射光学元件进行研究和探讨，主要内容包括衍射光学与系统概述、衍射光学理论基础、成像衍射光学元件的设计、成像衍射光学元件加工和衍射效率测量、镀有增透膜的成像衍射光学元件优化设计、基于角度带宽积分平均衍射效率的成像衍射光学元件设计、成像衍射光学元件在混合光学系统中的应用，共七章。本书系统地讲解了成像衍射光学元件的设计原理、设计方法、实现技术，以及在成像光学系统中的应用等问题，以系统工程的角度实现混合光学系统的设计、制造与检测。

本书内容翔实、层次分明，非常适合光学仪器、光学工程、光电信息科学与工程、仪器科学与技术及其他光学相关专业的从业者、研究人员、高校师生等阅读参考。

图书在版编目（CIP）数据

成像衍射光学元件设计及应用 / 毛珊著. —北京：科学出版社，2024.1
（博士后文库）
ISBN 978-7-03-077959-5

Ⅰ. ①成… Ⅱ. ①毛… Ⅲ. ①光衍射–光学元件 Ⅳ. ①TH74

中国国家版本馆 CIP 数据核字（2024）第 016124 号

责任编辑：陈艳峰 杨 探 / 责任校对：彭珍珍
责任印制：张 伟 / 封面设计：陈 敬

科 学 出 版 社 出版
北京东黄城根北街 16 号
邮政编码：100717
http://www.sciencep.com
北京建宏印刷有限公司印刷
科学出版社发行 各地新华书店经销
*
2024 年 1 月第 一 版 开本：720×1000 1/16
2024 年11月第二次印刷 印张：18 3/4
字数：370 000

定价：158.00 元

（如有印装质量问题，我社负责调换）

“博士后文库”编委会

“博士后文库”序言

1985 年，在李政道先生的倡议和邓小平同志的亲自关怀下，我国建立了博士后制度，同时设立了博士后科学基金。30 多年来，在党和国家的高度重视下，在社会各方面的关心和支持下，博士后制度为我国培养了一大批青年高层次创新人才。在这一过程中，博士后科学基金发挥了不可替代的独特作用。

博士后科学基金是中国特色博士后制度的重要组成部分，专门用于资助博士后研究人员开展创新探索。博士后科学基金的资助，对正处于独立科研生涯起步阶段的博士后研究人员来说，适逢其时，有利于培养他们独立的科研人格、在选题方面的竞争意识以及负责的精神，是他们独立从事科研工作的“第一桶金”。尽管博士后科学基金资助金额不大，但对博士后青年创新人才的培养和激励作用不可估量。四两拨千斤，博士后科学基金有效地推动了博士后研究人员迅速成长为高水平的研究人才，“小基金发挥了大作用”。

在博士后科学基金的资助下，博士后研究人员的优秀学术成果不断涌现。2013 年，为提高博士后科学基金的资助效益，中国博士后科学基金会联合科学出版社开展了博士后优秀学术专著出版资助工作，通过专家评审遴选出优秀的博士后学术著作，收入“博士后文库”，由博士后科学基金资助、科学出版社出版。我们希望，借此打造专属于博士后学术创新的旗舰图书品牌，激励博士后研究人员潜心科研，扎实治学，提升博士后优秀学术成果的社会影响力。

2015 年，国务院办公厅印发了《关于改革完善博士后制度的意见》(国办发〔2015〕87 号)，将“实施自然科学、人文社会科学优秀博士后论著出版支持计划”作为“十三五”期间博士后工作的重要内容和提升博士后研究人员培养质量的重要手段，这更加凸显了出版资助工作的意义。我相信，我们提供的这个出版资助平台将对博士后研究人员激发创新智慧、凝聚创新力量发挥独特的作用，促使博士后研究人员的创新成果更好地服务于创新驱动发展战略和创新型国家的建设。

祝愿广大博士后研究人员在博士后科学基金的资助下早日成长为栋梁之才，为实现中华民族伟大复兴的中国梦做出更大的贡献。

中国博士后科学基金会理事长

序

新理论的产生和新技术的发展为科学研究和工程应用提供了新的途径与动力，衍射光学作为现代光学重要研究领域之一，对于物理光学(例如：光波变换、光束整形、光场调控等)和应用光学(例如：成像光学系统设计、光谱仪设计等)的发展同样具有重要的作用。

衍射光学是现代光学工程领域的一个重要研究课题，衍射光学元件是一种迅速发展并获得广泛应用的微光学元件。衍射光学元件所具有的独特色散性质和温度性质，使其与传统的折/反射光学元件构成的新型混合成像光学系统，不仅能够有效提升成像光学系统的成像质量，还能够大幅减轻系统的重量，缩小系统体积，并且能够避免对一些稀有光学材料的使用需求。目前，由衍射光学元件和传统折射、反射光学元件组成的混合成像光学系统已广泛应用于现代军事装备领域，并且在高端商业领域也有涉及，其独特优势能够满足先进国防武器装备及现代工业发展等对光学成像质量、性能等的要求，在现代光学工程领域中具有举足轻重的作用。本书系统地论述了成像衍射光学元件的设计原理、设计方法、加工技术以及在成像光学系统中的应用等问题。选题内容丰富，注重理论与实践相结合，论述逻辑与层次分明，案例翔实，具有较高的学术水平和实用价值，非常适合光学仪器、光学工程、光电信息科学与工程、仪器科学与技术以及相关专业领域科技工作者参考，也可作为高等院校相关专业高年级本科生和研究生的参考书。

本书作者毛珊博士从本科到博士研究生均就读于长春理工大学。曾获王大珩光学奖高校学生奖和吉林省优秀博士学位论文奖。其在博士研究生学习期间，主要从事现代光学设计、衍射光学理论与技术以及相关光学系统开发等领域研究。毕业后进入西北工业大学物理学博士后科研流动站，并加入我的团队继续从事相关方向研究。其间先后主持国家自然科学基金面上项目、青年科学基金项目，陕西省自然科学基金青年项目，中国博士后基金面上项目，博士后国际学术交流项目，以及航天科技基金项目等多项，并作为核心成员参与国家自然科学基金委国家重大科研仪器研制项目、国家高分专项、装备预研航天科技联合基金等研究项目。出站后以优异成绩留校任职物理科学与技术学院光电信息科学与工程系副教授、光学工程学科硕士研究生导师，主要从事新型成像系统理论与技术方面的研究和教学，主讲本科生课程“现代光学设计基础”“光电系统设计与学科竞赛”以及研究生课程“高级光学设计”“现代光学系统设计与 CAD”，并以第一作者在国内外重要期刊上发表学术论文二十余篇，申请国家发明专利多项。因此，本书的完成，也倾注了毛珊博士多年从事相关方向科研和教学的经验及体会，相信会给广大读者带来有益的启发和参考。

赵建林

2022 年 8 月 18 日

前　言

衍射光学在设计理论、工程技术方面仍有很多亟待解决的问题，本书基于本人在博士期间、博士后期间以及现阶段的研究课题获得的结果编撰而成，重点、系统围绕成像衍射光学元件设计原理、设计方法、相关技术问题及其在成像光学系统中的应用展开论述。以衍射光学为载体，融合了物理光学、应用光学、先进光学系统设计和应用等知识，其中，不仅提出了相关理论、模型、方法等，完成相关建模和计算，还系统、深入针对成像衍射光学元件在优化设计、制造、检测及其应用中出现的原理、技术方面的问题逐一论述，主要内容包括衍射光学与系统概述、衍射光学理论基础、成像衍射光学元件的设计、成像衍射光学元件加工和衍射效率测量、镀有增透膜的成像衍射光学元件优化设计、基于角度带宽积分平均衍射效率的成像衍射光学元件设计、成像衍射光学元件在混合光学系统中的应用，共七章。

本书稿完成，也预示着此部分研究内容的阶段性总结工作的完成，更为我今后的科研道路奠定了一个良好的基础。首先，十分感谢我的博士研究生导师崔庆丰教授和博士后合作导师赵建林教授，他们分别引领我迈进科研的大门和提供给我进一步学习和从事科研的机会。从 2014 年读博至今，我一直从事本专业的研究，将近八年的科研经历让我心中充满正能量，坚信耐心地对待每一件事，相信坚持不懈，就会获得成功。博士后阶段是我自己独立从事科研的重要转折点和时间段，赵建林教授用他渊博的知识、乐观的精神和坚毅的品格让我度过两年美好的博士后生活，并在博士后出站后继续留在西北工业大学从事本学科的研究工作。都说“引路靠贵人，走路靠自己，成长靠学习，成就靠团队，能激励你的不是心灵鸡汤、励志语录，而是积极向上、充满正能量的同行人”，在此十分感谢赵建林教授团队的青年教师，他们严谨的科研精神、乐观的生活态度也在一直鼓励着我，让我对这个世界保持好奇心，在科研路上不断迎难而上。其次，十分感谢中国博士后科学基金会的项目支持，使我顺利完成博士后研究工作，并为本专著的出版提供支持。本书的出版也得到西北工业大学精品学术著作培育项目的资助。

最后，非常感谢我的家人和朋友，是他们对我的默默支持，才能使我全心投入工作和学习，他们在生活中给我带来无尽快乐。感谢西北工业大学物理科学与技术学院的各位老师在平常工作、生活中给予我的帮助。如今时光如水般流逝，唯有在此感恩身边鼓励自己、鞭策自己的良师益友们。余生，我将继续努力，无愧自己、无愧家人、无愧师恩。祝西北工业大学物理科学与技术学院的明天更加美好，祝自己未来的科研道路更加丰富。

由于本书是一个新的探索，不当之处，欢迎读者不吝赐教，如有任何意见和建议，可发邮件至 maoshan_optics@nwpu.edu.cn，本人也会及时回复。

毛　珊

西北工业大学物理科学与技术学院

2022 年 8 月 1 日

目　　录

第 1 章　衍射光学与系统概述

随着光学技术特别是光电子学技术的发展，光电仪器不断走向光、机、电集成化和微型化，传统光学系统不再满足使用要求。微小型、集成化、高效率及低成本的现代光学系统是光学工程领域的发展趋势。衍射光学元件(Diffractive Optical Element, DOE)作为其中一种典型结构，其具有的特殊色散和温度性质促使其更多更好地应用在军事以及高端商业领域中。传统的折射、反射光学元件与衍射光学元件结合构成的混合成像光学结构能够在提高光学系统成像质量的同时，减轻系统重量、缩小系统体积，还能避免特殊光学材料的使用，混合成像光学系统的使用在现代光学工程领域具有重要意义。

1.1　概　　述

随着现代光电子技术的快速发展，传统光电设备与突飞猛进的微电子技术和微机械技术的发展极不匹配。现代光电设备小型化、阵列化、集成化和智能化的需求促进着现代光学系统向微型化方向快速发展，微光学技术已成为现代光学工程领域的主要发展趋势。受到现代光学工业和计算机技术快速发展的影响，以及微光学理论和微细加工工艺技术的不断完善与更新，新原理、新技术的微光学逐渐转化为新型的微光学元件，并逐渐深入到现代光学工程的应用领域中。衍射光学元件作为微光学领域的重要组成部分受到了广泛关注，常见的衍射光学元件的类型、原理、加工和应用概述如图 1.1 所示。

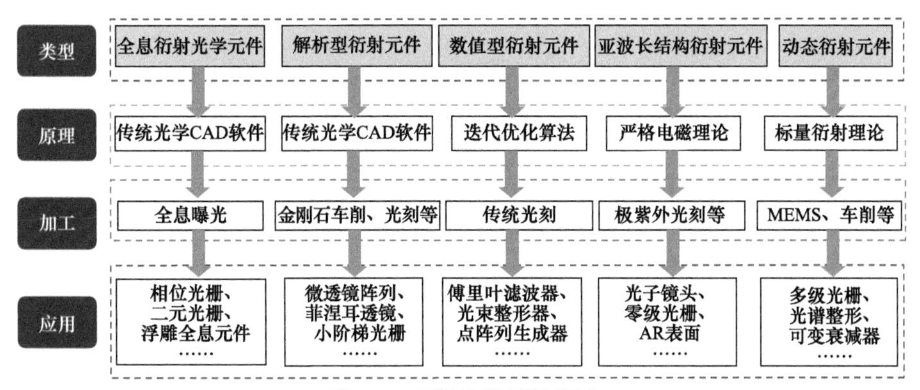

图 1.1　衍射光学元件概述

CAD：计算机辅助设计；MEMS：微机电系统；AR：增强现实

衍射光学是现代光学工程领域中的重要组成部分，是基于光波衍射理论发展而来的微光学技术，为传统光学系统的优化设计提供更多的设计自由度。微光学中的衍射光学元件(包括典型的台阶面型二元光学元件和连续面型的衍射光学元件)与传统光学元件(折射和反射光学元件)结合，形成了新的光学系统，称为混合成像光学系统(Hybrid Imaging Optical System, HIOS)。衍射光学元件的发展和应用，为传统光学系统的优化设计提供了新的方法和设计自由度，也使新型成像光学系统具有传统光学系统不具有的特性，简化了系统结构、提高了成像质量、减小了系统体积和重量，也避免了一些特殊光学材料的使用，大大降低了光学系统的研制成本等。

1.2　衍射光学元件的发展史及研究进展

衍射光学元件对入射光复振幅的调制是通过其表面的浮雕微结构实现的，从而也实现了对波前相位的调制。衍射光学理论出现得很早，但是真正在成像领域中得以应用是在 20 世纪 90 年代，主要由于初期衍射光学元件的衍射效率很低，无法很好地使用在成像光学系统中。1871 年 4 月 11 日，瑞利(L. Rayleigh)提出世界上第一个成像衍射光学元件，即振幅型菲涅耳波带板[1]。但是入射光能量中只有 10%分布在主衍射级，其他能量分布在其他衍射级上；此外，R. W. Wood 在 1912 年制作的菲涅耳波带板的衍射效率已提高到了 40%，但是均由于背景光较强而无法成功应用在成像系统中[2]。成像衍射光学元件理论和结构的发展概况如图 1.2 所示。

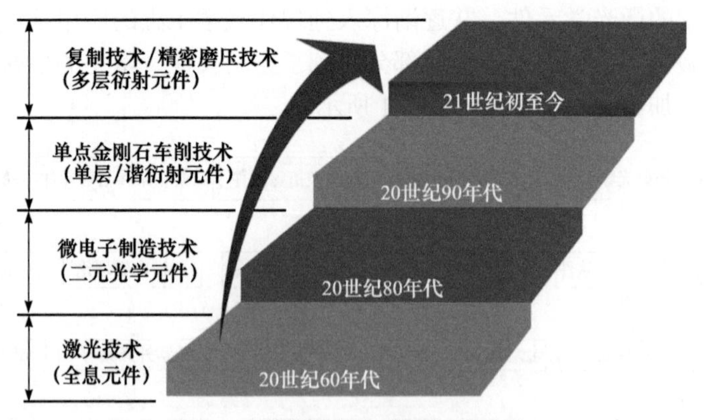

图 1.2　成像衍射光学元件的发展

1960 年，激光技术的出现促进了全息成像技术的发展，衍射光学领域得到了拓展。Leith 和 Upatnieks 使用激光光源首次实现了离轴全息[3-5]，1966 年，

R. Brown 等实现了计算全息图的制作和加工[6]，全息图具有重要的特点，即表面浮雕微结构可以记录入射光波波面的相位信息，从而使其衍射效率达到100%。接下来，研究人员加工制造出了相息透镜[7-9]。1972 年，出现了使用掩模版完成二元光学元件加工的技术[10]；后来全息技术、计算全息技术、相息图的出现以及激光、计算机技术的发展，共同促进了衍射光学元件加工制造技术的发展。

1980 年，微电子制造技术出现并且快速发展，这项技术促进着微细加工制造技术的成熟，为实现衍射浮雕微结构的加工奠定了基础。美国麻省理工学院林肯实验室采用超大规模集成电路(Very Large Scale Integration Circuit, VLSI)制造技术首次实现了衍射光学元件的表面微结构的加工，并且得到了具有良好成像质量的衍射光学元件，这种元件被称为二元光学元件(Binary Optical Element, BOE)[11-13]。之后，光学设计领域以及其他领域的相关人员对衍射光学元件表现出极大的兴趣，促进了二元光学元件的快速发展。二元光学元件表面微结构为台阶状的多级相位结构，采用高分辨率光刻以及离子束刻蚀加工，最早的二元光学元件只有二级相位结构，衍射效率偏低，仅有 40.5%。伴随着加工制造技术的发展和二元衍射光学元件加工台阶数的增加，其衍射效率相应得到了提高。对于不同相位级数的二元光学元件，其一级衍射效率理论设计值如表 1.1 所示。

表 1.1　二元光学元件的衍射效率

台阶数	2	4	8	16	2^N
刻蚀次数	1	2	3	4	N
衍射效率/%	40.5	81.1	95.0	98.7	100

从表 1.1 可以看出，当相位级数接近于无穷时，即加工台阶数接近无穷时，二元光学元件表面接近于连续相位结构，衍射效率也接近 100%，此时称这种连续面型的二元光学元件为衍射光学元件，图 1.3 所示的是不同相位级数的二元衍射光学元件的台阶型表面微结构形状。

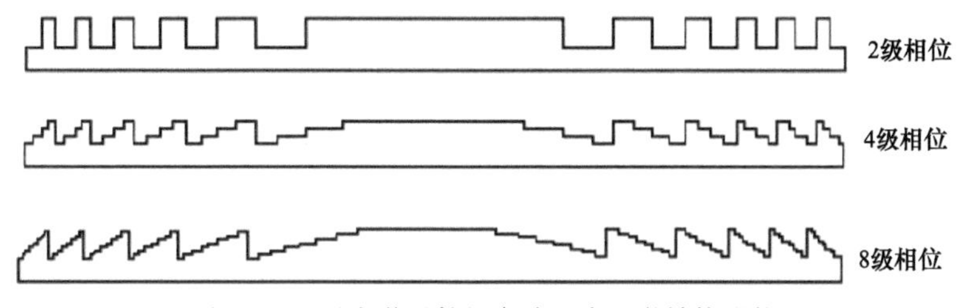

图 1.3　二元光学元件的台阶型表面微结构形状

1989 年，G. J. Swanson 和 W. B. Veldkamp 为实现中波红外波段混合透镜的消色差，在以硅透镜为基底的表面加工出了二元衍射微结构[14]，同时给出了相位级次为 16 时的对应衍射效率曲线，该混合透镜的光路设计如图 1.4 所示。

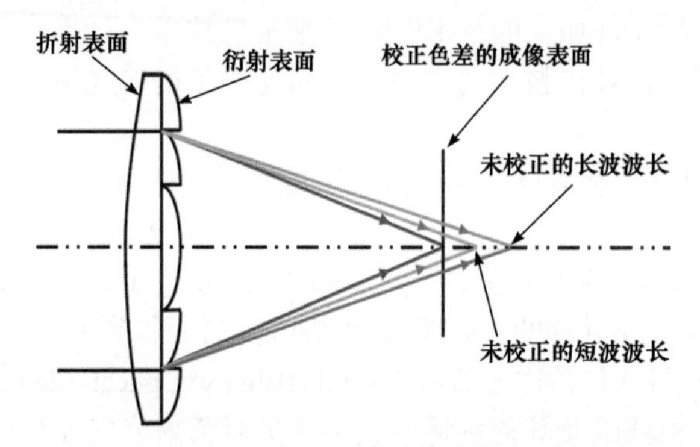

图 1.4　中波红外波段的折衍混合透镜消色差光路设计示意图

1990 年起，单点金刚石车削加工技术越来越成熟，大大降低了衍射光学元件的加工成本，衍射光学元件从实验室理论研究开始转向军事领域和民用领域。随着加工技术的逐渐进步，衍射光学元件替代了二元光学元件且被人们所熟知[15]。自此，连续面型衍射光学元件也从实验室理论研究逐渐实现工程应用，在军事和民用中都有相关报道[16, 17]。典型代表如：美国 Hughes Aircraft 公司基于衍射光学元件设计，研制了一套应用于步枪的红外夜视瞄准器，此款夜视瞄准器是装配给美国陆军的，工作波段为中波红外波段，型号为 AN/PAS-13，其中的成像光学系统的设计是在实现最佳成像性能的基础上，也实现了系统轻量化设计，且具有结构紧凑、成本较低的优势[18]，其光路结构图和实物图分别如图 1.5 和图 1.6 所示，此装备也是衍射光学元件首次并且大规模在军事领域应用的代表。

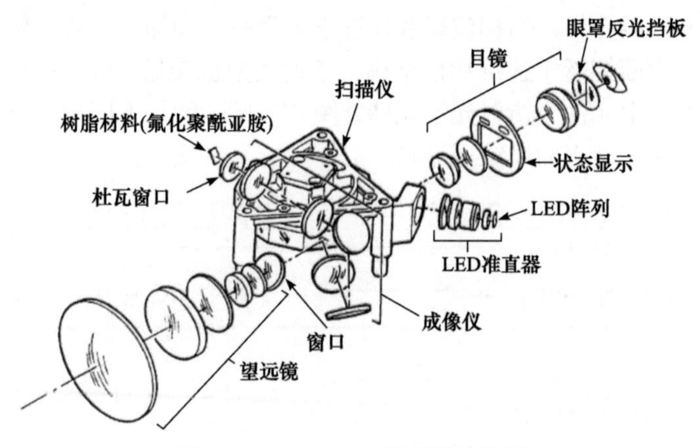

图 1.5　AN/PAS-13 的光路结构图

图 1.6　AN/PAS-13 的实物图

考虑到台阶型二元光学元件衍射效率较低的问题，对于现代成像光学系统的设计，则更倾向于考虑使用具有连续面型的衍射光学元件[19,20]。此外，传统单层衍射光学元件只能实现设计波长位置处 100% 衍射效率，而对于宽工作波段，当工作波长偏离设计波长时，对应的一级衍射效率会逐渐下降，这就会使其他级次的光弥散在理想像面位置，从而降低整个光学系统的成像质量。因此，对于工作波段较宽的光学系统，单层衍射光学元件不再满足使用要求，而只能应用于波段范围较窄的成像光学系统中。现代成像光学系统逐渐走向宽波段和小 F 数方向，工作波段变宽的同时要求衍射光学元件具有很高的衍射效率，同时要满足消色差的要求，这给衍射光学元件设计提出了新问题；此外，衍射光学元件衍射微结构周期宽度也随之变小[21]，这给衍射光学元件的加工也带来了新的挑战。

1995 年，D. W. Sweeney 和 G. E. Sommargren 提出了谐衍射光学元件(Harmonic Diffractive Optical Element, HDOE)的理论模型[22]，与此同时 D. Faklis 和 G. M. Morris 提出了多级衍射光学元件(Multiorder Diffractive Optical Element, MDOE)的理论模型[23]。谐衍射光学元件和多级衍射光学元件的设计理论一致，均为增大衍射微结构高度和衍射周期宽度的同时可以使不同分立波长获得相同的光焦度，从而使得衍射光学元件边缘微结构周期宽度变大，克服传统单层衍射光学元件存在较大色差的问题。谐衍射光学元件其相邻周期的光程差为设计波长的 P 倍($P \geqslant 2$)，因此谐衍射光学元件微结构高度也是传统单层衍射光学元件微结构高度的 P 倍，其中 P 为谐衍射光学元件的设计级次，取值为正整数。由于谐衍射光学元件使得不同分立波长获得相同的光焦度，因此在红外双波段成像光学系统中具有一定的应用[24,25]。与此同时，谐衍射光学元件又存在明显的缺陷，即只能使特定分立谐波长精确闪耀，宽波段内其他波长的衍射效率很低。传统单层衍射光学元件与谐衍射光学元件的结构及参数对比如图 1.7 所示。

此后，为了提高衍射光学元件在宽波段范围内的衍射效率，多层衍射光学

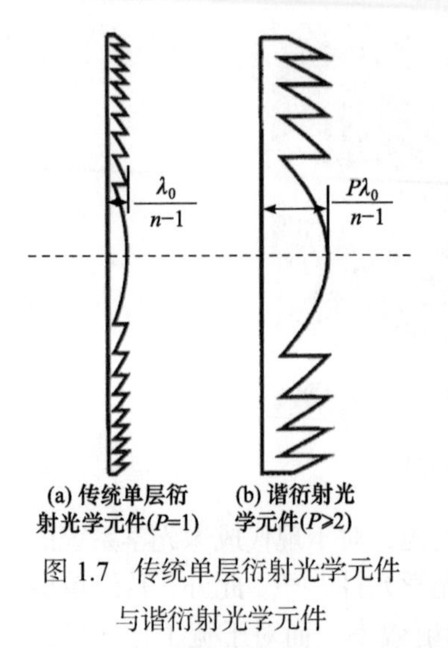

图 1.7 传统单层衍射光学元件与谐衍射光学元件

(Multi-Layer Diffractive Optical Element, MLDOE)的概念出现了。多层衍射光学元件由几种具有不同色散性质的基底材料组成，并且每个基底材料上所设计的衍射微结构高度不同。2002 年，Canon 公司宣布于 2000 年研制成功了世界上第一片用于照相机摄影镜头中的“多层衍射光学元件”[26,27]。2001 年上半年，Canon 公司推出了型号为 EF400 F/4 DO IS USM 的商用光学相机。该相机的推出，标志着多层衍射光学元件的成功应用，是光学工程领域特别是衍射光学方向的一个重要里程碑，其中衍射光学元件和镜头实体图分别如图 1.8(a)和(b)所示。

图 1.8 多层衍射光学元件及 Canon 公司 EF400 F/4 DO IS USM 镜头实体图

含有多层衍射光学元件的照相机镜头可以在提高成像质量的同时简化系统结构、减轻重量，这些是常规镜头无法实现的。多层衍射光学元件在保留了单层衍射光学元件的成像特性的基础上，又可以在宽波段实现较高的衍射效率，提高了系统成像质量。多层衍射光学元件能够满足现代成像光学系统日益苛刻的要求，其衍射效率特性以及成像特性的发展将逐步拓宽衍射光学元件的应用领域。

从提出多层衍射光学元件的概念开始，关于其优化设计方法的研究就从未间断。1998 年，Y. Arieli 等[28]讨论了由两片不同材料组合的多层衍射光学元件在宽波段消色差的设计方法。1999 年，K. J. Weible，A. Schilling 和 H. P. Herzig 等[29]讨论了两片密接型、双分离型和密接外长型多层衍射光学元件，并且给出了相同设计波长对应的微结构高度与多种类型多层衍射光学元件衍射效率的关系，对于不同类型的衍射光学元件，在相同微结构高度误差下，短波长处的衍射效率和长波长处的衍射效率相等。2006 年以后，浙江大学马韬等[30,31]对多层衍射光学元件的设计理论和成像性质进行了研究，并开展了多层衍射光学元件应用于混合成像光学系统的研究。2010 年，长春理工大学的薛常喜等[32-34]提出了基于带宽积分平均衍射效率的多层衍射光学元件设计方法，通过对多层衍射光学元件设计波长的选取，实现了最大带宽积分平均衍射效率，从而使多层衍射光学元件对光学传递函数(Optical Transform Function, OTF)的影响最小。除了衍射光学元件的优化设计方法之外，工作环境对衍射光学元件的衍射效率的影响也受到了广泛关注。近年来，长春理工大学崔庆丰教授等研究了环境温度[35-37]对衍射光学元件衍射效率的影响，通过对衍射光学元件基底材料进行选择，保证环境温度变化时多层衍射光学元件仍具有高衍射效率和高的带宽积分平均衍射效率，从而将环境温度对折衍混合成像光学系统的光学传递函数的影响降到最小。此外，本人提出了镀有增透膜的衍射光学元件优化设计方法[38-40]，解决了以往衍射光学元件设计未考虑增透膜对其衍射效率影响的问题，从原理上补充了衍射光学元件的设计；此外，本人提出了角度带宽积分平均衍射效率的设计方法，通过选择入射角度下能够实现的最大综合衍射效率对应的入射波长，从而计算出衍射微结构高度，能够满足大角度入射下高衍射效率衍射光学元件的设计和应用[41-45]。

衍射光学元件加工方法工艺的逐步提高、新型材料的出现以及衍射理论的发展都在推动着衍射光学元件向着应用方向持续前进。新型材料的出现以及衍射光学元件的加工技术逐步成熟，使得加工衍射光学元件更加容易，大大降低其制造成本，从而拓宽其使用范围。现在，多层衍射光学元件已经在可见光波段和红外波段的成像光学系统中得到了广泛应用，后续有望用于太赫兹波段、紫外波段等光学系统中。

1.3　衍射光学元件在光学系统中的应用

衍射光学元件之所以能够得到广泛应用，主要是由于衍射光学元件作为成像元件具有五个特殊的性质[46]，分别为：特殊色散性质(即强烈的负色散性质)、任意相位分布性质、平像场性质、独特的温度性质和薄元件性质。衍射光学元件的特殊性质决定其在混合成像光学系统中的重要地位。

第一，衍射光学元件最重要的性质是强烈色散性质，光焦度与波长的关系为线性关系，因此单个衍射光学元件并不能应用于工作在一定波段范围的成像光学系统。衍射光学元件与传统的折射透镜相结合[47-49]，二者之间色散相互抵消，这是因为衍射光学元件与传统折射透镜的阿贝数符号相反。例如，在可见光波段，衍射光学元件的等效阿贝数约为−3.45，常用的可见光玻璃、塑料和红外晶体的阿贝数在 20 以上。在中波红外和长波红外波段，衍射光学元件的等效阿贝数分别约为–2 和–2.5。因此，此时在正折射透镜的表面加工衍射表面微结构形成的衍射光学元件等效为一个负透镜，所以通过对折衍混合光学系统中折射透镜与衍射光学元件光焦度进行合理分配实现消色差。

1989 年，D.A.Buralli 和 G. M. Morris 详尽分析探讨了含有全息元件的折衍混合透镜实现消色差和复消色差的理论，通过对折衍混合光学系统的消色差特性与传统光学双胶合系统消色差效果的比较分析，也证实了衍射光学元件的特殊色散性质[50]。1993 年，N. Davidson、A. A. Friesem 和 E. Hasman 等提出了折衍混合透镜消色差的设计方法，对于混合成像光学系统设计，使用衍射光学元件在第一阶段的任务是校正色差，第二阶段通过衍射光学元件相位表达式中其他相位系数对球差及高级像差进行校正[51]。随后，G. I. Greisukh、E. G. Ezhov 和 S. A. Stepanov 等提出了将折衍混合光学元件作为一种校正元件以便于光学系统中的消色差和校正二级光谱[52-54]。在 2013 年，T. Gühne 和 J. Barth 提出了满足多层衍射光学元件微结构高度最小的基底材料选择方法，并且设计了工作在近红外波段的消色差多层衍射光学元件[55]。

第二，衍射光学元件具有任意相位分布性质，可以校正光学系统中的像差，甚至校正系统中存在的高级像差，从而提高系统成像质量。

第三，衍射光学元件具有平像场性质，光学系统中不需要引入额外的透镜校正场曲，从而简化了整个光学系统结构。1989 年，D. A. Buralli 和 G. M. Morris 等系统分析了衍射光学元件的三级像差与孔径光阑位置的关系[56]。

第四，衍射光学元件具有独特的温度性质。当温度改变时，传统光学系统的焦距变化与材料折射率以及线膨胀系数相关，而衍射光学元件的焦距变化只与基底材料的线膨胀系数有关[57]。因此，红外波段的折衍混合光学系统主要利用衍射光学元件温度特性实现光学系统的温度稳定[58-62]。

第五，薄元件性质。衍射光学元件是加工在透镜基底表面的，其表面浮雕结构是将相位压缩至 2π，因此表面微结构高度数值较小，从而可以用无限薄且折射率无限大的折射透镜等效模拟衍射光学元件，然后根据几何光学追迹求解出衍射光学元件的像差性质。下面对衍射光学元件在成像光学系统中的应用进行分析。

1.3.1 衍射光学元件在成像光学系统的应用

对于成像光学系统，主要分析在目视光学系统和照相光学系统中的衍射光学元件的典型应用。

1. 在目视光学系统中的应用

由于人眼与衍射光学元件衍射效率特性曲线比较匹配，因此衍射光学元件最适合使用在目视光学系统中[63]。从光学设计角度出发考虑目镜光学系统大视场角度、长出瞳距且系统孔径光阑位于系统之外，系统的结构失对称，设计难度变大，系统结构设计复杂。相反，衍射光学元件的引入能够有效减少传统光学系统中光学透镜数量并且实现色差校正，与此同时，衍射光学元件承担正光焦度，能减小正透镜的表面曲率，容易校正单色像差。1995 年，M. D. Missig 和 G. M. Morris 将衍射光学元件应用在传统目视光学系统中完成了目视系统的优化设计[64]，可以看出，传统的 Erfle 目镜由五片镜构成，衍射光学元件的引入将镜片数缩减为三片，系统总长缩减到原系统的二分之一，重量减轻到原系统的三分之一。与此同时，在保证更好成像质量的基础上，该系统具有更长出瞳距和更远工作距离，两种目镜光学结构分别如图 1.9(a)和(b)所示。

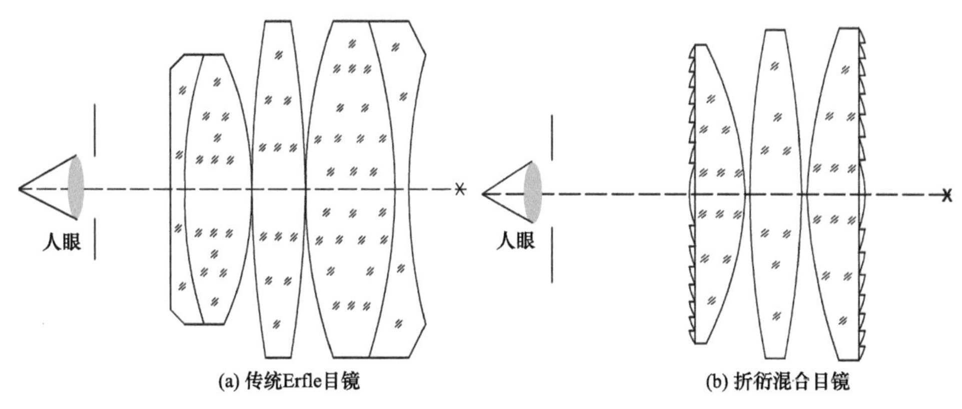

图 1.9　两种目镜光学系统结构图

此外，目视光学系统的又一典型应用是头盔目视光学系统[65]。对于传统的投影式头盔显示光学系统，为实现色差校正一般使用双胶合透镜，而基于衍射光学元件的成像特性，可以用折衍混合透镜代替传统双胶合透镜组，这不仅能够满足此类光学系统对大视场的使用需求，也能够有效校正系统色差、改善系统成像质量、实现系统的轻量化设计等。如图 1.10 中所示的折衍混合头盔显示光学系统，其中使用了衍射光学元件，与传统光学系统结构相比较，此系统不仅实现了成像质量的提升，其重量也降低了三分之一[66]。

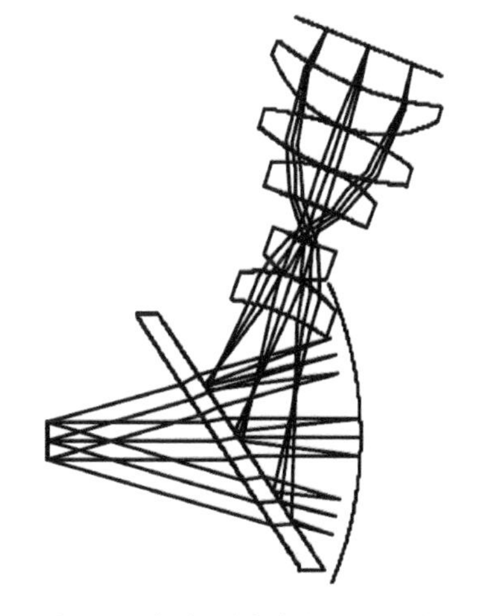

图 1.10　折衍混合头盔显示光学系统结构图

衍射光学元件在头盔显示光学系统的又一典型应用是在 2012 年卡尔蔡司公司(CarlZeissAG)研制的名为 Cinemizer Plus 的商用头盔显示器[67]，其中衍射光学元件设计和加工是基于光学塑料材料作为光学透镜基底材料的，如图 1.11 所示，此头盔显示器的外形更像一副眼镜，与以往的头盔显示光学系统结构有很大的差别，结构更加简单、方便携带和使用。

图 1.11　基于光学塑料基底衍射光学元件的头戴式显示器 Cinemizer Plus

在 2004 年，G. M. Morris 和 L. T. Nordan 在美国 *Optics and Photonics News* (OPN)期刊上发表了关于应用于人眼的多级衍射光学元件[68]的相关文章，表明了衍射光学元件可以应用于眼科医学领域，诸如高度近视、散光眼和老花眼等，如图 1.12 所示。

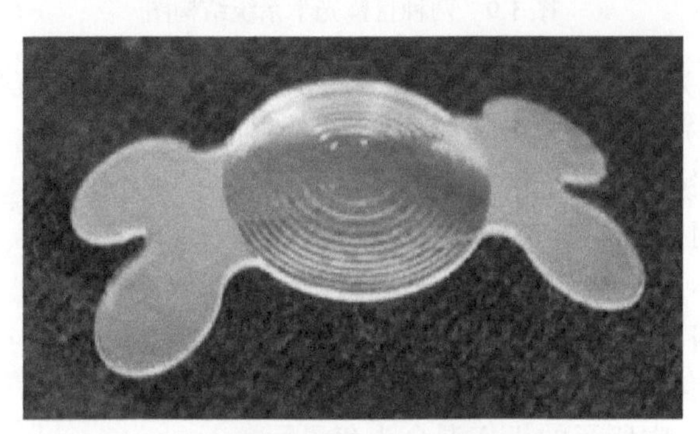

图 1.12　衍射光学元件在眼科医学的应用

基于此，国内研究人员关于衍射光学元件在目视光学系统的应用也开展了大量的研究，并取得了重要成果。从 2000 年开始，南开大学现代光学研究所对多层衍射理论研究和设计理论开展了大量工作，并于 2007 年发表了应用于目视头盔系统的双层衍射光学元件的成果[69,70]；2013 年，浙江师范大学信息光学研究所发表了折衍混合头盔系统中应用三层衍射光学元件的成果[71]；浙江大学也开展了谐衍射光学元件在眼科医学方面的研究[72]；2008 年，长春理工大学发表的专利中，将折衍混合光学元件应用于目镜系统中，在提高成像质量、减少透镜数、减轻重量的同时实现了平像场[73]，其光学原理结构如图 1.13 所示。

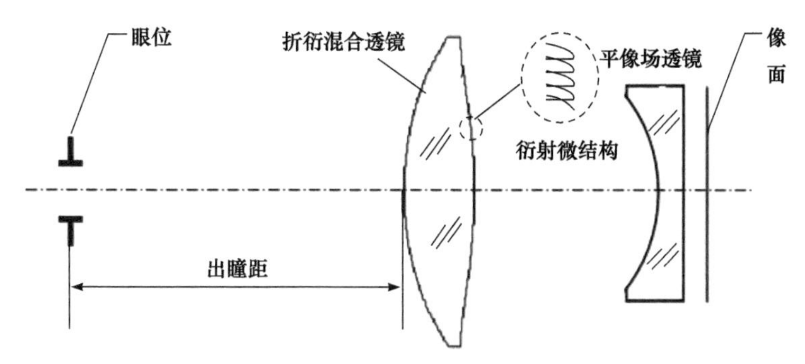

图 1.13　折衍混合平像场目镜结构图

随后，此团队对该折衍混合平像场目镜结构进行了再次优化，在 2012 年发表的专利中应用于弯曲像面的折衍混合目镜系统具有长出瞳距离[74]。该系统是单片式折衍混合光学透镜，基底材料选用光学塑料聚甲基丙烯酸甲酯(Polymethyl Methacrylate, PMMA)，便于加工，透镜的另一表面采用非球面设计，非球面可以更容易获得长出瞳距离以及高分辨率，同时更方便校正单色像差。该系统的优势在于具有长的出瞳距，在保证成像质量的基础上减轻了系统重量；此外，由于衍射光学元件的无场曲性质，折射透镜的场曲与像面弯曲能够互相抵消，人眼可以在全视场范围内观察到清晰的像，其光学结构如图 1.14 所示。

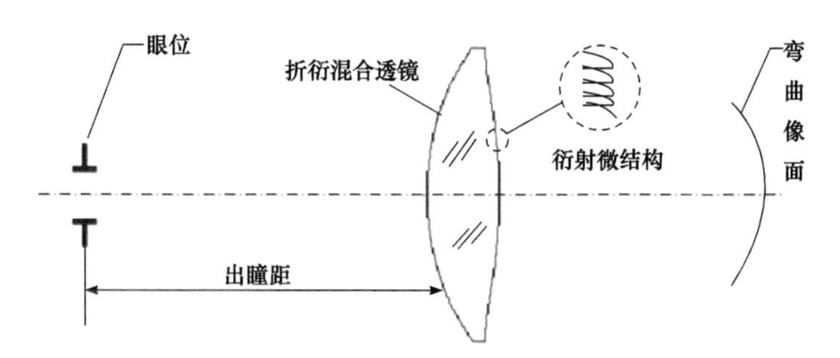

图 1.14　用于弯曲像面具有长出瞳距的折衍混合目镜示意图

2. 在照相光学系统中的应用

在可见光和红外光学系统中，衍射光学元件的特殊性质决定了其应用的重要性。在成像光学系统中利用衍射元件的负色散特性，不仅可以提高系统的成像质量，也能够简化系统结构，减轻系统质量，缩小系统体积甚至解决传统系统无法或者难以解决的问题。

1992 年，由 D. A. Buralli 和 G. M. Morris 设计了一款应用于可见光波段中单一波长的开普勒望远镜光学系统，此类光学系统可由两片或三片衍射光学元件组成[75]。2010 年，G. I. Greisukh、E. G. Ezhov、L. A. Levin 和 S. A. Stepanov 等设计了折衍混合消色差和复消色差的塑料物镜。2012 年和 2013 年，折衍混合塑料变焦物镜结构出现，它具有结构紧凑的特点[76,77]。上述光学系统均为单层衍射光学元件的应用实例，其缺点是衍射效率在工作波长偏离设计波长时下降明显，从而导致成像质量降低。多层衍射光学元件能够在整个波段范围内实现高质量成像，因而在成像系统中的应用越来越广泛。

国外关于多层衍射光学元件的研究要早于国内。2002 年，在美国召开的 Diffractive Optics and Micro-Optics(DOMO)会议上，日本的 Cannon 公司首次发布了多层衍射光学元件在商业领域应用的报道(如前文)。2004 年，Cannon 公司推出了 EF70-300mm F/4.5 DO IS USM 相机，2014 年，该公司再推出第三代无缝双层衍射光学元件的镜头 EF400mm F/4 DO Ⅱ USM(图 1.15)，该结构相比于上一代去除了两个衍射面之间的空气层，降低了双层衍射光学元件衍射微结构之间的衍射，几乎所有的入射光都会成像至像面位置。相比于折射式变焦镜头，含有三层衍射光学元件的变焦镜头的总长缩减为原系统的 72%，重量也大大减轻(图 1.16)。

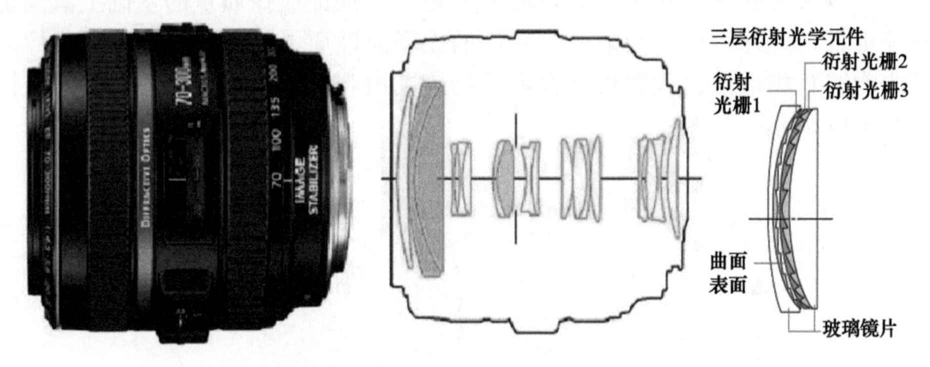

图 1.15　日本 Cannon 公司的含有三层衍射光学元件的变焦镜头

衍射光学元件不仅在相机上得以应用，2012 年，G. I. Greisukh 团队将衍射光学元件使用在手机镜头中[78]，其具体实现方案为：采用衍射光学元件与光学塑料混合形成的折衍透镜代替了传统手机镜头中使用玻璃的光学系统，他们使用 PMMA、POLYCARB(聚碳酸酯，简写为 PC)两种光学塑料和单层衍射光学元件，取代了传统的三种玻璃材料，实现了色差校正，此外，还完成了光学结构的变焦设计，镜头性能得到了很大提升。此团队于 2013 年又成功实现了将衍射光学元件应用于监控变焦光学系统中，新型光学系统不仅提升了传统监控变焦光学系统的性能，也实现了轻量化和小型化设计[79,80]。

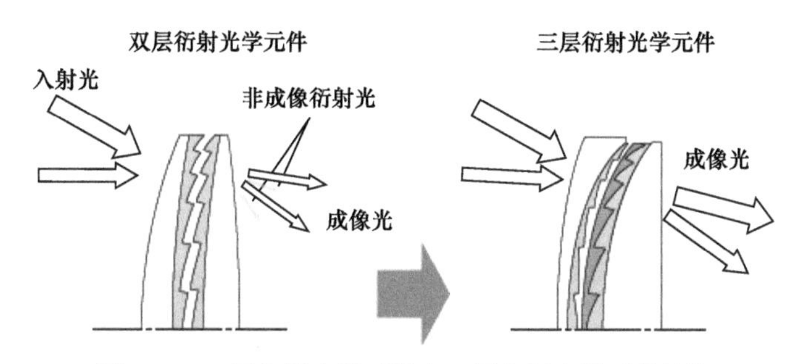

图 1.16　双层衍射光学元件和三层衍射光学元件结构

2011 年，P. Valley 团队结合了液晶透镜和衍射光学元件双重优势，实现了液体透镜光学系统中的色差校正[81]，此类光学系统在微小型彩色成像、生物医学工程、眼科设备等领域中具有重要价值，具体光学结构如图 1.17 所示。

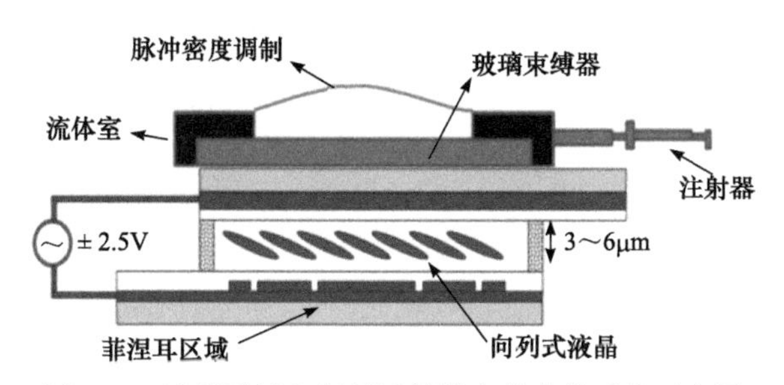

图 1.17　液晶透镜和衍射透镜结合的光学系统示意图

2010 年，卡尔蔡司公司和索尼(株式会社，Sony Corporation)同时推出了基于衍射光学元件和不基于衍射光学元件的头戴三维(3D)显示器光学系统[82]，型号分别为 Cinemizer 和 HMZ-T2，其中 Cinemizer 的体积略大于普通太阳镜，却比 HMZ-T2 小很多，其结构分别如图 1.18(a)和(b)所示，通过对比可以看出，使用衍射光学元件的 Cinemizer 能够大大减小此类光学系统的体积，对于实现微小型化设计具有一定作用。

2017 年，中国科学院长春光学精密机械与物理研究所(以下简称长春光机所)H. Zhang 团队提出了新型衍射光学元件在卡塞格林望远镜(Cassegrain telescope)中的应用[83]，此方案能够实现大口径望远光学系统设计，与传统透射式望远光学系统相比，此类光学系统能够获得更高的分辨率和对比度，其光路实现原理和结构图分别如图 1.19(a)和(b)所示。

2017 年，哈尔滨工业大学的张淑清团队设计了基于衍射光学元件的复眼光学系统，并使用光学设计软件(ZEMAX)分别设计了含有衍射光学元件和不含衍射光学元件的两款并置和叠加复眼光学系统[84]，分别如图 1.20(a)和(b)所示，设计结果表明基于衍射光学元件的复眼光学系统具有更好的成像质量，此方法对于提高复眼光学系统的分辨率具有重要价值。

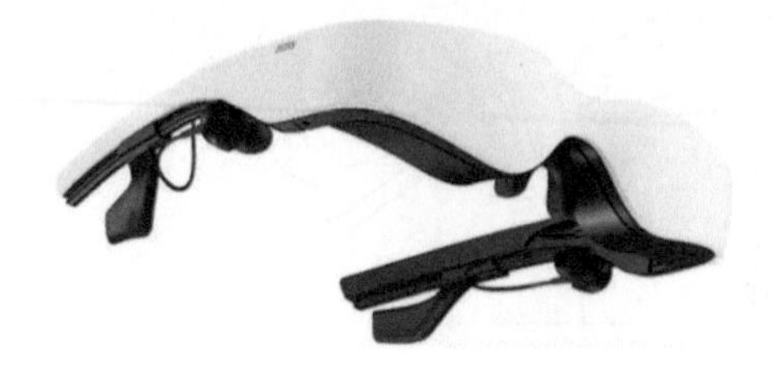

(a)基于衍射光学元件的卡尔蔡司Cinemizer

(b)不含衍射光学元件的索尼HMZ-T2

图 1.18　卡尔蔡司和索尼的 3D 显示器系统

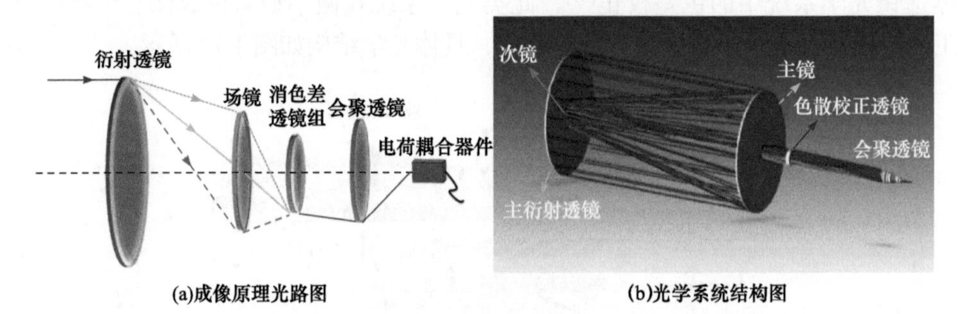

(a)成像原理光路图　　(b)光学系统结构图

图 1.19　衍射望远镜

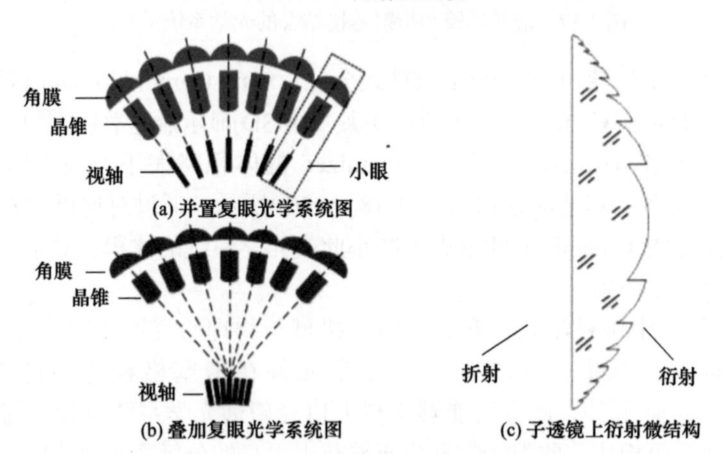

(a) 并置复眼光学系统图

(b) 叠加复眼光学系统图

(c) 子透镜上衍射微结构

图 1.20　衍射光学元件在复眼光学系统中应用

2018 年，长春光机所刘涛团队提出了一种基于衍射光学的新型光子筛结构[85]，此结构由开环区域和针孔组成，相比较传统光子筛结构，衍射效率提高了 50.19%，此外，最小针孔尺寸扩大了 30.7%，其结构示意图如图 1.21 所示。

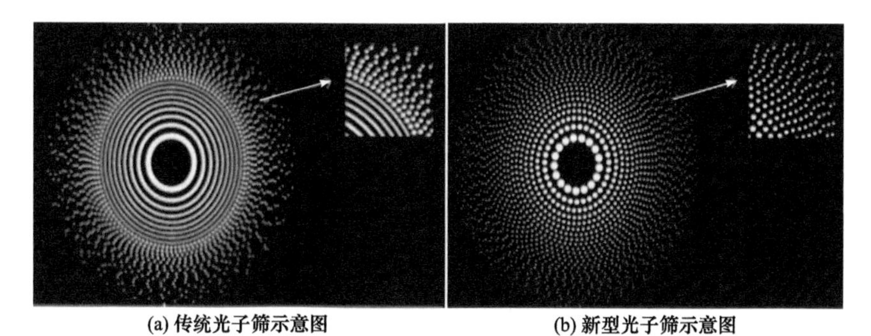

图1.21　两种光子筛结构

2019年，S. Banerji团队将衍射光学元件应用于近红外相机中，使得此相机的厚度仅有1mm，他们的实现方法是将多级衍射透镜耦合在传统单色图像传感器中，实现了相机的微小型化、轻量化设计[80]，其设计和实物结构分别如图1.22(a)、(b)和(c)所示。

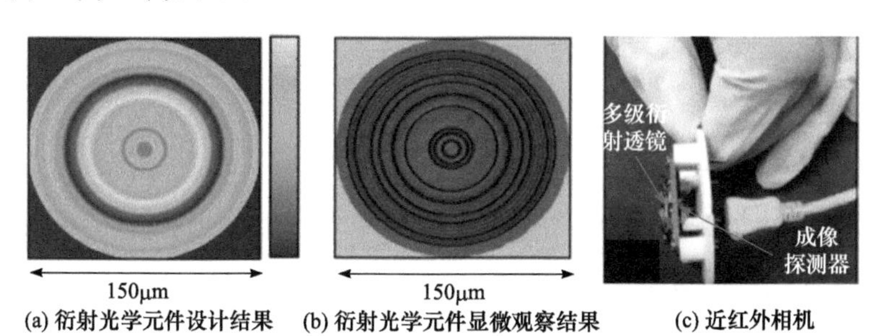

图1.22　基于衍射光学元件的近红外相机

由于红外光学系统的特殊性，例如材料缺少、加工成本昂贵等，衍射光学元件在红外成像光学系统的应用具有重要价值。1990年和1992年，A. P. Wood[86,87]团队分别研制了基于衍射光学元件的两片式双波段红外物镜和大相对孔径变焦物镜光学系统，光学设计和实物图分别如图1.23(a)、(b)和图1.24(a)、(b)所示。设计结果表明，衍射光学元件的应用使红外成像光学系统在重量、体积上明显减少，而且也避免了红外光学系统昂贵材料的使用。

3. 在混合光学系统设计中解决的部分关键问题

此外，国内各研究所以及高校关于衍射光学元件设计及应用的相关问题都展开了深入研究。2005年和2006年，浙江大学现代光学仪器国家重点实验室的白剑等讨论了衍射光学元件在折衍混合光学系统中的温度特性[88,89]；2007年和2008年，南开大学现代光学研究所的范长江等开展了关于红外双波段系统中应用双层衍射光学元件的工作[90,91]；2010年，长春光机所的孙强等在共形光学

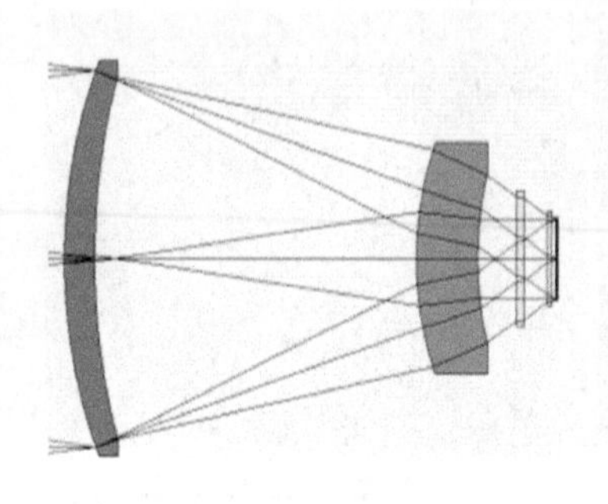

(a) 基于GaAs折衍混合红外物镜的光学结构

(b) GaAs折衍混合红外物镜的实物图

图 1.23　75mm F/1 GaAs 折衍混合红外物镜及样机

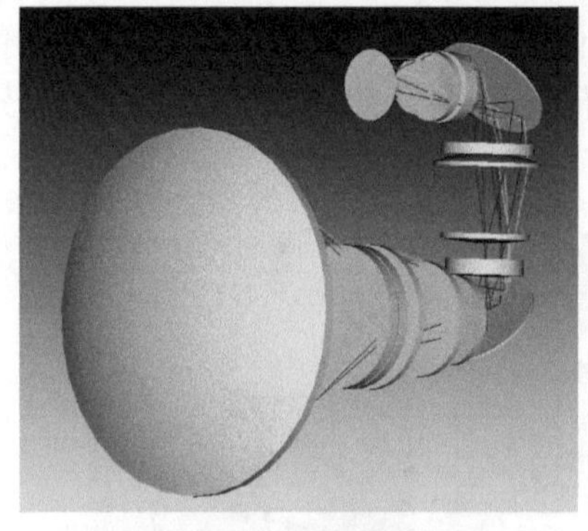

(a) 大相对孔径变焦镜头的光学结构

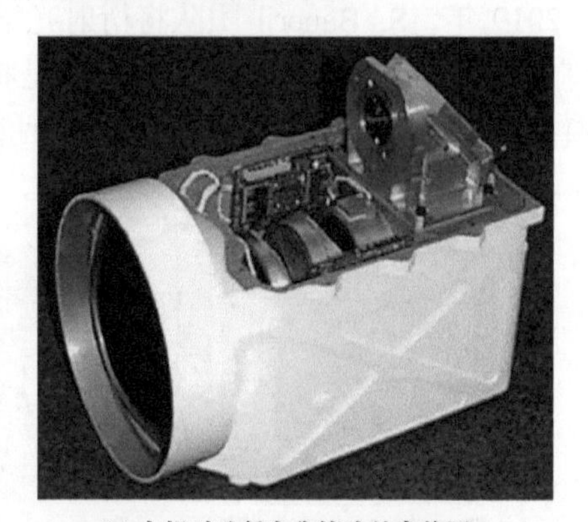

(b) 大相对孔径变焦镜头的实物图

图 1.24　中波红外大相对孔径折衍混合变焦镜头设计及样机

系统应用折衍混合光学元件来实现消热差[92]，简化了共形整流罩后的校正结构，增强了导引机构的稳定性；2010 年，苏州大学教育部现代光学技术重点实验室的刘琳、沈为民等设计的光学系统利用折衍混合元件实现了具有小 F 数的中波红外光学系统的消热差[93]，结合消热差图，对光学系统的材料选择利用，使用三片透镜(其中一片为折衍混合透镜)就可以使光学系统达到热稳定；2011 年和 2012 年，长春理工大学崔庆丰等对衍射光学元件的冷反射特性进行了研究[94,95]，设计完成了应用于中波红外和长波红外波段的单层和多层衍射光学元件的折衍混合成像光学系统，给出了适用于衍射光学元件包括单层和多层衍射光学元件的衍射表面的冷反射的评价标准，完成了存在冷反射时衍射光学元件衍射效率最大级次的选择；2019 年，苏州大学许峰团队提出一件发明专利，其中阐述了一种单片式宽波段消色差折衍混合透镜及设计方法，发明优势在于能够解决传统单片式透镜色差大、像差大的问题[96]；2020 年，中国科学院西安光学精密机械研究所的杨洪涛团队研制了一款基于衍射光学元件的应用在高空机载平台的混合双波段双视场红外变焦光学系统，并且进行了无热化设计，该系统能够满足−40～60℃的大温差环境的使用需求[97]。此外，国内很多高校、研究所等也都开展了衍射光学元件在红外光学系统中的应用研究，例如昆明物理研究所[98]、华中光电技术研究所[99]、中国科学院上海技术物理研究所[100]、西安应用光学研究所[101]、中国科学院光电技术研究所[102]等。

目前，对于成像衍射光学元件的理论方面的研究，是通过对光线追迹和像差计算实现的，已系统地完成了对其成像特性、像差理论的研究，并且在不断完善。

4. 衍射光学元件设计与光学系统像质的关系

目前可以对衍射光学元件进行光线追迹、像差计算、优化设计及像差评价的成熟软件很多，诸如 CODE V[103]、ZEMAX[104]和 OSLO[105]等。存在的问题是上述软件并未将衍射效率对混合成像光学系统成像质量带来的影响考虑在内，使最终设计结果与实际不符。1992 年，D. A. Buralli 和 G. M. Morris[106]指出了折衍混合光学系统的实际调制传递函数(Modulation Transform Function, MTF)为主衍射级光瞳函数造成的理论 MTF 与衍射光学元件带宽积分平均衍射效率(Polychromatic Integral Diffraction Efficiency, PIDE)的乘积，这就是衍射光学元件的衍射效率对系统光学传递函数的影响。同年，C. Londono 和 P. P. Clark 提出了通过优先计算不同衍射级次加权几何点扩散函数，然后再计算光学传递函数的理论[107]。C. Londono 和 P. P. Clark 均为实现对像质的准确分析，提出了将不同衍射级次的衍射效率与 MTF 加权相乘并求平均值的方法[108]。在国内，长春光机所为实现衍射效率、衍射光学元件加工误差等对像质的影响的分析，采用经过修正的折衍混合像质分析模型[109-112]。

1.3.2　衍射光学元件的其他应用

衍射光学元件的应用不仅包括目视光学系统和其他成像光学系统，而且在其他方面也得到了应用。例如，利用其任意相位分布特性，将其用于非球面检测方面，设计了非球面元件干涉检测的无像差透镜[113]。在基底上直接加工亚波长浮雕结构[114]，如图 1.25 所示，加工出的表面锯齿结构能够透过特定波长入射光，并

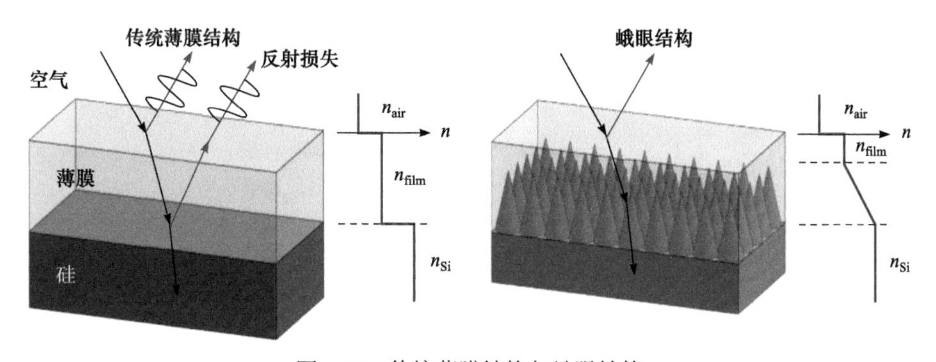

图 1.25　传统薄膜结构与蛾眼结构

且不存在反射损失，其光学作用相当于传统的增透膜。由于浮雕微结构直接加工在基底表面上，因此不存在增透膜的温度匹配和表面黏合度问题，并且在大视场和宽波段具有高透过率，这种实现增透作用的亚波长结构称为“蛾眼结构”。

光学数据存储是第一个将衍射光学应用于消费电子产品领域的实例。实际上，一个应用于 CD/DVD 的一般光学拾取单元(Optical Pick-up Unit, OPU)集成了多种功能，其组件包含衍射光学元件。图 1.26 为使用衍射光学元件的光学存储器拾取单元及对应的衍射光学元件结构。

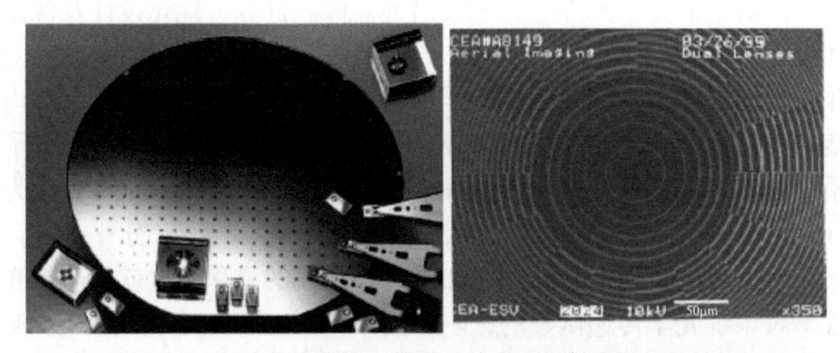

图 1.26　光学存储器拾取单元及其表面衍射光学元件结构

对于使用波段，衍射光学元件不仅应用在可见光和红外波段，另外在太赫兹波段和毫米波波段也得到了应用。2001 年，在毫米波波段，W. B. Dou 和 C. Wan 使用二元光学元件，对平面波和倾斜波照射到衍射光学元件后在像面上的能量分布的计算采用了有限差分时域(Finite-Difference Time-Domain, FDTD)方法，同时对衍射效率进行了计算[115]。2008 年，在太赫兹多波段成像系统的设计中，长春光机所[116]采用了谐衍射光学元件，得到了不同谐波段内的调制传递函数均达到衍射极限的光学系统。2014 年，J. Suszek 等[117]研究加工出了在太赫兹宽波段利用谐衍射光学元件消色差的衍射光学元件，他们是直接在镜头表面加工亚波长结构，实现方法如图 1.27 所示，通过在镜头表面加工纳米级楔形显微结构，改变镜片

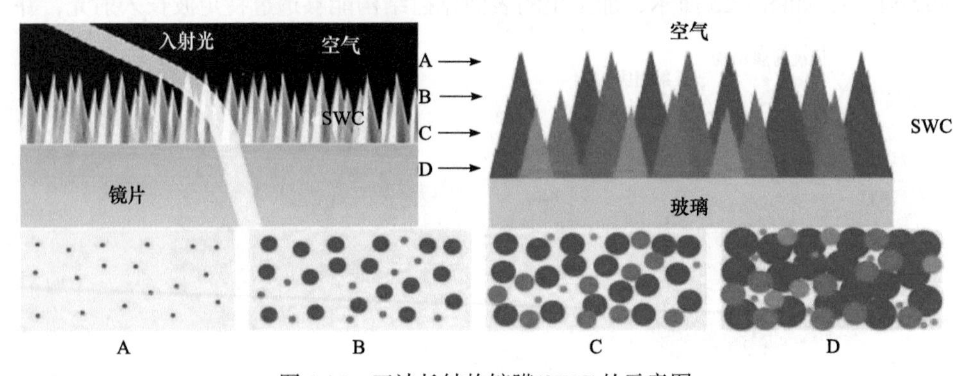

图 1.27　亚波长结构镀膜(SWC)的示意图

表面折射率，逐渐消除折射率改变造成的边界效应，这种方法对抑制入射光线、杂散光、减少传统镀膜难以消除的眩光与鬼影具有重要作用[118]。

衍射光学元件具有的相位调制作用也使得其在激光光束整形中具有重要作用[119-121]。衍射光学元件是激光光束整形光学系统中的关键光学器件之一，具有增强或者分散激光聚焦光束强度的作用。此方面的典型工作有：2008 年，G. M. Vega 团队基于衍射光学元件实现了飞秒激光器的光束整形 [122]；2017 年，O. Bouzid 团队系统研究了二进制衍射光学元件在激光光束整形的原理和技术，他们认为是二元光学元件增强了激光聚焦光束的强度，并且聚焦异常也是二元光学元件的像差引起的，进而深入讨论了基于二元光学元件像差理论改善超分辨折衍混合显微镜的原理[123]。二进制衍射光学器件实现激光光束整形的原理如图 1.28 所示，图 1.28(a)和(b)给出了二元衍射光学元件实现聚焦光束增强的过程，其中 N 代表掩模版进制，是与激光聚焦光束强度直接相关的参数。

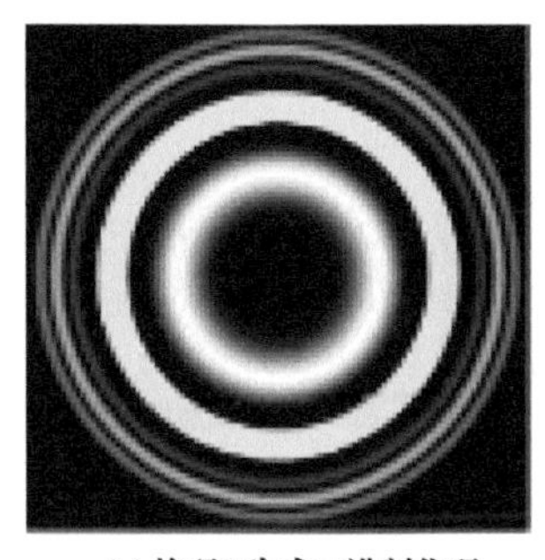

(a) 掩码 N 生成二进制代码

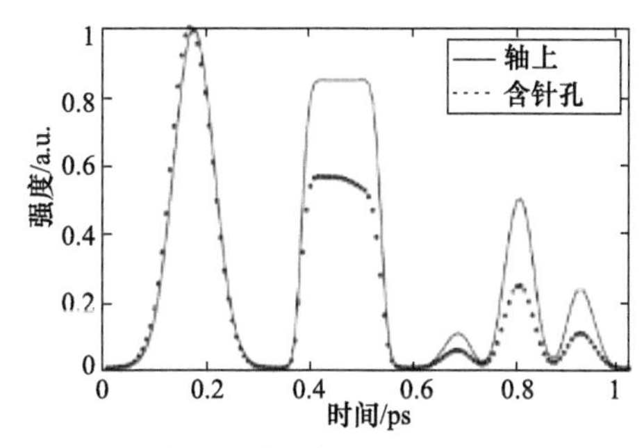

(b) 掩模版 N 获得归一化的系统时空强度分布

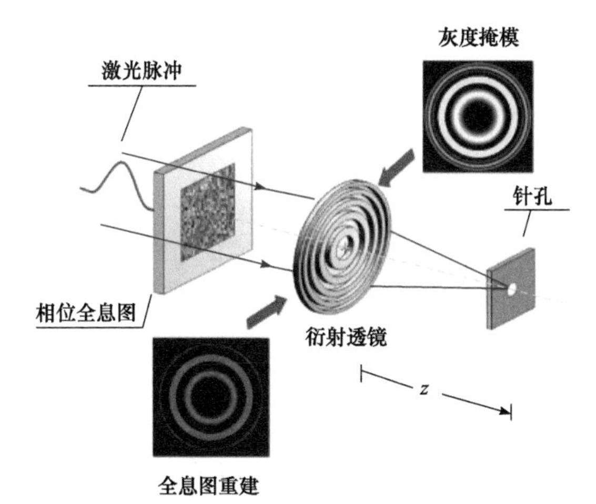

(c) 实现激光光束整形原理的示意图

图 1.28　二进制衍射光学器件实现激光光束整形

衍射光学元件实现目标光场的复振幅分布是通过改变入射激光的复振幅分布实现的，这样能够控制激光光束的传播方式，从而对激光光斑大小和焦深进行控制，得到较小的聚焦光斑和较大的焦深激光光束。此类工作的典型代表如：以色列 Holoor 生产的基于衍射光学元件的激光光束整形器，其是将高斯分布的入射激光光束转变为按照任意形状和大小分布的目标光束，光束的光强分布均匀、边缘陡峭[124]，此实现原理如图 1.29 所示。

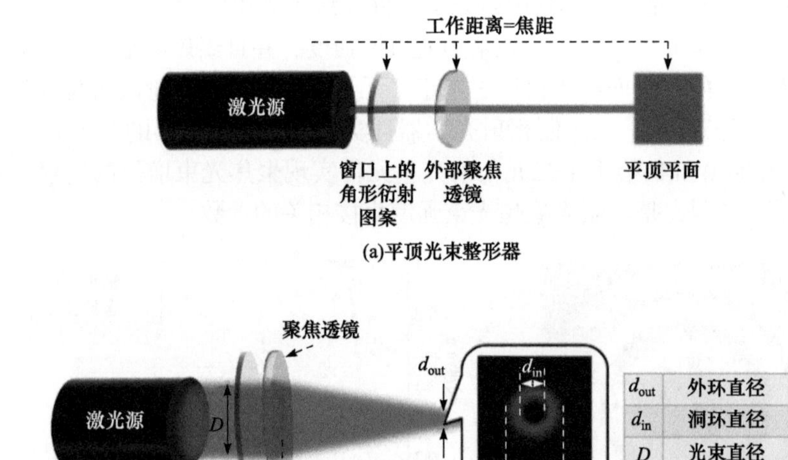

图 1.29　衍射光学元件对光束整形的示意图

此外，衍射光学元件不仅能够应用于不同波段，还能与多种光学透镜进行结合使用，例如衍射光学元件与传统液晶透镜的结合，形成了新型液晶菲涅耳透镜，结合了衍射光学元件优势的新型液晶菲涅耳透镜在降低液晶透镜厚度、降低其驱动电压、提高响应速度等方面具有一定意义。典型代表有：2017 年，K. Noda 团队提出了利用对偏振敏感的液晶聚合物与电扫描仪的偏振绘制方法，研制了具有各向异性空间分布的复杂、高功能化的衍射光学元件，采用一次加工实现了二维各向异性的衍射光学元件和液晶菲涅耳透镜[125]，实现原理和过程如图 1.30 所示。

衍射光学元件还能与横向多结太阳能光伏(Photo-Voltaic，PV)电池进行集成，构建有效的紧凑型太阳能系统。2016 年，A. Albarazanchi 团队提出工作于可见光-近红外波段的数字型衍射光学元件，将太阳能光谱分成了具有较低聚光系数的两束光。该数字衍射透镜使用了较廉价的光学材料，并通过传统光刻技术实现，还能够很容易地集成到紧凑型 PV 电池系统中。如图 1.31 给出的 3D 干涉显微镜图像，从图像可以看出，此衍射透镜具有 8 级结构轮廓，面积大小约为 1cm×1cm，轮廓台阶的最大高度值是 820nm，周期宽度为 1μm[126]。

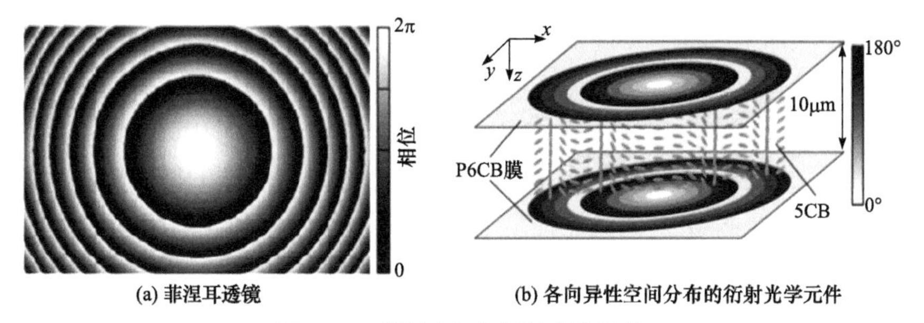

(a) 菲涅耳透镜　　(b) 各向异性空间分布的衍射光学元件

图 1.30　高度功能化衍射光学元件

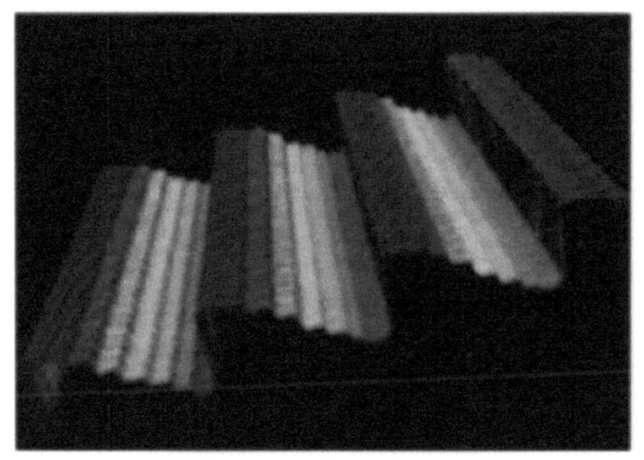

(a) 3D 干涉显微镜图像

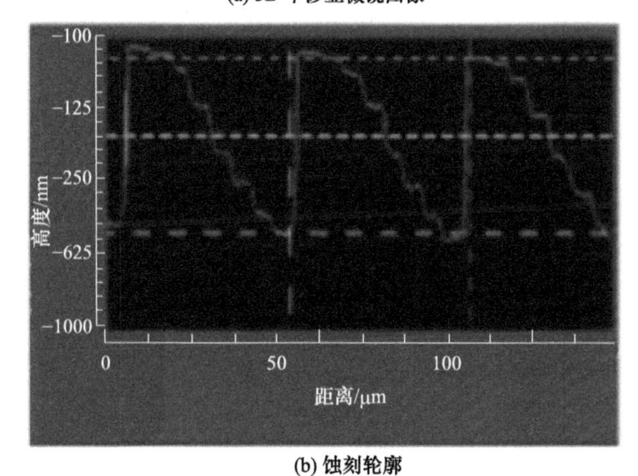

(b) 蚀刻轮廓

图 1.31　Zygo 轮廓仪下的离轴衍射透镜

除了以上研究外，国内外科研人员对衍射光学元件的拓展应用还进行了大量的研究，典型代表例如：2018 年，B. Abdelhalim 团队基于衍射光学元件增强了高斯光束的聚焦深度[127]；2017 年，C. Wu 团队基于衍射光学元件实现了亚衍射点阵列结构[128]；H. Liu 团队设计了能够扩展焦深范围的衍射光学元件结构[129]；S. Bernet 团队设计了一种多光谱可调的衍射光学元件结构[130]；L. Johnson 团队采用激光直写光刻技术，实现了凸面非球面镜表面上制作任意离轴衍射图案，这项工作对校正测量系外行星质量的天文望远镜中的不对称畸变[131]具有重要价值；2018 年，B. Sabushinike 团队在自由曲面中实现了反射系统的衍射光栅的优化设计[132]；同年，C. Nadell 团队还提出了一种应用于太赫兹波段聚焦和分散的全电介质二元离轴衍射透镜[133]。

参 考 文 献

[1] Rayleigh L. Laboratory notebook entry of April 11 1871, quoted in R. W. Wood, “Physical Optics. 3th”[M]. New York: Macmillan Co., 1934: 37-38.

[2] Wood R W. Diffraction gratings with controlled groove form and abnormal distribution of intersity[J]. Philos. Mag., 1912, 6 (23): 310-317.

[3] Leith E N, Upatnieks J. Reconstructed wavefronts and communication theory[J]. Opt. Soc. Am., 1962, 52: 1123-1130.

[4] Leith E N, Upatnieks J. Wavefront reconstruction with continuous-tone objects[J]. Opt. Soc. Am., 1963, 53: 1377-1381.

[5] Leith E N, Upatnieks J. Wavefront reconstruction with diffused illumination and three-dimensional objects[J]. Opt. Soc. Am., 1964, 54: 1295-1301.

[6] Brown B R, Lohmann A W. Complex spatial filtering with binary masks[J]. Appl. Opt., 1966, 5(6): 967-968.

[7] Lesem L, Hirsch P, Jordan J. Generation of discrete-piont hologreams[J]. Opt. Soc. Am., 1968, 58: 729-736.

[8] Lesem L, Hirsch P, Jordan J. The kinoform: a new wavefront reconstruction device[J]. IBM J. Res. Dev., 1969, 13: 150-155.

[9] Jordan J, Jr Hirsch P, Lesem L B. Kinoform lenses[J]. Appl. Opt., 1970, 9(8): 1883-1887.

[10] D’Auria L, Huignard J, Roy A, et al. Photolithographic fabrication of thin film lenses[J]. Opt. Commun., 1972, 5: 232-235.

[11] Swanson G J, Veldkamp W B. Binary lenses for use at 10. 6 micrometers[J]. Opt. Eng., 1985, 24: 791-795.

[12] Swanson G J. Binary optics technology: the theory and design of multi-level diffractive optical elements[J]. MIT Lincoln Laboratory Technical Report, 1989.

[13] Bartolini R, Liao P, Bufton J, et al. Binary optics[C]. Conference on Lasers and Electro-Optics, 1989.

[14] Swanson G J, Veldkamp W B. Diffractive optical elements for use in infrared systems[J]. Opt. Eng., 1989, 28: 605-608.

[15] Mchugh T J, Zweig D A. Recent advances in binary optics[J]. Proc. SPIE, 1989, 1052: 85-90.

[16] Hazra L N. Diffractive optical elements-past present and future[J]. Proc. SPIE, 1999, 3729: 198-211.

[17] Lidwell M. Diffractive lenses for dual waveband IR[J]. Proc. SPIE, 1996, 2774: 352-362.

[18] NASA. Marshall Space Flight Center[Z]. Conference on Binary Optics: An Opportunity for Technical Exchange, 1993.

[19] Alexander G, Anton G, Svyatoslav D. Diffractive optical element for creating visual 3D images[J]. Opt. Express, 2016, 24(9): 9140-9148.

[20] Leger J R, Moharam M G, Gaylord T K. Diffractive optics: an introduction to the feature issue[J]. Appl. Opt., 1995, 34(14): 2399-2400.

[21] 田晓航, 薛常喜. 小 F 数红外双波段无热化折衍摄远物镜设计[J]. 光学学报, 2022, 42(14): 173-179.

[22] Sweeney D W, Sommargren G E. Harmonic diffractive lenses[J]. Appl. Opt., 1995, 34(14): 2469-2475.

[23] Faklis D, Morris G M. Spectral properties of multiorder diffractive lenses[J]. Appl. Opt., 1995, 34(14): 2462-2469.

[24] Lidwell M. Diffractive lenses for dual waveband IR[J]. Proc. SPIE, 1996, 2774: 352-362.

[25] Wood A P, Rogers P J, Conway P B, et al. Hybrid optics in dual waveband infrared systems[J]. Proc. SPIE, 1998, 3482: 602-613.

[26] 中井武彦, 小川秀树. 积层型回折光学素子の研究と光学系への使用方法[J]. 日本写真学会志, 2002, 65(3)：180-185.

[27] Takehiko N, Hideki O. Research on multi-layer diffractive optical elements and their application to camera lenses[C]. Diffractive Optics and Micro-Optics, 2002.

[28] Arieli Y, Ozeri S, Eisenberg N, et al. Design of a diffractive optical element for wide spectral bandwidth[J]. Opt. Lett., 1998, 23(11): 823-824.

[29] Weible K J, Schilling A, Herzig H P. Achromatization of the diffraction efficiency of diffractive optical elements[J]. Proc. SPIE, 1999, 3749: 378-379.

[30] 马韬, 沈亦兵, 杨国光. 利用多层表面微结构提高 DOE 宽波段衍射效率[J]. 红外与激光工程, 2008, 37(1): 119-123.

[31] 马韬. 多层衍射光学元件设计理论及其在混合光学系统中的应用[D]. 杭州：浙江大学, 2006.

[32] 薛常喜, 崔庆丰, 潘春燕, 等. 基于带宽积分平均衍射效率的多层衍射光学元件设计[J]. 光学学报, 2010, 30(10): 3016-3020.

[33] 薛常喜, 崔庆丰, 杨亮亮, 等. 基于柯西色散公式的多层衍射光学元件的设计和分析[J]. 光学学报, 2011, 31(6): 0623002.

[34] Xue C, Cui Q. Design of multilayer diffractive optical elements with polychromatic integral diffraction efficiency[J]. Opt. Lett., 2010, 35(7): 986-988.

[35] Zhang B, Cui Q, Piao M. Effect of substrate material selection on polychromatic integral diffraction efficiency for multilayer diffractive optics in oblique incident situation[J]. Opt. Commun., 2018, 415: 156-163.

[36] Piao M, Cui Q, Zhao C, et al. Substrate material selection method for multilayer diffractive

optics in a wide environmental temperature range[J]. Appl. Opt., 2017, 56(10): 2826-2833.
[37] Mao S, Cui Q, Piao M, et al. High diffraction efficiency of three-layer diffractive optics designed for wide temperature range and large incident angle[J]. Appl. Opt., 2016, 55(13): 3549-3554.
[38] Mao S, Cui Q, Piao M. Optimal design method for multi-layer diffractive optics with consideration of antireflection coatings[J]. J. of Mod. Opt., 2018, 65(13): 1554-1558.
[39] 毛珊, 赵建林. 镀有增透膜的多层衍射光学元件的优化设计方法[J]. 光学学报, 2019, 39(3): 76-83.
[40] Mao S, Cui Q, Piao M. Optical design method on diffractive optical elements with antireflection coatings[J]. Opt. Express, 2017, 25(10): 11673-11678.
[41] Mao S, Zhao L, Zhao J. Integral diffraction efficiency model for multilayer diffractive optical elements with wide angles of incidence in case of polychromatic light[J]. Opt. Express, 2019, 27(15): 21497-21507.
[42] Mao S, Zhao J. Analytical and comprehensive optimization design for multilayer diffractive optical elements in infrared dual band[J]. Opt. Commun., 2020, 472: 125831.
[43] Mao S, Zhao J. Design and analysis of a hybrid optical system containing a multilayer diffractive optical element with improved diffraction efficiency[J]. Appl. Opt., 2020, 59(20): 5888-5895.
[44] 毛珊, 解娜, 赵建林. 斜入射下双波段双层衍射光学元件优化设计与分析[J]. 光学学报, 2020, 40(16): 15-23.
[45] Mao S, Zhao J. Diffractive optical element optimization under wide incident angle and waveband situations[J]. Opt. Commun., 2020, 458: 124762.
[46] 崔庆丰. 折衍混合光学系统的研究[D]. 长春: 中国科学院长春光学精密机械研究所, 1996.
[47] Czichy R H, Doyle D B, Mayor J M. Hybrid optics for space applications-design, manufacture and test[J]. Proc. SPIE, 1992, 1780: 333-344.
[48] Stone T , George N. Hybrid diffractive-refractive lenses and achromats[J]. Appl. Opt., 1988, 27(14): 2960-2971.
[49] Pei X Y, Yu X B, GaO X, et al., End-to-end optimization of a diffractive optical element and aberration correction for integral imaging[J]. Chin. Opt. Lett., 2022, 20: 121101.
[50] Buralli D A, Morris G M. Design of a wide field diffractive landscape lens[J]. Appl. Opt., 1989, 28(18): 3950-3959.
[51] Davidson N, Friesem A A, Hasman E. Analytic design of hybrid diffractvie-refractive ahcromats[J]. Appl. Opt., 1993, 32(25): 4770-4774.
[52] Greisukh G I, Ezhov E G , Stepanov S A. Diffractive-refractive hybrid corrector for achro-and apochromatic corrections of optical systems[J]. Appl. Opt., 2006, 45(24): 6137-6141.
[53] Grigoriy I. Greisukh, Evgeniy G. Ezhov, et al. Design of achromatic and apochromatic plastic micro-opjectives[J]. Appl. Opt., 2010, 49(23): 4379-4384.
[54] Greisukh G I, Ezhov E G, et al. Design of the double-telecentric high-aperture diffractive-refractive objectives[J]. Appl. Opt., 2011, 50(19): 3254-3258.
[55] Gühne T, Barth J. Strategy for design of achromatic diffractive optical elements with minimized etch depths[J]. Appl. Opt., 2013, 52(34): 8419-8423.
[56] Buralli D A, Morris G M, Rogers J R. Optical performance of holographic kinoforms[J]. Appl.

Opt., 1989, 28 (5): 976-983.
[57] Behrmann G P, Bowen J P. Influence of temperature on diffractive lens performance[J]. Appl. Opt., 1993, 32: 2483-2489.
[58] Wood A P, Lewell L. Passively athermalised hybrid objective for a far infrared uncooled thermal imager[J]. Proc. SPIE, 1996, 2774: 500-509.
[59] Bigwood C, Wood A. Two-element lenses for military applications[J]. Opt. Eng., 2011, 50(12): 121705.
[60] Li S, Yang C, Zheng J, et al. Optical passive athermalization for infrared zoom system[J]. Proc. SPIE, 2007, 6722: 67224E.
[61] Schuster N, Franks J. Passive athermalization of two-lens-designs in 8-12micron waveband[J]. Proc. SPIE, 2012, 8358: 835825.
[62] Schuster N. Quantify passive athermalization in infrared imaging lens systems[J]. Proc. SPIE, 2012, 8550: 85500E.
[63] Warren J S. Modern Optical Engineering[M]. New York: McGraw-Hill, 2008.
[64] Missig M D, Morris G M. Diffractive optics applied to eyepiece design[J]. Appl. Opt., 1995, 34: 2452-2461.
[65] 李应选. 衍射光学元件在光学系统中的应用[J]. 云光技术, 2002, 34(3): 1-10.
[66] 杨新军, 王肇圻, 孙强, 等. 折/衍混合透视型头盔显示器光学系统设计[J]. 光电工程, 2005, 32(1): 8-12.
[67] https://wearabletech.io/zeiss-cinemizer/. [2024-1-10].
[68] Morris G M, Nordan L T. Phakic intraocular lenses[R]. Opt. and Photonics News, 2004: 27-30.
[69] 范长江, 王肇圻, 孙强. 双层衍射元件在投影式头盔光学系统设计中的应用[J]. 光学精密工程, 2007, 15(11): 1639-1643.
[70] 范长江, 王肇圻, 赵顺龙, 等. 50°视场角投影式头盔光学系统设计及逆反射屏研究[J]. 光子学报, 2007, 36(7): 1260-1263.
[71] 赵亚辉, 范长江, 应朝福, 等. 含三层衍射元件的 60°视场折/衍混合头盔目镜[J]. 光子学报, 2013, 43(3): 266-270.
[72] 娄迪. 谐衍射光学设计理论和应用研究[D]. 杭州: 浙江大学, 2008.
[73] 崔庆丰, 张康伟. 折衍射混合式平像场目镜[P]. 中国, ZL200810051707. X, 2008.
[74] 崔庆丰, 朴明旭. 用于弯曲像面具有长出瞳距离的折衍射混合式目镜[P]. 中国, CN201210160346. 9, 2012.
[75] Buralli D A, Morris G M. Design of two- and three-element diffractive Keplerian telescopes[J]. Appl. Opt., 1992, 31(1): 38-43.
[76] 范长江, 赵亚辉, 徐建程, 等. 含有塑料双层衍射元件的微光夜视折衍混合物镜[J]. 浙江师范大学学报(自然科学版), 2012, 35(3): 276-279.
[77] 杨亮亮. 多层衍射光学元件衍射效率的研究[D]. 长春：长春理工大学, 2013.
[78] Greisukh G I, Ezhov E G, Kalashnikov A V, et al. Diffractive-refractive correction units for plastic compact zoom lenses[J]. Appl. Opt., 2012, 51(20): 4597-4604.
[79] Greisukh G I, Ezhov E G, Sidyakina Z A, et al. Design of plastic diffractive-refractive compact zoom lenses for visible-near-IR spectrum[J]. Appl. Opt., 2013, 52(23): 5843-5850.

[80] Banerji S, Meem M, Majumder A. Ultra-thin near infrared camera enabled by a flat multi-level diffractive lens[J]. Opt. Lett., 2019, 44(22): 5450-5452.

[81] Valley P, Savidis N, Schwiegerling L, et al. Adjustable hybrid diffractive/refractive achromatic lens[J]. Opt. Express, 2011, 19(8): 7468-7479.

[82] Seesselberg M, Kleemann B H. DOEs for color correction in broad band optical systems: validity and limits of efficiency approximations, in international optical design conference and optical fabrication and testing[C]. OSA Technical Digest (CD) (Optica Publishing Group, 2010), paper IThB5, 2010.

[83] Zhang H, Liu H, Lizana A, et al. Methods for the performance enhancement and the error characterization of large diameter ground-based diffractive telescopes[J]. Opt. Express, 2017, 25(22): 26662-26677.

[84] Zhang S, Zhou L, Xue C, et al. Design and simulation of a superposition compound eye system based on hybrid diffractive-refractive lenses[J]. Appl. Opt., 2017, 56(26): 7442-7449.

[85] Liu T, Wang L, Zhang J, et al. Numerical simulation and design of an apodized diffractive optical element composed of open-ring zones and pinholes[J]. Appl. Opt., 2018, 57(1): 25-32.

[86] Wood A P. Design of infrared hybrid refractive-diffractive lenses[J]. Appl. Opt., 1992, 31(13): 2253-2258.

[87] Wood A P. Using refractive-diffractive elements in infrared Petzval objectives[J]. Proc. SPIE, 1990, 1354: 316-322.

[88] 白剑, 马韬, 沈亦兵, 等. 多层衍射光学元件的特性分析[J]. 红外与激光工程, 2006, 35: 44-47.

[89] 温彦博, 侯白剑, 侯西云，等. 红外无热化混合光学系统设计[J]. 光学仪器, 2005, 27(5): 82-86.

[90] 范长江, 王肇圻, 吴环宝，等. 红外双波段双层谐衍射光学系统设计[J]. 光学学报, 2007, 27(7): 1266-1270.

[91] 范长江, 王肇圻, 樊新岩. 含有双层谐衍射元件的红外双波段光学系统消热差设计[J]. 光子学报, 2008, 37(8): 1617-1621.

[92] 孙金霞, 刘建卓, 孙强, 等. 折/衍混合消热差共形光学系统的设计[J]. 光学精密工程, 2010, 18(4): 792-797.

[93] 刘琳, 沈为民, 周建康. 中波红外大相对孔径消热差光学系统的设计[J]. 中国激光, 2010, 37(3): 675-679.

[94] 刘涛, 崔庆丰, 杨亮亮, 等. 红外光学系统中衍射面冷反射的分析与评价[J]. 科学通报, 2012, 57(1): 36-41.

[95] Liu T, Cui Q, Xue C, et al. Calculation and evaluation of naecissus for diffractive surfaces in infrared systems[J]. Appl. Opt., 2011, 50(12): 2484-2492.

[96] 许峰, 陈昱杰, 郑鹏磊, 等. 一种单片式宽波段消色差折衍混合透镜及设计方法[P]. 中国, CN201811453680. 7, 2019.

[97] 杨洪涛, 杨晓帆, 梅超, 等. 折衍混合红外双波段变焦光学系统设计[J]. 红外与激光工程, 2020, 49, 312(10): 20200036-1-8.

[98] 陈吕吉, 李萍, 冯生荣, 等. 中波红外消热差双视场光学系统设计[J]. 红外技术, 2011,

33(1): 1-3, 8.

[99] 王海涛, 郭良贤. 制冷型中波红外变焦镜头[J]. 红外技术, 2007, 29(1): 8-11.

[100] 丁学专, 王欣, 兰卫华, 等. 二次成像中波红外折射衍射光学系统设计[J]. 红外技术, 2009, 31(8): 450-452, 457.

[101] 沈良吉, 冯卓祥. 3.7μm～4.8μm 波段折衍混合红外光学系统的无热化设计[J]. 应用光学, 2009, 30(4): 683-687.

[102] 刘盾. 折、衍混合成像光学系统杂散光研究[D]. 成都: 中国科学院光电技术研究所, 2018.

[103] Optical Research Associates (ORA) Inc. CODE V Transition Guide for current Users Version 9. 5 [M]. California: Optical Research Associates, 2004.

[104] ZEMAX Development Corporation. ZEMAX User Manual[Z]. 3001 112th Avenue NE. Suite 202, Bellevue, Wash. 98004-8017, USA, 2008.

[105] https://lambdares.com/oslo. [2024-2-19].

[106] Buralli D A, Morris G M. Effects of diffraction efficiency on the modulation transfer function of diffractive lenses[J]. Appl. Opt., 1992, 31(22): 4389-4396.

[107] Londono C, Clark P P. Modeling diffraction efficiency effects when designing hybrid diffractive lens systems[J]. Appl. Opt., 1992, 31(13): 2248-2252.

[108] Buralli D A, Morris G M. Effects of diffraction efficiency on the modulation transfer function of diffractive lenses[J]. Applied Optics, 1992, 31(22): 4389-4396.

[109] Zhang H, Liu H, Lu Z, et al. Modified phase function model for kinoform lenses[J]. Appl. Opt., 2008, 47(22): 4055-4060.

[110] Wang T, Liu H, Zhang H, et al. Evaluation of the imaging performance of hybrid refractive-diffractive systems using the modified phase function model[J]. Appl. Opt., 2010, 12: 045705.

[111] Wang T, Liu H, Zhang H, et al. Effect of incidence angles and manufacturing errors on the imaging performance of hybrid systems[J]. Appl. Opt., 2011, 13: 035711.

[112] 王泰升. 修正折/衍混合系统像质分析模型的研究[D]. 长春: 中科院长春光学精密机械与物理研究所, 2011.

[113] Khan G S, Klaus M, Irina H, et al. Design considerations for the absolute testing approach of aspherics using combined diffractive optical elements[J]. Appl. Opt., 2007, 46(28): 7040-7048.

[114] O'Shea D C, Suleski T J, Kathman A D, et al. Diffractive Optics Design, Fabrication, and Test[M]. Washington: SPIE Press, 2003.

[115] Dou W B, Wan C. An analysis of diffractive lenses at millimeter wavelengths[J]. Microw. and Opt. Technol. Lett., 2001, 31(5): 396-401.

[116] 刘英, 潘玉龙, 王学进, 等. 谐衍射/折射太赫兹多波段成像系统设计[J]. 光学精密工程, 2008, 16(11): 2065-2071.

[117] Suszek J, Siemion A M, Blocki N, et al. High order kinoforms as a broadband achromatic diffractive optics for terahertz beams[J]. Opt. Express, 2014, 22(3): 3137-3144.

[118] https://www.canon.com.cn/product/ef/info/info6.html. [2024-2-19].

[119] Andrew J W, Adam J C, Mohammad R T. Beam shaping diffractive optical elements for high power laser applications[J]. Proc. SPIE, 2008, 7070: 70700H.

[120] 林勇. 用于激光光束整形的衍射光学元件设计[D]. 大连: 大连理工大学, 2009.
[121] Zhang Y, Dong B, Gu B, et al. Beam shaping in the fractional Fourier transform domain[J]. Opt. Soc. Am. A, 1998, 15(5): 1114-1120.
[122] Vega G M, Yero O M, Lancis J, et al. Diffractive optics for quasi-direct space-to-time pulse shaping[J]. Opt. Express, 2008, 16(21): 16993-16998.
[123] Bouzid O, Haddadi S, Fromager M, et al. Focusing anomalies with binary diffractive optical elements[J]. Appl. Opt., 2017, 56(35): 9735-9741.
[124] https: //www. holoor. co. il/product-families/.[2024-1-5].
[125] Noda K, Matsubara J, Kawai K, et al. Arbitrary patterned anisotropic diffractive optical elements using the galvanometer polarization drawing method: application in fabricating polarization-dependent liquid-crystal Fresnel lens cells[J]. Appl. Opt., 2017, 56(5): 1302-1309.
[126] Albarazanchi A, Gerard P, Ambs P, et al. Smart multifunction diffractive lens experimental validation for future PV cell applications[J]. Opt. Express, 2016, 24(2): A139-A145.
[127] Abdelhalim B, Fromager M. Extended focus depth for Gaussian beam using binary phase diffractive optical elements[J]. Appl. Opt., 2018, 57(8): 1899-1903.
[128] Wu C, Gu H R, Zhou Z H, et al. Design of diffractive optical elements for subdiffraction spot arrays with high light efficiency[J]. Appl. Opt., 2017, 56(3): 8816-8820.
[129] Liu H, Lu Z W, Sun Q, et al. Design of multiplexed phase diffractive optical elements for focal depth extension[J]. Opt. Express, 2010, 18(12): 12798-12806.
[130] Bernet S, Ritsch-Marte M R. Multi-color operation of tunable diffractive lenses[J]. Opt. Express, 2017, 25(3): 2469 -2480.
[131] Johnson L, Bendek E, Guyon O, et al. Fabrication of an off axis astrometric diffractive pupil on a convex asphere using direct write laser lithography[C]. Optical Design and Fabrication 2017 (Freeform, IODC, OFT), OSA Technical Digest (online) (Optica Publishing Group, 2017), paper JTh4B.3, 2017.
[132] Sabushinike B, Horugavye G, Habraken S. Optimization of a multi-blaze grating in reflection using a free-form profile[J]. Appl. Opt., 2018, 57(18): 5048-5056.
[133] Nadell C, Fan K, Padilla W. Resonance-domain diffractive lens for the terahertz region[J]. Opt. Lett., 2018, 43(10): 2384-2387.

第 2 章　衍射光学理论基础

本章系统论述了衍射光学元件基础理论，主要内容包括衍射光学元件的设计理论和方法，其中重点论述了成像衍射光学元件的标量衍射理论；然后分析了成像衍射光学元件衍射效率的含义及计算；最后基于衍射效率概念，分析了其对成像光学系统成像质量的影响，并在商用光学设计软件(例如 ZEMAX 等)中进行衍射光学元件的建模和分析。

2.1　衍射光学元件设计理论

在对衍射光学元件进行设计时，理论分析模型的建立是首要工作，也就是首先应该利用光波场的衍射理论建立起输入光场和输出光场之间的数学关系，然后再进行衍射光学元件的设计。在本节中，系统地论述了衍射光学元件设计的三种理论模型[1]：一是矢量衍射理论，用来分析微结构特征尺寸与入射光波波长相当时，甚至包括亚波长数量级的衍射光学元件；二是标量衍射理论，用来分析微结构尺寸远大于入射波长的衍射光学元件；三是几何光学的光线追迹理论，用来分析衍射光学元件的三级像差。下文对常用的衍射光学元件的设计和分析模型进行简要论述。

2.1.1　矢量衍射理论

随着现代加工工艺技术的发展和提高，衍射光学元件表面三维浮雕结构的加工精度也越来越高，结构也越来越精细，当衍射光学元件表面微结构特征尺寸逐渐减小到与入射波长相当或者为亚波长结构时，标量衍射理论的计算精度就会大大降低，此时的标量衍射理论不再适用了；而矢量衍射理论是一种基于电磁波理论的分析方法，对于此类衍射光学元件的分析是适用的。目前，国际上使用的矢量衍射理论含有很多计算分析方法，主要包括积分法和微分法两类。其中，积分法包括有限元法和边界元法，用于非周期结构的衍射光学元件的分析计算；微分法包括严格耦合波法和模态法以及时域有限差分法，用于周期结构的衍射光学元件的分析计算，例如衍射光栅等。对于此类衍射光学元件，其结构通常是周期、旋转对称的，下文的讨论则采用严格耦合波分析(Rigorous Coupled-Wave Analysis, RCWA)法进行衍射光学元件的设计。

RCWA 法是在 20 世纪 80 年代由 Moharam 和 Gaylord 提出并创立的，最早应用于正弦光栅的分析，并在之后的发展中得到不断补充和完善[1]。同时，S. Peng 也提出了应用于非平板光栅 RCWA 法中特征值的计算新方法，计算时间大幅度降低，仅需要原来的 1/8～1/32。随后，Lalanne 提出了 RCWA 法的收敛性的改进算法，表示只需要保留 20 个衍射级次的计算结果，就比之前公式中保留 400 个衍射级次的设计结果更高，推动了 RCWA 法分析理论逐渐走向实际设计和应用。RCWA 法中假设衍射光学元件为无限周期结构，将电磁场在相位调制区按衍射级次展开成一系列已知特征函数的平面波分量，每个分量的振幅是周期结构参数的函数。通过求解相位调制区的平面波微分方程组可确定各个衍射级次的振幅，从而有效地分析全息光栅和表面浮雕光栅结构。

RCWA 法不需要迭代过程，在保证数值稳定性的前提下使用能够得到收敛的稳定解[2]。该方法的精确度主要取决于傅里叶级数展开后所保留的阶数，并且始终满足能量守恒定律。相对于其他一些方法来说，RCWA 法能够通过较为直接的方法得到衍射问题的严格麦克斯韦方程解。通常应用 RCWA 法分析衍射光学元件的推导过程由三部分组成：

(1) 由麦克斯韦方程求出的入射区域及透射区域电磁场的表达式，可由 Rayleigh 展开式直接给出；

(2) 将光栅区域内的介电常量及电磁场用傅里叶级数展开，并由麦克斯韦方程推导出耦合波微分方程组；

(3) 在不同区域边界面上运用电磁场边界条件，通过一定的数学方法求得各级衍射波的振幅及衍射效率。

RCWA 的公式推导主要基于麦克斯韦方程。这里先列出均匀空间的麦克斯韦方程，之后分别叙述不同情况下的 RCWA 公式。

对于角频率为 ω 的时谐电磁场，其指数形式的电场矢量与磁场矢量分别表示为[3]

$$\begin{cases} E(r,t) = E(r)\exp(\mathrm{i}\omega t) \\ H(r,t) = H(r)\exp(\mathrm{i}\omega t) \end{cases} \tag{2-1}$$

其相应的麦克斯韦方程可以表示为

$$\begin{cases} \nabla \times E = -\mathrm{i}\omega u_0 H \\ \nabla \times H = -\mathrm{i}\omega u_0 E \end{cases} \tag{2-2}$$

将电场矢量与磁场矢量按直角坐标分量代入式(2-2)展开后得到

$$
\begin{cases}
-\mathrm{j}\omega\mu_0 H_x = \dfrac{\partial E_z}{\partial y} - \dfrac{\partial E_y}{\partial z} \\
-\mathrm{j}\omega\mu_0 H_y = \dfrac{\partial E_x}{\partial z} - \dfrac{\partial E_z}{\partial x} \\
-\mathrm{j}\omega\mu_0 H_z = \dfrac{\partial E_y}{\partial x} - \dfrac{\partial E_x}{\partial y} \\
\mathrm{j}\omega\varepsilon_0\varepsilon E_x = \dfrac{\partial H_z}{\partial y} - \dfrac{\partial H_y}{\partial z} \\
\mathrm{j}\omega\varepsilon_0\varepsilon E_y = \dfrac{\partial H_x}{\partial z} - \dfrac{\partial H_z}{\partial x} \\
\mathrm{j}\omega\varepsilon_0\varepsilon E_z = \dfrac{\partial H_y}{\partial x} - \dfrac{\partial H_x}{\partial y}
\end{cases}
\tag{2-3}
$$

首先，以一维单层周期矩形衍射光栅为例，分析一维 RCWA 理论的设计方法；然后，再扩展到二维、多维的情况。如图 2.1 所示为单层周期矩形衍射光栅结构，光栅由入射介质和光栅介质组成，两种介质均为均匀介质，光栅在 y 方向上是均匀分布的，在 x 方向上是呈周期方向分布的，周期大小为 Λ；并且，其占空比(光栅介质占整个周期的比例)在 z 方向上将光栅区域划分为三个水平层，包括入射介质层($z \leqslant 0$，介电常量为 ε_{I})、光栅层($0<z \leqslant h$)、光栅介质层($z > h$，介电常量为 $\varepsilon_{\mathrm{III}}$)，其中 h 为光栅高度。相对于光栅层，入射介质层和光栅介质层可认为无穷厚。光栅层是入射介质层和光栅介质层交替组成的，其介电常量满足 $\varepsilon_{\mathrm{II}}(x) = \varepsilon_{\mathrm{II}}(x+\Lambda)$，可以用傅里叶级数展开的形式表示。

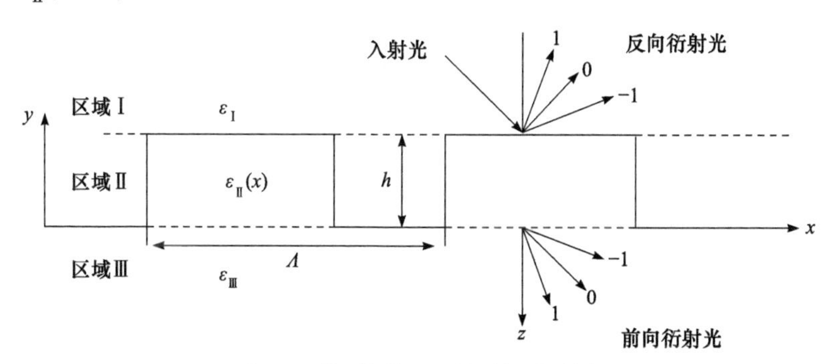

图 2.1　单层周期矩形衍射光栅结构

当入射光以 TE 模(横电模，指的是电场方向与传播方向垂直情况)入射时，只需考虑 E_y，H_x，H_z 三个分量，因此可将麦克斯韦方程简化为

$$\begin{cases} \mathrm{j}\omega\mu_0 H_x = \dfrac{\partial E_z}{\partial z} \\ -\mathrm{j}\omega\mu_0 H_z = \dfrac{\partial E_y}{\partial x} \\ \mathrm{j}\omega\varepsilon_0\varepsilon E_y = \dfrac{\partial H_x}{\partial z} - \dfrac{\partial H_z}{\partial x} \end{cases} \tag{2-4}$$

在光栅层($0 < z \leqslant h$)，根据 Bloch 定理，电场分量 E_y 和磁场分量 H_x 可以表示成空间谐波的傅里叶级数展开，即

$$\begin{cases} E_y = \sum_m V_{ym}(z)\exp(-\mathrm{j}k_{xm}x) \\ H_x = -\mathrm{j}\left(\dfrac{\varepsilon_0}{u_0}\right)^{1/2} \sum_m U_{xm}(z)\exp(-\mathrm{j}k_{xm}x) \end{cases} \tag{2-5}$$

式(2-5)中，V_{ym} 与 U_{xm} 分别为第 m 级电场空间谐波和磁场空间谐波的归一化振幅。消去 H_z 得到

$$\begin{cases} \dfrac{\partial V_{ym}}{\partial z} = k_0 U_{xm} \\ \dfrac{\partial U_{xm}}{\partial z} = \left(\dfrac{k_{xm}^2}{k_0}\right) V_{ym} - k_0 \sum_p \varepsilon_m \cdots V_{yp} \end{cases} \tag{2-6}$$

其中，$k_{xm} = k_0\left[n_\mathrm{I}\sin\alpha - m\left(\dfrac{\lambda_0}{\Lambda}\right)\right]$，$n_\mathrm{I}$ 是区域 I 中介质折射率，Λ 是光栅周期，α 是入射角；$\varepsilon_m = \dfrac{1}{\Lambda}\int_{-\frac{\Lambda}{2}}^{\frac{\Lambda}{2}} \varepsilon(x)\exp\left(-\dfrac{\mathrm{j}2\pi mx}{\Lambda}\right)\mathrm{d}x$。

为了便于求解，令 $z' = k_{0z}$，然后将式(2-6)写成矩阵形式为

$$\frac{\partial}{\partial z'}\begin{bmatrix} V_y \\ U_x \end{bmatrix} = \begin{bmatrix} 0 & I \\ A & 0 \end{bmatrix}\begin{bmatrix} V_y \\ U_x \end{bmatrix} \tag{2-7}$$

简化为 $\dfrac{\partial^2}{\partial z'^2}V_y = AV_y$。其中 $A = K_x^2 - E$，E、K_x 与 A 都是 $n\times n$ 维矩阵，n 是计算时保留的谐波数；I 为单位矩阵。通过计算矩阵 A 的本征值和本征向量来求耦合波方程，光栅介质层的电场和磁场空间谐波振幅分布可以分别表示为

$$\begin{cases} V_{ym}(z) = \sum_n \omega_{mn}\left\{c_n^+ \exp\left[-k_0 q_n z\right] + c_n^- \exp\left[k_0 q_n (z-h)\right]\right\} \\ U_{xm}(z) = \sum_n \upsilon_{mn}\left\{-c_n^+ \exp\left[-k_0 q_n z\right] + c_n^- \exp\left[k_0 q_n (z-h)\right]\right\} \end{cases} \tag{2-8}$$

式(2-8)中，ω_{mn} 是矩阵 A 的特征向量矩阵 W 的第 (m,n) 个元素；q_n 是矩阵 A 特征值的正平方根；υ_{mn} 是矩阵 $V = WQ$ 中位置(m, n)所对应的元素，其中 Q 为对角

矩阵，其对角线上的元素为 q_n； c_n^+ 和 c_n^- 是未知变量，可以由边界条件确定。

在边界处电场分量与磁场分量连续，可以计算得到衍射场的幅值 R_m 与 T_m 以及系数 c_n^+ 与 c_n^-。在入射边界 z=0 处，边界条件可以表示为

$$\begin{cases}\delta_{m0}+R_m=\sum_n \omega_{mn}\left[c_n^+ + c_n^- \exp(-k_0 q_n h)\right] \\ \mathrm{j}\left(n_1\cos\theta\delta_{m0}-\dfrac{k_{\mathrm{I}zn}}{k_0}R_m\right)=\sum_n \upsilon_{mn}\left[c_n^+ - c_n^- \exp(-k_0 q_n h)\right]\end{cases} \tag{2-9}$$

写成矩阵形式为

$$\begin{bmatrix}\delta_{m0}\\ \mathrm{j}n_1\cos\theta\delta_{m0}\end{bmatrix}+\begin{bmatrix}I\\ -\mathrm{j}Y_{\mathrm{I}}\end{bmatrix}=\begin{bmatrix}W & WX\\ V & -VX\end{bmatrix}\begin{bmatrix}C^+\\ C^-\end{bmatrix} \tag{2-10}$$

同样可以求出边界 $z=d$ 处的边界条件为

$$\begin{cases}T_m=\sum_n \omega_{mn}\left[c_n^+\exp(-k_0 q_n h)+c_n^-\right] \\ \mathrm{j}\dfrac{k_{\mathrm{II}zn}}{k_0}T_m=\sum_n \upsilon_{mn}\left[c_n^+\exp(-k_0 q_n h)-c_n^-\right]\end{cases} \tag{2-11}$$

写成矩阵形式为

$$\begin{bmatrix}I\\ \mathrm{j}Y_{\mathrm{II}}\end{bmatrix}+T=\begin{bmatrix}WX & W\\ VX & -V\end{bmatrix}\begin{bmatrix}C^+\\ C^-\end{bmatrix} \tag{2-12}$$

式中，X 、Y_{I} 与 Y_{II} 都是对角矩阵，其对角线上的元素分别为 $\exp(-k_0 q_n h)$ 、$\dfrac{k_{\mathrm{I}zm}}{k_0}$ 与 $\dfrac{k_{\mathrm{II}zm}}{k_0}$； $k_{szm}=\sqrt{k_0^2 n_s^2 - k_{xm}^2}\,(s=\mathrm{I}，\mathrm{II})$，为了保证收敛，$k_{szm}$ 取虚部为负的解；C^+ 与 C^- 分别表示由系数 c_n^+ 与 c_n^- 组成的列矩阵； $\delta_{m0}=1(m=1),\ \delta_{m0}=0(m\neq 1)$。

求解上面两个矩阵可以得到

$$\begin{bmatrix}-I & 0 & W & WX\\ \mathrm{j}Y_{\mathrm{I}} & 0 & V & -VX\\ 0 & I & -W & -WX\\ 0 & \mathrm{j}Y_{\mathrm{II}} & -VX & V\end{bmatrix}\begin{bmatrix}R\\ T\\ C^+\\ C^-\end{bmatrix}=\begin{bmatrix}\delta_{m0}\\ \mathrm{j}n_1\cos\theta\delta_{m0}\\ 0\\ 0\end{bmatrix} \tag{2-13}$$

式(2-13)是一个线性方程组，求出反射衍射系数 R 和透射衍射系数 T 之后，各级衍射效率可以写成

$$\begin{cases} \eta_{Rm} = |R_m|^2 \operatorname{Re}\left(\dfrac{k_{\mathrm{I}zm}}{k_0 n_{\mathrm{I}} \cos\theta}\right) \\ \eta_{Tm} = |T_m|^2 \operatorname{Re}\left(\dfrac{k_{\mathrm{II}zm}}{k_0 n_{\mathrm{I}} \cos\theta}\right) \end{cases} \tag{2-14}$$

根据能量守恒定律，无损耗介质光栅的透射与反射衍射效率之和为 1，即

$$\sum_m (\eta_{Rm} + \eta_{Tm}) = 1 \tag{2-15}$$

式(2-15)可以作为是否可使用严格耦合波分析法设计衍射光学元件的一个依据。

TM 模(横磁模，磁场方向与传播方向垂直)入射问题的推导过程与 TE 模十分相似，只是所考虑的电场与磁场分量变为 H_y，E_x，E_z 了，具体就不再赘述。求得的各级衍射效率分别为

$$\begin{cases} \eta_{Rm} = |R_m|^2 \operatorname{Re}\left(\dfrac{k_{\mathrm{I}zm}}{k_0 n_{\mathrm{I}} \cos\theta}\right) \\ \eta_{Tm} = |T_m|^2 \operatorname{Re}\left(\dfrac{k_{\mathrm{II}zm}}{n_{\mathrm{II}}^2}\right) \dfrac{n_{\mathrm{I}}}{k_0 \cos\theta} \end{cases} \tag{2-16}$$

对于一维非矩形光栅，可以通过沿平行光栅方向分割的多层一维矩形薄光栅近似，分的层数越多，近似程度越高。对于这些薄层的矩形光栅，其周期相同，占空比不同，当使用 RCWA 法对每一薄层的电磁场进行分析时，需要考虑相邻两层之间的边界条件连续性，从而获得各个级次衍射光的复振幅分布。这种分层近似的方法是通过将多维的散射问题降为一维问题，其主要依据是衍射光学元件的介电系数分布可以展开为傅里叶级数，使用此方法分析二维结构周期光栅比分析一维结构光栅要复杂，且计算更费时。

2.1.2　标量衍射理论

衍射光学元件的特征尺寸即表面微结构尺寸远远大于入射波波长，并且要求衍射光学元件到输出平面的距离足够远，这时，标量衍射理论是适用的，能够精确地分析衍射场的光场分布。标量衍射理论是将光当作空间中任意位置处具有一定振幅和相位的标量波，然后对入射、出射光波进行描述的分析方法。在能够适用于标量衍射理论的成像衍射光学元件的设计中，只要已知入射光波特性和要求输出的光波特性，通过构造目标函数就可以得到衍射光学元件的相位结构，从而完成对应衍射光学元件的设计。标量衍射理论的使用对于分析成像衍射光学元件对入射光束的光场分布转换以及衍射光学元件衍射效率的计算具有重要意义，以及在成像衍射光学元件的设计和使用中有重要指导意义。此外，标量衍射理论模型能够比较容易地分析衍射光学元件对入射光束光场分布的作用以及计算衍射光学元件的衍射效率，因而得到广泛的使用。

常用的标量衍射理论的方法主要包括 Gerchberg-Saxton(G-S)算法、杨-顾算法、模拟退火算法、遗传算法及混合算法[4,5]等，以上算法在相应参考文献中已有详细论述，下面进行简述。

Gerchberg-Saxton(G-S)算法是在 1971 年由 Gercheberg 和 Saxton 首次提出的一种局部搜索迭代优化算法。杨-顾算法是在 1981 年由中国科学院物理研究所杨国桢教授和顾本源教授提出的，是非正交变换系统中振幅与相位恢复的普遍理论及恢复算法，是一种比较普遍的迭代优化算法。模拟退火算法借鉴了不可逆动力学的思想，是一种通过采用统计方法作为判据对规划问题极值求解，从而实现计算跳出局部极小值区域的方法。遗传算法是在大自然的环境中，通过模拟生物在遗传方面以及进化过程中形成及后续发展的一种自适应全局优化的概率搜索算法。混合算法是指各种算法的混合使用。

当衍射光学元件应用于成像光学系统中时，对其衍射效率的要求比较高，因此，也会增加对其面型设计和加工的要求。近年来，随着加工技术的发展和工艺的提升，衍射光学元件的加工精度飞速提高，目前能够实现衍射光学元件的加工工艺主要包括单点金刚石车削技术[6]、光刻技术[7]、激光直写技术[8]、复制技术和超精密加工[9]等。新技术的发展也使衍射光学元件表面微结构的任意相位设计成为可能，常用的衍射光学元件的表面微结构为连续面型结构，实现的相位调制功能是以设计波长处对应的衍射微结构高度为准的，能够实现的设计波长处最大相位调制为 2π。

对于衍射光学元件的设计和分析，关注点是三个场的分布，即入射光场(入射光到达衍射光学元件的波前分布，表示为$\widetilde{U}(P)$)、透射场(衍射空间的波前函数，表征了光场在衍射空间的分布，表示为$U(x_0,\ y_0)$)和衍射场(衍射空间特定位置处的波前函数，表示为$U(x,\ y)$)的分布。图 2.2 所示为一个由三个部分组成的标量衍射理论下光学系统的光场变换，包括光波入射空间、光波透射空间(衍射光学元件)和光波出射空间，并以衍射光学元件为界。

标量衍射理论模型能够满足成像衍射光学元件的设计精度和使用要求，是此类衍射光学元件的常用设计方法，是通过复透过率函数的相关概念计算得到的。基尔霍夫衍射理论、平面波角谱理论以及瑞利-索末菲(Rayleigh-Sommerfeld)衍射理论是标量衍射理论常用的分析方法。成像衍射光学元件的设计通常以标量衍射理论模型为基础，通过复透过率函数的概念计算。对于成像衍射光学元件的设计，标量衍射理论中的基尔霍夫衍射理论由于与实验结果符合精度最高因而

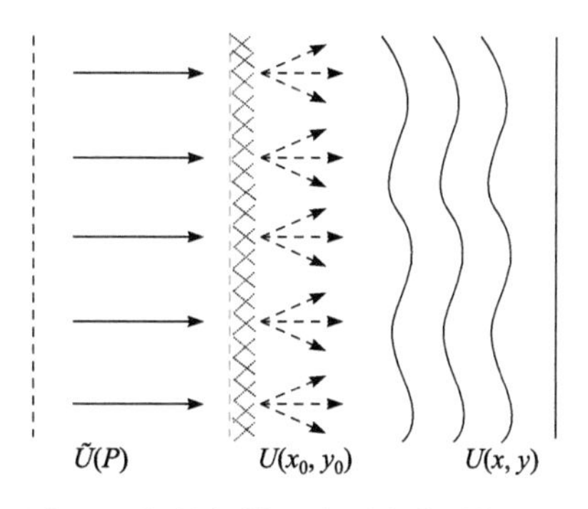

图 2.2　标量衍射理论下光学系统的光场变换分布

使用最为广泛。基于基尔霍夫衍射理论分析，波前任意点的复振幅可表示为

$$\widetilde{U}(P)=\frac{1}{4\pi}\oiint_S\left\{\frac{\exp(\mathrm{i}kr)}{r}\frac{\partial U}{\partial n}-U\frac{\partial}{\partial n}\left[\frac{\exp(\mathrm{i}kr)}{r}\right]\right\}\mathrm{d}s \tag{2-17}$$

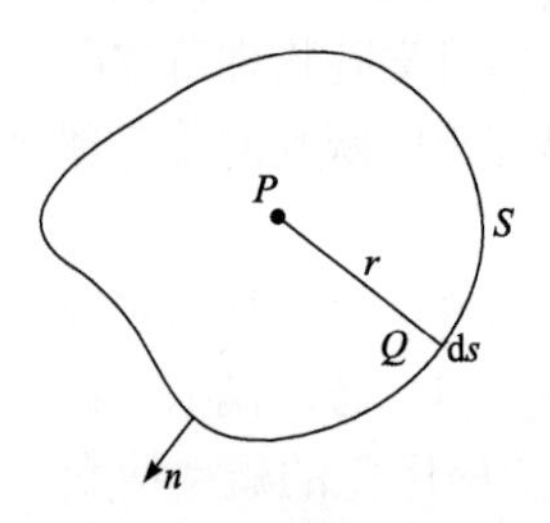

图 2.3　基尔霍夫衍射理论公式中各量的关系示意图

式(2-17)中，点 P 处的场值表示为 $\widetilde{U}(P)$；点 P 处包络的封闭的曲面表示为 S；k 为波数；U 为波场；封闭面 S 的向外法线表示为 n；$\bar{r}$ 表示点 P 到曲面 S 上点 Q 的矢量，且 $r=|\bar{r}|$；点 Q 附近封闭曲面 S 上的小面元表示为 ds，由曲面 S 上一点 Q 向曲面 S 内空间的一点 P 传播的波表示为 $\frac{\exp(\mathrm{i}kr)}{r}$。基尔霍夫衍射理论公式中各量的关系如图 2.3 所示。

以菲涅耳近似公式为基础，光场传播可表示为

$$U(x,y)=\int_{-\infty}^{+\infty}\mathrm{d}x\int_{-\infty}^{+\infty}\mathrm{d}yU(x_0,y_0)\exp\left\{\frac{\mathrm{i}\pi}{\lambda z}\left[(x-x_0)^2+(y-y_0)^2\right]\right\} \tag{2-18}$$

由式(2-18)可知，初始的光场为 $U(x_0,y_0)$，由初始场传播后所建立的新的光场为 $U(x,y)$，光的传播距离为 z。若光场传播的距离十分长，则式(2-18)中的二次项忽略，式(2-18)表示为

$$U(f_x,f_y)=\int_{-\infty}^{+\infty}\mathrm{d}x\int_{-\infty}^{+\infty}\mathrm{d}yU(x_0,y_0)\exp\left[-\mathrm{i}2\pi\left(f_xx_0+f_yy_0\right)\right] \tag{2-19}$$

式(2-19)中频率是 $f_x=\frac{x}{\lambda z}$，$f_y=\frac{y}{\lambda z}$。公式(2-19)为衍射效率的计算提供理论依据，是夫琅禾费衍射近似下的积分公式。

标量衍射理论适用于衍射光学元件的表面微结构分析，在应用时应同时满足两个条件：第一，入射光波波长必须远小于衍射光学元件的表面微结构高度；第二，光场传播在远场处进行分析。利用标量衍射理论计算后，可用关系式 $Q=\frac{2\pi\lambda T}{n\varDelta^2}$ 验证准确性。该式中衍射光学元件的基底材料折射率表示为 n，光波波长表示为 λ，元件的周期宽度表示为 $\varDelta$，$T=\frac{\lambda}{n-1}$。根据标量衍射理论推论，当 $Q\leqslant 1$ 时，标量衍射理论计算的衍射效率才为准确值。

能够满足高衍射效率要求的衍射光学元件主要有相息元件、二元光学元件和相位型菲涅耳透镜。为满足高衍射效率要求，衍射光学元件的表面最大微结构高度和最大相位调制为 2π，即最大衍射微结构高度为中心波长对应的高度值。本书中重点关注旋转对称的衍射光学元件，如上面所述，这类衍射器件名字很多，尽管这些衍射光学元件是基于菲涅耳波带板原理的，但我们也不使用该名词去说

明这类器件，因为在光学设计方面，菲涅耳透镜通常是指采用非相干叠加成像，而衍射透镜主要基于相干叠加成像。这两类衍射光学元件的工作原理完全不同：菲涅耳透镜是基于几何光学原理设计实现的，即光线追迹，在菲涅耳透镜设计中，并没有相邻周期的相位联系，其各个同心圆环等效于一个微折射棱镜，夹角决定了光线的传播方向，最终焦点是各个棱镜环带的光的非相干叠加，并且各个环带面的尺寸决定了焦点尺寸，即环带宽度越小焦点尺寸越小，直至其环带宽度小到能够被衍射理论替代，此时其光斑尺寸由于受到衍射影响会增大；而衍射光学元件是基于物理光学原理，其焦点的最终尺寸受限于衍射光学元件的最小周期宽度(或衍射光学元件的 F 数)。

2.1.3　光线追迹理论

使用几何光学模型对衍射光学元件进行分析和计算是以光线追迹的方法对光场传播进行描述的。根据标量衍射理论，将几何光学模型看作当入射光光波趋于无限小时标量衍射理论的近似，当不同波长的入射光波入射至衍射光学元件的同一微结构表面时，各个衍射级次的相位周期分布是相同的，但是对应的衍射效率是不同的。因此，当采用几何光学模型对衍射光学元件进行分析计算时，其相位分布与波长无关。

1977 年，Sweatt 团队首次提出并实现了使用双球面波对全息透镜几何光学模型的记录，并于 1979 年，对一般类型的衍射光学元件进行了分析，首次建立了应用于衍射光学元件像差分析的高折射率(High Refractive Index, HRI)模型，进而基于光线追迹理论对衍射光学元件进行设计和分析[10]。

HRI 模型的基本思想和实现思路为：在几何光学模型的近似下，衍射光学元件的无限薄表面微结构会产生有限的光焦度，也就是说当用折射光学元件等价衍射光学元件时，折射光学元件的透镜材料的折射率需要趋于无限大，基于这个设计思想，将衍射光学元件等效为厚度无限薄而折射率无限大的折射光学元件，这样就能够用几何光学的原理和光线追迹的方法得到衍射光学元件的光学性能。此时，用商用光学设计软件对折衍混合光学系统进行分析和优化设计时，软件就不需要做任何额外改变。在实际处理时，将衍射光学元件设定为折射率很高、衍射微结构高度很小，代替模型中折射率趋于无穷大、衍射微结构高度趋于无穷小的情况，从而保证运算精度。如图 2.4 所示是利用等效折射率透镜代替衍射光学元件的高折射率模型示意图。

如图 2.4(a)所示，等效折射率透镜的中心基面即为衍射光学元件的曲面基底，后表面面形由衍射光学元件的基底曲面和相位分布共同决定。图 2.4(b)表示的是一条光线入射到高折射率等效透镜时的局部放大示意图，设等效透镜的折射率为 n，则根据折射定律可以得到以下关系式：

$$\begin{cases} n\sin\theta(\varepsilon+\delta)=\sin(\theta+\delta) \\ n\sin\theta(\varepsilon-\delta')=\sin(\theta'-\delta') \end{cases} \tag{2-20}$$

式(2-20)中，θ、ε 与 θ' 为入射光线相对于基面局部法线的倾斜角；δ 与 δ' 分别为等效折射率透镜前、后表面相对于基面切线的倾斜角，以切线为基准，逆时针旋转为正。

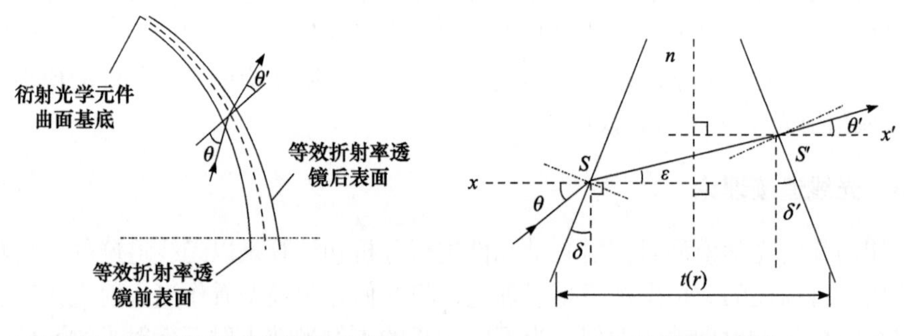

图 2.4　高折射率模型示意图

根据高折射率模型的定义，衍射光学元件的表面微结构为无限薄时，等效折射率透镜前、后两表面的曲率差别很小，且都趋近于衍射光学元件的曲面基底，所以 ε、δ、δ' 的值会非常小，利用小角度近似，有

$$\begin{cases} \sin\varepsilon\approx\varepsilon \\ \sin\delta\approx\delta \\ \sin\delta'\approx\delta' \\ \cos\varepsilon\approx\cos\delta\approx\cos\delta'\approx 1 \end{cases} \tag{2-21}$$

此时式(2-20)可以近似为

$$\begin{cases} n(\varepsilon+\delta)=\sin\theta+\delta\cos\theta \\ n(\varepsilon-\delta')=\sin\theta'-\delta'\cos\theta' \end{cases} \tag{2-22}$$

将式(2-22)上下二式相减，消掉 ε 可得

$$(n-\cos\theta)\delta+(n-\cos\theta')\delta'=\sin\theta-\sin\theta' \tag{2-23}$$

近似有 $n-\cos\theta\approx n-\cos\theta'\approx n-1$，则式(2-23)简化为

$$(n-1)\delta+(\delta+\delta')=\sin\theta-\sin\theta' \tag{2-24}$$

设等效折射率透镜的厚度分布函数为 $t(r)$，径向坐标为 r，由于 δ 和 δ' 都是很小的量，因此可将 $\delta'+\delta$ 近似表示为 $\dfrac{\mathrm{d}t(r)}{\mathrm{d}r}$，则式(2-24)可以近似为

$$(n-1)\frac{\mathrm{d}t(r)}{\mathrm{d}r}=\sin\theta-\sin\theta' \tag{2-25}$$

这样就可以得到以倾斜角 θ 入射，与衍射光学元件交于点 S 的波长为 λ 的入射光线，入射以及出射光线经过衍射光学元件后的出射角 θ' 和出射位置 S'。

另一方面，光线通过衍射光学元件时遵从光栅方程，设衍射光学元件的空间频率(空间周期的倒数，$\mathrm{lp/mm}$)为 $F(r)$，衍射级次为 m，则有

$$m\lambda F(r)=\sin\theta-\sin\theta' \tag{2-26}$$

根据式(2-25)与式(2-26)可以得到

$$m\lambda F(r)=(n-1)\frac{\mathrm{d}t(r)}{\mathrm{d}r} \tag{2-27}$$

由式(2-27)可以看出，衍射光学元件是可以和高折射率模型通过光线理论联系起来的。对于此式，当折射率 $n>105$ 时，式(2-25)中的计算误差约为 0.01%；当折射率 $n\to\infty$ 时，式(2-25)是不存在计算误差的，即计算结果是完全准确的。表明，当光线以相同入射角度入射至衍射光学元件时，采用高折射率模型和光栅方程分别计算此时入射光线对应的出射角度，数值是相同的，也就是说此时该衍射光学元件能够等效为满足 $n\to\infty$ 和 $t\to 0$ 的折射光学元件。因此，从数学上讲，衍射光学元件可以等效于此类型折射透镜，二者本身不存在特别的物理意义。

基于光线追迹原理描述入射光束在衍射光学元件的传输过程，即通过光线入射至衍射光学元件表面微结构的光束传播过程对其分析，并且此过程只针对衍射光学元件的一个衍射级次来分析计算，此时忽略衍射光学元件衍射效率的影响。综上所述，若已知光束经过衍射光学元件表面微结构后的对应确定级次的光线传输情况，就能分析衍射光学元件的光线传输过程。高折射率模型和光栅方程是光线理论模型的两种主要分析方法，使用高折射率模型的前提是假定折射光学元件的折射率趋于无穷大；光栅方程法是采用局部光栅近似方法来完成衍射光学元件分析计算。有一种特殊情况需要注意：若衍射光学元件的最小特征尺寸的范围介于标量衍射理论和矢量衍射理论，则应该提出扩展标量衍射理论对此时的衍射光学元件进行理论研究和分析计算。

从上述分析可以看出，对于衍射光学元件的设计，每种设计理论和模型都有其具体的适用范围。标量衍射理论能够在衍射光学元件的最小特征尺寸远大于入射波长时适用，此时需要考虑光的波动特性来设计光学系统，代表性光学元件如衍射光栅、二元光学元件等；矢量衍射理论能够应用于衍射光学元件最小特征尺寸小于入射波长或者与入射波长同级别的光学系统中，代表性光学元件如含有偏振的光学元件、光子晶体光纤等；而光线追迹模型适用于不需要考虑光的波动性

质的光学系统设计中，代表性结构如普通光学镜头等。

2.1.4 扩展标量衍射理论

多层衍射光学元件可以等效为由多个具有相同衍射微结构周期宽度的谐衍射光学元件组成的单层的衍射光学元件，其不仅能够实现单层衍射光学元件的特殊成像效果，还能够有效改善单层衍射光学元件衍射效率随着入射波长偏离设计波长快速下降的问题。通常情况下，使用标量衍射理论对不同类型成像衍射光学元件进行分析和计算，但是传统的标量衍射理论并没有讨论成像衍射光学元件周期宽度和衍射微结构高度之间的关系，直到文献[11]中提出基于单层衍射光学元件的扩展标量衍射理论，对此问题进行系统分析，完成了单层衍射光学元件的优化设计分析。具体实现方法如下叙述。

首先，设定标量衍射理论的适用条件，即当衍射微结构周期宽度与入射波长接近或者为同一数量级时，标量衍射理论的计算误差较大，而基于麦克斯韦方程的严格矢量衍射理论计算过于复杂，因而不便使用。此时，为了克服以上缺点，提出了扩展标量衍射理论对此类型衍射光学元件等进行优化设计和分析。其次，给出分析模型，如图 2.5 所示。

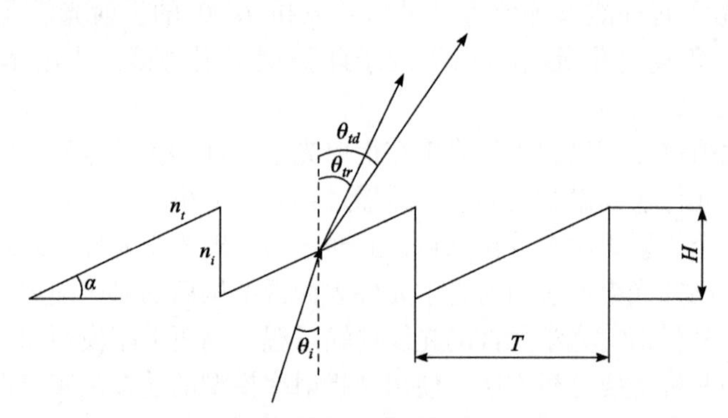

图 2.5 扩展标量衍射理论在单层衍射光学元件设计的分析模型

如图 2.5 所示，θ_{tr} 和 θ_{td} 分别代表光线入射至微结构时的折射角和衍射角，当光束以一定入射角度斜入射至衍射光学元件时，得到对应的衍射光栅方程：

$$T(n_t \sin\theta_t - n_i \sin\theta_i) = m\lambda \tag{2-28}$$

式(2-28)中，T 代表衍射光栅周期宽度，θ_t 和 θ_i 分别代表光线的出射及入射角度，n_t 和 n_i 分别代表出射光、入射光所在介质的折射率，m 代表衍射光栅的衍射级次。

考虑到衍射光栅的衍射微结构周期对光线传播有一定影响，根据斯涅尔(Snell)折射定律得到

$$n_i \sin(\theta_i + \alpha) = n_t \sin(\theta_t + \alpha) \tag{2-29}$$

根据式(2-29)，为了实现第 m 级衍射光束衍射效率最大，应该使入射角度和衍射角度保持一致。当给定衍射微结构周期宽度 T，表面微结构倾角 α，微结构高度 H 时，倾角满足

$$\alpha = \arctan\left(\frac{H}{T}\right) \tag{2-30}$$

联立式(2-28)～式(2-30)，可以得到此时衍射微结构高度的优化高度 H 的优化参数为

$$H_{\text{opt}} = \frac{m\lambda}{n_i \cos\theta_i - \sqrt{n_t^{\,2} - \left(\dfrac{m\lambda}{T} + n_i \sin\theta_i\right)^2}} \tag{2-31}$$

做以下讨论：

(1) 假定光线垂直入射至衍射光学元件基底，光束经过衍射微结构入射至空气介质时，衍射光学元件表面微结构高度的优化参数表示为

$$H_{\text{opt}} = \frac{m\lambda}{n - \sqrt{1 - \left(\dfrac{m\lambda}{T}\right)^2}} \tag{2-32}$$

(2) 假定光线从空气介质垂直入射至衍射光学元件基底，光束经过衍射微结构入射至折射率为 n 的介质时，衍射光学元件表面微结构高度的优化参数表示为

$$H_{\text{opt}} = \frac{m\lambda}{1 - n\sqrt{1 - \left(\dfrac{m\lambda}{nT}\right)^2}} \tag{2-33}$$

下面，以红外晶体锗(Germanium)为例进行分析，如图 2.6 所示，计算给出了中波红外波段 3～5 μm 时，单层衍射光学元件优化设计的表面微结构高度比与周期的关系。

根据图 2.6 中的计算结果，当衍射光学元件衍射微结构周期与入射波长同等量级时，使用标量衍射理论对衍射效率计算的误差较大。例如，当光束从空气介质入射至单层衍射光学元件基底且当其周期宽度与入射波长的比值大于 3 时，使用标量衍射理论计算得到的衍射微结构高度和使用扩展标量衍射理论得到的衍射微结构周期高度的差值小于 0.5%；当光束从单层衍射光学元件基底端入射至空气介质端，并且周期宽度与入射波长的比值大于 6 时，使用标量衍射理论计算得到的衍射微结构高度和使用扩展标量衍射理论得到的衍射微结构高度的差值小于

0.5%。综上，当光束的入射情况不同时，衍射微结构相同，高度误差和对应周期波长的比值不同。

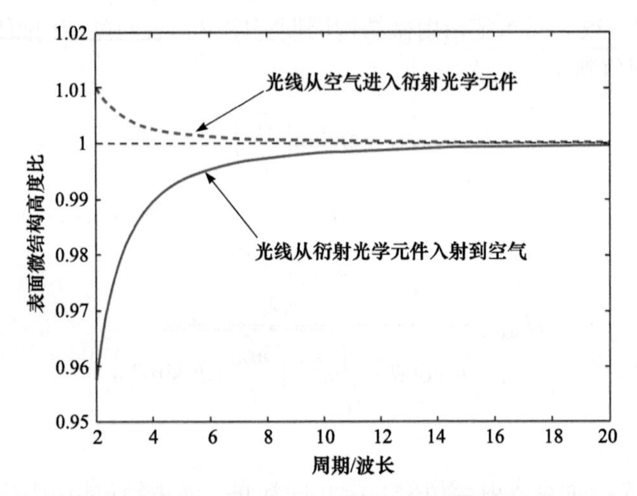

图 2.6　基于扩展标量衍射理论的单层衍射光学元件表面微结构高度比值与周期的关系

以上讨论了传统正折射率材料为基底的衍射光学元件表面微结构的优化高度公式，而对于负折射率材料为基底的衍射光学元件的表面微结构的优化高度公式却未给出。光线从空气垂直入射到负折射率基底材料衍射光学元件表面时的情况，如图 2.7 所示。

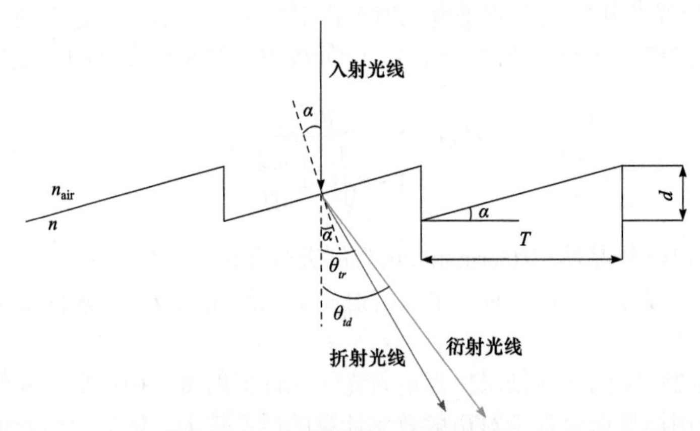

图 2.7　光线从空气垂直入射到负折射率基底材料衍射光学元件表面

图 2.7 中，红色代表折射光线，绿色代表衍射光线，θ_{tr} 和 θ_{td} 分别代表入射光线经过负折射率材料基底衍射光学元件与空气分界面后的折射角和一级衍射角。根据式 (2-29)可以得到

$$\sin\alpha = -n\sin\left(\theta_{tr} - \alpha\right) \tag{2-34}$$

式(2-34)中，$\alpha = \arctan(d/T)$，d 是负折射率衍射光学元件的微结构高度，T 是周期宽度。根据光栅方程有

$$T(-n\sin\theta_{td}) = m\lambda \tag{2-35}$$

与传统衍射光学元件的讨论相似，为了获得最大的衍射效率，需要使折射角 θ_{tr} 与衍射角 θ_{td} 相同。由式(2-34)和式(2-35)得到负折射率材料为基底的衍射光学元件表面微结构的优化高度为

$$H_{\text{opt}} = \frac{\lambda_0}{1 - n\sqrt{1-\left(\dfrac{\lambda_0}{nT}\right)^2}} \tag{2-36}$$

用相似的讨论方法可以得到当光线经分界面射入空气时表面微结构的优化高度为

$$H_{\text{opt}} = \frac{\lambda_0}{\sqrt{1-\left(\dfrac{\lambda_0}{T}\right)^2} - n} \tag{2-37}$$

下面以肖特光学材料 N-BK7 为例，给出优化的单层衍射光学元件的最优微结构高度与周期和入射角度的变化关系，如图 2.8 所示，其中衍射级次 $m=1$，中心波长 λ=546.1 nm，同时给出在正入射时，优化的单层衍射光学元件的表面微结构高度与周期关系，如图 2.9 所示。

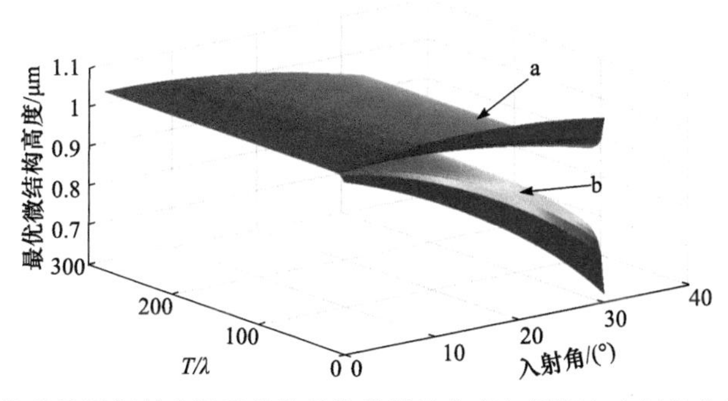

图 2.8　优化的单层衍射光学元件的最优微结构高度与周期和入射角度的变化关系

a 为从空气射入衍射光学元件；b 为从衍射光学元件射入空气

此时，可以将应用于单层衍射光学元件的标量衍射理论扩展至多层衍射光学元件的优化设计中，从而实现多层衍射光学元件周期与表面微结构高度的关系计算分析和对应多层衍射光学元件的优化设计方法。如图 2.10 所示，为多层衍射光学元件的分析模型。

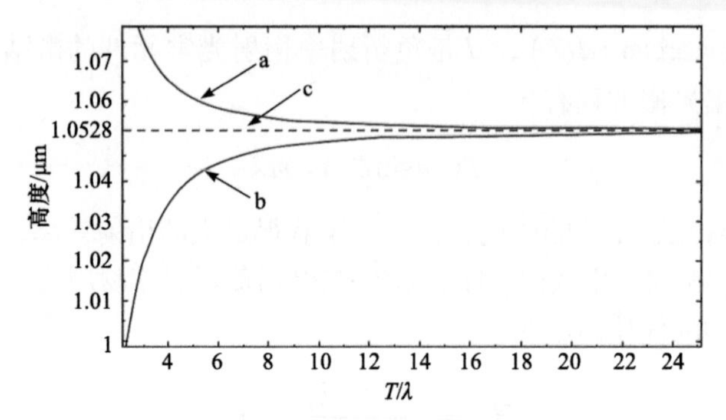

图 2.9　优化的单层衍射光学元件的表面微结构高度与周期的关系

a 为从空气射入衍射光学元件；b 为从衍射光学元件射入空气；c 为标量衍射理论高度

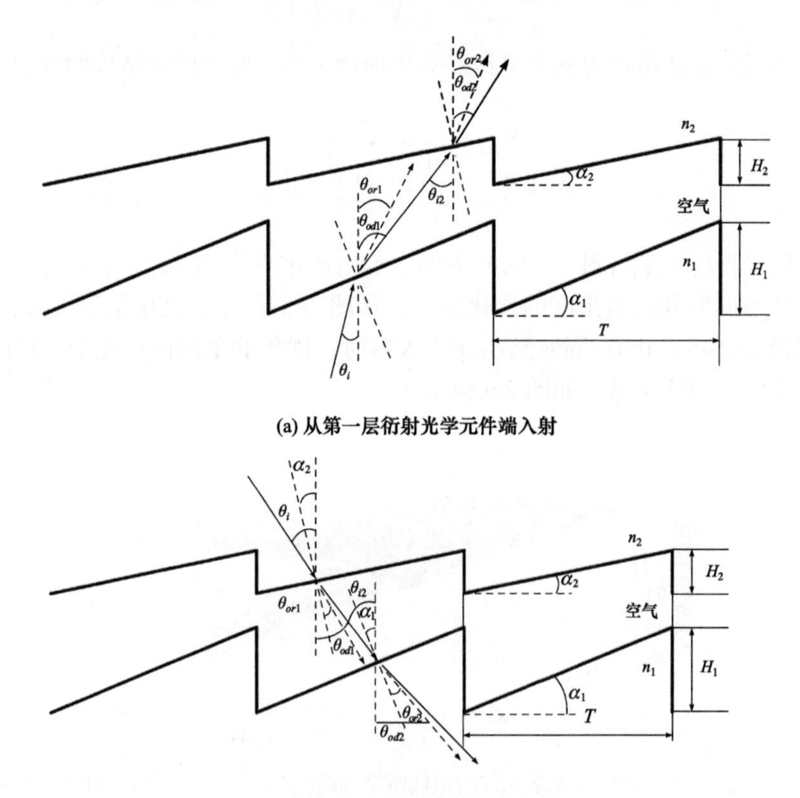

(a) 从第一层衍射光学元件端入射

(b) 从第二层衍射光学元件端入射

图 2.10　多层衍射光学元件的分析模型

根据上述采用扩展标量衍射理论分析单层衍射光学元件的方法，对多层衍射光学元件的表面微结构参数进行分析计算，图 2.10 中 θ_{ori} 、θ_{odi} 分别代表光线通过第 i 层衍射光学元件后的折射和衍射角度，则根据衍射光栅公式，当光束从第一层衍射光学元件端入射时，得光束斜入射时的第一层衍射光学元件的衍射光栅

方程为

$$T(n_o \sin\theta_{od1} - n_i \sin\theta_i) = m_1\lambda \tag{2-38}$$

当光束斜入射至第一层衍射光学元件时，根据 Snell 折射定律，考虑衍射微结构对光线传播的影响，可以得到

$$n_i \sin(\theta_i + \alpha_1) = n_o \sin(\theta_{or1} + \alpha_1) \tag{2-39}$$

为满足第 m 衍射级次衍射效率最大化，根据公式(2-38)，要求衍射光束的折射角度和衍射角度应该相等，即 $\theta_{or1} = \theta_{od1}$，其中衍射光学元件的表面结构特征可以通过衍射微结构高度和环带周期宽度两个参量综合描述，此时将两个参量联立，可以得到对应衍射光学元件表面微结构倾斜角，即 $\tan\alpha_1 = \dfrac{H_1}{T}$。通过联立式 (2-38)和式(2-39)，可以得到基于扩展标量衍射理论的第一层衍射光学元件的表面微结构优化高度表达式为

$$H_{\text{opt1}} = \frac{m_1\lambda}{n_i \cos\theta_i - \sqrt{{n_o}^2 - \left(\dfrac{m_1\lambda}{T} + n_i \sin\theta_i\right)^2}} \tag{2-40}$$

当光束从第一层衍射光学元件基底垂直入射至该多层衍射光学元件时，令式(2-40)中的角度数值为 0，即 $\sin\theta_i=0$，可以得到第一层衍射光学元件的表面微结构优化高度表达式为

$$H_{\text{opt1}} = \frac{m_1\lambda}{n_i - n_o\sqrt{1 - \left(\dfrac{m_1\lambda}{n_o T}\right)^2}} \tag{2-41}$$

下面根据已分析的第一层衍射光学元件的衍射光线和折射光线重合，分析第二层衍射光学元件的表面微结构高度的优化过程，其中第二层衍射光学元件的入射角度 $\theta_{i2} = \theta_{od1}$，第一层衍射光学元件的衍射级次为 m_1，若第二层衍射光学元件的衍射级次为 m_2，则满足 $m_1 + m_2 = m$。根据衍射光栅公式，第二层衍射光学元件的光栅方程为

$$T(n_2 \sin\theta_{od2} - n_o \sin\theta_{od1}) = m_2\lambda \tag{2-42}$$

联立第一层衍射光学元件和第二层衍射光学元件的衍射光栅方程(2-38)和(2-42)，得多层衍射光学元件可以等效为一个单层衍射光学元件，即

$$T(n_2 \sin\theta_{od2} - n_i \sin\theta_i) = m_1\lambda + m_2\lambda = m\lambda \tag{2-43}$$

当光束斜入射至多层衍射光学元件时，考虑衍射微结构对光线的传播的影响，根据 Snell 折射定律对第二层衍射光学元件分析，得

$$n_o \sin(\theta_{od1} + \alpha_2) = n_2 \sin(\theta_{or2} + \alpha_2) \tag{2-44}$$

为了实现第二层衍射光学元件的第 m_2 衍射级次的衍射效率最大化设计，应使衍射光束的衍射角和折射光束的折射角相等，即 $\theta_{or2}=\theta_{od2}$，其中衍射光学元件的微结构特征采用表面微结构高度 H_2 和环带周期 T 来描述，把两个物理量联立，得第二层衍射光学元件的表面微结构倾角，$\tan\alpha_2=\dfrac{H_2}{T}$，联立式(2-38)、式(2-42)和式(2-44)，得优化的第二层衍射光学元件的表面微结构高度为

$$H_{\text{opt}2}=\frac{(m-m_1)\lambda}{\sqrt{n_o{}^2-\left(\dfrac{m_1\lambda}{T}+n_i\sin\theta_i\right)^2}-\sqrt{n_2{}^2-\left(\dfrac{(m_1+m_2)\lambda}{T}+n_i\sin\theta_i\right)^2}} \tag{2-45}$$

当光束从第一层衍射光学元件基底端正入射到多层衍射光学元件时，得优化的第二层衍射元件的表面微结构高度为

$$H_{\text{opt}2}=\frac{(m-m_1)\lambda}{\sqrt{n_o{}^2-\left(\dfrac{m_1\lambda}{T}\right)^2}-\sqrt{n_2{}^2-\left(\dfrac{(m_1+m_2)\lambda}{T}\right)^2}} \tag{2-46}$$

然而，当光束从第二层衍射光学元件基底端射入多层衍射光学元件时，如图 2.10(b)所示，根据以上从第一层衍射光学元件基底端射入多层衍射光学元件的分析过程，得两个衍射光学元件的表面微结构高度分别为

$$\begin{cases} H_{\text{opt}1}=-\dfrac{(m-m_2)\lambda}{\sqrt{n_o{}^2-\left(\dfrac{m_2\lambda}{T}+n_i\sin\theta_i\right)^2}-\sqrt{n_1{}^2-\left(\dfrac{(m_1+m_2)\lambda}{T}+n_i\sin\theta_i\right)^2}} \\ H_{\text{opt}2}=-\dfrac{m_2\lambda}{n_i\cos\theta_i-\sqrt{n_o{}^2-\left(\dfrac{m_2\lambda}{T}+n_i\sin\theta_i\right)^2}} \end{cases} \tag{2-47}$$

当光束从第二层衍射光学元件基底正入射时，优化得到的两层衍射光学元件的表面微结构高度为

$$\begin{cases} H_{\text{opt}1}=-\dfrac{(m-m_2)\lambda}{\sqrt{n_o{}^2-\left(\dfrac{m_2\lambda}{T}\right)^2}-\sqrt{n_1{}^2-\left(\dfrac{(m_1+m_2)\lambda}{T}\right)^2}} \\ H_{\text{opt}2}=-\dfrac{m_2\lambda}{n_i-\sqrt{n_o{}^2-\left(\dfrac{m_2\lambda}{T}\right)^2}} \end{cases} \tag{2-48}$$

其中，$m_1+m_2=m$，而多层衍射光学元件的标量衍射理论的高度为

$$
\begin{cases}
H_{\text{app1}} = -\dfrac{(m-m_2)\lambda}{n_o - n_1} \\
H_{\text{app2}} = -\dfrac{m_2\lambda}{n_i - n_o}
\end{cases}
\tag{2-49}
$$

下面以 PMMA 和 POLYCARB 为基底材料的多层衍射光学元件为例，工作波段为 400～700 nm，设计波长为 435 nm 和 598 nm，计算得到多层衍射光学元件的表面微结构高度和周期的关系如图 2.11 所示，以及多层衍射光学元件的带宽积分平均衍射效率与周期的关系如图 2.12 所示。其中图 2.11 中虚线曲线代表不考虑衍射光学元件的表面微结构中的周期时，依据标量衍射理论得到的谐衍射光学元件的表面微结构高度，图 2.12 中的虚线为不考虑谐衍射光学元件的表面微结构中的周期时，依据标量衍射理论得到的多层衍射光学元件的带宽积分平均衍射效率。

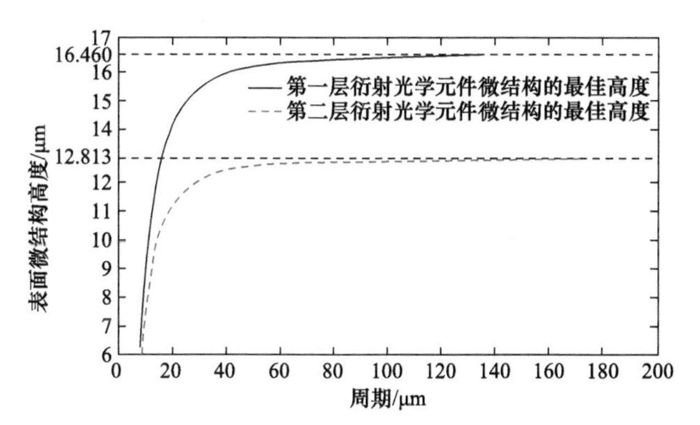

图 2.11　PMMA 和 POLYCARB 构成的多层衍射光学元件的表面微结构高度与周期的关系

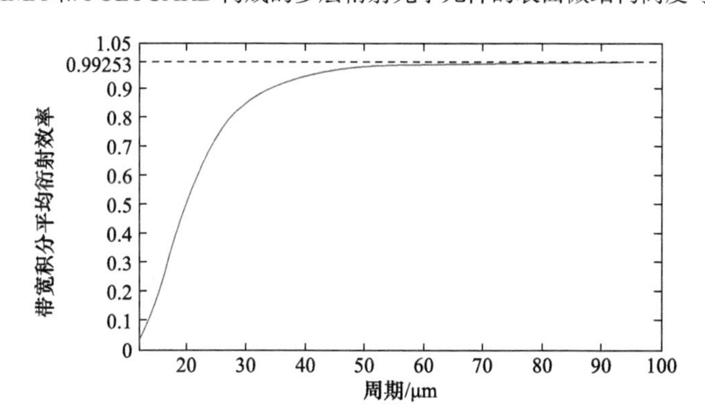

图 2.12　多层衍射光学元件的带宽积分平均衍射效率与周期的关系

结合单层衍射光学元件的优化微结构高度如图 2.9 所示，由图 2.11 和图 2.12 分析可知，多层衍射光学元件采用标量衍射理论分析时，最小周期环带宽度与单层衍射光学元件的环带宽度不等，则采用标量衍射理论分析多层衍射光学元件，其最小周期宽度应大于波长的几十倍。

2.2 衍射光学元件设计概述

2.2.1 成像衍射光学元件的设计原理

成像衍射光学元件的设计，本质上就是将对该物理系统的理解转化为一个等价优化问题，并对此问题进行最优解求取的过程。通常情况下，在满足给定要求及其他限定条件下，对衍射光学元件的设计应该进行计算优化使其达到特定要求的技术指标。目前，已有两大类衍射光学元件的设计方法，即直接设计和间接设计。直接设计是指在设计过程中考虑加工工艺条件的限制并将所有的限制结合到衍射光学元件的设计优化程序中。间接设计则是在开始并不考虑加工制造工艺的限制，而实质是寻找一个相位恢复的最优解，并且只有当实际加工时才会将加工工艺考虑进去，因此该方法在本质上可以细化为两个步骤：首先，采用相对抽象的设计模型对衍射光学元件进行相位恢复求解；其次，考虑实际加工工艺问题对衍射光学元件的影响进行再次优化设计。

然而，不管是采用哪种设计方法，首要问题都是要很好地理解所设计衍射光学元件要实现的功能及其在光学系统的物理内涵，并建立相应的数学-物理模型，这种模型对衍射光学元件的性能参数选取和优化设计等都有重要的影响。一般地，衍射光学元件的设计分为以下三个步骤。

(1) 分析成像光学系统对衍射光学元件的要求和其他相关限制条件，建立相应数学-物理模型，这包括两部分内容：一是要求设计者对成像光学系统中衍射光学元件建立一个准确的、简单的模型进行描述和分析；二是设计人员应该尽可能将这些影响因素反映在物理模型的设计参数中。

(2) 将建立好的模型转化为数学描述，并定义恰当的优化变量，在给定限制条件下对衍射光学元件进行优化。在这个过程中，定义一些变量对待优化的物理参数的标识是非常重要的，这些变量直接反映衍射光学元件在光学系统中的性能，在优化过程中都会考虑达到光学系统在性能上的某种平衡。

(3) 将前两步得到的相关数据输入到衍射光学元件所在的光学系统中，基于整体性能对其进行模拟设计，得到设计的衍射光学元件的具体结构参数，最终能够实现衍射光学元件的加工。在这个过程中，衍射光学元件的面型结构和相关参数直接决定衍射光学元件在光学系统的功能，并能够使用现有加工制造技术完成衍射光学元件的加工。

2.2.2　衍射光学元件的成像光学系统模型

使用衍射光学元件的成像光学系统模型，如图 2.13 所示。

成像光学系统中对衍射光学元件的要求是没有厚度，只有相位调制。此时，衍射光学元件设计时的参数变量主要是描述衍射光学元件面型结构的相位分布函数 $\phi(x,y)$，而衍射光学元件的相位分布特性会受到设计要求的限制。成像衍射光学元件一般都是旋转对称光学系统，此时衍射光学元件的二维结构设计则可以转化为一维设计，这会大大降低计算量，提高设计效率，下面对相位连续型成像衍射光学元件进行阐述。

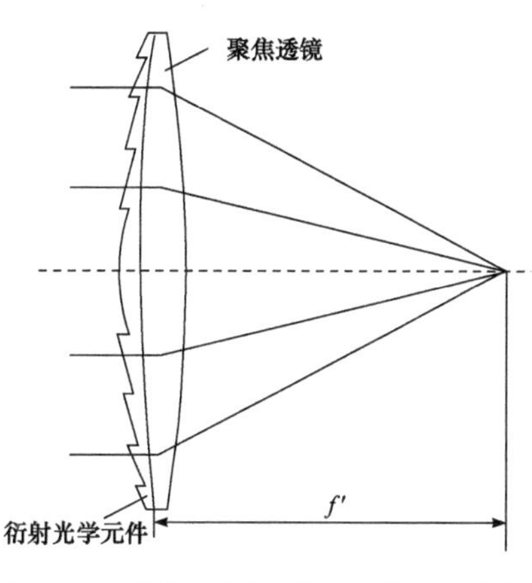

图 2.13　使用衍射光学元件的成像光学系统模型

采用无限薄的相位板对衍射光学元件的相位调制作用进行近轴近似分析，同时衍射光学元件是一个纯粹的相位元件，其透过率函数是复杂的指数函数。对于一个旋转对称的衍射光学元件，其透过率函数可以采用独立的径向坐标的平方表示[12]

$$t_{\text{lens}}(x,y;\lambda)=\exp\left[\frac{-\mathrm{i}\pi(x^2+y^2)}{\lambda f}\right] \tag{2-50}$$

式(2-50)中，x，y 是薄相位元件的平面坐标，λ 是波长，f 是元件的焦距。因为衍射光学元件在无限薄的情况下等效成一个折射透镜，所以希望用与折射透镜一样的透过率函数表示衍射光学元件的透过率函数。

使用平面波照明菲涅耳波带板的子周期，则第 j 个环带的边缘的光程为 $f_0+j\lambda_0$，即

$$r_j^{\ 2}=2j\lambda_0 f_0+(j\lambda_0)^2 \tag{2-51}$$

因为是近轴近似，$(j_{\max}\lambda_0)^2\ll f_0$，则式(2-51)为

$$r_{j,\text{paraxial}}^2=2j\lambda_0 f_0 \tag{2-52}$$

推导出所需要的相位函数表达式为 $\phi(x,y)=(2\pi/\lambda_0)\text{OPD}(x,y)$，$\phi(x,y)$ 是相位延迟函数，$\text{OPD}(x,y)$ 是光程差，即 $\text{OPD}(x,y)=[n(\lambda_0)-1]H(x,y)$，$n(\lambda_0)$ 是基底材料在波长 λ_0 处的折射率，$H(x,y)$ 是衍射光学元件在 (x,y) 坐标点的微结构高度，因最大相位调制引起 2π 的相位变化，所以衍射光学元件的表面微结构的最大

高度为

$$H_{\max}=\frac{\lambda_0}{n(\lambda_0)-1} \tag{2-53}$$

Dammann 在文献[13]已分析该式的精度，其相位函数表示为

$$\phi(r)=\alpha 2\pi\left(j-\frac{r^2}{2\lambda_0 f_0}\right),\ r_j<r<r_{j+1} \tag{2-54}$$

在这里，引入变量 $\xi=r^2/(2\lambda_0 f_0)$ 用于传递相位函数，则

$$\phi(r)=\alpha 2\pi(j-\xi),\ j<\xi<j+1 \tag{2-55}$$

其中

$$\alpha=\frac{\lambda_0[n(\lambda)-1]}{\lambda[n(\lambda_0)-1]} \tag{2-56}$$

则衍射光学元件的透过率函数表达式变换为 $t(\xi)=\exp[\mathrm{i}\phi(\xi)]$ ，是以 ξ 为周期的指数函数，采用傅里叶级数的形式表示为

$$t(\xi)=\exp[\mathrm{i}\phi(\xi)]=\sum_{m=-\infty}^{\infty}c_m\exp(\mathrm{i}2\pi m\xi) \tag{2-57}$$

其中

$$c_m=\frac{\exp[-\mathrm{i}\pi(a+m)]}{\pi(a+m)}\sin[\pi(a+m)] \tag{2-58}$$

去掉共有项 $\exp(-\mathrm{i}\omega t)$ ，在式(2-50)中会聚透镜对应正的焦距，为使衍射光学元件得到正的 m 值，从而与会聚透镜焦距对应，这样式(2-57)中 m 变为 $-m$ ，得到衍射光学元件的通用透过率函数表达式为

$$t(r)=\sum_{m=-\infty}^{\infty}\exp[-\mathrm{i}\pi(a-m)]\mathrm{sinc}(a-m)\exp\left(-\frac{\mathrm{i}\pi r^2}{\lambda_0(f_0/m)}\right) \tag{2-59}$$

其中

$$\mathrm{sinc}(x)=\frac{\sin(\pi x)}{\pi x} \tag{2-60}$$

得

$$f(\lambda,m)=\frac{\lambda_0 f_0}{\lambda m} \tag{2-61}$$

$$K(\lambda,m)=\frac{1}{f(\lambda,m)}=\frac{\lambda m}{\lambda_0 f_0}=\frac{\lambda m}{\lambda_0}K_0 \tag{2-62}$$

K_0 是设计波长为 λ_0 时的光焦度，则衍射级次 m 的衍射效率为

$$\eta(\lambda,m)=c_m c_m^*=\mathrm{sinc}^2(a-m) \tag{2-63}$$

当衍射级次 $m=1$ 时，在中心波长 λ_0 处的衍射效率为 100%，其他波长处的衍射效率可以通过式(2-63)计算。如果忽略材料色散的影响，即 $a=\dfrac{\lambda_0}{\lambda}$，则衍射效率如图 2.14 所示。

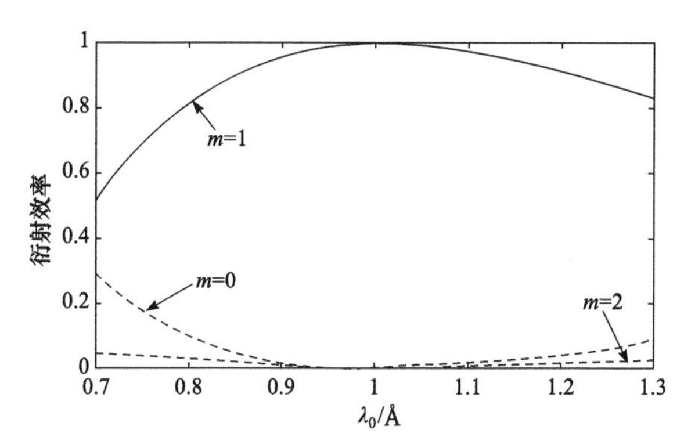

图 2.14　单层衍射光学元件的衍射效率

以上基于傍轴近似理论对 100%衍射效率进行分析，然而这个近似存在一定的误差。下面主要探讨在非近似情况下如何实现成像衍射光学元件高衍射效率，同时采用平面波照明产生没有像差的球面波，因近轴近似是采用菲涅耳波带法进行设计的，所以小 F 数近轴设计存在巨大的球差，关于 F 数的探讨见文献[14]。

这里，为精确描述 xy 平面产生的半径为 f_0 的会聚球面波，光程差为 $\mathrm{OPD}=\sqrt{{f_0}^2+r^2}-f_0$，则相位函数表达式为

$$\phi(r)=\alpha 2\pi\left(j-\frac{\sqrt{{f_0}^2+r^2}-f_0}{\lambda_0}\right),\ r_j<r<r_{j+1} \tag{2-64}$$

同时引入变量 $\xi=\left(\sqrt{{f_0}^2+r^2}-f_0\right)/\lambda_0$，则式(2-55)和式(2-64)具有相同的形式。获得 100%的衍射效率，在中心波长处得到理想的球面波，使第一衍射级次的衍射能量达到最大。

2.3　衍射光学元件的成像特性

2.3.1　色散性质

通常光学系统实现消色差是利用不同光学材料阿贝数的差异进行互补实现

的，即使用双胶合或者三片透镜实现消色差，但也会同时影响到其他像差，这就不得不要求光学系统更加复杂化，但这会直接导致光学系统元件多、结构复杂、总体较重等问题。事实上，衍射光学元件是一种具有与传统折射透镜色差性质相反的非均匀光栅结构，即当波长逐渐增大时，对应的色散减小、色差增大。衍射光学元件的阿贝数和相对部分色散可以分别表示为

$$
\begin{cases}
v_B = \dfrac{-\lambda_0}{\lambda_L - \lambda_S} \\
p_B = \dfrac{\lambda_S - \lambda_0}{\lambda_S - \lambda_L}
\end{cases}
\tag{2-65}
$$

式(2-65)中，v_B代表衍射光学元件的阿贝数；p_B代表衍射光学元件的相对部分色散；λ_0代表设计波长(一般可选中心波长)；λ_L和λ_S分别代表衍射光学元件使用波段范围内的最大和最小波长。例如，在可见光波段，衍射光学元件的色散系数一般为−3.46，相较于常规光学材料正色散的特性，这就是衍射光学元件的负色散特性。式(2-65)反映了衍射光学元件独特的相对色散特性，例如在可见光波段其相对部分色散为 0.606，普通材料往往为 0.7 以上，将该特性应用在光学系统设计当中，可以很好地校正系统的色差以及二级光谱。如图 2.15 所示是基于衍射光学元件进行色差校正的原理图。

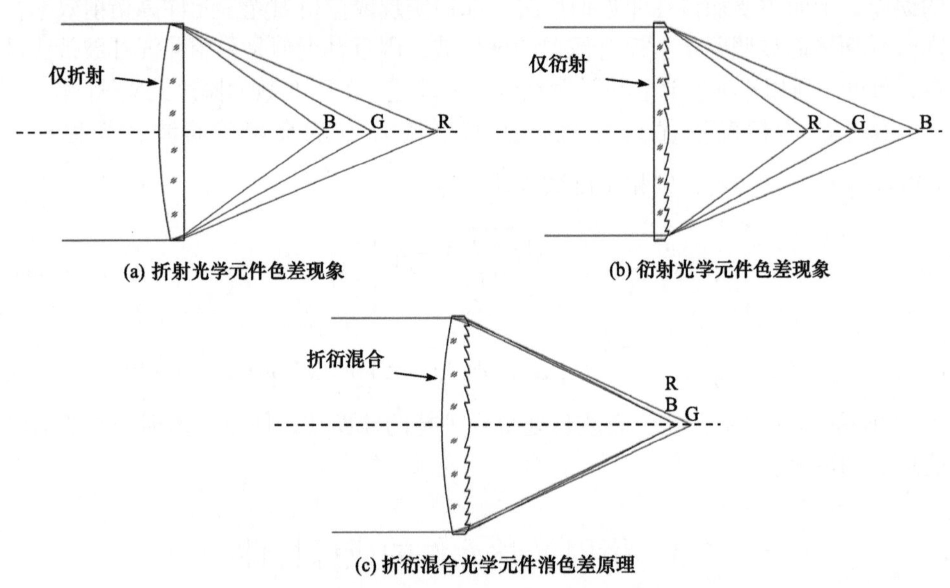

图 2.15　基于衍射光学元件进行色差校正的原理图

B:蓝光；G:绿光；R:红光

衍射光学元件的特殊色散使光学系统消色差更为简单化，一般采用单片折衍

混合透镜就可实现。设折衍混合单透镜光焦度是 K，基底透镜为光焦度是 K_R 的折射透镜，其阿贝数是 v_R，衍射面的光焦度是 K_D，阿贝数是 v_D，为了实现消色差，其满足

$$\begin{cases} K_R + K_D = K \\ \dfrac{K_R}{v_R} + \dfrac{K_D}{v_D} = 0 \end{cases} \tag{2-66}$$

解式(2-66)，得折射透镜与衍射光学元件的光焦度分配为

$$\begin{cases} K_R = -\dfrac{v_R}{v_R - v_D} K \\ K_D = -\dfrac{v_D}{v_D - v_R} K \end{cases} \tag{2-67}$$

采用折衍透镜，利用衍射光学元件的特殊色散，可减少透镜的使用，避免昂贵的材料使用和加工难度大的问题，减轻系统重量，为解决多种波段的消色散问题提供便利。

衍射光学元件的特殊色散性质包括负色散性质和部分色散性质，因此，采用衍射光学元件与普通光学玻璃透镜组合时能够实现消色差和复消色差作用，也可以利用两个折射元件 R_1 和 R_2 与衍射光学元件结合实现二级光谱的校正，满足关系为

$$\begin{cases} K_{R1} + K_{R2} + K_D = K \\ \dfrac{K_{R1}}{v_{R1}} + \dfrac{K_{R2}}{v_{R2}} + \dfrac{K_D}{v_D} = 0 \\ \dfrac{K_{R1}}{v_{R1}} P_1 + \dfrac{K_{R2}}{v_{R2}} P_2 + \dfrac{K_D}{v_D} P_D = 0 \end{cases} \tag{2-68}$$

解式(2-68)后，推出各光学元件的光焦度分配应该满足

$$\begin{cases} X = v_{R1}(P_2 - P_3) + v_{R2}(P_3 - P_1) + v_D(P_1 - P_2) \\ K_{R1} = K v_{R1}(P_2 - P_3)/X \\ K_{R2} = K v_{R2}(P_3 - P_1)/X \\ K_D = K v_D(P_1 - P_2)/X \end{cases} \tag{2-69}$$

根据以上分析可知，衍射光学元件对二级光谱的校正和光焦度的优化有很大优势。

2.3.2　三级像差性质

对衍射光学元件三级像差的研究起始于 1977 年和 1978 年，W. C. Sweatt[14,15]和 Kleinhans[16]等利用薄透镜模型来模拟平面基底的全息透镜、曲面波带片和菲涅耳透镜以研究它们的三级像差。因此，通常在研究衍射光学元件的

成像特性时，利用薄透镜模型，将光学元件等效为具有无穷大折射率的薄透镜类型。

常用的成像衍射光学元件是旋转对称的，其相位调制函数写成

$$\phi(r) = m2\pi(A_1 r^2 + A_2 r^4 + \cdots) \tag{2-70}$$

式(2-70)中，m 代表衍射级次，A_1 代表二次相位系数，衍射光学元件的傍轴光焦度由这两个参数确定，表达式为 $K_D = -2m\lambda A_1$。如果衍射光学元件已经完成设计，A_1 和确定波长呈正比例关系，二次项被定义为初级像差，利用它可以进行系统色差的校正，高次项被定义为非球面相位系数，利用它可以进行系统单色像差的校正。下面讨论三级像差[17]。

图 2.16 展现了当光阑密接于一个薄透镜时的傍轴参量，并根据 Welford 的约定规则定义符号，物高是 h，光瞳面的极坐标是 ρ 和 θ，所以波前像差多项式为

$$\begin{aligned} W(h,\rho,\cos\theta) &= \frac{1}{8}\rho^4 S_{\mathrm{I}} + \frac{1}{2}h\rho^3\cos\theta S_{\mathrm{II}} + \frac{1}{2}h^2\rho^2\cos^2\theta S_{\mathrm{III}} \\ &\quad + \frac{1}{4}h^2\rho^2(S_{\mathrm{III}} + S_{\mathrm{IV}}) + \frac{1}{2}h^3\rho\cos\theta S_{\mathrm{V}} \end{aligned} \tag{2-71}$$

式(2-71)中，S_{I}是球差赛德尔(Seidel)像差系数，S_{II}是彗差赛德尔像差系数，S_{III}是像散赛德尔像差系数，S_{IV}是场曲赛德尔像差系数，S_{V}是畸变赛德尔像差系数。

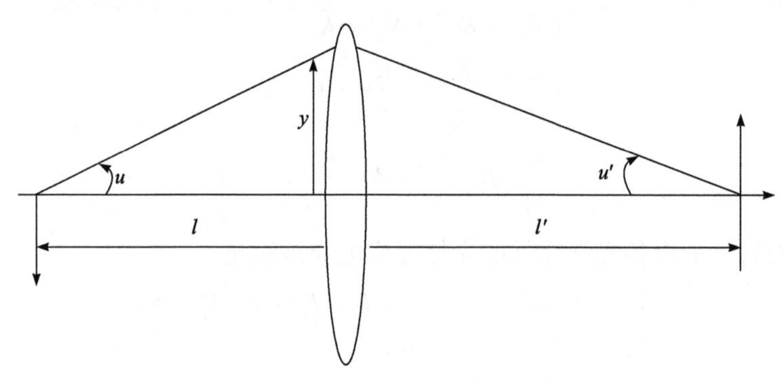

图 2.16　薄透镜的傍轴参量

由图 2.16 可知，u 是物方孔径角，u' 是像方孔径角，y 是第一近轴光线和透镜交点的高度。令 c_1、c_2 是薄透镜前后两面的曲率，所以薄透镜的光焦度是

$$K = n_0(n-1)(c_1 - c_2) \tag{2-72}$$

光学元件处于折射率为 n_0 的介质中。令弯曲参量 B 与共轭参量 C 的表达式分别为

$$B = n_0(n-1)\frac{(c_1+c_2)}{K} = \frac{c_1+c_2}{c_1-c_2}，\quad C = n_0\frac{(u+u')}{K} = \frac{u+u'}{u-u'} \tag{2-73}$$

式(2-73)中，$B=0$ 说明透镜是等曲率透镜(两个凸面或两个凹面)，$B=-1$ 说明透镜是平凸透镜，$B=1$ 说明透镜是平凹透镜；$C=0$ 说明系统的物距与像距相等，$C=1$ 说明物位于透镜的第一主焦面，$C=-1$ 说明物位于距透镜无穷远处。根据 Coddington 变量和共轭角的相互联系，三个参量 B，C，K 推导出

$$
\begin{cases}
c_1=\dfrac{K}{2n_0(n-1)}(B+1)\\[2mm]
c_1=\dfrac{K}{2n_0(n-1)}(B-1)\\[2mm]
u=\dfrac{hK}{2n_0}(C+1)\\[2mm]
u'=\dfrac{hK}{2n_0}(C+1)\\[2mm]
m=\dfrac{u}{u'}=\dfrac{C+1}{C-1}
\end{cases}
\tag{2-74}
$$

由这几个公式可推导出薄透镜的三级像差是

$$
\begin{cases}
S_{\mathrm{I}}=\dfrac{y^4K^3}{4n_0}\left[\left(\dfrac{n}{n-1}\right)^2+\dfrac{n+2}{n(n-1)^2}B^2+\dfrac{4(n+1)}{n(n-1)}BC+\dfrac{3n+2}{n}C^2\right]\\[2mm]
S_{\mathrm{II}}=-\dfrac{y^2K^2H}{2{n_0}^2}\left[\dfrac{n+1}{n(n-1)}B+\dfrac{2n+1}{n}C\right]\\[2mm]
S_{\mathrm{III}}=\dfrac{H^2K}{{n_0}^2}\\[2mm]
S_{\mathrm{IV}}=\dfrac{H^2K}{{n_0}^2n}\\[2mm]
S_{\mathrm{V}}=0
\end{cases}
\tag{2-75}
$$

推导三级像差时，若使 $n\to\infty$，$c_1,c_2\to c_s$，则弯曲参量变成了 B'，可得 $B'=\dfrac{c_1+c_2}{(n-1)(c_1-c_2)}=\dfrac{c_1+c_2}{K}=\dfrac{B}{n-1}$，亦即 $B'=\dfrac{2c_s}{K}$。

若光阑密接于薄透镜，则式(2-70)里非球面相位系数 A_2 只引入球差项，也就是在 S_{I} 项中加上附加项，之后令式(2-75)里的折射率 $n\to\infty$，最终推出衍射光学元件的三级像差系数

$$
\begin{cases}
S_{\mathrm{I}} = \dfrac{y^4 K^3}{4n_0}\left(1 + B'^2 + 4B'C + 3C^2\right) \\
S_{\mathrm{II}} = -\dfrac{y^2 K^2 H}{2{n_0}^2}\left(B' + 2C\right) \\
S_{\mathrm{III}} = \dfrac{H^2 K}{{n_0}^2} \\
S_{\mathrm{IV}} = 0 \\
S_{\mathrm{V}} = 0
\end{cases}
\tag{2-76}
$$

因此，衍射光学元件的最大特点就是没有场曲和畸变，别的初级单色像差和传统透镜没有大的差别。若光阑和透镜不重合，让它远离透镜，距离为t，则主光线与透镜相交的高度为$\overline{y} = t\overline{u}$，由光阑移动的公式，三级像差系数可变成

$$
\begin{cases}
S_{\mathrm{I}}^* = S_{\mathrm{I}} \\
S_{\mathrm{II}}^* = S_{\mathrm{II}} + \dfrac{\overline{y}}{y} S_{\mathrm{I}} \\
S_{\mathrm{III}}^* = S_{\mathrm{III}} + 2\dfrac{\overline{y}}{y} S_{\mathrm{II}} + \left(\dfrac{\overline{y}}{y}\right)^2 S_{\mathrm{I}} \\
S_{\mathrm{IV}}^* = S_{\mathrm{IV}} = 0 \\
S_{\mathrm{V}}^* = S_{\mathrm{V}} S_{\mathrm{III}} + \dfrac{\overline{y}}{y}(3S_{\mathrm{II}} + S_{\mathrm{IV}}) + 3\left(\dfrac{\overline{y}}{y}\right)^2 S_{\mathrm{II}} + \left(\dfrac{\overline{y}}{y}\right)^3 S_{\mathrm{I}}
\end{cases}
\tag{2-77}
$$

当无限远的物体，通过光学系统成像时，也就是$u = 0$，则$C = -1$；工作波长为$\lambda = \lambda_0$，衍射光学元件以平面作基面，也就是$c_s = 0$，即$B' = 0$；此时$A_2 = 0$，由光阑移动的公式，将三级像差系数变成

$$
\begin{cases}
S_{\mathrm{I}}^* = \dfrac{y^4}{f^3} \\
S_{\mathrm{II}}^* = \dfrac{y^3 \overline{u}(t - f)}{f^3} \\
S_{\mathrm{III}}^* = \dfrac{y^2 \overline{u}^2 (t - f)^2}{f^3} \\
S_{\mathrm{IV}}^* = 0 \\
S_{\mathrm{V}}^* = \dfrac{y \overline{u}^3 (3f^2 - 3tf + t^2)}{f^3}
\end{cases}
\tag{2-78}
$$

如果把孔径光阑放在衍射光学元件的前焦面，也就是$t=f$，就形成像方远心光路，如图 2.17 所示。这时这个系统里的三级像差系数如下

$$\begin{cases} S_{\mathrm{I}}^{*}=\dfrac{y^{4}}{f^{3}} \\ S_{\mathrm{II}}^{*}=S_{\mathrm{III}}^{*}=S_{\mathrm{IV}}^{*}=0 \\ S_{\mathrm{V}}^{*}=y\overline{u}^{3} \end{cases} \tag{2-79}$$

由式(2-79)可以看出，含成像衍射光学元件的远心光路系统不存在彗差和像散，并且佩茨瓦尔(Petzval)场曲是零(子午和弧矢面都是平面)，因此成像衍射光学元件像差特征与折射透镜不同。

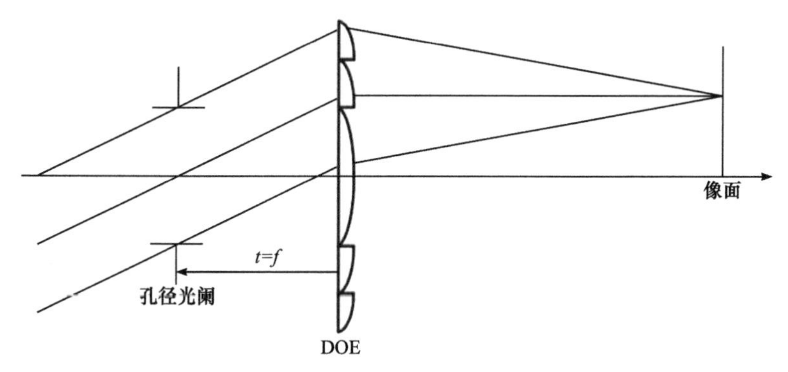

图 2.17　衍射光学元件的远心光路系统

2.3.3　温度性质

成像衍射光学元件也具有与折射元件不同的特殊的温度性质[18-20]。对于混合成像光学系统无热化设计问题，根据初级像差理论，推出折衍混合薄透镜的光焦度是

$$K=K_{R}+K_{D} \tag{2-80}$$

式(2-80)中，K代表折衍混合薄透镜承担的光焦度，K_R代表折射光学元件承担的光焦度，K_D代表衍射光学元件承担的光焦度。下面分析其温度性质：

(1) 对式(2-80)关于温度 T 进行求导，考虑到镜筒材料的膨胀系数十分小，无热化设计不考虑镜筒材料时，可得$\dfrac{\mathrm{d}K}{\mathrm{d}T}=\dfrac{\mathrm{d}K_{R}}{\mathrm{d}T}+\dfrac{\mathrm{d}K_{D}}{\mathrm{d}T}=0$。为简化分析，假定混合透镜为薄透镜，此时根据光焦度公式可得折射光学元件的光焦度为

$$K_{R}=(n-n_{0})\left(\frac{1}{r_{1}}-\frac{1}{r_{2}}\right) \tag{2-81}$$

对式(2-81)左边和右边关于温度 T 进行求导，可推出

$$
\begin{aligned}
\frac{\mathrm{d}K_R}{\mathrm{d}T} &= \left(\frac{\mathrm{d}n}{\mathrm{d}T}-\frac{\mathrm{d}n_0}{\mathrm{d}T}\right)\left(\frac{1}{r_1}-\frac{1}{r_2}\right)-(n-n_0)\left(\frac{\mathrm{d}r_1/\mathrm{d}T}{r_1^2}-\frac{\mathrm{d}r_2/\mathrm{d}T}{r_2^2}\right) \\
&= (n-n_0)\left(\frac{1}{r_1}-\frac{1}{r_2}\right)\left[\frac{1}{n-n_0}\left(\frac{\mathrm{d}n}{\mathrm{d}T}-\frac{\mathrm{d}n_0}{\mathrm{d}T}\right)-\alpha_g\right]
\end{aligned} \tag{2-82}
$$

式(2-82)中，$\dfrac{\mathrm{d}r/\mathrm{d}T}{r}=\alpha_g$ 代表折射光学元件的光热膨胀系数；n 代表折射光学元件的折射率，n_0 代表像方空间介质的折射率，此时对式(2-82)进行简化，得到

$$
\frac{\mathrm{d}K_R}{K_R\mathrm{d}T}=\frac{1}{(n-n_0)}\left[\left(\frac{\mathrm{d}n}{\mathrm{d}T}-\frac{\mathrm{d}n_0}{\mathrm{d}T}\right)-\alpha_g\right] \tag{2-83}
$$

由式(2-83)可以看出，光学透镜的形状不会影响光热膨胀系数，但材料性质会影响光热膨胀系数。而且，式(2-83)右边的倒数是折射透镜的 v_R^T，称为热阿贝数，与折射元件表示色散的阿贝数 v_d 相似。

(2) 推导温度对衍射光学元件的影响。

图 2.18 为一般衍射光学元件的面型结构，此元件中的第 j 环带，其半径 r_j 为

$$
r_j=\sqrt{(f+j\lambda)^2-f^2} \tag{2-84}
$$

式(2-84)中，λ 是设计波段的中心波长。环带的半径决定了此元件的焦距，若 $r^2 \ll (f/j)^2$，此衍射光学元件的光焦度写成 $K_D=\dfrac{2\lambda j}{r_j^2}, j=1,2,3,\cdots$，则

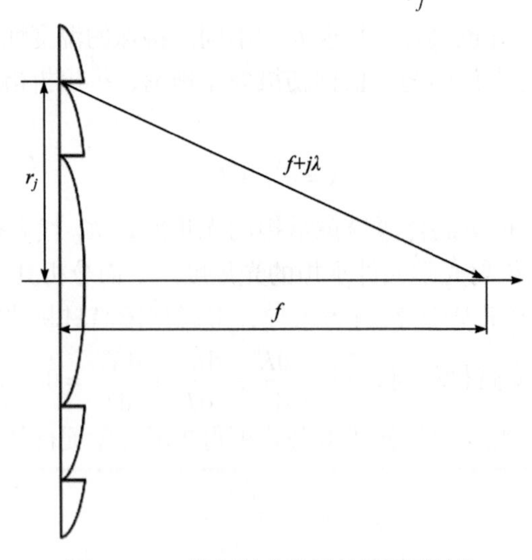

图 2.18　一般衍射光学元件的面型结构

$$\frac{\mathrm{d}K_D}{\mathrm{d}T}=\frac{\mathrm{d}\left(\dfrac{2j\lambda}{r_j^2}\right)}{\mathrm{d}T}=-4\lambda j\frac{\mathrm{d}r_j}{r_j^3\mathrm{d}T}=-4\lambda j\frac{\alpha_g}{r_j^2} \tag{2-85}$$

即 $\dfrac{\mathrm{d}K_D}{K_D\mathrm{d}T}=-2\alpha_g$。

由式(2-85)可以看出，透镜材料的折射率不会影响光热膨胀系数；同样，衍射光学元件的光热膨胀系数与透镜材料的折射率以及折射率随温度的变化无关，只由衍射光学元件材料的热膨胀系数决定。同时将式(2-85)右边的倒数定义为衍射光学元件的热阿贝数。

因此，消热差的设计问题应按照以下推导过程进行。首先分析衍射光学元件与折射光学元件的热阿贝数如下

$$\begin{cases} v_D^T=-\dfrac{1}{2a_g} \\ v_R^T=\dfrac{1}{\dfrac{\mathrm{d}n}{(n-1)\mathrm{d}T}-a_g} \end{cases} \tag{2-86}$$

此时混合透镜光焦度分配需满足两个条件，即消色差条件(满足式(2-85)和式 (2-86))和消热差条件，满足

$$\frac{K_R}{v_R^T}+\frac{K_D}{v_D^T}=0 \tag{2-87}$$

求解方程(2-86)和(2-87)，推出最终简化后的光焦度分配公式为

$$\begin{cases} K_R^T=\dfrac{v_R^T}{v_R^T-v_D^T}K \\ K_D^T=\dfrac{v_D^T}{v_D^T-v_R^T}K \end{cases} \tag{2-88}$$

经计算，表 2.1 给出了分配了光焦度的消色差或消热差材料，假定折衍混合成像透镜的光焦度为 1，对单独实现消热差和消色差两种情况下的光焦度进行分配。

表 2.1　几对消色差/消热差材料的光焦度

材料	消热差		消色差	
	K_R	K_D	K_R	K_D
K5/F4	2.5993	−1.5993	−1.2354	2.2354
N-BK7/DOE	0.9489	0.0511	1.3684	−0.3684

续表

材料	消热差		消色差	
	K_R	K_D	K_R	K_D
PMMA/DOE	0.9433	0.0567	−0.8769	1.8769
Ge/DOE	0.9974	0.0026	0.0843	0.9157

根据表 2.1 可知，透镜的光焦度分配无法同时实现消色差和消热差。如果想达到效果，需满足

$$\left(\frac{v_d}{v^T}\right)_{\text{material1}} = \left(\frac{v_d}{v^T}\right)_{\text{material2}} \tag{2-89}$$

在红外波段进行设计时，常用的材料 ZnSe 和 ZnS 较能满足上述条件，数值分别为 1.63×10^{-3} 和 1.27×10^{-3}。

由以上的推导可知，成像光学系统的结构参数不会影响要满足系统消色差和无热化要求下的光焦度的分配，因此是初级像差。根据上述消色差和消热差的分析讨论，可知消色差和消热差求出的光焦度解与光学系统的结构参数无关。

2.4　衍射效率及其对像质的影响

2.4.1　衍射效率的含义和计算

成像衍射光学元件会将入射光衍射到不同级次上，并且不同级次的衍射光的能量大小有区别，在含有衍射光学元件的光学系统中，不仅要考虑衍射级次的出射光强度分布，也要考虑其他衍射级次的光强度分布。衍射效率是衡量衍射光学元件是否应用的关键指标，其定义为衍射到设计级次的光强度与入射光强度的比值，是波长的函数，与入射角度和视场点的位置有关。根据 2.2 节中的高折射率模型可知，只有当折射光线和衍射光线方向相同时，衍射效率为最大值；当给定入射波长、共轭点和视场时，连续面型衍射光学元件在第 m 级衍射级次的衍射效率可以表示为

$$\eta = 100\%\left\{\frac{\sin\{\pi[(\lambda_0/\lambda)-m]\}}{\pi[(\lambda_0/\lambda)-m]}\right\}^2 \tag{2-90}$$

式(2-90)中，λ_0 代表设计波长，λ 代表工作波段范围内的任意波长，m 代表衍射

级次。只有当 $\lambda_0/\lambda=m$ 时。衍射光学元件衍射效率才等于 100%；而对于光学系统设计波段内的其他波长位置和其他视场，衍射效率均低于 100%，这就意味着没有进入指定衍射级次内的光可能会成为光学系统的杂散光、鬼像、伪彩色等问题的根源，从而会降低成像光学系统的像面对比度和分辨率。如图 2.19 所示为衍射光学元件不同级次衍射光的传播示意图。

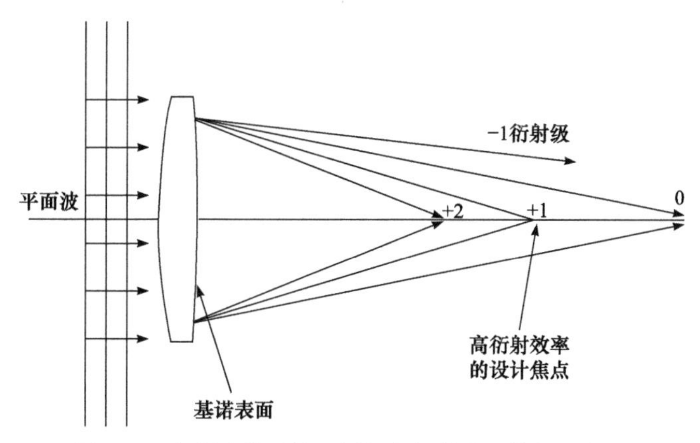

图 2.19　衍射光学元件不同级次衍射光的传播示意图

2.4.2　衍射效率对混合成像光学系统像质的影响

调制传递函数(MTF)是衡量成像光学系统性能的关键指标之一，具体实现有两种方法：①通过基尔霍夫得到点扩散函数，然后对点扩散函数进行傅里叶变换得到光学传递函数；②通过波像差得到光学系统光瞳函数，然后通过光瞳函数计算得到光学传递函数。利用光瞳函数计算得到光学传递函数也有两种方法：①对光瞳函数进行傅里叶变换，得到点扩散函数，再对点扩散函数进行傅里叶变换得到光学传递函数；②直接对光瞳函数进行自相关积分运算得到光学传递函数，这两种方法在本质上是一致的，但前提都是要求确定光学系统的光瞳函数。如图 2.20 所示，为光学系统光学传递函数的计算方法和思路。

对于衍射光学元件，其光瞳函数可以写成

$$P(x,y)=E(x,y)\exp[\mathrm{i}kW(x,y)] \tag{2-91}$$

对光瞳函数进行自相关计算，可以得到 MTF，为

$$\mathrm{MTF}(u,v)=\left|\frac{\iint_{-\infty}^{+\infty}P(x,y)P^*(x+\lambda uR,y+\lambda vR)\mathrm{d}x\mathrm{d}y}{\iint_{-\infty}^{+\infty}\left|P(x,y)\right|^2\mathrm{d}x\mathrm{d}y}\right| \tag{2-92}$$

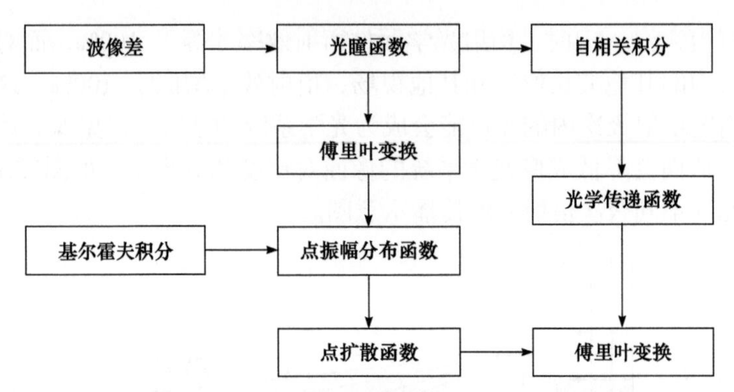

图 2.20 光学系统光学传递函数的计算方法和思路

式(2-92)中，R 代表波前半径，u 、v 分别代表 x 、y 方向的空间频率。上面的公式为单一波长单一级次衍射时的 MTF 表达式，在多光谱情况下采用加权求和表达式，假设有 N 个单色光波长，则

$$\mathrm{MTF_{poly}} = \frac{\sum_{i=1}^{N} W_i \mathrm{MTF}}{\sum_{i=1}^{N} W_i} \tag{2-93}$$

在实际分析中考虑到非主级次衍射对系统 MTF 的影响，需要先对单一波长多级次加权求和，再对波长求和。例如，考虑主级次为 1 情况下的 5 级衍射：−1、0、1、2、3，多光谱 MTF 可用下面的公式求出

$$\mathrm{MTF_{poly}} = \frac{\sum_{i=1}^{N} W_i \left| \sum_{m=-1}^{3} \mathrm{MTF}(\lambda_i, m) \right|}{\sum_{i=1}^{N} W_i} \tag{2-94}$$

其中权重 W_i 的选取一般参考接收器对每个波长的响应度。这种方法可以对无穷级次精确求和，但是计算复杂。

利用衍射效率近似计算多光谱 MTF 有两个方法[21]，论述如下。

1. 衍射效率加权求和计算 MTF

用每个波长的衍射效率乘以单光谱的 MTF，再对多光谱求和，就可以得到衍射效率加权求和计算 MTF 的表达式

$$\mathrm{MTF_{poly}} = \frac{\sum_{i=1}^{N} W_i \eta(\lambda_i) \mathrm{MTF}}{\sum_{i=1}^{N} W_i} \tag{2-95}$$

利用式(2-95)计算 MTF 是一种近似方法，多级次衍射的存在，导致每个波长的衍射效率不同，因此衍射效率可以体现多个级次对每个波长衍射的影响，该公式正是用衍射效率来近似表达多级次衍射对每个波长衍射的影响。

2. 利用积分衍射效率计算 MTF

衍射效率是衡量衍射光学元件在折衍混合成像光学系统中应用的重要参数之一，对于非设计级次的衍射光形成的杂散光会直接影响光学系统光能利用率，还对折衍混合成像光学系统的光学传递函数有直接作用。也正是由于非设计级次衍射光的存在，混合成像光学系统的点扩散函数包含设计级次衍射光的点扩散函数和非设计级次的杂散光的影响，其对应的出瞳函数 $P(u,v)$ 可以表示为

$$\begin{aligned}P(u,v)&=P_m(u,v)+P_s(u,v)\\&=t_m(u,v)\exp\left[\mathrm{j}\frac{k}{n'}W_m(u,v)\right]+t_s(u,v)\exp\left[\mathrm{j}\frac{k}{n'}W_s(u,v)\right]\end{aligned}\tag{2-96}$$

式(2-96)中，n' 为像面空间对应的介质折射率，下标 m 为设计的衍射级次，下标 s 为非设计的衍射级次，$t_m(u,v)$ 为透过率函数。局部衍射效率即为透过率函数的平方，可以表示为

$$\eta_L=\left|t_m(u,v)\right|^2\tag{2-97}$$

对于衍射光学元件，衍射效率用来评价光学系统的能量透过率，而出瞳衍射效率用来衡量混合系统的信噪比。我们考虑的衍射效率不等同于衍射光学元件的衍射效率而是在出瞳位置的衍射效率。因此，应该对局部衍射效率在整个出瞳平面进行积分求平均，得到的积分衍射效率 η_{Int} 可以表示为

$$\eta_{\mathrm{Int}}=\frac{1}{A_P}\iint\left|tm(u,v)\right|^2\mathrm{d}u\mathrm{d}v\tag{2-98}$$

式(2-98)中，A_P 为出瞳面积。根据式(2-96)表示的出瞳函数，系统的振幅脉冲响应函数可以表示为

$$\begin{aligned}h(x,y)&=h_m(x,y)+h_s(x,y)\\&=\frac{1}{\lambda R}\int_{-\infty}^{\infty}\int_{-\infty}^{\infty}[P_m(u,v)+P_s(u,v)]\exp\left[-\mathrm{j}\frac{k}{R}(xu,yv)\right]\mathrm{d}u\mathrm{d}v\end{aligned}\tag{2-99}$$

式(2-99)中，R 为积分球半径。因此，光学系统的振幅脉冲响应函数的卷积，即点扩散函数的表达式为

$$\begin{aligned}I(x,y)&=h(x,y)h^*(x,y)\\&=\left|h_m(x,y)\right|^2+\left|h_s(x,y)\right|^2+h_m^{\ *}(x,y)\cdot h_s(x,y)+h_m(x,y)\cdot h_s^*(x,y)\end{aligned}\tag{2-100}$$

式(2-100)中，交叉项在整个出瞳平面的积分近似为 0，因此忽略对系统光学传递函数(OTF)的影响，点扩散函数可以表示为

$$I(x,y)\approx\left|h_m(x,y)\right|^2+\left|h_s(x,y)\right|^2 \tag{2-101}$$

然后对其进行归一化处理，可以表示为

$$\overline{I}(x,y)=\left|\overline{h}_m(x,y)\right|^2+\left|\overline{h}_s(x,y)\right|^2 \tag{2-102}$$

由于点扩散函数经过傅里叶变换之后是 OTF，因此，对应设计级次衍射光学元件的 MTF 的表达式可写成

$$\begin{aligned}\mathrm{MTF}_m(f_x,f_y)&=\int_{-\infty}^{\infty}\int_{-\infty}^{\infty}\left|\overline{h}_m(f_x,f_y)\right|^2\cdot\exp[-\mathrm{j}2\pi(f_x+f_y)]\mathrm{d}x\mathrm{d}y\\&=\frac{1}{A_P}\int_{-\infty}^{\infty}\int_{-\infty}^{\infty}P_m(u,v)\otimes P_m(u,v)\mathrm{d}u\mathrm{d}v\end{aligned} \tag{2-103}$$

式(2-103)中，$\otimes$ 代表自相关。因此，将式(2-102)代入式(2-103)中，得到设计级次的 OTF 的表达式为

$$\mathrm{OTF}_m(f_x,f_y)=\eta_{\mathrm{Int}}\mathrm{OTF}_m^{\%}(f_x,f_y) \tag{2-104}$$

式(2-104)中，$\mathrm{OTF}_m^{\%}(f_x,f_y)$ 代表设计级次衍射效率为 100%时对应光学系统的 OTF，在现代光学设计软件中都可以经过对系统的优化设计之后直接得到。

对于非设计级次产生的衍射光，由于像面偏离，因此对应设计级次的衍射光的像面上非设计级次衍射光的高频分量扩展迅速，只有低频分量存在，故其 OTF 可以近似表示为

$$\mathrm{OTF}_s(f_x,f_y)=(1-\eta_{\mathrm{Int}})\cdot\delta(f_x)\delta(f_y) \tag{2-105}$$

综上，衍射光学元件衍射效率对折衍混合成像光学系统的光学传递函数可以表示为

$$\mathrm{OTF}(f_x,f_y)=\eta_{\mathrm{Int}}\mathrm{OTF}_m^{\%}(f_x,f_y)+(1-\eta_{\mathrm{Int}})\delta(f_x)\delta(f_y) \tag{2-106}$$

从式(2-106)中可以看出，折衍混合成像光学系统的 MTF 是光学系统的积分衍射效率与光学设计软件计算得到的 MTF 曲线的乘积。此外，与精确计算结果相比，近似设计结果和精确设计结果在低频部分相差较大，高频部分十分接近，其强度幅值能够用来评价成像光学系统的 MTF。

2.5 成像衍射光学元件在光学设计中的建模

2.5.1 常用光学设计软件概述

自 20 世纪 50 年代开始，美国首先将计算机技术应用到光学设计的光线追迹中，带动了光学自动射击理论的快速、持续发展。半个多世纪以来，国际上已经出现了较多功能完善的光学设计辅助软件，能够辅助进行光学系统建模、光路追迹计算、成像质量评价、照明光学系统设计和分析、光学系统自动优化、公差分析

等。典型代表如：美国 Optical Associates 公司的 CODE V、Light Tools，Lambda Research Corporation 的 OSLO、Trace Pro，Focus Software Inc 开发的 ZEMAX；英国 Kidger Optics 公司的 SIGMA 软件等。国内也有部分高校、研究所等单位研发光学设计软件，具有典型代表的有：北京理工大学研制的 SOD88、Gold，以及长春光机所开发的 CIOES 等。下面以最常用的光学设计软件ZEMAX 进行介绍。

ZEMAX 光学设计软件通过直接的用户界面，为光学系统设计人员提供了一个方便快捷的设计工具，已经广泛应用于成像光学系统设计、照明光学系统设计、激光光束传播仿真、光纤光学系统设计及其他光学工程领域中。在 ZEMAX 软件中，存在序列和非序列两种模式，对折射、衍射、反射等进行光线追迹分析。区别在于：①序列模式主要应用于成像光学系统的建模和设计中，例如望远光学系统、照相光学系统、显微光学系统等，是以"面"作为对象进行光学系统建模的，基于光线传输的折射、反射、衍射等原理，对光学系统的每一个表面进行光学追迹且每个表面只计算一次，每个表面是针对前一个表面的坐标确定的。序列模式的优势是光线追迹速度很快。②非序列模式中，ZEMAX 以物体作为研究对象，光线传输过程是按照物理规律进行光线追迹的，光线入射至物体后的光线传输没有顺序和次数的限制，知道被物体拦截位置，计算过程中每个物体的位置是根据全局坐标确定的，可以应用于复杂棱镜系统、照明系统、导光管、非成像光学系统的设计和更加形状复杂的物体建模中，优点是计算准确，缺点是计算量较大。

对于一些较复杂的光学系统，一般同时使用序列和非序列模式进行光线追迹，根据实际需求，可以采用序列光学表面和任意形状、位置、方向的非序列元件进行组合共同构成一个系统结构进行仿真模拟。

2.5.2　成像衍射光学元件模型和结构的建立

1. 衍射光学元件面型的数值模拟

1) 成像衍射光学元件的相位函数表达式

成像衍射光学元件在本质上是一种相位型光栅结构，是基于光的衍射效应工作的，采用光学波面分析的方式进行相位轮廓设计，通过衍射光学元件表面微结构实现对入射波面的相位调制，从而获得期望的波面函数。在常用光学设计软件中，定义衍射光学元件的衍射微结构的相位函数为 $\phi(x,y)$，且衍射光学元件的相位函数表达是一个多项式，为

$$\phi(x,y)=\frac{2\pi}{\lambda_0}\sum a_{mn}x^m y^n \tag{2-107}$$

成像衍射光学元件一般是旋转对称结构，则式(2-107)可以简化为

$$\phi(x,y)=\frac{2\pi}{\lambda_0}\sum a_n r^n \tag{2-108}$$

式(2-108)中，r 代表衍射光学元件的径向位置，代替了式(2-107)中的(x, y)坐标；a_n 代表相位系数，其值可通过光学设计软件(如 ZEMAX，CODE V)优化得到。

2) 衍射光学元件相位函数的实现

相位函数 $\phi(r)$ 可由折射光学元件或衍射光学元件来实现，折射光学元件是借助改变通过一个相位板时的光程长度来实现相位分布的；对于衍射光学元件，相位函数主要是由局部光栅的位置和光栅的周期决定的(本质上衍射光学元件看作变周期光栅或局部光栅)。

为了制造出一个衍射光学元件，相位函数限制在 0～2π 的范围内，最大的调制深度为 2π，调制后的相位函数记为 $\phi_d(r)$ 。这样衍射光学元件的相位分布函数就可通过元件的表面微结构分布函数 $h(r)$ 来实现，两者的关系为

$$h(r)=\frac{\lambda_0}{n(\lambda_0)-1}\frac{\phi_d(r)}{2\pi} \tag{2-109}$$

式(2-109)中，$n(\lambda_0)$ 代表基底在中心波长 λ_0 时的折射率。

3) 衍射光学元件面型的数值模拟

衍射光学元件的微结构是由一些环带组成的，服从式(2-107)的分布要求。为实现折射元件向衍射光学元件的相位变换，具体方法是：相位函数 $\phi(r)$ 在 $m\times 2\pi$ (m 为整数)时为转换点。但是当 $\phi(r)$ 的一阶导数为零时，这个问题要重新考虑，要分化为两种情况：①这个点为极值点时，在数学上表现为二阶导数不为零，则不为转换点；②这个点为拐点时，在数学上表现为二阶导数为零，则仍为转换点。如果 $\frac{\mathrm{d}\phi(r)}{\mathrm{d}r}=0$ ，则判断 $\frac{\mathrm{d}^2\phi(r)}{\mathrm{d}^2 r}=0$ ，即

$$\begin{cases}\dfrac{\mathrm{d}^2\phi(r)}{\mathrm{d}^2 r}\neq 0, & \text{不为转换点}\\[2ex] \dfrac{\mathrm{d}^2\phi(r)}{\mathrm{d}^2 r}=0, & \text{为转换点}\end{cases}$$

根据设计和加工要求，衍射光学元件衍射微结构可以加工在平面、球面甚至非球面基底上。当使用多层掩模刻蚀技术、激光束直写技术时，要求衍射光学元件加工在平面基底上；当使用单点金刚石车削技术时，衍射光学元件可以加工在平面基底、球面甚至非球面基底上。根据衍射光学元件加工基底的面型，其微结构有如下两种形式。

(1) 当基底为平面时，微结构分布函数可由式(2-109)直接求得。通过这样的微结构，实现一定的光学功能。

(2) 为了实现更丰富的光学功能，增加光学设计自由度，通常把衍射光学元件

的微结构叠加在非球面的基底上。对于旋转轴对称非球面，通常采用的表述形式为

$$z(r)=\frac{cr^2}{1+\sqrt{1-(K+1)c^2r^2}}+A_4r^4+A_6r^6+\cdots \tag{2-110}$$

式(2-110)中，$K=0$ 代表球面，$K<-1$ 代表双曲面，$K=-1$ 代表抛物面，$-1<K<0$ 代表椭球面(长轴)，$K>0$ 代表椭球面(短轴)。

式(2-110)中第一项相当于一个二次曲面，c 为二次曲面的顶点曲率，K 为二次曲面系数，A_4、A_6 等为高次非球面系数。此时，衍射微结构分布可表示为

$$h(r)=\frac{\lambda_0}{n(\lambda_0)-1}\frac{\phi_d(r)}{2\pi}+z(r) \tag{2-111}$$

根据式(2-110)和式(2-111)，可以利用 MATLAB 软件对所设的衍射光学元件的面型进行数值模拟，可以设定程序实现的功能包括以下三点：

(1)衍射光学元件面型的可视化，方便直接看到设计的衍射光学元件表面微结构；

(2) 每点(相应孔径上)对应的车削深度，直接计算得到设计波长对应的衍射效率为 100% 时衍射微结构高度；

(3) 在孔径范围内最大周期的计算，便于后续加工分析。

在实际程序编写的过程中，应该考虑以下三方面关键问题：

(1) 作为软件的初始输入值，是由光学设计软件优化设计得到的衍射光学元件的结构参数，具体包括衍射微结构的基底形式、衍射微结构相位系数等；

(2) 要将衍射光学元件的相位限制在 2π 范围内，计算衍射光学元件相邻微结构周期的坐标转换点，将相位分布转化为衍射微结构分布；

(3) 关于软件对衍射光学元件计算结果的输出，应包括面型、车削深度、相位周期环带图等。

2. 衍射光学元件的最小特征尺寸限制

衍射光学元件的最小特征尺寸是指其表面浮雕结构的最小周期宽度线宽，对于二元台阶型衍射光学元件就是其台阶的最小宽度。为了使理论设计的衍射光学元件在实际加工方法中实现，必须考虑其结构参数和最小特征尺寸之间的关系，具体包括以下几点。

1) 相位函数与最小特征尺寸之间的关系

理想的连续相位分布的衍射光学元件，其衍射效率可在设计波长位置处实现 100%，但是实际加工方法很难实现理想相位分布，因此，加工工艺分辨率是一定的，加工的最小线宽也受加工分辨率的影响。对于二元衍射光学元件而言，假设衍射元件的相位函数 $\phi(r)$ 为旋转对称的，量化的总台阶数为 L，元件的最小

特征尺寸为 d_s，则它们之间的关系为

$$\frac{\frac{2\pi}{L}}{d_s} \approx \left[\frac{\partial \phi(r)}{\partial r}\right]_{\max} \tag{2-112}$$

设工艺分辨率为 d_0，式(2-112)表示衍射光学元件相位函数在 r 方向上的最大斜率不能大于由工艺分辨率确定的 $\frac{2\pi}{Ld_0}$。若超过该值，衍射光学元件的最小特征尺寸将小于工艺的分辨率，加工技术不能实现。因此，由于这一限制，在混合光学系统的设计过程中，应合理分配衍射光学元件所承担的光焦度，便于制作加工工艺的可实现性。

2) 数值孔径与最小特征尺寸之间的关系

当二元衍射光学元件的台阶数越多时，面型越趋近理想的连续微结构，此时对应的衍射效率越高，最小特征尺寸越小。对于二元衍射元件，当量化的总台阶数为 L，最小特征尺寸 d_s 时，其与数值孔径(Numerical Aperture, NA)之间的关系为

$$d_s = \frac{\lambda}{L}\frac{\sqrt{1-\mathrm{NA}^2}}{\mathrm{NA}} \tag{2-113}$$

综上可见，在量化台阶数不变的情况下，数值孔径越大，最小特征尺寸则越小；此外，最小特征尺寸还与波长有关，对于结构参数相同的透镜来说，用于可见光波段的透镜的最小特征尺寸会小于红外波段的透镜的最小特征尺寸。假定在红外波段 $\lambda = 4.0\mu\mathrm{m}$，可见光波段 $\lambda = 0.55\mu\mathrm{m}$，量化台阶数均为 $L = 8$，计算得出不同波段数值孔径和最小特征尺寸，如表 2.2 所示。

表 2.2　不同波段数值孔径和最小特征尺寸的比较

红外波段(λ=4.0μm)		可见光波段(λ=0.55μm)	
数值孔径	ds	数值孔径	ds
0.25	1.937	0.04	1.561
0.35	1.338	0.05	1.248
0.45	0.992	0.06	1.040
0.55	0.759	0.07	0.891

从表 2.2 中可看出，衍射透镜工作于红外波段时，可承担适当的数值孔径，即光焦度；而工作于可见光波段时，不能承担较大的数值孔径，也就是不能承担较大的光焦度，这一特性决定了在可见光波段，衍射光学元件只能作为消像差元件，而不能作为聚光光学元件。

3) 最小特征尺寸小于工艺分辨率时的解决方法

当设计的衍射光学元件的最小特征尺寸小于工艺分辨率时，是无法加工的，解决方法是以降低衍射效率作为代价，以下提出三种设计方法。

A. 深浮雕法

深浮雕法是通过增大相位深度因子 M 的值，对 $[0,2M\pi]$ 的范围作 L 阶相位量化，且每个周期的相位深度因子 M 相同，此时衍射光学元件的衍射效率为

$$\eta = \left|c_n\right|^2 = \operatorname{sinc}^2\left(\frac{M}{L}\right) \tag{2-114}$$

假定某衍射光学元件的 $M=2$，最小特征尺寸满足加工的需要，如果刻蚀台阶数 $L=8$，即对 $[0,4\pi]$ 的范围作 8 阶相位量化，刻蚀深度分别为 $\lambda/(n-1)$，$\lambda/(2(n-1))$ 和 $\lambda/(4(n-1))$，套刻需要 3 次完成，没有增加套刻次数，衍射效率为 81%。

B. 相位匹配法

相位匹配法同样是通过增大相位深度因子 M 的值，对 $[0,2M\pi]$ 的范围作 L 阶相位量化，但是 M 的值可能是不同的。对于加工可以实现的部分，M 可以取较小的值，如 $M=1$，而对于线宽小于工艺分辨率的部分，M 取较大的值，以增大线宽，使加工可以实现，此时衍射光学元件的衍射效率为

$$\eta = \sum_M (S_M / S_0)\operatorname{sinc}^2\left(\frac{M}{L}\right) \tag{2-115}$$

式(2-115)中，S_M 为 M 取不同值对应的面积，S_0 为总面积。对于同样的元件，采用相位匹配法时 M 的取值为 1 和 2 两个值，或只能取 2 一个值。如果 M 取 1，2 两个值，对 M=1 的部分，即[0,2π]部分进行 8 阶量化时，刻蚀深度分别为 $\lambda/(2(n-1))$，$\lambda/(4(n-1))$ 和 $\lambda/(8(n-1))$；对 $M=2$ 的部分，即[0,4π]部分进行 8 阶量化时，刻蚀深度分别为 $\lambda/(n-1)$，$\lambda/(2(n-1))$ 和 $\lambda/(4(n-1))$，套刻次数为 4 次，衍射效率大于 81%。如果 M 只能取 2，相当于深浮雕法，套刻次数为 3 次，衍射效率为 81%。

C. M 不变减少刻蚀台阶数的方法

该方法是当加工不能实现时，将 $[0,2\pi]$ 内的刻蚀台阶数减 $1/2^n$ (n 为正整数)。该方法是针对相位匹配法在 M 较大时套刻次数过多进行的改进，此时衍射光学元件的衍射效率为

$$\eta = \sum_M (S_L / S_0)\operatorname{sinc}^2\left(\frac{1}{L}\right) \tag{2-116}$$

式(2-116)中，S_L 为 L 取不同值对应的面积，S_0 为总面积。对于同样的元件，如果

式(2-115)中的 M 取值为 1 和 2 两个值，采用该方法时，刻蚀台阶数为 8 和 4。在 $[0,2\pi]$ 内，元件一部分的刻蚀台阶数为 8，另一部分的刻蚀台阶数为 4。对于 $L=8$ 部分 3 次刻蚀的深度分别为 $\lambda/(2(n-1))$，$\lambda/(4(n-1))$ 和 $\lambda/(8(n-1))$；对于 $L=4$ 部分 2 次刻蚀的深度分别为 $\lambda/(2(n-1))$ 和 $\lambda/(4(n-1))$，总的套刻次数为 3 次。衍射效率与式(2-115)中情况相同，大于 81%。如果式(2-115)中的 M 只能取 2，则对应该方法的刻蚀台阶数只能为 4，深度分别为 $\lambda/(2(n-1))$ 和 $\lambda/(4(n-1))$，套刻次数为 2 次，衍射效率为 81%。

综上分析可以看出，深浮雕法套刻相对于其他两种方法衍射效率较低，相位匹配法虽然衍射效率高于深浮雕法，但其套刻次数增加，容易带来制作误差，影响衍射效率；减少刻蚀台阶的方法不仅能够减少套刻次数，还具有较高的衍射效率。

参 考 文 献

[1] Born M, Wolf E. Principles of Optics[M]. Cambridge: Cambridge University Press, 1999.

[2] Turune J, Kuittinen M, Wyrowski F. Diffractive optics: electromagnetic approach[J]. Prog. Opt., 2000, 40: 343-388.

[3] Goodman J W. Introduction of Fourier Optics[M]. San Franciso: McGraw-Hill Book Co., 1996.

[4] 杨国光. 微光学与系统[M]. 杭州: 浙江大学出版社, 2008: 252-258.

[5] 颜树华. 衍射微光学设计[M]. 北京: 国防工业出版社, 2011: 3-7.

[6] Clark P P, Londono C. Production of kinoforms by single point diamond machining[J]. Opt. News, 1989, 15: 39-40.

[7] Auria L D, Huignar J P, Roy A M, et al. Photolithographic fabrication of thin film lenses[J]. Opt. Commun., 1972, 5: 232-235.

[8] O'Shea D C, Suleski T J, Alan D K, et al. Diffractive Optics Design, Fabrication, and Test [M]. Washington: SPIE Press, 2003.

[9] Xie Y, Lu Z, Li F, et al. Lithographic fabrication of large diffractive optical elements on a concave lens surface[J]. Opt. Express., 2002, 10(20): 1043-1047.

[10] Sweet W C. Describing holographic optical elements as lenses[J]. Opt. Soc. Am., 1977, 67: 803-808.

[11] Swanson G J. Binary optics technology: theoretical limits on the diffraction efficiency of multilevel diffractive optical elements[R]. MIT Lincoln Laboratory Technical Report, 1991.

[12] 崔庆丰. 折衍射混合光学系统的研究[D]. 长春: 中国科学院长春光学精密机械研究所, 1996.

[13] Dammann H. Blazed synthetic phase only holograms[J]. Optik, 1970, 31: 95-104.

[14] Sweat W C. Designing Holographic Optical Elements [M]. Tucson: Doctoral Dissertation, 1977, 67: 803-808.

[15] Sweatt W C. Designing and constructing thick holographic optical elements[J]. Appl. Opt., 1978, 17(8): 1220-1227.

[16] Kleinhans W A. Aberrations of curved zone plates and Fresnel lenses[J]. Appl. Opt., 1977, 16(6): 1701-1704.

[17] Sweat W C. Mathematical equivalence between a holographic optical element and an ultra-high index lens[J]. Opt, Soc. Am., 1979, 69: 486-487.

[18] Perry J W. Thermal effects upon the performance of lens systems[J]. Proc. Phys. Soc., 1943, 55(4): 257-285.

[19] Behrmann G P, Bowen J P. Influence of temperature on diffractive lens performance[J]. Appl. Opt., 1993, 32(14): 2483-2490.

[20] Londoho C, Plummer W T, Clark P P. Athermalization of a single-component lens with diffractive optics[J]. Appl. Opt., 1993, 32(13): 2295-2302.

[21] Buralli D A, Morris G M. Effects of diffraction efficiency on the modulation transfer function of diffractive lenses[J]. Appl. Opt., 1992, 31(22): 4389-4396.

第 3 章　成像衍射光学元件的设计

成像衍射光学元件按照折反射类型总体上可分为折射型衍射光学元件和反射型衍射光学元件两大类；按照调制特性可分为相位型衍射光学元件、振幅型衍射光学元件和复振幅型衍射光学元件，而且相位衍射光学元件是成像衍射光学元件最常见类型。因此，本章围绕常见的不同类型成像衍射光学元件的设计原理、设计方法和衍射效率计算方法进行论述。对于衍射光学元件类型，除了传统单层衍射光学元件、谐衍射光学元件、多层衍射光学元件外，还包括负折射衍射光学元件、反射型衍射光学元件等新型结构。

3.1　多级相位光栅的衍射效率

光栅是可使光波同时产生干涉现象和衍射现象的光学元件，有周期变化的复振幅透过率或反射率。首先将在光栅面范围内的入射光波随光栅常数表现的栅面周期分布规律分割成多束子相干光束，子光束在通过光栅的同时由于限制会发生衍射现象，之后传播一段距离后会发生干涉现象并产生干涉图形。

光栅按照对入射波的作用方式分为振幅型和相位型两种。对入射光遮挡从而产生振幅分布影响的光栅为振幅型光栅；对入射光进行相位调制使其相位产生规律性变化的光栅为相位型光栅。衍射效率的高低决定了衍射光栅的使用情况，因此，为了提高衍射光栅的衍射效率，衍射光栅也从最初的二元相位光栅发展为多级相位光栅，增加了衍射微结构的级数，衍射效率也随之提高，图 3.1 为多级相位光栅的微结构形式。

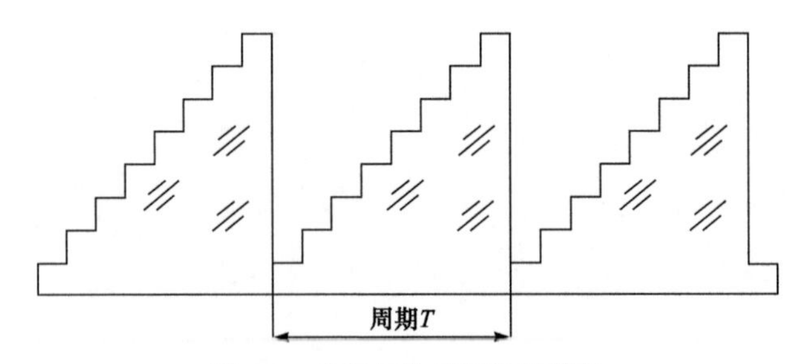

图 3.1　多级相位光栅的微结构

图 3.1 所示的相位型光栅的周期是 T，且周期内有 N 级相位，由此可知其子

周期宽度是 T/N。周期内的相位延迟是ϕ，子周期相位延迟是ϕ/N。所以周期内的透过率函数为子周期的矩形函数与梳状函数的卷积，即

$$\operatorname{comb}\left(\frac{x}{T}\right),\operatorname{comb}\left(\frac{x-T/N}{T}\right)\mathrm{e}^{\mathrm{i}\frac{2\pi\phi}{N}},\operatorname{comb}\left(\frac{x-2T/N}{T}\right)\mathrm{e}^{\mathrm{i}\frac{2\cdot 2\pi\phi}{N}},\cdots,\operatorname{comb}\left(\frac{x-(N-1)T/N}{T}\right)\mathrm{e}^{\mathrm{i}\frac{(N-1)\cdot 2\pi\phi}{N}}$$

根据物理光学原理，可设当多级相位光栅总宽度是无限大时的透过率函数为

$$\begin{aligned}t(x)=&\left\{\operatorname{comb}\left(\frac{x}{T}\right)+\operatorname{comb}\left(\frac{x-T/N}{T}\right)\mathrm{e}^{\mathrm{i}\frac{2\pi\phi}{N}}+\operatorname{comb}\left(\frac{x-2T/N}{T}\right)\mathrm{e}^{\mathrm{i}\frac{2\cdot 2\pi\phi}{N}}\right.\\&\left.+\ldots+\operatorname{comb}\left(\frac{x-(N-1)T/N}{T}\right)\mathrm{e}^{\mathrm{i}\frac{(N-1)\cdot 2\pi\phi}{N}}\right\}\cdot\operatorname{rect}\left(\frac{Nx}{T}\right)\end{aligned}\tag{3-1}$$

对式(3-1)进行傅里叶变换后可计算远场衍射分布为

$$\begin{aligned}F[t(x)]=&\left[T\operatorname{comb}(Tf_x)+T\mathrm{e}^{-\mathrm{i}2\pi\frac{T}{N}f_x}\mathrm{e}^{\mathrm{i}\frac{2\pi\phi}{N}}\operatorname{comb}(Tf_x)\right.\\&+T\mathrm{e}^{-\mathrm{i}2\pi\frac{2T}{N}f_x}\mathrm{e}^{\mathrm{i}\frac{2\cdot 2\pi\phi}{N}f_x}\operatorname{comb}(Tf_x)+\cdots\\&\left.+T\mathrm{e}^{-\mathrm{i}2\pi\frac{N-1}{N}Tf_x}\mathrm{e}^{\mathrm{i}\frac{N-1}{N}2\pi\phi}\operatorname{comb}(Tf_x)\right]\cdot\frac{T}{N}\operatorname{sinc}\left(\frac{T}{N}f_x\right)\end{aligned}\tag{3-2}$$

因此，成像面的能量分布可表示为

$$I(f_x)\propto\left\{\operatorname{comb}(Tf_x)\frac{\sin[\pi(\phi-Tf_x)]}{\sin\left[\frac{\pi}{N}(\phi-Tf_x)\right]}\cdot\frac{\sin\left(\pi\frac{T}{N}f_x\right)}{\pi Tf_x}\right\}^2\tag{3-3}$$

因为在式(3-3)中 $\operatorname{comb}(Tf_x)=\sum\limits_{m=-\infty}^{\infty}\delta\left(f_x-\frac{m}{T}\right)$，$I(f_x)$ 在满足如下式时可解，为

$$Tf_x=m,\ \ m=0,\pm1,\pm2,\cdots\tag{3-4}$$

因此，式(3-3)可推导为

$$I(f_x)\propto\left\{\frac{\sin[\pi(m-\phi)]}{\sin\left[\pi(m-\phi)/N\right]}\cdot\frac{\sin[\pi m/N]}{\pi m}\right\}^2\tag{3-5}$$

从式(3-5)可以看出，N 级相位结构的衍射光学元件的第 m 级衍射效率可表示成

$$\eta_m^N=\left\{\frac{\sin[\pi(m-\phi)]}{\sin\left[\pi(m-\phi)/N\right]}\cdot\frac{\sin[\pi m/N]}{\pi m}\right\}^2\tag{3-6}$$

由此可知，衍射级次和相位级次与周期相位延迟都会影响衍射效率。其中相位延迟ϕ由入射波长、微结构高度、基底折射率及入射角度所确定。

当入射光线以 θ_1 斜入射到多级相位光栅的表面时，相邻子周期的光束传输如图 3.2 所示，其中，λ代表入射波长，$n(\lambda)$代表衍射光学元件所在基底对应入射波长的折射率，$n_m(\lambda)$代表入射光束进入衍射光栅之前入射波长所处介质的折射率。相邻子周期的微结构高度差是$\varDelta$。所以相邻子周期的相位差的表达式为

$$\phi(\lambda)=\frac{1}{\lambda}\left[n(\lambda)y_1-n_m(\lambda)y_2\right] \tag{3-7}$$

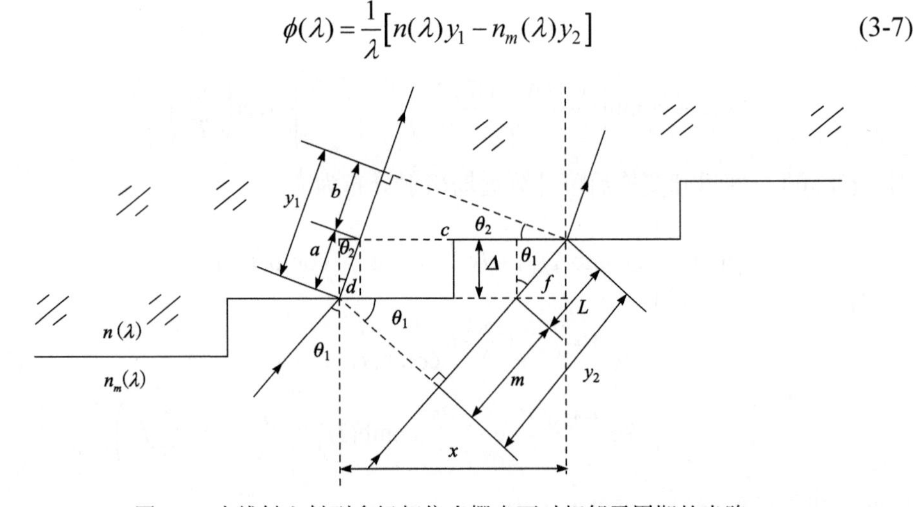

图 3.2　光线斜入射到多级相位光栅表面时相邻子周期的光路

由图 3.2 中的几何关系能够推出

$$\begin{cases} a=\dfrac{\varDelta}{\cos\theta_2} \\ d=\varDelta\tan\theta_2 \\ b=c\sin\theta_2=(x-d)\sin\theta_2=(x-\tan\theta_2)\sin\theta_2 \\ l=\dfrac{\varDelta}{\cos\theta_1} \\ f=\varDelta\tan\theta_1 \\ m=e\sin\theta_1=(x-f)\sin\theta_1=(x-\varDelta\tan\theta_1)\sin\theta_1 \end{cases} \tag{3-8}$$

所以光线在相邻的子周期不同介质中传播的距离 y_1 和 y_2 分别是

$$\begin{cases} y_1=a+b=\dfrac{\varDelta}{\cos\theta_2}+(x-\varDelta\tan\theta_2)\sin\theta_2 \\ y_2=l+m=\dfrac{\varDelta}{\cos\theta_1}+(x-\varDelta\tan\theta_1)\sin\theta_1 \end{cases} \tag{3-9}$$

把式(3-9)与 Snell 定律 $n_m(\lambda)\sin\theta_1 = n(\lambda)\sin\theta_2$ 代入式(3-7)中，整理之后得到相位延迟表达式为

$$\varphi(\lambda)=\frac{\Delta}{\lambda}\left[\sqrt{n^2(\lambda)-n_m^2\sin^2\theta_1}-n_m(\lambda)\cos\theta_1\right] \tag{3-10}$$

令 $\theta_1=0$，此时为光线正入射(垂直入射)情况，式(3-10)可以简化为

$$\varphi(\lambda)=\frac{\Delta}{\lambda}\left[n(\lambda)-n_m(\lambda)\right] \tag{3-11}$$

式(3-7)和式(3-11)中 $\phi(\lambda)$ 和 $\varphi(\lambda)$ 之间的关系为

$$\phi(\lambda)=N\varphi(\lambda) \tag{3-12}$$

假定1级衍射效率最大时，相位延迟是1，因此得出

$$\Delta=\frac{\lambda_0}{N\left[n(\lambda_0)-n_m(\lambda_0)\right]} \tag{3-13}$$

所以，N 级相位光栅的周期高度是

$$d=(N-1)\Delta=\frac{N-1}{N}\frac{\lambda_0}{n(\lambda_0)-n_m(\lambda_0)} \tag{3-14}$$

把式(3-13)与式(3-14)联立，得出

$$\varphi(\lambda)=\frac{\lambda_0}{N\lambda}\frac{\sqrt{n^2(\lambda)-n_m^2(\lambda)\sin^2\theta_1}-n_m(\lambda)\cos\theta_1}{n(\lambda_0)-n_m(\lambda_0)} \tag{3-15}$$

之后结合式(3-15)与式(3-12)，得到

$$\phi(\lambda)=\frac{\lambda_0}{\lambda}\frac{\sqrt{n^2(\lambda)-n_m^2(\lambda)\sin^2\theta_1}-n_m(\lambda)\cos\theta_1}{n(\lambda_0)-n_m(\lambda_0)} \tag{3-16}$$

一般相位光栅会放在空气中，所以 $n_m(\lambda)=1$，式(3-16)可以简化为

$$\phi(\lambda)=\frac{\lambda_0}{\lambda}\frac{\sqrt{n^2(\lambda)-(\lambda)\sin^2\theta_1}-\cos\theta_1}{n(\lambda_0)-1} \tag{3-17}$$

把式(3-16)与式(3-17)联立，得出 N 级相位光栅的衍射效率公式

$$\eta_m^N=\left\{\frac{\sin\left[\pi\left(m-\frac{\lambda_0}{\lambda}\frac{\left[\sqrt{n^2(\lambda)-\sin^2\theta_1}-\cos\theta_1\right]}{n(\lambda_0)-1}\right)\right]}{\sin\left[\pi\left(m-\frac{\lambda_0}{\lambda}\frac{\left[\sqrt{n^2(\lambda)-\sin^2\theta_1}-\cos\theta_1\right]}{n(\lambda_0)-1}\right)/N\right]}\frac{\sin(\pi m/N)}{\pi m}\right\}^2 \tag{3-18}$$

所以，通过式(3-18)得出，N 级相位光栅的衍射效率 η_m^N 会受到基底材料折射率、入射波长与入射角度的影响。

3.2　单层衍射光学元件设计及其衍射效率

3.2.1　设计理论

一般地，对于成像光学系统的设计，对应衍射光学元件的最小特征尺寸远大于系统入射波长，根据第 2 章分析结果，通过传统标量衍射理论对光场进行求解，可得到衍射光学元件的设计结果，此时标量衍射理论即可满足设计要求和精度。具体实现过程为：此时的衍射光学元件的设计可以看作一个逆向衍射问题的求解过程，即给定入射光场和要求的出射光场分析，求解衍射光学元件的透过率函数表达式。如图 3.3 所示为单层衍射光学元件对光场调控的示意图，其中 $\tilde{t}(x,y)$ 为复振幅透过率函数，$\hat{U}_i$ 和 $\hat{U}_t$ 分别代表入射和出射光场，此时衍射光学元件的复振幅透过率函数与入射场和出射场的关系可以表示为 $\tilde{t}(x,y)=\hat{U}_t/\hat{U}_i$ 。

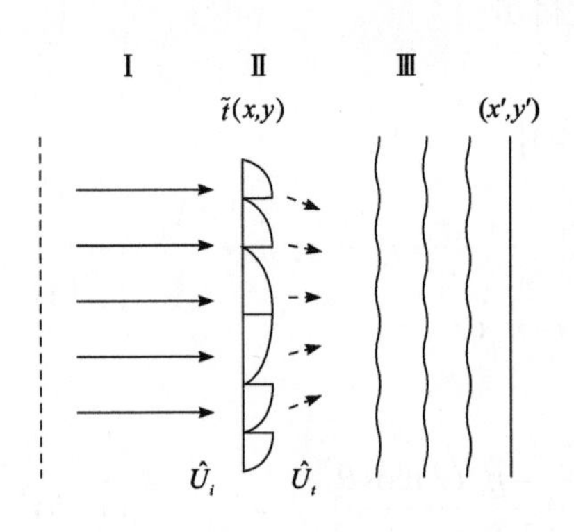

图 3.3　单层衍射光学元件的入射光场与出射光场

根据 N 级相位光栅模型，连续面型的单层衍射光学元件的台阶量化模型，如图 3.4 所示。

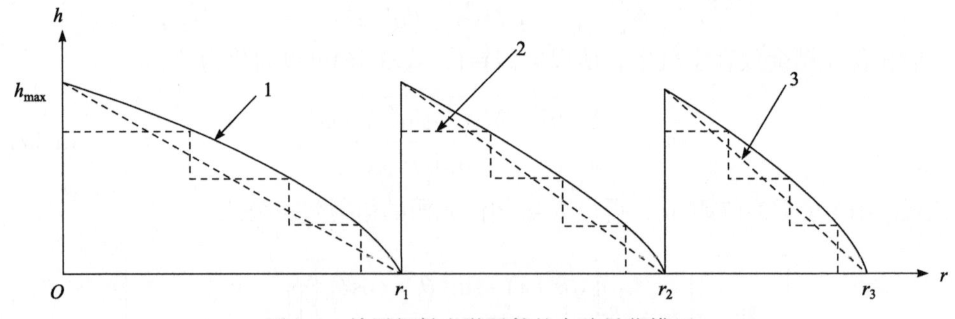

图 3.4　单层衍射光学元件的台阶量化模型

根据光波的标量衍射理论，结合光栅的衍射效率分析模型，再根据式 (3-18) 可以得出 N 级相位衍射结构的衍射光学元件的第 m 衍射级次的衍射效率表达式为

$$\eta_m^N = \left\{ \frac{\sin\left\{\pi\left[m - \dfrac{\phi(\lambda)}{2\pi}\right]\right\}}{\sin\left\{\pi\left[m - \dfrac{\phi(\lambda)}{2\pi}\right]\Big/N\right\}} \frac{\sin(\pi m / N)}{\pi m} \right\}^2 \tag{3-19}$$

式(3-19)是计算多级相位光栅衍射效率的基本表达式，也是二元光学元件的衍射效率基本表达式，它表达了衍射效率与衍射级次、相位级数以及多级结构的相位延迟 $\phi(\lambda)$ 的关系。

3.2.2　衍射效率

衍射效率是衍射光学元件以及含有衍射光学元件的折衍混合光学系统的重要指标之一，它的大小决定了衍射光学元件在折衍混合光学系统中应用的可能性与使用范围。

当多级相位光栅的相位级数无限增大，衍射光栅周期内相邻子周期的高度差无限减小时，多级相位光栅的多级结构趋近于连续曲面，图 3.5 显示了这一过程。

$n \to \infty$ 时，衍射光栅周期内相邻子周期的高度差无限减小近似为零，因而成为衍射光学元件[1]。从式(3-19)可以推导出这一具有连续面型的单层衍射光学元件的衍射效率表达式为

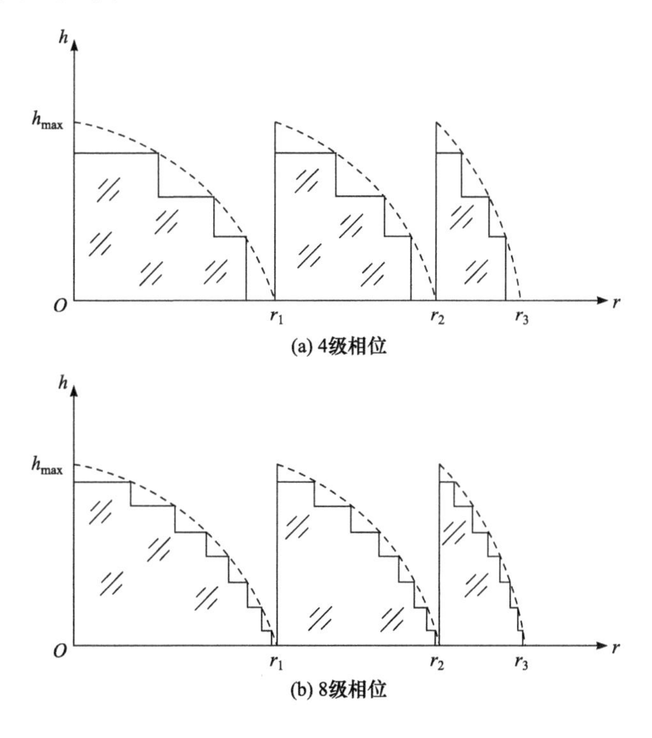

(a) 4级相位

(b) 8级相位

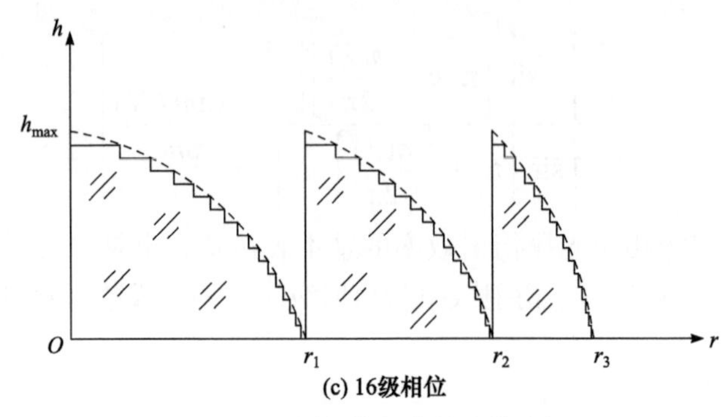

(c) 16级相位

图 3.5 不同相位级次的相位光栅

$$\eta_m^{\infty} = \operatorname{sinc}^2\left[m - \frac{\phi(\lambda)}{2\pi}\right] \tag{3-20}$$

通过式(3-20)得到，当$\phi(\lambda)=1$时，对应的衍射光学元件的 1 级衍射效率是100%。因此，当衍射光学元件是单层时，最大微结构高度H是

$$H = \frac{\lambda_0}{n(\lambda_0) - n_m(\lambda_0)} \tag{3-21}$$

把式(3-20)和式(3-21)联立，推出当衍射光学元件是单层结构时，它的相位延迟表达式是

$$\phi(\lambda) = \frac{H}{\lambda}\left[\sqrt{n^2(\lambda) - n_m^2(\lambda)\sin^2\theta_1} - n_m(\lambda)\cos\theta_1\right] \tag{3-22}$$

把式(3-21)和式(3-22)联立，推出当衍射光学元件是单层结构时，它的衍射效率表达式是

$$\eta_m = \operatorname{sinc}^2\left\{m - \frac{H}{\lambda}\left[\sqrt{n^2(\lambda) - n_m^2(\lambda)\sin^2\theta_1} - n_m(\lambda)\cos\theta_1\right]\right\} \tag{3-23}$$

如果光线自空气介质入射到衍射光学元件，则当衍射级次为第 m 级时，它的衍射效率是

$$\eta_m = \operatorname{sinc}^2\left\{m - \frac{H}{\lambda}\left[\sqrt{n^2(\lambda) - \sin^2\theta_1} - \cos\theta_1\right]\right\} \tag{3-24}$$

如果光线自衍射光学元件的基底一侧，经衍射面入射到空气介质，则当衍射级次为第m级时，它的衍射效率是

$$\eta_m = \operatorname{sinc}^2\left\{m - \frac{H}{\lambda}\left[n(\lambda)\cos\theta_1 - \sqrt{1 - n^2(\lambda)\sin^2\theta_1}\right]\right\} \tag{3-25}$$

通过式(3-23)和式(3-24)推导出单层的衍射光学元件以任意角度入射时的通式是

$$\eta_m = \operatorname{sinc}^2\left\{m - \frac{H}{\lambda}\left[n_i(\lambda)\cos\theta_i - n_t(\lambda)\cos\theta_t\right]\right\} \tag{3-26}$$

式(3-26)中，θ_i代表入射角，θ_t代表出射角。若波长为 λ，则 $n_i(\lambda)$是入射介质对应的折射率，$n_t(\lambda)$是出射介质对应的折射率。单层衍射光学元件的表面微结构高度表示成 H，符号正负均可：如果光线自衍射光学元件基底的一侧，经衍射面入射到空气介质，H 是正值；如果光线自空气介质入射到衍射光学元件，H 是负值。

如果 θ_i=0，光线为正入射至单层衍射光学元件，则由式(3-26)得

$$\eta_m = \operatorname{sinc}^2\left\{m - \frac{H}{\lambda}\left[n_i(\lambda) - n_t(\lambda)\right]\right\} \tag{3-27}$$

3.2.3　设计及分析举例

对于单层衍射光学元件的分析，光线的入射方向包含两种情况：第一种是光线从衍射光学元件的基底入射至空气介质；第二种是光线从空气入射至衍射光学元件基底层。下面，以 PMMA 作为单层衍射光学元件基底材料，选取 0.4～0.7 μm 作为工作波段，0.55 μm 作为设计波长，图 3.6 和图 3.7 分别表示入射光波长和角度以及特定波长下入射角度对衍射效率的影响。

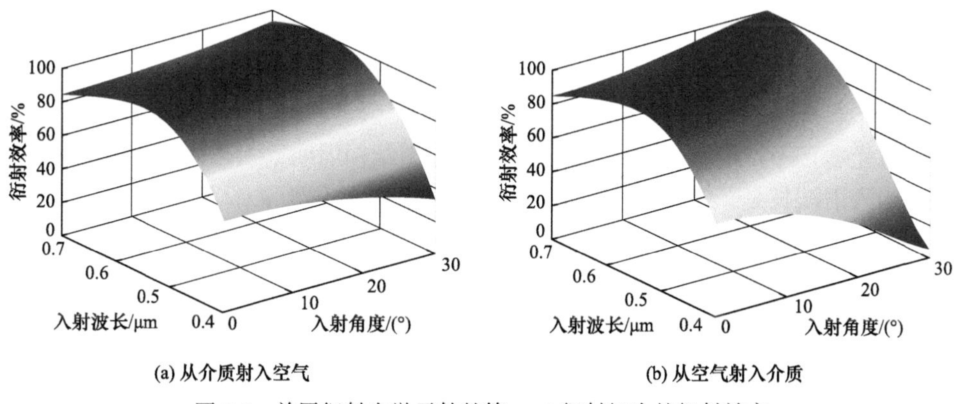

(a) 从介质射入空气　　(b) 从空气射入介质

图 3.6　单层衍射光学元件的第 m=1 衍射级次的衍射效率

根据图 3.6 和图 3.7 可以看出，对于单层衍射光学元件，当入射角度增大时，其衍射效率在长波区域下降较为缓慢，在短波位置则下降较快；此外，当在一定角度时，存在一个波长处实现 100%衍射效率；当光束从衍射光学元件基底入射至空气介质时，衍射效率随着入射角度的增大降低缓慢，表示中心波长 1 级衍射效率对入射角度的增大并不太敏感。

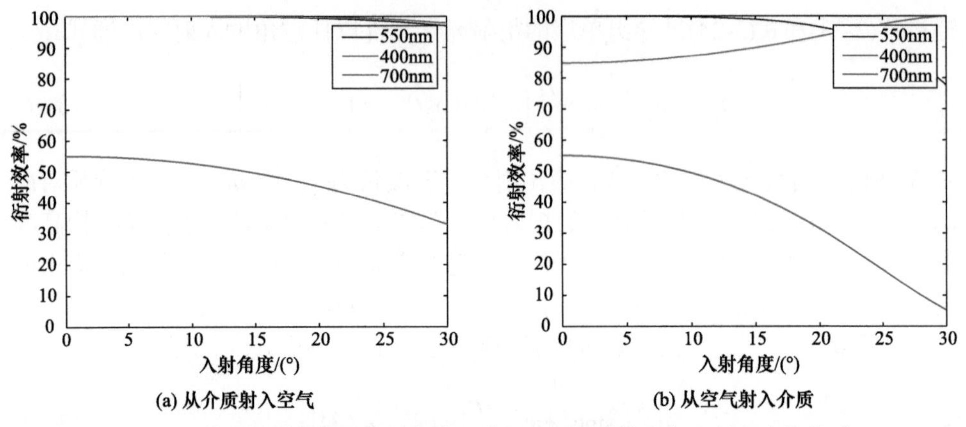

图 3.7 单层衍射光学元件的各分立波长 1 级衍射效率与入射角度的关系

3.3 谐衍射光学元件设计及其衍射效率

3.3.1 设计理论

传统单层衍射光学元件的负色散特性非常强烈，谐衍射光学元件的提出和使用能够有效改善此问题。1995 年，D. Faklis 和 G. M. Morris 以及 D. W. Sweeney 和 G. E. Sommargren 分别提出的谐衍射光学概念和元件能够在多个分立波长位置实现 100% 衍射效率，在获得相同光焦度的同时减小色散，这种元件也被称为多级谐衍射光学元件[2,3]。谐衍射光学元件是以 p 为设计级次，将相邻的两个环带的光程差设计为波长光程差的整数 p 倍($p \geqslant 2$)。因此，谐衍射光学元件与传统单层衍射光学元件有着很大的差别，无论是衍射微结构周期宽度还是微结构高度。

当入射波长是 λ 时，传统的单层衍射光学元件的焦距 $f(\lambda)$ 写成

$$f(\lambda)=\frac{\lambda_0}{\lambda}f_0 \tag{3-28}$$

式(3-28)中，λ_0 是谐衍射光学元件的设计波长，f_0 是设计波长对应的焦距。对于谐衍射光学元件的设计，首先应取大于 1 的整数 p，使 $p\lambda_0$ 为相邻环带间的光程差。根据式(3-28)得出在第 m 级次成像时，谐衍射光学元件的焦距表达式

$$f_m(\lambda)=\frac{p\lambda_0}{m\lambda}f_0 \tag{3-29}$$

根据式(3-29)，谐衍射光学元件的焦距可依据 p 和 m 有不同的值。如果想让 $f_m(\lambda)$ 与设计焦距 f_0 相等，则上式应满足

$$\frac{p\lambda_0}{m\lambda}=1 \tag{3-30}$$

即谐波长为

$$\frac{p\lambda_0}{m}=\lambda_m \tag{3-31}$$

根据式(3-31)，若想与 λ_0 的焦点重合，则谐波长 λ_m 必须为 λ_0 的 p/m 倍。

谐衍射光学元件多用于红外双波段光学系统中，因为如果 p 的选择恰当，就可以实现在确定的波长范围内，多个谐波长的焦点重合。

3.3.2　衍射效率

根据 3.2 节中传统单层衍射光学元件的相位延迟公式 $\phi(\lambda)=\frac{H}{\lambda}[n(\lambda)-1]$，根据传统单层衍射光学元件的相位延迟关系，谐衍射光学元件具有的相位延迟作用的表达式为

$$\Phi(\lambda)=p\phi(\lambda) \tag{3-32}$$

根据之前分析可知，单层衍射光学元件的表面微结构高度计算公式是

$$H=\frac{\lambda_0}{n(\lambda_0)-1} \tag{3-33}$$

把式(3-32)和式(3-29)联立，则成像单层衍射光学元件相位延迟的公式是

$$\phi(\lambda)=\frac{\lambda_0}{\lambda}\frac{n(\lambda)-1}{n(\lambda_0)-1} \tag{3-34}$$

根据式(3-32)，推导出谐衍射光学元件的相位延迟公式是

$$\Phi(\lambda)=p\frac{\lambda_0}{\lambda}\frac{n(\lambda)-1}{n(\lambda_0)-1} \tag{3-35}$$

把式(3-31)和式(3-34)联立，则谐衍射光学元件的衍射效率公式是

$$\eta_m=\operatorname{sinc}^2\left\{m-p\frac{\lambda_0}{\lambda}\frac{n(\lambda)-1}{n(\lambda_0)-1}\right\} \tag{3-36}$$

对应地，谐衍射光学元件的微结构高度公式是

$$H_h=\frac{p\lambda_0}{n(\lambda_0)-1} \tag{3-37}$$

把式(3-36)和式(3-37)联立，则谐衍射光学元件的衍射效率公式为

$$\eta_m(\lambda)=\operatorname{sinc}^2\left[m-\frac{H_h(n(\lambda)-1)}{\lambda}\right] \tag{3-38}$$

如果谐衍射光学元件以二元台阶面型为表面微结构，则衍射效率公式为

$$\eta_m^N = \left\{ \frac{\sin\left[\pi\left(\frac{\lambda_0}{\lambda}\frac{n(\lambda)-1}{n(\lambda_0)-1}p-m\right)\right]}{\sin\left[\pi\left(\frac{\lambda_0}{\lambda}\frac{n(\lambda)-1}{n(\lambda_0)-1}p-m\right)\right]\Big/N} \frac{\sin(\pi m/N)}{\pi m} \right\}^2 \tag{3-39}$$

若式(3-39)中欲使衍射效率达到 100%，就一定要满足

$$p\frac{\lambda_0}{\lambda}\frac{n(\lambda)-1}{n(\lambda_0)-1} = m \tag{3-40}$$

把式(3-39)和式(3-40)联立，并简化为

$$p\frac{\lambda_0}{\lambda}\frac{n(\lambda)-1}{n(\lambda_0)-1} = m\frac{n\left(\frac{p\lambda_0}{m}\right)-1}{n(\lambda_0)-1} \tag{3-41}$$

谐衍射光学元件是不能使所有的谐波长处的衍射效率达到 100%的，因为基底材料有色散。所以，只有在 $m=p$ 时，谐衍射波长处的衍射可达 100%，$m\neq p$ 时则不能。因此，为得到达到 100%的衍射效率，谐衍射波长须满足

$$\lambda_m = p\frac{\lambda_0}{\lambda}\frac{n(\lambda_m)-1}{n(\lambda_0)-1} \tag{3-42}$$

谐衍射波长 λ_m 不同时，其焦距值也不同

$$f_m = f_0\frac{n(\lambda_0)-1}{n(\lambda_m)-1} \tag{3-43}$$

3.3.3　设计及分析举例

这里，取红外晶体锗(Germanium，Ge)作为谐衍射光学元件的基底材料，取 10 μm 作为设计波长，取 8～12 μm 作为工作波段。若谐衍射级次符合 $m = p$，则衍射效率分布如图 3.8 所示。

根据图 3.8，主衍射级次 $m(m=p)$的衍射效率覆盖的波段宽度会随整数 p 的增大而变窄。由式(3-31)，若使 p 为 12，则根据公式可推算出谐波长分别为 8 μm、8.57 μm、9.23 μm、10 μm、10.91 μm、12 μm，对应的谐衍射级次 m 分别为 15、14、13、12、11、10，根据式(3-37)计算的微结构高度是 39.94 μm。由式(3-38)模拟得到对应谐衍射级次的衍射效率分布图如图 3.9 所示。

根据图 3.9，曲线在谐衍射级次的谐波长临近的波段衍射效率较高，在这之外急剧下降至零。当 m 增大时，高衍射效率的波段变窄；当 m 减小时，高衍射效率的波段变宽。

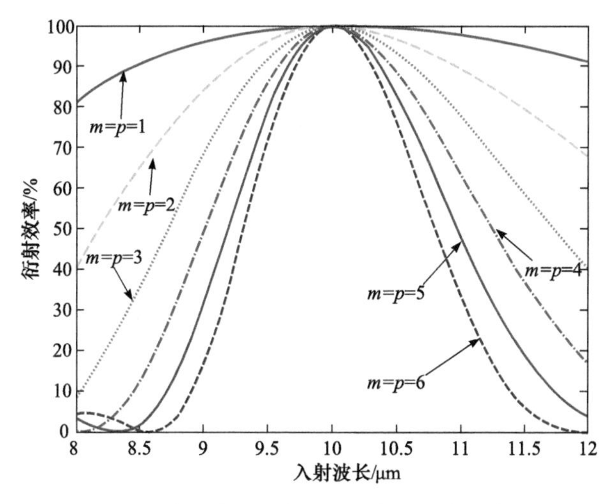

图 3.8　长波红外谐衍射光学元件的衍射效率分布

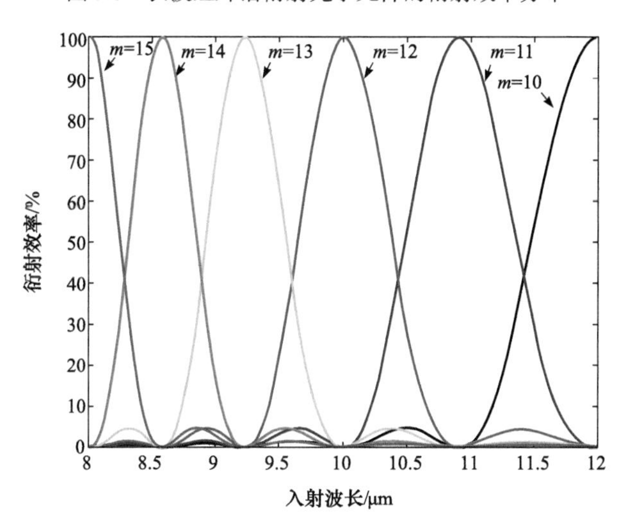

图 3.9　谐衍射光学元件不同谐衍射级次的衍射效率分布

3.4　多层衍射光学元件设计及其衍射效率

3.4.1　设计理论

由 3.2 节中对所描述的一般成像单层衍射光学元件的衍射效率公式可以知道，所在介质折射率为 $n_m(\lambda)$，入射角为 θ_1 时，当单层衍射光学元件的材料确定之后，其衍射效率只与衍射微结构高度 H 有关，而衍射微结构高度 H 由设计波长 λ_0 确定，也就是说只要确定了设计波长 λ_0，衍射效率就确定下来了。由于单层衍射光学元件缺少足够的设计自由度，因此很难提高宽波段衍射效率。对于谐衍射光学元件来说，引入相位高度因子 p，取相位的高级次来设计，使设计波段内多个波长处的衍射效率在理论上达到 100%，但是在整个设计波段内，除了这几个谐振波长外，其他波长处对应的衍射效率却很低。因此，谐衍射光学元件也不能从根本上提高整个设计波段内的衍射效率。

综上分析，为改善以上问题，即提高宽波段内的衍射效率、增加更多的设计自由度，研究者们提出采用多层衍射光学元件的结构和设计方法。通过改变多个衍射微结构高度数值以及匹配具有不同色散特性的材料，能够在原理上实现更高性能衍射光学元件的设计要求，也能使整个波段内各个波长的入射光的绝大部分能量都衍射到设计级次上，从而降低非设计级次的衍射光(杂散光)对整个光学系统性能的影响[4]。

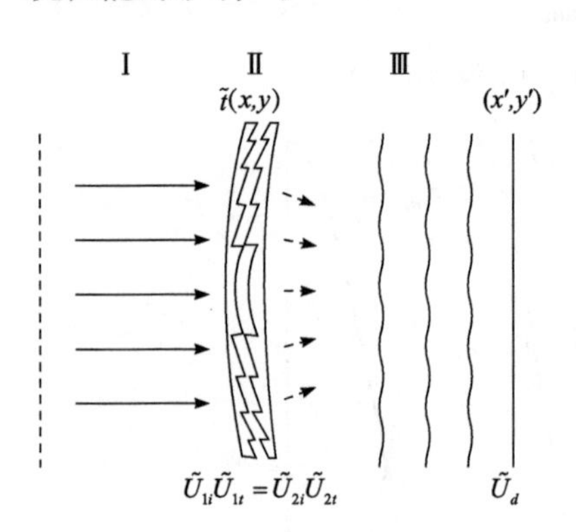

图 3.10　双层衍射光学元件的入射光场与出射光场

以双层衍射光学元件为例，根据 3.2 节中对单层衍射光学元件的分析方法，当两个单层衍射光学元件紧密层叠在一起，组成一个双层衍射光学元件时，其中复振幅透过率函数分别为 $\tilde{t}_1(x,y)$和 $\tilde{t}_2(x,y)$，入射光场和出射光场分别为 $\tilde{U}_{1i}$ 、$\tilde{U}_{1t}$ 和 $\tilde{U}_{2i}$ 、$\tilde{U}_{2t}$ ，如图 3.10 所示，由于两层衍射光学元件是紧密贴合的，因此可以认为第一个衍射光学元件的出射光场 $\tilde{U}_{1t}$ 没有经过空间传播，直接成为第二个衍射光学元件的入射光场 $\tilde{U}_{2i}$ ，即 $\tilde{U}_{1t}=\tilde{U}_{2i}$ 。此时，基于标量衍射理论，可以得到层叠后的双层衍射光学元件的总透过率函数为

$$\tilde{t}_1(x,y)=\frac{\tilde{U}_{2t}}{\tilde{U}_{1i}}=\frac{\tilde{U}_{2t}}{\tilde{U}_{2i}}\frac{\tilde{U}_{1t}}{\tilde{U}_{1i}}=\tilde{t}_2\tilde{t}_1 \tag{3-44}$$

由式(3-44)可以看出：紧密贴合的两个单层衍射光学元件的等效透过率函数等于两个单层衍射光学元件的透过率函数的乘积，即可以被认为是一个复合功能的单层衍射光学元件。同理，对于两层以上的衍射光学元件也可以推导出相似的结果。因此，多层衍射光学元件可以替代传统的单层衍射光学元件应用于折衍混合型光学系统中，具有传统单层衍射光学元件成像性能，也能实现高的衍射效率。

通过将光栅周期结构相同、衍射表面微结构的最大高度不同的多个单层衍射光学元件相互同心配置可以得到多层衍射光学元件结构，若假定每个单层衍射光学元件的透过率函数分别为 t_1，t_2，t_3，…，t_n，且有

$$t_1 = \mathrm{e}^{\mathrm{i}\phi_1},\ t_2 = \mathrm{e}^{\mathrm{i}\phi_2},\cdots,\ t_n = \mathrm{e}^{\mathrm{i}\phi_n} \tag{3-45}$$

式(3-45)中，ϕ_1，$\phi_2,\cdots$，ϕ_n 分别代表第一层、第二层、…、第 n 层单层衍射光学元件在光束入射时由衍射微结构所产生的相位延迟。

由式(3-44)和式(3-45)可以得到多层衍射光学元件的总的透过率函数为

$$t = t_1 \cdot t_2 \cdots t_n = \mathrm{e}^{\mathrm{i}\phi_1} \cdot \mathrm{e}^{\mathrm{i}\phi_2} \cdots \mathrm{e}^{\mathrm{i}\phi_n} = \mathrm{e}^{\mathrm{i}(\phi_1+\phi_2+\cdots+\phi_N)} \tag{3-46}$$

则多层衍射光学元件总的相位延迟为

$$\phi = \phi_1 + \phi_2 + \cdots + \phi_n \tag{3-47}$$

由式(3-47)可知，多层衍射光学元件可以等效为一个单层衍射光学元件，其总的相位延迟为每个单层衍射光学元件相位延迟之和。多层衍射光学元件理论的提出是为了拓宽高衍射效率波段的宽度。它的基底是几种不同的光学材料，具有不同的色散特性、不同的微结构高度，但微结构周期宽度相同的衍射光学元件的组合方式具有多种类型。多层衍射光学元件的结构类型可以分为分离型、密接型和密接外长型三种，其结构形式如图 3.11 所示，其中图 3.11(a)的分离型双层衍射光学元件目前最为常用。

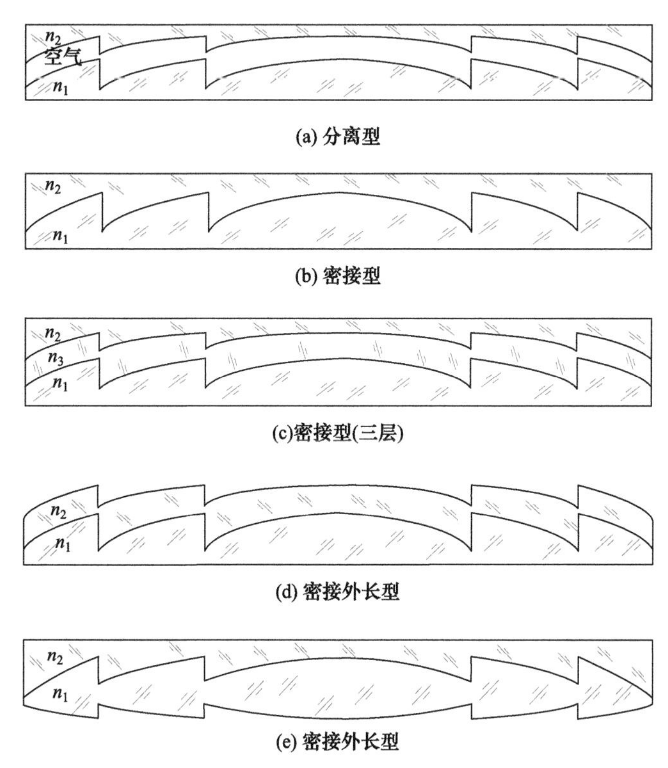

图 3.11　多层衍射光学元件的多种结构形式

3.4.2　衍射效率

根据标量衍射理论，首先可把多层衍射光学元件等效成一个单层衍射光学元件。根据前几节单层衍射光学元件衍射效率计算的公式，可推导出多层衍射光学元件的衍射效率公式，斜入射情况下光线通过多层衍射光学元件相邻子周期的传输如图 3.12 所示[5,6]。

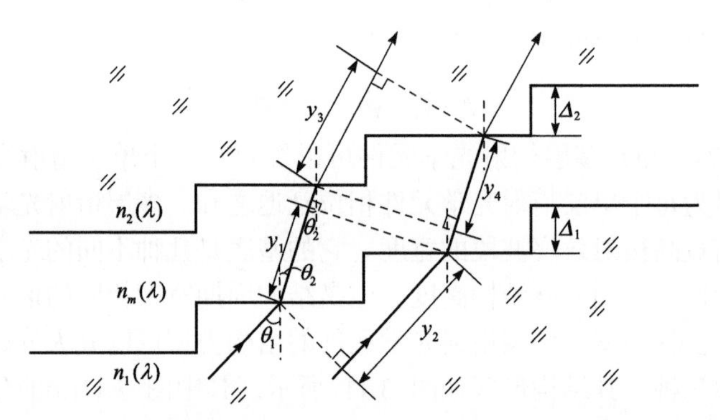

图 3.12　斜入射光线通过多层衍射光学元件相邻子周期的传输情况

同样地，令 θ_1 是入射角，两条光线以一定角度在多层衍射光学元件上入射的相邻子周期上产生的相位差是

$$\varphi(\lambda)=\frac{1}{\lambda}\left\{\left[n_m(\lambda)y_1-n_1(\lambda)y_2\right]+\left[n_2(\lambda)y_3-n_m(\lambda)y_4\right]\right\} \tag{3-48}$$

式(3-48)中，波长为 λ 时，其中的 $n_1(\lambda)$代表第一种基底材料的折射率，$n_2(\lambda)$代表第二种基底材料的折射率，$n_m(\lambda)$代表两个深谐衍射光学元件之间填充介质的折射率，y_1 和 y_2 表示第一层衍射光学元件表面两侧光线的传播距离，y_3 和 y_4 表示第二层衍射光学元件表面两侧光线的传播距离。

类似于前面对相位衍射光栅衍射效率的推导，根据式(3-48)推出

$$\begin{aligned}\varphi(\lambda)=&\frac{\varDelta_1}{\lambda}\left[\sqrt{n_m^2(\lambda)-n_1^2(\lambda)\sin^2\theta_1}-n_1(\lambda)\cos\theta_1\right]\\&+\frac{\varDelta_2}{\lambda}\left[\sqrt{n_2^2(\lambda)-n_1^2(\lambda)\sin^2\theta_1}-\sqrt{n_m^2(\lambda)-n_1^2(\lambda)\sin^2\theta_1}\right]\end{aligned} \tag{3-49}$$

式(3-49)中的 $\varDelta_1$ 和 $\varDelta_2$ 分别是双层衍射光学元件的相邻子周期高度，得出这两个衍射光学元件的 N 级相位光栅总高度 d_1 和 d_2 的表达式分别为

$$d_1=(N-1)\varDelta_1 \tag{3-50}$$

$$d_2=(N-1)\varDelta_2 \tag{3-51}$$

最大相位延迟 $\phi(\lambda)$ 是

$$
\begin{aligned}
\phi(\lambda) = N\varphi(\lambda) &= \frac{nd_1}{\lambda(N-1)}\left[\sqrt{n_m^2(\lambda) - n_1^2(\lambda)\sin^2\theta_1} - n_1(\lambda)\cos\theta_1\right] \\
&\quad + \frac{nd_2}{\lambda(N-1)}\left[\sqrt{n_2^2(\lambda) - n_1^2(\lambda)\sin^2\theta_1} - \sqrt{n_m^2(\lambda) - n_1^2(\lambda)\sin^2\theta_1}\right]
\end{aligned} \tag{3-52}
$$

若 $N \to \infty$，则双层衍射光学元件由多级相位近似成为连续面型，式(3-52)变为

$$
\begin{aligned}
\phi(\lambda) &= \frac{H_1}{\lambda}\left[\sqrt{n_m^2(\lambda) - n_1^2(\lambda)\sin^2\theta_1} - n_1(\lambda)\cos\theta_1\right] \\
&\quad + \frac{H_2}{\lambda}\left[\sqrt{n_2^2(\lambda) - n_1^2(\lambda)\sin^2\theta_1} - \sqrt{n_m^2(\lambda) - n_1^2(\lambda)\sin^2\theta_1}\right]
\end{aligned} \tag{3-53}
$$

式(3-53)中，H_1 与 H_2 分别是两个基底的表面微结构高度，这两个基底是面型连续的双层衍射光学元件的基底。把式(3-53)与式(3-20)联立，推出多层衍射光学元件第 m 级衍射效率是

$$
\begin{aligned}
\eta_m = \operatorname{sinc}^2\Bigg\{ m &- \frac{H_1\left[\sqrt{n_m^2(\lambda) - n_1^2(\lambda)\sin^2\theta_1} - n_1(\lambda)\cos\theta_1\right]}{\lambda} \\
&+ \frac{H_2\left[\sqrt{n_2^2(\lambda) - n_1^2(\lambda)\sin^2\theta_1} - \sqrt{n_m^2(\lambda) - n_1^2(\lambda)\sin^2\theta_1}\right]}{\lambda}\Bigg\}
\end{aligned} \tag{3-54}
$$

和传统单层衍射光学元件的衍射效率公式比较，多层衍射光学元件衍射效率将衍射微结构 H_2 引入新的相位延迟。若光线正入射 θ_1=0°，由式(3-54)推导出

$$
\eta_m = \operatorname{sinc}^2\left\{ m - \left[\frac{H_1[n_m(\lambda) - n_1(\lambda)]}{\lambda} + \frac{H_2[n_2(\lambda) - n_m(\lambda)]}{\lambda}\right]\right\} \tag{3-55}
$$

若空气是中间介质，$n_m(\lambda)$=1，则图 3.11(a)是分离型双层衍射光学元件；若其他材料是中间介质，则图 3.11(c)所示就是填充型三层衍射光学元件。

若多层衍射光学元件的基底材料和层数更多，则有体现相位延迟的通式，即

$$
\phi(\lambda) = 2\pi\sum_{j=1}^{N}\frac{H_j\,[n_{ji}(\lambda)\cos_{ji} - n_{jt}(\lambda)\cos_{jt}]}{\lambda} \tag{3-56}
$$

式(3-56)中，H_j 正负均可，表示的是第 j 层衍射光学元件的表面微结构高度数值。对于入射波长 λ 和第 j 层衍射光学元件，$n_{ji}(\lambda)$表示入射介质材料折射率，$n_{jt}(\lambda)$表示出射介质材料折射率；θ_{ji} 表示入射角，θ_{jt} 表示出射角。

由式(3-56)推导出多层衍射光学元件光线以任意角度入射的相位延迟 $\phi(\lambda)$ 通式

$$
\phi(\lambda) = 2\pi\sum_{j=1}^{N}\frac{H_j\left[\sqrt{n_{j-1,t}{}^2 - (n_{1i}\sin\theta_{1i})^2} - \sqrt{n_{jt}(\lambda) - (n_{1i}(\lambda)\sin\theta_{1t})^2}\right]}{\lambda} \tag{3-57}
$$

其中，$n_{0t}=n_{1t}$。

推导得多层衍射光学元件的第 m 级斜入射的衍射效率公式为

$$\eta_m = \mathrm{sinc}^2\left[m - \frac{\phi(\lambda)}{2\pi}\right] \tag{3-58}$$

由式(3-58)推导出多层衍射光学元件的第 m 级的平均带宽积分衍射效率的公式为

$$\overline{\eta}_m(\lambda) = \frac{1}{\lambda_{\max} - \lambda_{\min}} \int_{\lambda_{\min}}^{\lambda_{\max}} \eta_m \mathrm{d}\lambda = \frac{1}{\lambda_{\max} - \lambda_{\min}} \int_{\lambda_{\min}}^{\lambda_{\max}} \mathrm{sinc}\left[m - \frac{\phi(\lambda)}{2\pi}\right] \mathrm{d}\lambda \tag{3-59}$$

式(3-59)中，$\lambda_{\max}$表示工作波段的最大波长，$\lambda_{\min}$表示工作波段的最小波长。

因此，多层衍射光学元件能够应用于宽波段折衍混合成像光学系统的设计中，从而获得高的衍射效率和带宽积分平均衍射效率[7-10]。

3.4.3　设计及分析举例

下面以多层衍射光学元件在长波红外波段工作为例，对其衍射效率特性进行分析，选用长波红外波段即 8～12 μm 为工作波段，基底材料为硫化锌-锗(ZnSe-Ge)组合，设计波长为 8.77 μm 和 11.09 μm(根据带宽积分平均衍射效率最大化设计方法，3.5 节中会有叙述)，则第 m=1 衍射级次的入射角度、工作波段对该基底材料组成的多层衍射光学元件衍射效率的影响如图 3.13 所示，入射角度对该多层衍射光学元件在该工作波段内的带宽积分平均衍射效率的影响如图 3.14 所示。

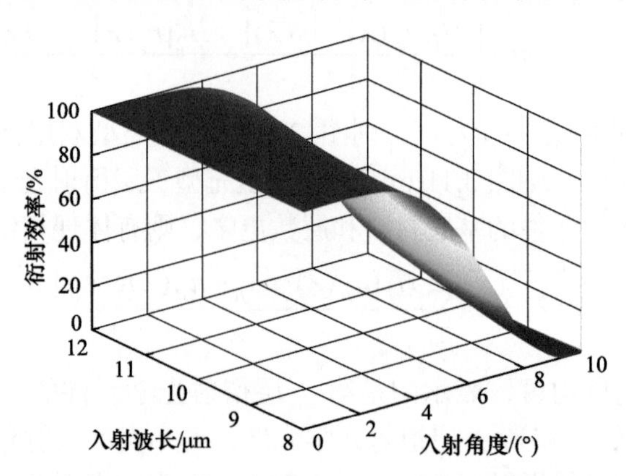

图 3.13　斜入射下工作波段对衍射效率的影响

从图 3.13 和图 3.14 可以看出，入射角度对多层衍射光学元件衍射效率的影响较大，例如，当入射角度增大到 10°时，对应的衍射效率已经降低至约等于0；此外，在该波段内，当入射角度为 4°时，带宽积分平均衍射效率下降至约90%。因此，可以判断，当使用多层衍射光学元件作为混合成像光学系统的组成

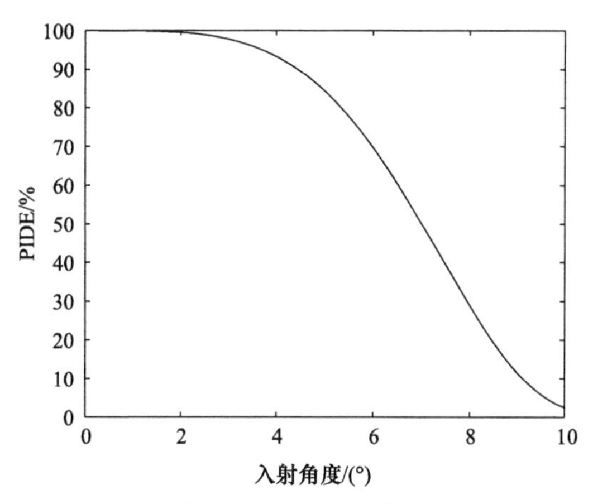

图 3.14　入射角度对多层衍射光学元件带宽积分平均衍射效率的影响

元件时，需要额外关注该光学系统的入射角度的影响，避免因入射角度过大造成衍射效率过低，从而导致混合成像系统像质不佳的问题。

3.5　多层衍射光学元件常用设计方法

一般当给定基底材料后，单层衍射光学元件的衍射微结构高度参数就能确定，是一一对应的关系，然而，由于单层衍射效率特性的局限性，现在在成像系统中常用的类型为多层衍射光学元件结构。因此，本节以成像多层衍射光学元件的设计为例，基于成像多层衍射光学元件的相位延迟表达式，采用不同色散特性材料为基底的组合，概述三种主要的多层衍射光学元件传统设计方法，其分别为光学材料常数法[11]、带宽积分平均衍射效率最大化方法[12]和基于材料折射率的柯西色散近似方法[13]。

1. 光学材料常数法

光学材料常数法是根据多层衍射光学元件的相位延迟表达式进行分析，影响多层衍射光学元件衍射效率的因素有基底材料的折射率、各个设计波长、各个衍射表面微结构高度等，考虑到设计波长与各个表面微结构高度可以相互转换的关系，以不同色散材料为出发点设计衍射光学元件[11]。根据衍射光学元件的阿贝数和基底材料的色散常数与相位延迟表达式结合，得到了不同衍射级次、各层衍射光学元件的阿贝数和基底材料阿贝数的关系为

$$\sum_{j=1}^{i}\frac{m_j}{v_j}=\frac{1}{v_d} \tag{3-60}$$

式(3-60)中，m_j，v_j，v_d 分别代表多层衍射光学元件中第 j 层衍射光学元件的设计级次、该层谐衍射光学元件的光学材料的阿贝数、传统单层衍射光学元件的阿贝数。

在多层衍射光学元件的设计过程中，如不考虑各层衍射光学元件的材料色散影响，把每层衍射光学元件等效为传统单层衍射光学元件，则多层衍射光学元件的成像特性相当于一个传统的衍射光学元件，即要求综合衍射级次为1，满足

$$\sum_{j=1}^{i} m_j = 1 \tag{3-61}$$

衍射光学元件在成像光学系统中多使用第 m=1 衍射级次，所以在考虑多层衍射光学元件的设计过程中，取衍射级次 $m=1$ 时，其引起的光程差与衍射级次的关系为

$$\sum_{j=1}^{i} [n_j(\lambda)-1]H_j = m\lambda \tag{3-62}$$

在多层衍射光学元件的材料及衍射级次确定后，根据式(3-62)，得到各层衍射光学元件的表面微结构高度与设计级次之间的关系为

$$\begin{cases} (n_1(\lambda)-1)H_1 = m_1\lambda \\ \ldots\ldots \\ (n_i(\lambda)-1)H_i = m_i\lambda \end{cases} \Rightarrow \begin{cases} H_1 = m_1\lambda/(n_1(\lambda)-1) \\ \ldots\ldots \\ H_i = m_i\lambda/(n_i(\lambda)-1) \end{cases} \tag{3-63}$$

采用光学材料常数法实现多层衍射光学元件设计的关键问题，是根据不同光学材料的阿贝数与各层衍射表面衍射级次及各层表面微结构高度的关系，合理地选取出多层衍射光学元件中各层的基底光学材料。

2. 带宽积分平均衍射效率最大化方法

带宽积分平均衍射效率最大化方法是以实现整个设计波段内衍射效率积分最大化为设计目标，实现方法是：在确定多层衍射光学元件基底材料的前提下，基于相位延迟表达式，将设计波长与多层衍射光学元件每层表面微结构高度的关系为中间过渡参数，最终得到设计波长、衍射微结构高度数值，从而完成整个多层衍射光学元件的优化设计，实现折衍混合光学系统成像质量的最优[12]。带宽积分衍射效率与设计波长及相位延迟的关系为

$$\bar{\eta}_{m\,\mathrm{int}}(\lambda_1,\cdots,\lambda_j,\cdots,\lambda_N) = \frac{1}{\lambda_{\max}-\lambda_{\min}}\int_{\lambda_{\min}}^{\lambda_{\max}} \mathrm{sinc}^2\left(m-\frac{\mathrm{OPD}(\lambda)}{\lambda}\right)\mathrm{d}\lambda \tag{3-64}$$

式(3-64)中，λ_{max} 和 λ_{min} 分别表示工作波段范围内最大和最小波长；OPD(λ)表示衍射光学元件产生的光程差，与相位延迟表达式相关。

在多层衍射光学元件的设计过程中，为了实现第 m=1 衍射级次的衍射效率为 100%，当其基底材料确定后，多层衍射光学元件带宽积分平均衍射效率会随着设计波长的不同而变化，对应的带宽积分平均衍射效率也随之变化；最大带宽积分平均衍射效率也随之确定，同时多层衍射光学元件的设计波长 $(\lambda_1,\cdots,\lambda_j,\cdots,\lambda_N)$ 也随之确定。因此，各层衍射光学元件的表面微结构高度通过设计波长 $(\lambda_1,\cdots,\lambda_j,\cdots,\lambda_N)$ 对应的相位延迟 2π 表达式组成的一个 N 元一次方程组求得，如

$$\begin{cases}\sum_{x=1}^{N}k_1(n_x(\lambda_1)-n'_x(\lambda_1))H_x=2\pi\\ \sum_{x=1}^{N}k_j(n_x(\lambda_j)-n'_x(\lambda_j))H_x=2\pi\\ \cdots\cdots\\ \sum_{x=1}^{N}k_N(n_x(\lambda_N)-n'_x(\lambda_N))H_x=2\pi\end{cases} \tag{3-65}$$

由式(3-65)可以看出，得到多层衍射光学元件的带宽积分平均衍射效率最大时的一组设计波长，是实现其优化设计的关键步骤。

3. 基于材料折射率的柯西色散近似方法

基于材料折射率的柯西色散近似方法是对带宽积分平均衍射效率最大化方法的简化[13]，材料的柯西色散公式为

$$n(\lambda)=a+\frac{b}{\lambda^2}+\frac{c}{\lambda^4} \tag{3-66}$$

式(3-66)中，a、b 和 c 代表光学基底材料折射率对应的柯西色散公式中不同项的系数。

针对不同的入射光波长，可以忽略第三项色散系数的影响，利用多层衍射光学元件不同基底材料对应的柯西色散公式进行近似表达，对带宽积分平均衍射效率做最大化设计。当多层衍射光学元件每层衍射微结构之间的介质层为空气介质，以 $(\lambda_1,\cdots,\lambda_j,\cdots,\lambda_N)$ 为对应的设计波长且满足多层衍射光学元件相位延迟为 2π 的整数倍时，可实现其第 m 衍射级次的衍射效率在设计波长处为 100%，根据多层衍射光学元件的相位延迟表达式得到

$$\begin{cases} \sum_{x=1}^{N} k_1(n_x(\lambda_1)-n'_x(\lambda_1))H_x = m2\pi \\ \sum_{x=1}^{N} k_j(n_x(\lambda_j)-n'_x(\lambda_j))H_x = m2\pi \\ \cdots\cdots \\ \sum_{x=1}^{N} k_N(n_x(\lambda_N)-n'_x(\lambda_N))H_x = m2\pi \end{cases} \tag{3-67}$$

式(3-67)中，取衍射级次$m=1$，通过求解此方程组，可以得到多层衍射光学元件在设计波长为$(\lambda_1,\cdots,\lambda_j,\cdots,\lambda_N)$时对应的表面微结构高度$(H_1,\cdots,H_j,\cdots,H_N)$。

综上所述，有如下结论：①光学材料常数法可以应用于各种不同结构形式的多层衍射光学元件的设计，以及各层衍射元件的材料选择，但缺点是无法精确计算、评价多层衍射光学元件的衍射效率对折衍混合系统的成像质量的影响；②基于带宽积分平均衍射效率最大化方法，可将多层衍射光学元件衍射效率降低从而对混合成像光学系统成像质量的影响降至最小，但缺点是没有给出常用带宽积分平均衍射效率最大值与材料选择的关系；③采用柯西色散近似公式的设计，虽然给出的多层衍射光学元件的相位延迟表达式与材料选择无关，但缺点是其衍射效率分布存在的偏差与设计波长选择有关，此方法没有给出如何实现采用柯西色散近似公式设计的多层衍射光学元件衍射效率偏差最小。在进行具体设计时，根据实际情况选择多层衍射光学元件的设计方法和评价标准。

3.6 不同类型多层衍射光学元件衍射效率分析举例

3.6.1 分离型双层衍射光学元件

1. 分离型双层衍射光学元件衍射效率特性分析

分离型双层衍射光学元件是最常见、最常用的多层衍射光学元件类型，根据3.4节中多层衍射光学元件衍射效率分析方法，以及图3.12中光线斜入射至多层衍射光学元件的光线传输路径，可知光线一般入射和垂直入射至多层衍射光学元件基底时对应的衍射效率分别为

$$\eta_m = \mathrm{sinc}^2\left\{m - \frac{H_1\left[n_1(\lambda)\cos\theta_1 - \sqrt{n_M^2 - n_1^2(\lambda)\sin^2\theta_1}\right] + H_2\left[\sqrt{n_2^2(\lambda)-n_1^2(\lambda)\sin^2\theta_1}\right] - \sqrt{n_M^2 - n_1^2(\lambda)\sin^2\theta_1}}{\lambda}\right\} \tag{3-68}$$

和

$$\eta_m = \text{sinc}^2\left\{m - \frac{H_1\left[n_1(\lambda) - n_m(\lambda)\right] + H_2\left[n_2(\lambda) - n_m(\lambda)\right]}{\lambda}\right\} \tag{3-69}$$

当中间介质层为空气层时为分离型双层衍射光学元件结构，即上式中的 $n_m(\lambda)=1$，这样得到光线斜入射和垂直入射至分离型双层衍射光学元件的衍射效率分别为

$$\eta_m = \text{sinc}^2\left\{m - \frac{H_1\left[n_1(\lambda)\cos\theta_1 - \sqrt{1-n_1^2(\lambda)\sin^2\theta_1}\right] + H_2\left[\sqrt{n_2^2(\lambda) - n_1^2(\lambda)\sin^2\theta_1}\right] - \sqrt{1-n_1(\lambda)\sin^2\theta_1}}{\lambda}\right\} \tag{3-70}$$

和

$$\eta_m = \text{sinc}^2\left\{m - \frac{H_1\left[n_1(\lambda) - 1\right] + H_2\left[n_2(\lambda) - 1\right]}{\lambda}\right\} \tag{3-71}$$

使用可见光波段的分离型双层衍射光学元件进行分析，选用工作波段为 0.4～0.7 μm，取 g 光(435.8343 nm)和 d 光(587.5618 nm)作为两个设计波长，组成双层衍射光学元件第一层和第二层衍射基底材料的分别为光学塑料 PMMA 和 POLYCARB。在 ZEMAX 光学设计软件中，这两种材料都采用 Schott 色散公式计算折射率，其中：

PMMA 色散系数：$a_0 = 2.18645820 \times 10^0$，$a_1 = -2.44753480 \times 10^{-4}$，$a_2 = 1.41557870 \times 10^{-2}$，$a_3 = -4.43297810 \times 10^{-4}$，$a_4 = -7.76642590 \times 10^{-5}$，$a_5 = -2.99363820 \times 10^{-6}$。

POLYCARB 色散系数：$a_0 = 2.42838566 \times 10^0$，$a_1 = -3.86116645 \times 10^{-5}$，$a_2 = 2.87574474 \times 10^{-2}$，$a_3 = -1.97897366 \times 10^{-4}$，$a_4 = 1.48358968 \times 10^{-4}$，$a_5 = 1.38651935 \times 10^{-6}$。

为了使衍射效率在设计波长处达到最大，应使总光程差达到波长的整数倍，即要求

$$\phi(\lambda) = \frac{H_1\left[n_1(\lambda) - 1\right] + H_2\left[n_2(\lambda) - 1\right]}{\lambda} = 1 \tag{3-72}$$

将 λ_1= 435.8343 nm，λ_2= 587.5618 nm 代入上式，得到二元一次方程组为

$$\begin{cases} H_1\left[n_1(\lambda_1) - 1\right] + H_2\left[n_2(\lambda_2) - 1\right] = \lambda_1 \\ H_1\left[n_1(\lambda_1) - 1\right] + H_2\left[n_2(\lambda_2) - 1\right] = \lambda_2 \end{cases} \tag{3-73}$$

其中，$n_1(\lambda)$和 $n_2(\lambda)$分别为由 PMMA 和 POLYCARB 组成的两个基底层的折射率参数，由此可计算得到两个单层衍射光学元件的表面微结构高度分别为 15.963 μm 和−12.405 μm；此外，设置衍射级次为一级衍射，即 m=1。最后，入射波长对由 PMMA-POLYCARB 组成的多层衍射光学元件衍射效率的影响

如图 3.15 所示。

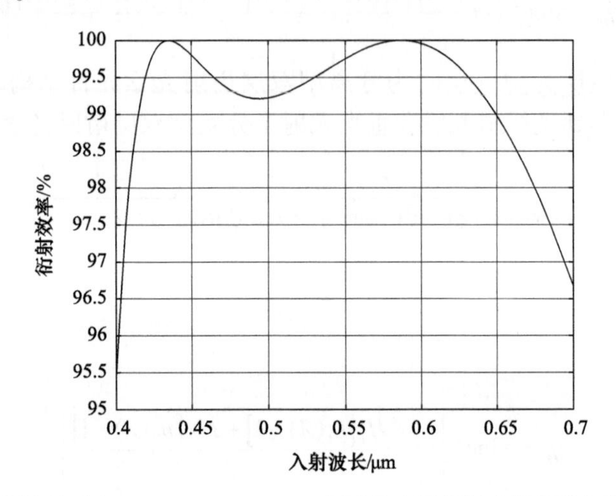

图 3.15　入射波长对由 PMMA-POLYCARB 组成的多层衍射光学元件衍射效率的影响

从图 3.15 可以看出，区别于单层衍射光学元件衍射效率特性，双层衍射光学元件在整个波段范围内的衍射效率都比较高(单层衍射光学元件衍射效率会随着入射波段偏离设计波长而迅速下降)，并且能够在两个波长位置处实现 100%衍射效率(单层衍射光学元件只能在一个波长位置实现 100%衍射效率)。

上文讨论的是正入射的情况，使用正入射情况下计算得到的双层衍射光学元件的两个微结构高度数值代入分析一般入射下入射角度对衍射效率的影响。根据式(3-70)，并选取几个参考波长分析不同入射波长(400 nm、587.5618 nm、700 nm)对双分离型双层衍射光学元件一级衍射效率的影响，如图 3.16 所示，此外，几个特征入射角度对应的双层衍射光学元件的衍射效率如表 3.1 所示。

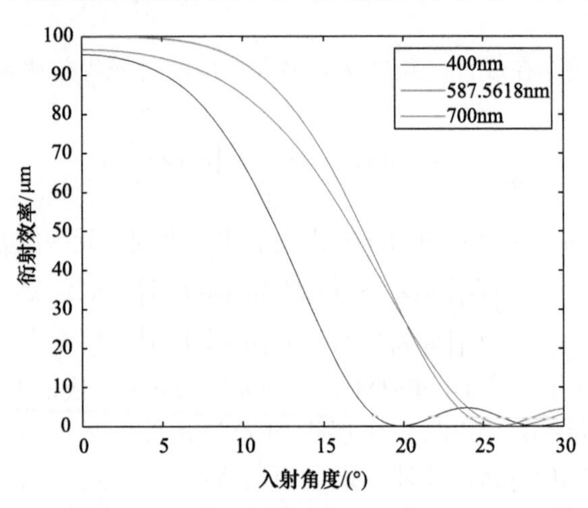

图 3.16　入射角度对双分离型双层衍射光学元件衍射效率的影响

表 3.1　几个特征入射角度对应的双层衍射光学元件的衍射效率

入射波长/nm	入射角度/(°)	衍射效率/%
400	0	95.40
	10	67.66
	15	23.22
	19.8	0
587.5618	0	100
	10	93.489
	15	70
	25.8	0
700	0	96.67
	10	85.20
	15	62.52
	26.8	0

从图 3.17 和表 3.1 可以看出：对于不同入射波长，入射角度对双分离型双层衍射光学元件衍射效率影响不一，但相比较单层衍射光学元件，多层衍射光学元件能够实现宽波段内的高衍射效率，但是总体上不能实现较大角度范围内的高衍射效率，当入射角度大于某一数值时，双层衍射光学元件的衍射效率急剧下降。因此，虽然相对于单层衍射光学元件来说，双层衍射光学元件极大地提高了在设计波段内的衍射效率，但是入射角范围却受到了限制。在使用了双层衍射光学元件的光学系统中，必须考虑视场角的大小，才能保证折衍混合光学系统的成像质量。

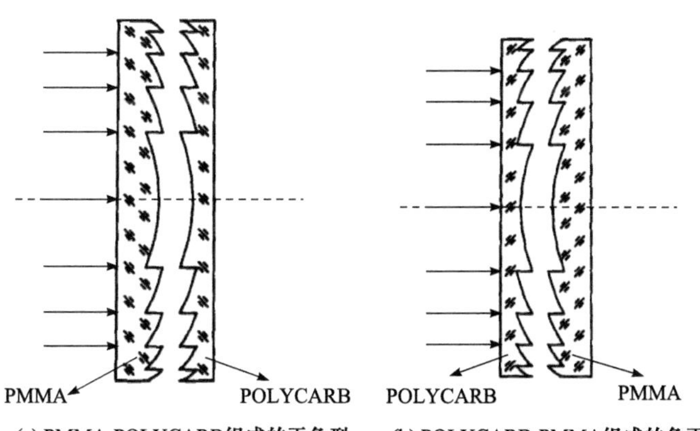

(a) PMMA-POLYCARB组成的正负型　(b) POLYCARB-PMMA组成的负正型

图 3.17　双分离型双层衍射光学元件结构

2. 分离型双层衍射光学元件结构分析

根据式(3-6)可知，多层衍射光学元件的衍射微结构高度 H_j 正负均可，表示的是第 j 层深谐衍射光学元件的表面微结构高度数值，即对于双层衍射光学元件 H_1 和 H_2 均可正可负。根据 3.6.1 节 1. 小节，对于分离型双层衍射光学元件，为了实现其 100%的衍射效率，相位延迟应该满足

$$\phi(\lambda)=\frac{H_1\left[n_1(\lambda)-1\right]+H_2\left[n_2(\lambda)-1\right]}{\lambda}=1 \tag{3-74}$$

根据 3.6.1 节 1. 小节分析，当 H_1 和 H_2 分别为正和负时，代表入射光束先入射至第一片正透镜加工成的正衍射光学元件，再入射至第二片负透镜加工成的负衍射光学元件；反之也可。即 3.6.1 节 1. 小节中采用的 PMMA-POLYCARB 材料组合为正负组合式双分离型衍射光学元件，若采用的基底材料组合为 POLYCARB-PMMA，则为负正组合式双分离型衍射光学元件。然而，这两种类型的衍射光学元件的共性为：都可以实现两个设计波长位置处衍射效率达到 100%。这两种类型衍射光学元件的结构如图 3.17(a)和(b)所示。

根据计算可知，这两种结构的双分离型双层衍射光学元件结构在垂直入射的情况下衍射效率分布一致，即对于一个分离型双层衍射光学元件来说，无论是从左向右还是从右向左正入射，两种情形的衍射效率是一样的；斜入射下入射角度对衍射效率的影响也较小，可以忽略，即无论入射光从左向右入射还是从右向左入射，也无论是正入射还是斜入射，两种情况的衍射效率变化情况都是相同的。

此外，通过以上分析知道，当设计出一个多层衍射光学元件确定其结构形状时，只能确定出唯一一种组合结构满足设计要求。通过进一步的研究发现，不但只有唯一的一种组合满足设计要求，而且有的组合方式甚至根本就无法实现在两个设计波长处衍射效率达到 100%，如图 3.18 所示，具体分析如下。

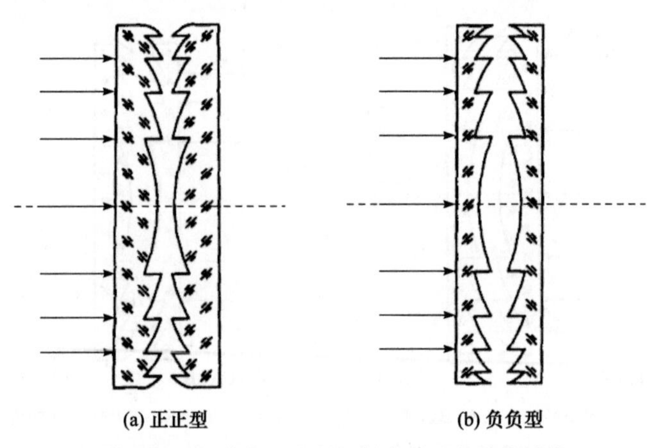

图 3.18　双分离型双层衍射光学元件其他结构

前面的分析是通过微结构高度 H_1 和 H_2 来确定双层衍射光学元件组合结构的，而图 3.18 中组合结构已经先给出，现在通过组合结构来判断相位差，即式(3-72)中 H_1 和 H_2 的正负。如图 3.18(a)所示为 H_1 和 H_2 均大于 0 的情况，图 3.18(b)所示为 H_1 和 H_2 均小于 0 的情况。

以图 3.18(a)分析为例进行说明。如式(3-72)和式(3-73)，一般来说，可见光材料的折射率会随着波长的增加而单调递减，即当 $\lambda_1 < \lambda_2$ 时，$n(\lambda_1) > n(\lambda_2)$，则式(3-73)中 $n_1(\lambda_1)-1 > n_1(\lambda_2)-1$，$n_2(\lambda_1)-1 > n_2(\lambda_2)-1$，因此，当 H_1 和 H_2 均为正值时，不可能存在两个不同波长 λ_1 和 λ_2 满足式(3-73)，故图 3.18(a)所示的正正型双层衍射光学元件的衍射效率无法实现在两个设计波长处达到 100%。同理，可以分析图 3.18(b)中 H_1 和 H_2 均小于 0 的情况。

3.6.2　密接型双层衍射光学元件

1. 密接型双层衍射光学元件衍射效率分析

根据图 3.12 推导的多层衍射效率公式同样适用于密接型双层衍射光学元件，只要将式(3-54)中 $n_m(\lambda)$ 替换为 $n_2(\lambda)$，将 $n_2(\lambda)$ 替换为 1 即可，由此得到密接型双层衍射光学元件的衍射效率为

$$\eta_m = \operatorname{sinc}^2\left\{m - \frac{H_1\left[\sqrt{n_2^2 - n_1^2(\lambda)\sin^2\theta_1} - n_1(\lambda)\cos\theta_1\right] + H_2\left[\sqrt{1 - n_1^2(\lambda)\sin^2\theta_1} - \sqrt{n_2^2 - n_1^2(\lambda)\sin^2\theta_1}\right]}{\lambda}\right\} \tag{3-75}$$

对应的正入射时衍射效率为

$$\eta_m = \operatorname{sinc}^2\left\{m - \frac{H_1\left[n_2(\lambda) - n_1(\lambda)\right] + H_2[1 - n_2(\lambda)]}{\lambda}\right\} \tag{3-76}$$

此时相位差公式为

$$\phi(\lambda) = \frac{H_1\left[n_2(\lambda) - n_1(\lambda)\right] + H_2[1 - n_2(\lambda)]}{\lambda} \tag{3-77}$$

为了便于与分离型进行比较，这里所取参数与 3.6.1 节中计算分离型衍射效率所取的参数相同，仍取可见光波段 0.4～0.7 μm，两个设计波长分别为 435.8343 nm 和 587.5618 nm，代入如下方程组：

$$\begin{cases} H_1\left[n_2(\lambda_1) - n_1(\lambda_1)\right] + H_2\left[1 - n_2(\lambda_1)\right] = \lambda_1 \\ H_1\left[n_2(\lambda_2) - n_1(\lambda_2)\right] + H_2\left[1 - n_2(\lambda_2)\right] = \lambda_2 \end{cases} \tag{3-78}$$

解得 H_1 和 H_2 分别为 15.963 μm 和−3.558 μm。

因此，根据式(3-74)和式(3-75)能得到垂直入射由 PMMA 和 POLYCARB 组成的密接型双层衍射光学元件的入射波长对其一阶衍射效率的影响曲线，

如图 3.19 所示。

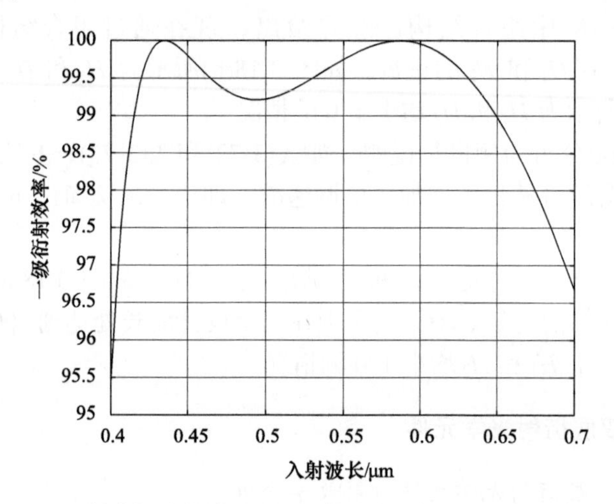

图 3.19　入射波长对密接型双层衍射光学元件一级衍射效率的影响

比较图 3.19 和图 3.15 可以看出，当光束垂直入射至由 PMMA 和 POLYCARB 组成的双层衍射光学元件时，对应的双层衍射光学元件的衍射效率特性一致，原因在于采用了相同的设计波长满足相位延迟表达式；区别在于，两种衍射光学元件在不同设计波长位置处对应的两层衍射微结构高度数值不一样，准确地说，比较两种情形的衍射微结构高度，发现两种衍射光学元件的第一片的衍射微结构高度相同，不同的是第二片衍射微结构高度。

同样地，将垂直入射时计算的双层衍射光学元件衍射微结构高度数值代入式(3-75)中，并选取几个参考波长分析不同入射波长(400 nm、587.5618 nm、700 nm)情况下，入射角度对密接型双层衍射光学元件一级衍射效率的影响，如图 3.20

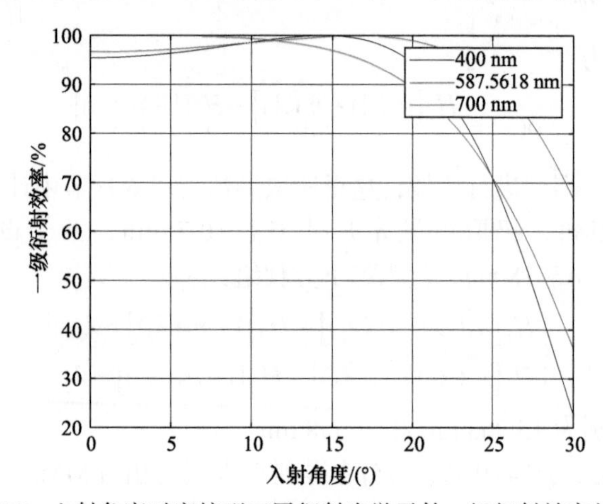

图 3.20　入射角度对密接型双层衍射光学元件一级衍射效率的影响

所示，此外，几个特征入射角度对应的双层衍射光学元件衍射效率如表 3.2 所示。

表 3.2　几个特征入射角度对应的双层衍射光学元件衍射效率

入射波长/nm	入射角度/(°)	衍射效率/%
400	0	95.401
	10	98.625
	15	99.966
587.5618	0	100
	10	99.481
	15	97.052
700	0	96.672
	10	98.552
	15	99.876

图 3.20 与图 3.16 几乎完全一样，说明对于双层衍射元件来说，无论是分离型还是密接型，不但正入射时衍射效率随波长变化相同，而且斜入射时衍射效率随入射角变化也相同，说明此时的密接型双层衍射光学元件可以等效为分离型双层衍射光学元件。

2. 密接型双层衍射光学元件结构分析

上述为 PMMA 和 POLYCARB 组成的密接型双层衍射光学元件，根据符号可以判断出该组成类型为正负型组合。若选取基底材料组合为 POLYCARB 和 PMMA，则根据 3.6.1 节中双分离型双层衍射光学元件分析方法，可以计算出两层衍射微结构高度数值分别为 12.482 μm 和−3.574 μm，对应的组成类型为负正型组合，正正型组合和负正型组合的密接型双层衍射光学元件结构分别如图 3.21(a)和(b)所示。

现在考虑第一片材料为 PMMA，第二片材料为 POLYCARB 的情形，与 3.6.1 节方法相同，要使该密接型衍射光学元件在两个设计波长处衍射效率达到 100%，同理可算得衍射微结构高度数值分别为 16.056 μm 和−3.574 μm。

同理，根据计算可知，这两种结构无论是 POLYCARB 在前 PMMA 在后还是 PMMA 在前 POLYCARB 在后，这两种组合方式正入射时衍射效率与波长的变化曲线完全相同，斜入射时的衍射效率随入射角的变化也几乎完全相同。因此，图 3.21 所示两种结构，当光束从左向右入射时，两种结构是等效的。这同时也说明在图 3.21 中，如果光束从左向右入射，即入射光先经过基底材料为 PMMA 的单层衍射光学元件，最后经过基底材料为 POLYCARB 的单层衍射光学元件，则无法实现在两个设计波长处衍射效率达到 100%，要想达到 100%，则

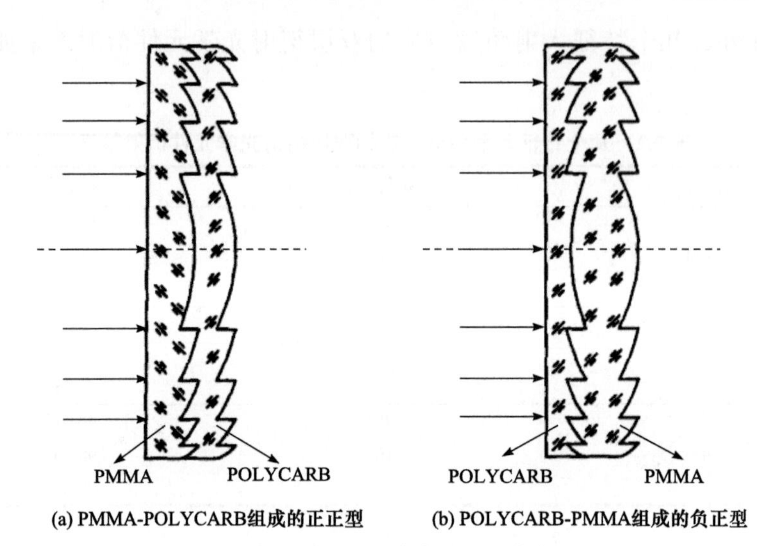

(a) PMMA-POLYCARB组成的正正型　　(b) POLYCARB-PMMA组成的负正型

图 3.21　密接型双层衍射光学元件结构

该双层衍射光学元件应为图 3.21(a)所示的正正型。这一特性是密接型与分离型的最大区别之一。

3. 双层衍射光学元件衍射效率的优化

这里以由 PMMA-POLYCARB 组成的分离型双层衍射光学元件为例。如图 3.22 所示垂直入射时衍射效率与入射波长和第一层微结构高度的关系曲线，此时短波端与长波端的衍射效率不等，如果出于某种需要，要求在设计波段有两个波长对应的衍射效率相等，比如要求短波端与长波端相等，即$\eta(\lambda_s)=\eta(\lambda_l)$，根据相位差公式，也就意味着

$$\frac{-H_1\left[n_1(\lambda_s)-1\right]+H_2\left[n_2(\lambda_s)-1\right]}{\lambda_s}=\frac{-H_1\left[n_1(\lambda_l)-1\right]+H_2\left[n_2(\lambda_l)-1\right]}{\lambda_l} \tag{3-79}$$

从而得出 H_1 和 H_2 的关系为

$$\frac{H_2}{H_1}=\frac{\left[n_1(\lambda_l)-1\right]\lambda_s-\left[n_1(\lambda_s)-1\right]\lambda_l}{\left[n_2(\lambda_l)-1\right]\lambda_s-\left[n_2(\lambda_s)-1\right]\lambda_l} \tag{3-80}$$

将 $\lambda_s=0.4\ \mu\text{m}$，$\lambda_l=0.7\ \mu\text{m}$ 代入上式，得 $H_2/H_1=0.776$，即 $H_2=0.776H_1$ 由式(3-75)知，此时正入射时的一级衍射效率 η_m 只跟第一个衍射光学元件的微结构高度 d_1 以及波长 λ 有关。用 MATLAB 画出三维曲面图如图 3.22 所示。

由图 3.22 知，随着微结构高度 H_1 取值的不同，衍射效率变化很大，为了更方便地观察在设计波段内微结构高度 H_1 与衍射效率的关系，图 3.23 为图 3.22 的俯视图，代表入射波长和第一层衍射微结构高度的关系，并且入射波长对一级衍

射效率的影响如图 3.24 所示。

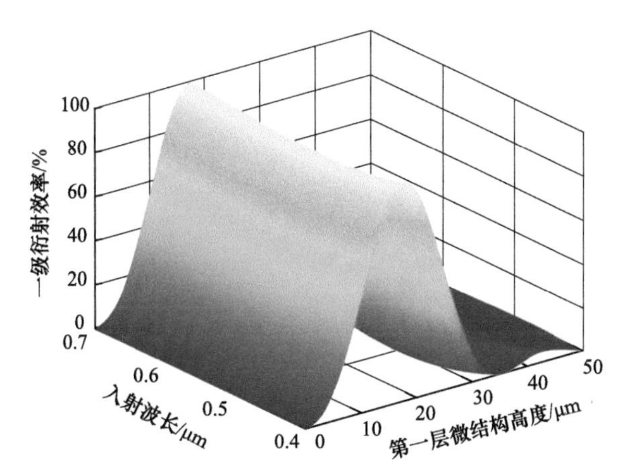

图 3.22　一级衍射效率与入射波长、第一层微结构高度的三维图

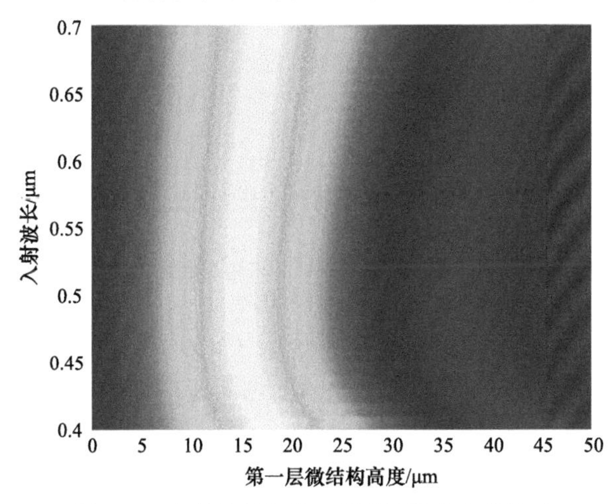

图 3.23　入射波长与第一层微结构高度的关系

对照图 3.22 知，图 3.23 中横坐标 10 和 15 之间区域对应着衍射效率最高的部分，此时作一条辅助线平行于波长轴，使其穿过该区域，且此线经过衍射效率最高区域边界曲线的两个端点，则此时对应的 H_1 便能使设计波段内短波端与长波端的衍射效率相等，即 $\eta(\lambda_s)=\eta(\lambda_l)$ 。此时 H_1 约为 H_1=16.375 μm，则 H_2=−12.707 μm，得到优化后的正入射时入射波长对一级衍射效率的影响如图 3.24 所示。

图 3.24 与图 3.16 不同的是，短波端和长波端的衍射效率相等，在 95%左右，与图 3.15 相比，图 3.24 中间波长的衍射效率略低于图 3.15 中间波长的衍射效率，但是在短波长和长波长两端的衍射效率提高了，这就相当于牺牲了中心波长的衍射效率来提高边缘波长的衍射效率，这在某些对波长有特定要求的光学系统

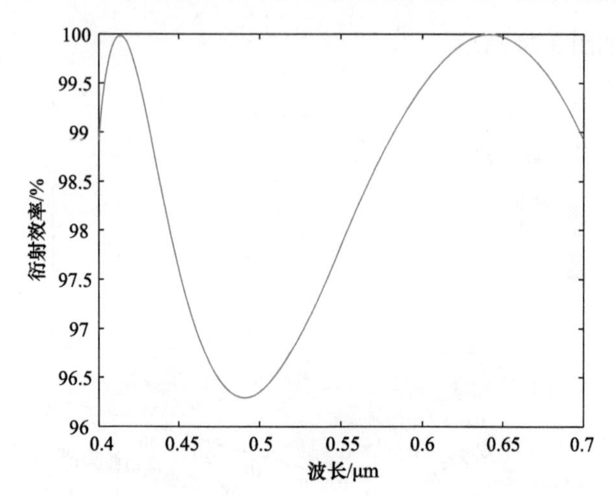

图 3.24　优化后入射波长对一级衍射效率的影响

中有着很重要的意义。

3.6.3　填充型三层衍射光学元件

1. 三层衍射光学元件的衍射效率

前面提到，当图 3.12 所示的中间介质不为空气时，即填充为其他介质材料时，该多层衍射光学元件为典型的填充型三层衍射光学元件。

举例：当该类型多层衍射光学元件第一片、第二片基底材料分别选取 PMMA 和 POLYCARB，中间介质材料选取 CR39(烯丙基二甘醇碳酸脂)时，对其衍射效率特性进行分析。这里用 Conrady 色散公式计算 CR39 的折射率，即

$$n = n_0 + \frac{A}{\lambda} + \frac{B}{\lambda^{3.5}} \tag{3-81}$$

其中，对应的色散系数为 n_0=1.48500000×10^0，A=9.00000000×10^{-3}，B=5.50000000×10^{-4}。

设计波长仍然取 $\lambda_1 = 435.8343\ \text{nm}$，$\lambda_2 = 587.5618\ \text{nm}$，设计波段为 0.4～0.7 μm。由式(3-55)知，此时的相位差公式为

$$\phi(\lambda) = \frac{H_1\left[n_1(\lambda) - n_m(\lambda)\right] + H_2\left[n_2(\lambda) - n_m(\lambda)\right]}{\lambda} \tag{3-82}$$

将参数代入式(3-82)，并令 $\phi(\lambda) = 1$，得方程组：

$$\begin{cases} H_1\left[n_1(\lambda_1) - n_m(\lambda_1)\right] + H_2\left[n_2(\lambda_1) - n_m(\lambda_1)\right] = \lambda_1 \\ H_1\left[n_1(\lambda_2) - n_m(\lambda_2)\right] + H_2\left[n_2(\lambda_2) - n_m(\lambda_2)\right] = \lambda_2 \end{cases} \tag{3-83}$$

解此方程组，得 $H_1 = 242.27483\ \mu\text{m}$，$H_2 = -28.73723\ \mu\text{m}$。

则由式(3-55)得到正入射时，该填充型三层衍射光学元件的入射波长对一级衍射效率的影响曲线，如图 3.25 所示。

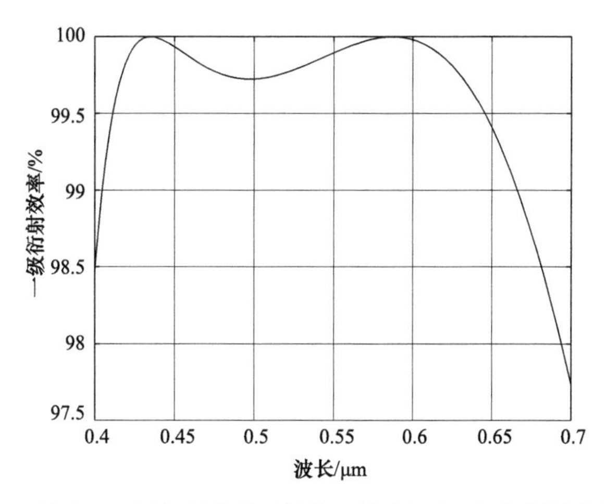

图 3.25　填充型三层衍射光学元件的入射波长对一级衍射效率的影响

虽然该三层衍射光学元件是由三种材料组成的，但是与双层衍射光学元件一样，其衍射效率只能在两个设计波长处达到 100%。然而与图 3.19 相比，衍射效率有了较大的提高，设计波段内大部分波长对应的衍射效率都达到了 99.5%以上。如果选取折射率相近的两种材料结合，相对于空气界面来说可以有效地降低界面的反射，增加系统的透过率，有利于提高入射光能量的利用率。选取一种材料作为两片单层衍射光学元件之间的过渡层，可以为两片单层衍射光学元件材料的选取提供更大的自由度。该三层衍射光学元件的优点还在于可提高多层衍射光学元件的入射角范围。

前面所讨论的无论是分离型双层衍射光学元件还是密接型双层衍射光学元件，其入射角范围都不大，当入射角增大到 35°附近时，衍射效率降低为 0。因此，如何提高多层衍射光学元件的入射角范围具有重要意义。

由多层衍射光学元件的衍射效率公式知，该公式必须满足

$$\begin{cases} n_M^2(\lambda) - n_1^2(\lambda)\sin^2\theta_1 \geqslant 0 \\ n_2^2(\lambda) - n_1^2(\lambda)\sin^2\theta_1 \geqslant 0 \end{cases} \tag{3-84}$$

即

$$\begin{cases} \sin\theta_1 \leqslant \dfrac{n_M(\lambda)}{n_1(\lambda)} \\ \sin\theta_1 \leqslant \dfrac{n_2(\lambda)}{n_1(\lambda)} \end{cases}$$

得到 $\sin\theta_1 \leqslant \min\left\{\dfrac{n_M(\lambda)}{n_1(\lambda)},\dfrac{n_2(\lambda)}{n_1(\lambda)}\right\}$，表示 $\sin\theta_1$ 小于或等于 $\dfrac{n_M(\lambda)}{n_1(\lambda)}$ 和 $\dfrac{n_2(\lambda)}{n_1(\lambda)}$ 中较小的那一个。当第一片和第二片单层衍射光学元件的基底材料分别为 PMMA、POLYCARB 时，$n_1(\lambda)$ 和 $n_2(\lambda)$ 分别是 PMMA 和 POLYCARB 的折射率，此时 $n_1(\lambda) < n_2(\lambda)$，则只有选取介质折射率大于衍射光学元件第一层所在基底折射率的材料作为中间填充材料，才可在理论上让入射角 θ_1 取得最大值。上述分析中所选的材料是 CR39，其折射率 $n_M(\lambda)$ 就满足 $n_M(\lambda) > n_1(\lambda)$。

现在来考虑 PMMA-CR39-POLYCARB 组合形式的三层衍射光学元件一级衍射效率随入射角的变化关系。参考波长选取 $\lambda = 587.5618\,\mu\text{m}$，将 $H_1 = 242.27483\,\mu\text{m}$，$H_2 = -28.71723\,\mu\text{m}$ 代入式(3-54)，便得到该三层衍射光学元件的一级衍射效率与入射角变化的关系曲线如图 3.26 所示。

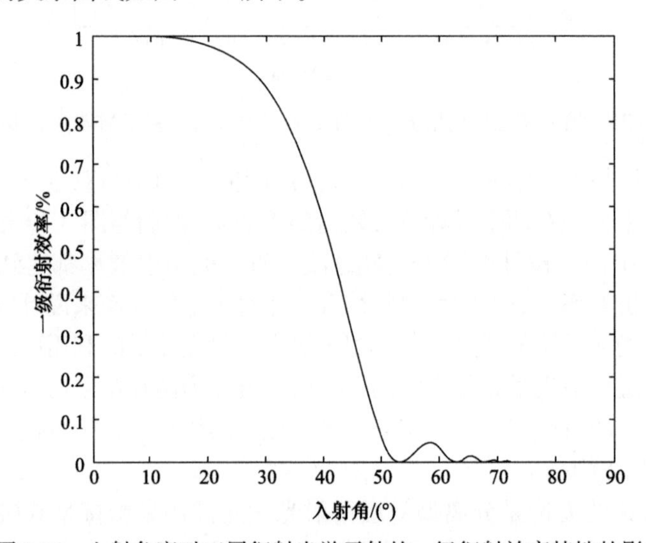

图 3.26 入射角度对三层衍射光学元件的一级衍射效率特性的影响

与图 3.20 相比，入射角范围增大了 20°左右，一直增大到 54°左右时衍射效率才降低到 0，当入射角不超过 16°时，衍射效率保持在 99%以上，因此该三层衍射光学元件不但提高了整个设计波段的衍射效率，而且大大增大了入射角范围，使得射光学元件更广泛地应用于折衍混合光学系统中。

2. 填充型三层衍射光学元件结构分析

3.6.3 节 1. 小节中求出的两个微结构高度 $H_1 > 0$，$H_2 > 0$，则由式(4-24)可判断出该三层衍射光学元件的结构如图 3.27 所示。

图 3.27 所示是一个由 PMMA-POLYCARB 组成的负负型两层衍射光学元件

基底结构，并且两层衍射光学元件中间介质采用材料 CR39 进行填充，进而组成了三层衍射光学元件，填充的方法可以采用注塑工艺。

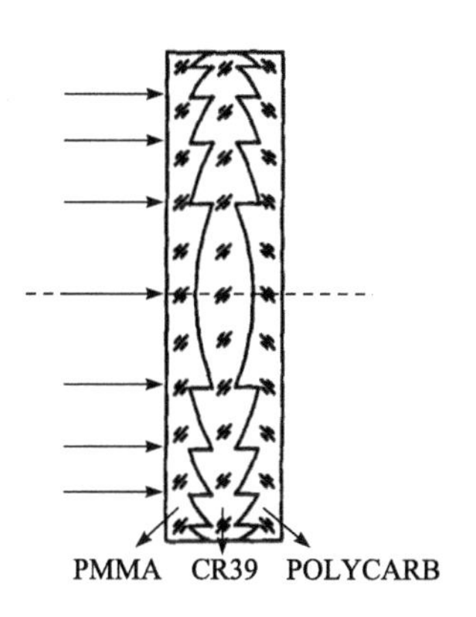

图 3.27　由 PMMA-CR39-POLYCARB 组成的三层衍射光学元件结构图

根据3.6.3 节的分析，如果采用PMMA- POLYCARB-CR39 组合方式，即在由 PMMA-CR39 组合成的双层衍射光学元件中间介质中填充进 POLYCARB 材料，这样也可以满足使入射角范围达到最大的理论条件，不妨分析一下这种组合方式的衍射效率特性。

采用相同的参数，运用同样的方法，算得这种组合方式下两个微结构高度分别为 $H_1 = 242.27483\ \mu m$，$H_2 = 270.99207\ \mu m$。得到该三层衍射光学元件的一级衍射效率随波长、入射角的变化关系分别如图 3.28 和图 3.29 所示。

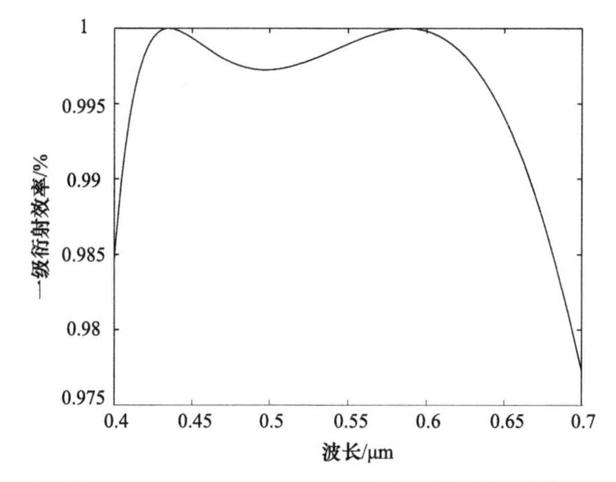

图 3.28　由 PMMA-POLYCARB-CR39 组成的三层衍射光学元件的一级衍射效率与波长的变化关系

发现图 3.28 和图 3.29 所示的衍射效率特性分别与图 3.25 和图 3.26 几乎完全相同，说明 PMMA-CR39-POLYCARB 和 PMMA-POLYCARB-CR39 两种组合方式在衍射效率特性方面是相同的，只不过衍射光学元件的结构不同而已。三层衍射光学元件为 PMMA-POLYCARB-CR39 组合时，$H_1 > 0$，$H_2 > 0$，可判断出该组合结构形式如图 3.30 所示。

图 3.30 所示结构是在由 PMMA-CR39 组合成的负正型分离式双层衍射光学元件的中间介质中填充进 POLYCARB 形成的填充型三层衍射光学元件。

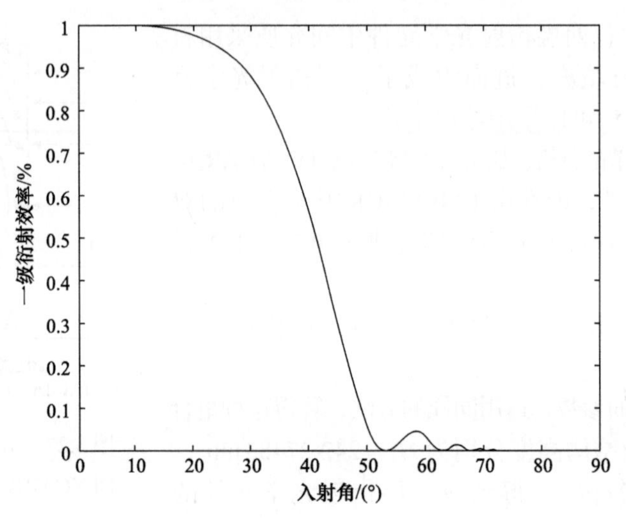

图 3.29 由 PMMA-POLYCARB-CR39 组成的三层衍射光学元件的一级衍射效率与入射角的变化关系

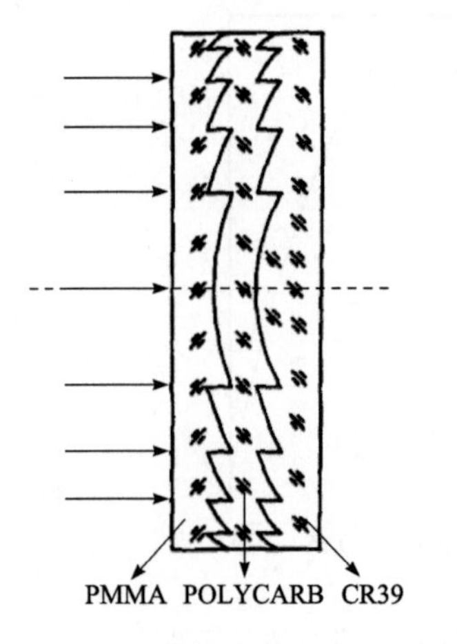

图 3.30 由 PMMA-POLYCARB-CR39 组成的填充型三层衍射光学元件结构图

3.6.4 密接型三层衍射光学元件

1. 密接型三层衍射光学元件的衍射效率

现在考虑一种新的三层衍射光学元件组合结构，使其一级衍射效率能在三个设计波长处达到 100%。前面介绍双层衍射光学元件时，提出密接型组合形式，如果在密接型双层衍射光学元件的基础上再密接一层，则就变为密接型三层衍射光学元件。

设第一、第二、第三片单层衍射光学元件的基底材料以及所在介质的折射率分别为 $n_1(\lambda)$、$n_2(\lambda)$、$n_3(\lambda)$、$n_4(\lambda)$，与推导双层衍射光学元件的衍射效率公式方法相同，再由 Snell 定律把各个衍射面的入射角统一转化为起始入射角 θ_1，最终可得到胶合型三层衍射光学元件的衍射效率公式为

$$\eta_m = \operatorname{sinc}^2 \left\{ m - \frac{H_1}{\lambda}\left[\sqrt{n_2^2(\lambda) - n_1^2(\lambda)\sin^2\theta_1} - n_1(\lambda)\cos\theta_1\right] \right.$$
$$\left. - \frac{H_2}{\lambda}\left[\sqrt{n_3^2(\lambda) - n_1^2(\lambda)\sin^2\theta_1} - \sqrt{n_2^2(\lambda) - n_1^2(\lambda)\sin^2\theta_1}\right] \right.$$

$$-\frac{H_3}{\lambda}\left[\sqrt{n_4^2(\lambda)-n_1^2(\lambda)\sin^2\theta_1}-\sqrt{n_3^2(\lambda)-n_1^2(\lambda)\sin^2\theta_1}\right]\Bigg\} \tag{3-85}$$

当正入射时，衍射效率为

$$\eta_m=\mathrm{sinc}^2\left\{m-\frac{H_1\left[n_2(\lambda)-n_1(\lambda)\right]+H_2\left[n_3(\lambda)-n_2(\lambda)\right]+H_3\left[n_4(\lambda)-n_3(\lambda)\right]}{\lambda}\right\} \tag{3-86}$$

此时最大相位差为

$$\phi(\lambda)=\frac{H_1\left[n_2(\lambda)-n_1(\lambda)\right]+H_2\left[n_3(\lambda)-n_2(\lambda)\right]+H_3\left[n_4(\lambda)-n_3(\lambda)\right]}{\lambda} \tag{3-87}$$

选择第一、第二、第三片单层衍射光学元件的基底材料分别为 PMMA、COC(环烯烃共聚物)和 POLYCARB，该三层衍射光学元件在空气介质中，即 $n_4(\lambda)=1$。设计波段选取可见光波段 0.4～0.7 μm，取 λ_1=435.8343 nm，λ_2=587.5618 nm，λ_3=656.2725 nm。要使一级衍射效率达到最大值，令最大相位差 $\phi(\lambda)=1$，则将三个设计波长代入式(3-87)，解方程组得 H_1=−170.41570 μm，H_2=−4.82159 μm，H_3=−12.99210 μm，代入公式(3-86)得到该三层衍射光学元件在可见光波段内的一级衍射效率如图 3.31 所示。

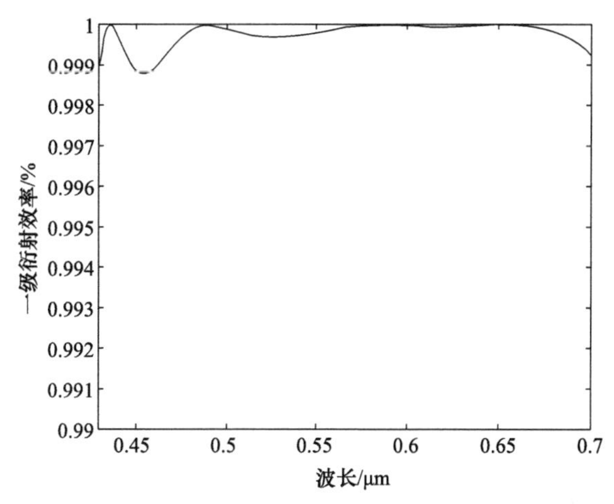

图 3.31　由 PMMA-COC-POLYCARB 组合的密接三层衍射光学元件在可见光波段内的一级衍射效率

由图 3.31 知，在整个可见光设计波段内，该三层衍射光学元件的一级衍射效率基本都在 99.99%以上。将上述参数代入式(3-85)，得到该三层衍射光学元件一级衍射效率跟入射角的关系，如图 3.32 所示。

通过前面的分析知道，双层衍射光学元件的入射角增大到 35°左右衍射效率才下降为 0，而且入射角不超过 10°时，衍射效率保持在 99%以上；填充型三层衍射光学元件的入射角增大到 54°左右衍射效率才下降为 0，且入射角不超过

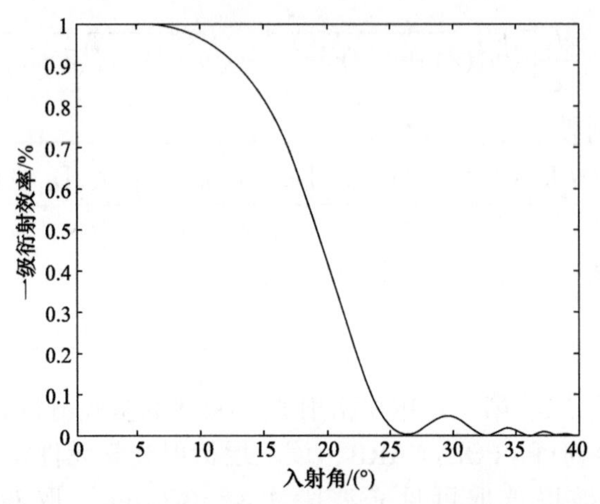

图 3.32　由 PMMA-COC-POLYCARB 组合的三层衍射光学元件的一级衍射效率与入射角的关系曲线

16°时，衍射效率保持在 99%以上。而图 3.32 中，入射角增大到 26°左右时，衍射效率便下降为 0，入射角超过 10°时，衍射效率开始急剧下降。该三层衍射光学元件的优势在于正入射时衍射效率非常高，在整个设计波段内基本都达到 99.9%以上，但是有效入射角范围却不大，不宜用于视场比较大的光学系统中。

2. 密接型三层衍射光学元件的结构分析

密接型三层衍射光学元件的结构种类很多，分析方法与前面相同，先选择一种组合方式，求解出各个微结构高度，再根据微结构高度的正负通过相位差公式判断单个衍射光学的正负，从而确定具体结构。这里只就 3.6.4 节 1. 小节中的例子进行分析，其他种类的结构不再赘述。

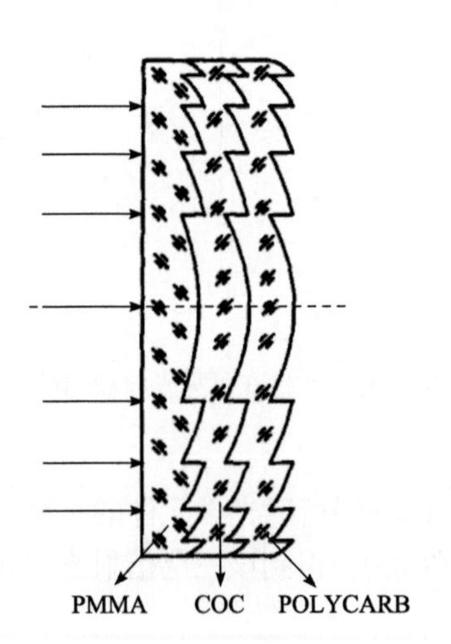

图 3.33　由 PMMA-COC-POLYCARB 组成的密接型三层衍射光学元件结构图

根据 3.6.4 节 1. 小节中所求的微结构高度 H_1、H_2、H_3 都小于 0，由相位差公式则可判断具体的结构如图 3.33 所示。

图 3.33 所示密接型三层衍射光学元件结构加工难度比较大。前面介绍的常见的分离型双层衍射光学元件，其衍射效率在设计波段的绝大部分范围内都达到 99%以上，已经足够满足大多数高级成像光学系统的要求。另外，采用先进的注塑技术使得制作填充型三层衍射光学元件容易得多，当分离型

双层衍射光学元件的入射角范围比较小而不能应用于视场较大的光学系统中时，可以换用填充型三层衍射光学元件。

3.7　衍射光学元件的扩展模型设计和衍射效率分析

根据之前分析可以看出，入射角度和环境温度依赖性是分离型双层衍射光学元件的主要缺点，由此也限制了分离型双层衍射光学元件的应用范围。为了扩展多层衍射光学元件的使用情况，解决常用的分离型双层衍射光学元件衍射效率受环境温度和入射角度的变化严重下降的问题，本节提出了由三种不同色散材料组成的填充型三层衍射光学元件类型，建立了环境温度变化和入射角度变化对该三层衍射光学元件的衍射效率以及带宽积分平均衍射效率影响的数学模型，推导了相应的数学表达式。分析了环境温度和入射角度对可见光波段三层衍射光学元件衍射效率和带宽积分平均衍射效率的影响。由此可知，三层衍射光学元件可应用于环境温度变化更大和大入射角度的折衍混合光学系统，且可以获得很好的成像质量。分析结果可用于宽温度范围大入射角折衍混合成像光学系统中多层衍射光学元件的设计和成像质量评价中。

3.7.1　斜入射下扩展模型衍射光学元件设计和衍射效率分析

分离型双层衍射光学元件和填充型三层衍射光学元件都属于多层衍射光学元件。典型的双分离型双层衍射光学元件是由两种不同色散材料构成基底，中间介质为空气。根据之前讨论可知，双分离型双层衍射光学元件的入射角范围都较小，当入射角度增加到 30°左右时，衍射效率几乎下降到 0；此外，双分离型衍射光学元件对环境温度较敏感，环境温度的变化会导致设计波长位置对应的衍射效率下降，最终降低光学系统的成像质量。因此，有必要提出一种能够实现大入射角度高衍射效率的多层衍射光学元件结构。将典型分离型双层衍射光学元件中间的空气层介质改变成具有色散性质的光学材料，就形成新型三层衍射光学元件类型。本节分析入射角度对三层衍射光学元件衍射效率的影响。

1. 入射角度对扩展模型衍射光学元件衍射效率特性影响的分析

根据前面章节对分离型双层衍射光学元件的研究可知，其相位设计并没有包含层叠结构之间的胶合层的间隔量，空气层只是对入射波前有绝对的增量，对入射波前并没有一定的相位改变。因此，当选择中间填充层材料为另一种色散性质的光学材料时，为三层衍射光学元件。三层衍射光学元件通过将双层衍射微结构中间的空气层用具有不同色散性质的材料代替来增加衍射效率的控制参数，从而可以实现宽波段大入射角情况下高衍射效率的目的。三层衍射光学元件的优势是可以解决传统双层衍射光学元件中间空气界面的反射问题，提高光学系统的透过率，进而提高系统的能量利用率。三层衍射光学元件为光学系统的设计提供了更多的设计自由度，可以利用材料本身特性，优化设计结构，减小系统的设计限制。典型的多层衍射光学元件结构如图 3.34 所示，其中图 3.34(a)为分离型双层衍射光学元件结构，图 3.34(b)为填充型三层衍射光学元件结构。

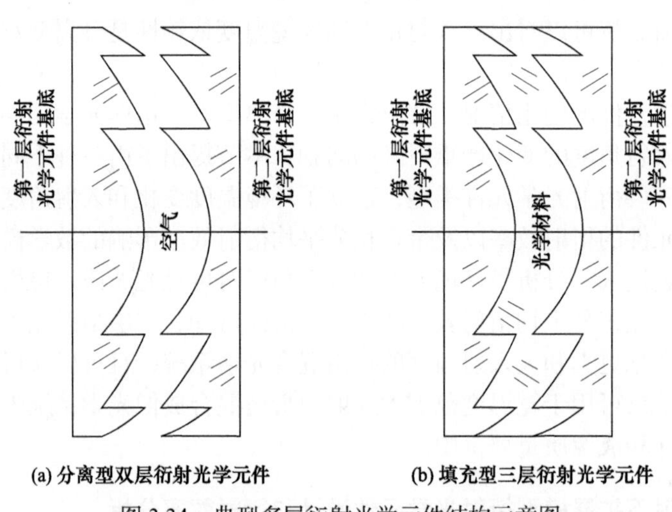

图 3.34　典型多层衍射光学元件结构示意图

当光束入射至三层衍射光学元件表面时，会在其表面产生折射，依次经过第一层衍射光学元件基底、中间介质层，最终经过第二层衍射光学元件基底出射。光束斜入射至填充型多层衍射光学元件(以三层为例)表面时的光路传输如图 3.35 所示。

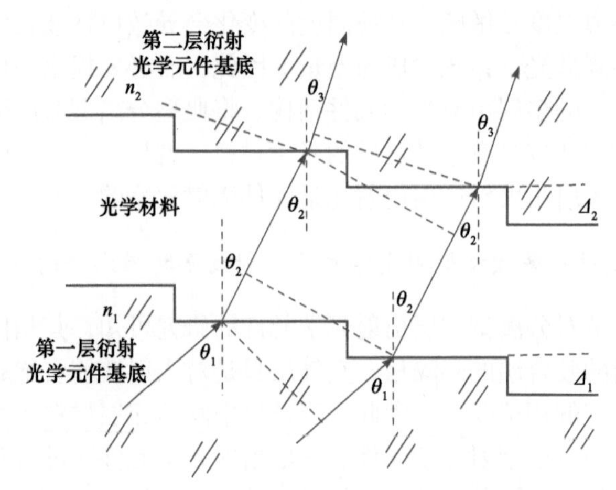

图 3.35　斜入射光线在三层衍射光学元件中的光路传输

如图 3.35 所示，光束从折射率为 n_1 的基底表面以 θ_1 角度斜入射至三层衍射光学元件，经过折射之后，从折射率为 n_2 的基底表面出射。从多层衍射光学元件的相位表达式出发可以看出，衍射光学元件存在 2π 相位差时可以实现 100%的衍射效率。对于成像衍射光学元件的设计，基于标量衍射理论的分析，填充型三层衍射光学元件的衍射效率可以表示为

$$\eta_{\text{three-layer-}m}^{\infty}(\lambda,\theta)=\operatorname{sinc}^2\left[m-\phi_{\text{three-layer}}(\lambda,\theta)\right] \tag{3-88}$$

式(3-88)中，$\phi_{\text{three-layer}}(\lambda,\theta)$ 为三层衍射光学元件的相位函数，斜入射角度 $\theta_1=\theta$，$\operatorname{sinc}(x)=\sin(\pi x)/(\pi x)$，光程差表达式为 $\text{OPD}(\lambda)=\sum_{x=1}^{N}[n_x(\lambda)-n'_x(\lambda)]H_x$。

对于该多层衍射光学元件其相位延迟函数可以表示为

$$\phi(\lambda_i)=k_i[n_1(\lambda_i)-n_m(\lambda_i)]\cdot H_1+k_i[n_2(\lambda_i)-n_m(\lambda_i)]\cdot H_2=m\cdot 2\pi \tag{3-89}$$

式(3-89)中，$n_m(\lambda_i)$为中间填充层介质的折射率参数，代表了材料的色散性质。当 $n_m(\lambda_i)=1$ 时为传统的分离型双层衍射光学元件。$k_i=\dfrac{2\pi}{\lambda_i}$ 为不同波长对应的波数。H_1 和 H_2 分别代表两种基底材料对应的理论衍射微结构高度，根据式(3-89)可以计算得到对应不同设计波长位置满足 100%衍射效率的多层衍射光学元件的两层基底的衍射微结构高度数值。

根据之前的分析可知，带宽积分平均衍射效率能够直接表示折衍混合成像光学系统的光学传递函数，进而评价光学系统成像质量，带宽积分平均衍射效率的数学表达式为

$$\bar{\eta}_{\text{three-layer-}m}(\theta)=\frac{1}{\lambda_{\max}-\lambda_{\min}}\int_{\lambda_{\max}}^{\lambda_{\min}}\eta_{\text{three-layer-}m}^{\infty}(\lambda,\theta)\mathrm{d}\lambda \tag{3-90}$$

式(3-90)中，$\lambda_{\min}$ 和 $\lambda_{\max}$ 分别代表衍射光学元件所在系统的最小波长和最大波长；衍射级次通常选为一级衍射，即 $m=1$；$\bar{\eta}_{\text{three-layer-}m}(\theta)$ 代表对应的带宽积分平均衍射效率数值，可以用来表征混合光学系统在整个波段内的实际衍射效率。从式(3-90)可以看出，带宽积分平均衍射效率与混合光学系统的工作波段、衍射微结构参数值、入射角度都有关。

当光束斜入射至三层衍射光学元件时，斜入射的光线通过三层衍射光学元件相邻子周期的情形如图 3.35 所示。当以波长为单位时，其相邻子周期的相位差可以表示为

$$\phi(\lambda,\theta)=\frac{\Delta_1\left[n_1(\lambda)\cos\theta-\sqrt{n_m^2(\lambda)-n_1^2(\lambda)\sin^2\theta}\right]+\Delta_2\left[\sqrt{n_2^2(\lambda)-n_1^2(\lambda)\sin^2\theta}-\sqrt{n_m^2(\lambda)-n_1^2(\lambda)\sin^2\theta}\right]}{\lambda} \tag{3-91}$$

式(3-91)中，θ 为入射至第一层衍射光学元件的入射角度。

将式(3-91)代入式(3-88)中，可以得到斜入射情况下多层衍射光学元件衍射效率的表达式为

$$\begin{aligned}\eta(\lambda,\theta) &= \operatorname{sinc}^2[m-\phi(\lambda,\theta)] \\ &= \operatorname{sinc}^2\left\{1-\left[\frac{H_{1\text{designed}}\left[n_1(\lambda)\cos\theta-\sqrt{n_m^2(\lambda)-n_1^2(\lambda)\sin^2\theta}\right]}{\lambda}\right.\right. \\ &\quad \left.\left.+\frac{H_{2\text{designed}}\left[\sqrt{n_2^2(\lambda)-n_1^2(\lambda)\sin^2\theta}-\sqrt{n_m^2(\lambda)-n_1^2(\lambda)\sin^2\theta}\right]}{\lambda}\right]\right\}\end{aligned} \tag{3-92}$$

将式(3-91)代入式(3-90)中，得到斜入射情况下带宽积分平均衍射效率的表达式为

$$\begin{aligned}\overline{\eta}_m(\theta) &= \frac{1}{\lambda_{\max}-\lambda_{\min}}\int_{\lambda_{\min}}^{\lambda_{\max}}\eta_m(\lambda,\theta)\mathrm{d}\lambda \\ &= \frac{1}{\lambda_{\max}-\lambda_{\min}}\int_{\lambda_{\min}}^{\lambda_{\max}}\operatorname{sinc}^2\left\{1-\left[\frac{H_{1\text{designed}}\left[n_1(\lambda)\cos\theta-\sqrt{n_m^2(\lambda)-n_1^2(\lambda)\sin^2\theta}\right]}{\lambda}\right.\right. \\ &\quad \left.\left.+\frac{H_{2\text{designed}}\left[\sqrt{n_2^2(\lambda)-n_1^2(\lambda)\sin^2\theta}-\sqrt{n_m^2(\lambda)-n_1^2(\lambda)\sin^2\theta}\right]}{\lambda}\right]\right\}\mathrm{d}\lambda\end{aligned} \tag{3-93}$$

2. 设计举例

填充型三层衍射光学元件的基底材料选为光学玻璃 N-FK5 和 N-SF1，填充层介质材料分别选择 POLYCARB 和 POLYSTYR 光学塑料。选择设计波段范围为 0.4～0.7 μm，带宽积分平均衍射效率取得最大值时确定的设计波长分别为 0.435 μm 和 0.598 μm。

对于设计波长位置处，几种材料的折射率如表 3.3 所示。将折射率数据代入式(3-91)中，可以计算得到不同材料匹配时对应的衍射微结构高度理论数值。

表 3.3 不同材料在不同设计波长的折射率

光学材料	折射率(@第一设计波长 0.435 μm)	折射率(@第二设计波长 0.598 μm)
N-FK5	1.4960	1.4871
N-SF1	1.7495	1.7161

续表

光学材料	折射率(@第一设计波长 0.435 μm)	折射率(@第二设计波长 0.598 μm)
POLYSTYR	1.6156	1.5895
POLYCARB	1.6118	1.5845

首先，当选择第一层和最后一层衍射基底材料分别为 N-FK5 和 N-SF1，中间介质材料为空气层时，根据带宽积分平均衍射效率最大化原理，可以确定设计波长为 0.435 μm 和 0.598 μm，衍射微结构高度可以计算为 12.114 μm 和 13.432 μm；当中间介质材料为 POLYCARB 和 POLYSTYR 时，同理可计算得到扩展模型多层衍射光学元件的两层衍射微结构高度分别为 12.113 μm 和−13.432 μm，17.4834 μm 和−18.8649 μm，其中 N-FK5 为正衍射光学元件，N-SF1 为负衍射光学元件。入射角度和入射波长对三层衍射光学元件衍射效率的影响如图 3.36 所示。

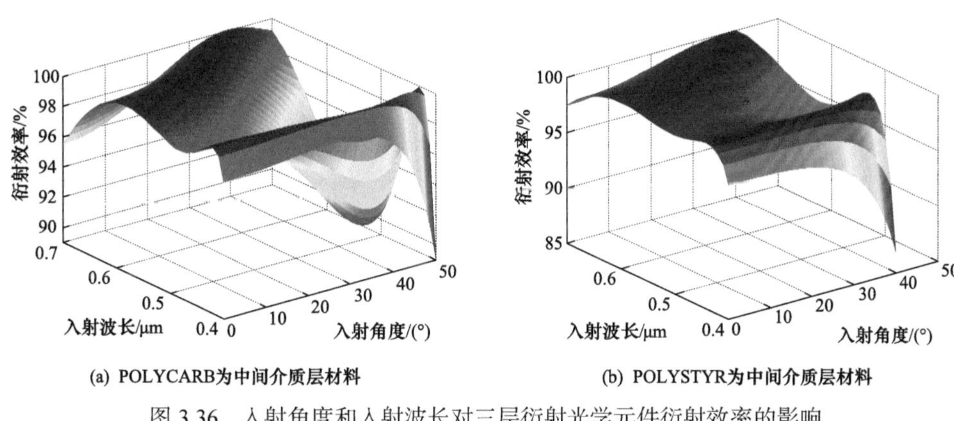

(a) POLYCARB为中间介质层材料　　(b) POLYSTYR为中间介质层材料

图 3.36　入射角度和入射波长对三层衍射光学元件衍射效率的影响

从图 3.36 可以看出入射角度和入射波长对三层衍射光学元件衍射效率的影响不明显。当入射角度达到 50°时，在整个波段范围内最小衍射效率基本都在 90%以上。相比较 POLYCARB 材料，POLYSTYR 为中间介质材料时，对衍射效率的影响更明显些。当入射角度在 40°以内时，二者的差别不明显；当入射角度接近 50°时，衍射效率下降稍明显。然而，相比较传统多层衍射光学元件，入射角度对三层衍射光学元件衍射效率的影响小很多；相比较传统多层衍射光学元件，衍射效率随入射角度增大而下降明显的问题得到了很好的改善。

然后分析一些独立入射角度(0°、10°、20°、30°、40°、50°)情况下，入射波长对衍射效率的影响作用，根据式(3-92)可以计算出不同中间介质层材料情况下，不同入射角度对衍射效率的影响，分析结果如图 3.37 所示。

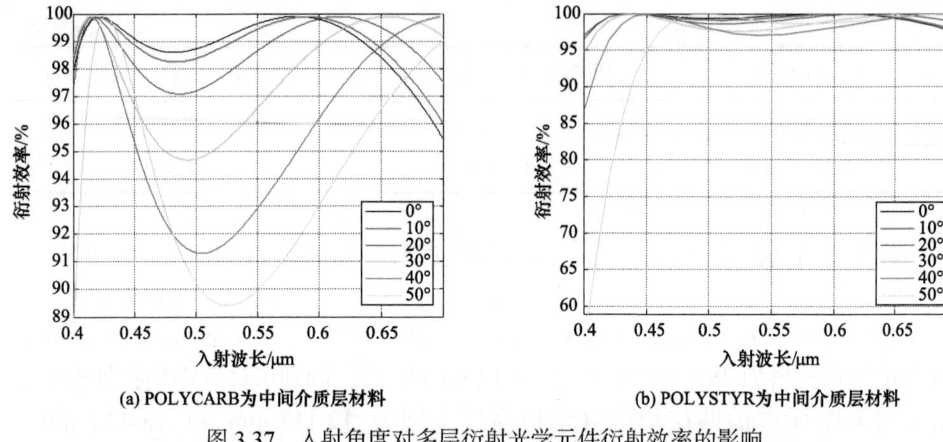

(a) POLYCARB为中间介质层材料　　(b) POLYSTYR为中间介质层材料

图 3.37　入射角度对多层衍射光学元件衍射效率的影响

从图 3.37 可以看出，当入射角度逐渐增大时，整个使用波段范围内的最小衍射效率逐渐向中心波长位置靠近；100%衍射效率位置向长波位置偏移。

然后，根据式(3-93)可以计算出不同入射角度对应的宽波段三层衍射光学元件带宽积分平均衍射效率，计算结果如图 3.38 所示。

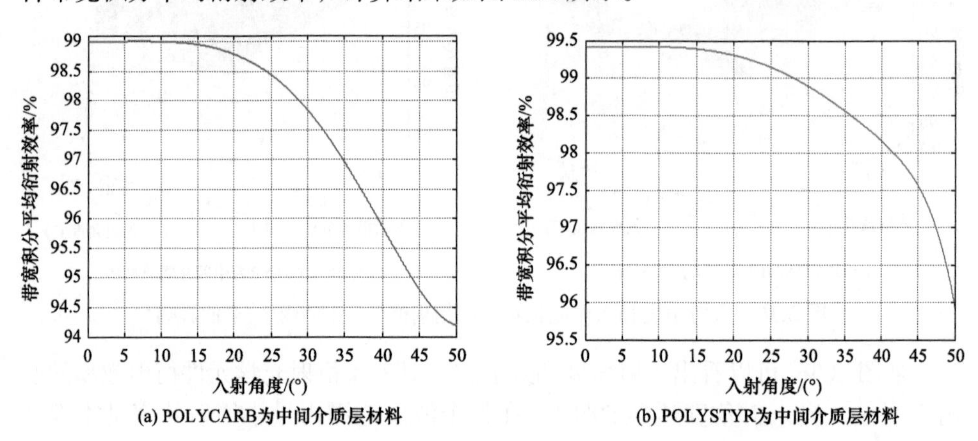

(a) POLYCARB为中间介质层材料　　(b) POLYSTYR为中间介质层材料

图 3.38　入射角度对带宽积分平均衍射效率的影响

由图 3.38 可以看出，入射角度对带宽积分平均衍射效率的影响并不十分明显，例如，当采用 POLYCARB 为中间介质层材料时，带宽积分平均衍射效率的数值均在 94%以上；当采用 POLYSTYR 为中间介质层材料时，带宽积分平均衍射效率的数值均在 95.5%以上。虽然，当采用 POLYSTYR 为中间介质层材料时，在短波位置衍射效率下降更快，但是带宽积分平均衍射效率仍然满足设计要求。对于不同入射角度情况下，宽波段范围内的最小衍射效率和对应的带宽积分平均衍射效率如表 3.4 所示。

表 3.4　入射角度对最小衍射效率和带宽积分平均衍射效率的影响

入射角度/(°)	POLYCARB 为中间介质层		POLYSTYR 为中间介质层材料	
	衍射效率最小值/%	带宽积分平均衍射效率/%	衍射效率最小值/%	带宽积分平均衍射效率/%
0	95.494	99.007	97.112	99.423
10	96.073	99.007	97.038	99.422
20	97.191	98.797	96.586	99.314
30	94.816	97.850	94.687	98.899
40	91.413	95.870	86.812	98.166
50	89.121	94.204	54.521	95.938

可以看出，相比较传统双分离型双层衍射光学元件，入射角度对带宽积分平均衍射效率的影响较小，能够满足于大入射角度折衍混合成像光学系统的设计要求。

3.7.2　宽温度范围下扩展模型衍射光学元件设计和衍射效率分析

相比于单层衍射光学元件，多层衍射光学元件可以在更宽的波段范围内得到更高的衍射效率。在宽波段消热差光学系统中使用多层衍射光学元件，不仅可以在不同温度范围内满足高质量成像的要求，还能减少透镜片数，大幅度降低系统成本，减轻系统重量。

当环境温度改变时，衍射光学元件衍射微结构参数会发生改变，衍射微结构高度对衍射光学元件衍射效率的影响远远大于周期宽度参数改变的影响。一般情况下，衍射光学元件的基底材料所处的环境温度是相同的，因此，环境温度对衍射微结构参数的影响也是相同的。传统分离型双层衍射光学元件的中间空气层为空气，设计自由度也少。从之前的研究结果可以看出，周围环境温度的变化对双层衍射光学元件的衍射效率影响很大，衍射效率的下降会降低混合成像光学系统的成像质量。分离型双层衍射光学元件对环境温度敏感，因而不能应用于较宽温度范围的折衍混合成像光学系统中，有必要设计一种可以应用于宽温度范围情况下的三层衍射光学元件。

1. 环境温度对扩展模型衍射光学元件衍射效率特性影响的分析

为了讨论环境温度变化对三层衍射光学元件衍射效率的影响，在忽略加工误差及入射角度影响的情况下，并且假设衍射光学元件所处工作环境的温度变化缓慢不存在温度梯度的影响，分析环境温度对三层衍射光学元件衍射效率以及带宽积分平均衍射效率的影响。基于环境温度对双层衍射光学元件衍射效率影响的分析，进一步推导出环境温度变化时多层衍射光学元件的衍射效率表达式。采用标量衍射理论得到相位延迟表达式为

$$\phi_i = \frac{2\pi}{\lambda}\sum_{k=1}^{2} H_{0k}(n_k - n_m) \tag{3-94}$$

式(3-94)中，ϕ_i表示设计的相位延迟，H_{0k}表示第k个谐衍射光学元件的设计微结构高度，n_k表示第k个谐衍射光学元件的基底材料折射率，n_m表示两个谐衍射光学元件之间的介质折射率。将式(3-95)两边对温度t求微分得到

$$\frac{\mathrm{d}\phi_i}{\mathrm{d}t} = \frac{2\pi}{\lambda}\sum_{k=1}^{2}\left[\frac{\mathrm{d}H_{0k}}{\mathrm{d}t}(n_k - n_m) + H_{0k}\left(\frac{\mathrm{d}n_k}{\mathrm{d}t} - \frac{\mathrm{d}n_m}{\mathrm{d}t}\right)\right] \tag{3-95}$$

式(3-95)中，$\frac{\mathrm{d}n_k}{\mathrm{d}t}$表示第$k$个谐衍射光学元件对应基底材料的折射率温度系数，$\frac{\mathrm{d}n_m}{\mathrm{d}t}$表示空气的折射率温度系数。当环境温度发生微小变化时，第k个谐衍射光学元件的微结构高度也发生变化，此变化量与微结构高度设计值的比值称为线性热膨胀系数α_{gk}，其表达式为

$$\alpha_{gk} = \frac{\mathrm{d}H_{0k}}{\mathrm{d}t} \cdot \frac{1}{H_{0k}} \tag{3-96}$$

将式(3-96)代入式(3-95)中，得到

$$\frac{\mathrm{d}\phi_i}{\mathrm{d}t} = \frac{2\pi}{\lambda}\sum_{k=1}^{2}\left[\alpha_{gk} H_{0k}(n_k - n_m) + H_{0k}\left(\frac{\mathrm{d}n_k}{\mathrm{d}t} - \frac{\mathrm{d}n_m}{\mathrm{d}t}\right)\right] \tag{3-97}$$

当环境温度从t_0变化到$t_0 + \Delta t$时，环境温度变化导致的填充型三层衍射光学元件的相位延迟变化量可以表示为

$$\Delta\phi = \frac{2\pi}{\lambda}\sum_{k=1}^{2}\left[\alpha_{gk} H_{0k}(n_k - n_m) + H_{0k}\left(\frac{\mathrm{d}n_k}{\mathrm{d}t} - \frac{\mathrm{d}n_m}{\mathrm{d}t}\right)\right]\Delta t \tag{3-98}$$

由式(3-98)可以看出，环境温度导致的填充型三层衍射光学元件的相位延迟变化与多层衍射光学元件基底材料和中间填充层材料的折射率温度系数及线膨胀系数相关。

因此，光学系统所处工作环境的温度变化之后，环境温度变化造成的填充型三层衍射光学元件的实际相位延迟包括基础设计相位延迟和环境温度变化导致的相位延迟两部分，实际相位ϕ_a可以表示为

$$\phi_a = \phi_i + \Delta\phi \tag{3-99}$$

将式(3-94)和式(3-98)代入式(3-99)中，可以得到受环境温度影响的填充型三层衍射光学元件的实际相位表达式。经过简化计算后，实际相位表达式为

$$\phi_a = \frac{2\pi}{\lambda}\sum_{k=1}^{2}\left[H_{ak}(n_k - n_m) + H_{0k}\left(\frac{\mathrm{d}n_k}{\mathrm{d}t} - \frac{\mathrm{d}n_m}{\mathrm{d}t}\right)\Delta t\right] \tag{3-100}$$

式(3-100)中，H_{ak} 表示第 k 层谐衍射光学元件在受到环境温度变化后的实际微结构高度，温度变化对多层衍射光学元件表面微结构高度的影响可以表示为

$$H_{i\mathrm{real}} = H_{i\mathrm{designed}}(1 + \alpha_{gk}\Delta t) \tag{3-101}$$

式(3-101)中，α_{gk} 为基底材料具有的线性热膨胀系数，$H_{i\mathrm{real}}$ 代表温度变化导致的第 i 层衍射微结构高度数值，$H_{i\mathrm{designed}}$ 代表设计温度下对应的第 i 层衍射微结构高度数值。可以看出衍射微结构高度的变化与不同基底材料的热膨胀系数和环境温度的改变有关。当受到环境温度的影响时，填充型三层衍射光学元件的两个基底层对应的衍射微结构高度的实际数值可以表示为

$$\begin{aligned} H_{1\mathrm{real}} &= H_{1\mathrm{designed}}(1 + \alpha_{g1}\Delta t) \\ H_{2\mathrm{real}} &= H_{2\mathrm{designed}}(1 + \alpha_{g2}\Delta t) \end{aligned} \tag{3-102}$$

随着环境温度的改变，衍射微结构高度的实际值与理论设计值的绝对误差和相对误差分别为

$$\delta = H_{i\mathrm{real}} - H_{i\mathrm{designed}} = H_{i\mathrm{designed}} \cdot \alpha_{gi} \cdot \Delta T \tag{3-103}$$

$$\varepsilon = \frac{H_{i\mathrm{real}} - H_{i\mathrm{designed}}}{H_{i\mathrm{designed}}} = \alpha_{gi} \cdot \Delta T \tag{3-104}$$

又由于多层衍射光学元件第 m 衍射级次的衍射效率表达式为

$$\eta_m = \mathrm{sinc}^2\left(m - \frac{\phi_i}{2\pi}\right) \tag{3-105}$$

将式(3-103)和式(3-104)代入式(3-105)中，可得到受环境温度变化的填充型三层衍射光学元件的实际衍射效率为

$$\begin{aligned} \eta_m(T) &= \mathrm{sinc}^2\left(m - \frac{\phi_i}{2\pi}\right) \\ &= \mathrm{sinc}^2\left\{m - \sum_{k=1}^{2} H_{i\mathrm{real}}(n_i - n_m) + H_{i\mathrm{designed}}\left(\frac{\mathrm{d}n_i}{\mathrm{d}T} - \frac{\mathrm{d}n_0}{\mathrm{d}T}\right)\Delta T\right\} \end{aligned} \tag{3-106}$$

根据前文的研究内容可知，带宽积分平均衍射效率会直接影响混合成像光学系统的调制传递函数 (MTF)。混合光学系统的实际 MTF 值可以近似表示为带宽积分平均衍射效率与理论 MTF 值的乘积，即

$$F(f_x, f_y) = \overline{\eta}_m \cdot \mathrm{MTF}(f_x, f_y) \tag{3-107}$$

当环境温度变化时，随着多层衍射光学元件衍射效率的变化，对应带宽积分平均衍射效率同时发生变化，从而使系统成像质量偏离设计值。在设计波段内，环境温度变化后的实际带宽积分平均衍射效率表示式为

$$\overline{\eta}_m(T) = \frac{1}{\lambda_{\max} - \lambda_{\min}} \int_{\lambda_{\min}}^{\lambda_{\max}} \mathrm{sinc}^2\left(m - \frac{\phi_i}{2\pi}\right) \mathrm{d}\lambda \tag{3-108}$$

因此，环境温度对多层衍射光学元件带宽积分平均衍射效率影响的分析可以评价混合成像光学系统光学传递函数。根据以上内容，可以计算出不同工作波段和环境温度下，多层衍射光学元件的实际衍射效率以及实际带宽积分平均衍射效率。这对含有多层衍射光学元件的折衍混合消热差光学系统在不同环境温度下的像质评价具有重要意义。

2. 设计举例

常用的多层衍射光学元件的基底材料组合包括光学塑料和光学玻璃两类，两种材料的很多性能特别是热特性参数差别很大。多层衍射光学元件的衍射微结构高度数值是单层衍射光学元件的几十倍，至少也是十几倍；此外，光学塑料的热膨胀系数和折射率温度系数比光学玻璃大很多，光学塑料为基底的传统双层衍射光学元件的衍射效率受环境温度影响很大。因此，不考虑光学塑料作为衍射光学元件基底材料的三层衍射光学元件的衍射效率特性。在本节中，分析环境温度和入射角度对以精密模压技术加工的玻璃材料基底 N-FK5 和 N-SF1 为基底材料，以 POLYCARB 和 POLYSTYR 两种光学塑料作为填充层材料构成的填充型三层衍射光学元件的影响。

三层衍射光学元件是将传统的分离型双层衍射光学元件中间空气层用光学塑料材料填充，相当于由三层谐衍射光学元件组成，因而会有三个基底材料选择的自由度。因此，在下文将讨论入射角度和环境温度对三层衍射光学元件衍射效率特性的影响。

同理，选取能够采用精密模压技术的光学玻璃 N-FK5 和 N-SF1 为三层衍射光学元件对应两个基底层的材料，中间填充层分别为 POLYCARB 和 POLYSTYR 两种光学塑料，分析环境温度变化对可见光波段三层衍射光学元件衍射效率以及带宽积分平均衍射效率的影响。三层衍射光学元件的基底层材料以及中间填充层材料的温度特性参数如表 3.5 所示。

表 3.5　可见光波段多层衍射光学元件基底材料温度特性参数

工作波段	可见光波段			
基底材料	POLYSTYR	POLYCARB	N-FK5	N-SF1
α/ (×10⁻⁶℃)	70.0	67.0	9.2	8.1
(dn/dt)/ (×10⁻⁶℃)	−130	−107	−1.1	6.4

在可见光波段，可以采用精密模压玻璃加工出面型质量优良的多层衍射光学元件。根据之前的讨论，进一步分析温度变化对填充型三层衍射光学元件衍射效率的影响。一般情况下，假设填充型三层衍射光学元件的设计温度为常温，即 20℃时，根据之前的讨论和式(3-106)，分析环境温度对填充型三层衍射光学元件衍射效率特性的影响。通过 MATLAB 软件仿真模拟，在相同波段范围情况下，不同环境温度、不同入射波长对填充型三层衍射光学元件衍射效率的影响如图 3.39 所示。

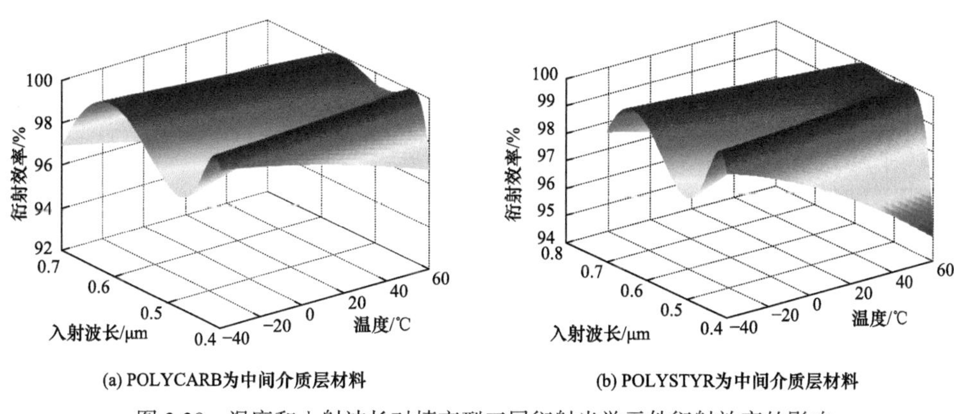

(a) POLYCARB为中间介质层材料　　(b) POLYSTYR为中间介质层材料

图 3.39　温度和入射波长对填充型三层衍射光学元件衍射效率的影响

从图 3.39 可以看出，对于两种中间介质填充层的三层衍射光学元件，环境温度和入射波长对三层衍射光学元件衍射效率的影响并不十分明显。在−40～60℃的环境温度范围内，该使用波段内的最小衍射效率均大于 94%。然后分别取独立的环境温度，即−40℃、−20℃、0℃、20℃、40℃和 60℃分析环境温度对衍射效率的影响，分析结果如图 3.40 所示。

从图 3.40 可以看出，当环境温度低于设计温度(20℃)时，宽波段内的衍射效率最小值越靠近该波段的中间位置，离短波位置越近；当环境温度高于设计温度(20℃)时，宽波段内的衍射效率最小值靠近边缘波长位置，并且在长波位置处下降更加明显。

然后，根据式(3-108)，对不同环境温度下填充型三层衍射光学元件带宽积分平均衍射效率进行计算，结果如图 3.41 所示。

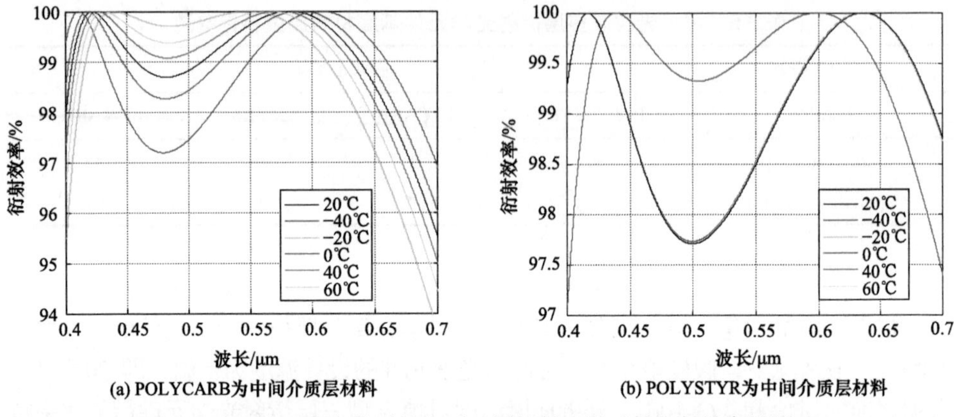

(a) POLYCARB为中间介质层材料　　(b) POLYSTYR为中间介质层材料

图 3.40　环境温度变化对填充型三层衍射光学元件衍射效率的影响

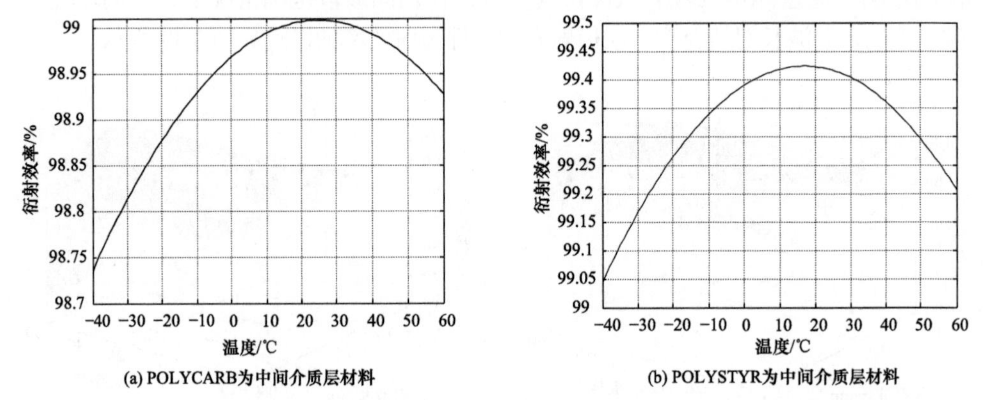

(a) POLYCARB为中间介质层材料　　(b) POLYSTYR为中间介质层材料

图 3.41　环境温度变化对填充型三层衍射光学元件带宽积分平均衍射效率影响

从图 3.41 可以看出，在整个环境温度范围内带宽积分平均衍射效率数值均高于 98.7%，并且温度越高时对带宽积分平均衍射效率的影响越小。不同环境温度下该波段内的最小衍射效率和宽波段范围内的带宽积分平均衍射效率的计算结果如表 3.6 所示。

表 3.6　环境温度变化对应的最小衍射效率和带宽积分平均衍射效率

环境温度/℃	POLYCARB 为中间介质层		POLYSTYR 为中间介质层材料	
	衍射效率最小值/%	带宽积分平均衍射效率/%	衍射效率最小值/%	带宽积分平均衍射效率/%
−40	96.890	98.736	97.112	99.046
−20	93.606	98.878	97.728	99.265
0	95.987	98.968	97.724	99.391

续表

环境温度/℃	POLYCARB 为中间介质层		POLYSTYR 为中间介质层材料	
	衍射效率最小值/%	带宽积分平均衍射效率/%	衍射效率最小值/%	带宽积分平均衍射效率/%
20	95.494	99.007	97.719	99.423
40	94.974	98.993	97.710	99.362
60	94.428	98.928	97.705	99.207

由模拟仿真结果可以看出，对于光学塑料 POLYCARB 为中间填充层的材料，当环境温度从 20℃降低至−40℃时，衍射效率最小值从 95.494%增加到 96.890%，增加量为 1.396%，但带宽积分平均衍射效率从 99.007%减小到 98.736%，减小量为 0.271%。当环境温度从 20℃升高至 60℃时，衍射效率最小值从 95.494%减小到 94.428%，减小量为 1.066%，带宽积分平均衍射效率从 99.007%减小到 98.928%，减小量为 0.079%。对于光学塑料 POLYSTYR 为中间填充层的材料，当环境温度从 20℃升高至 60℃时，衍射效率最小值从 97.719%减小到 97.705%，减小量为 0.014%，带宽积分平均衍射效率从 99.423%减小到 99.207%，减小量为 0.216%。当环境温度从 20℃降低至 40℃时，衍射效率最小值从 97.719%增加到 97.112%，增加量为 0.607%，但带宽积分平均衍射效率从 99.423%减小到 99.046%，减小量为 0.377%。

尽管在温度降低后对应的衍射效率最小值相比于设计温度对应的衍射效率最小值有所增大，但由于带宽积分平均衍射效率值的减小，最终导致折衍混合光学系统 MTF 的降低。从研究结果可以看出，三层衍射光学元件具有更好的温度适应性，可应用于温度范围更宽的折衍混合成像光学系统。

从分析可以看出，这种类型的多层衍射光学元件类似于传统分离型双层衍射光学元件，能够实现两个设计波长位置 100%的衍射效率和宽波段内高带宽积分平均衍射效率的特性；此外，这种结构的多层衍射光学元件能够提供更多的设计自由度和提高光能利用率。相比较分离型双层衍射光学元件中间的空气层，三层衍射光学元件的填充层介质为具有一定光学特性的光学材料，能够有效地减少光学界面的反射，增加整个系统的光学透过率，这样有利于提高系统的光能利用率；当采用一种光学材料为多层衍射光学元件的过渡层时，能够提高两种衍射元件的基底材料选择的自由度。因此，结合折衍混合成像光学系统的设计指标要求，三层衍射光学元件能够增加设计自由度。通过对三层衍射光学元件的设计参数进行优化，可以满足多层衍射光学元件在工程领域的设计和应用。

3.8 负折射材料基衍射光学元件

负折射材料由于具有区别于传统折射材料的特殊性能，成为近年来的研究热点方向之一，受到全世界研究人员的广泛关注[14,15]。能够产生负折射现象的材料主要有两类：①具有负介电常量和负磁导率的纯左手性质材料，典型代表有金属条和金属开口谐振环(Split Ring Resonators, SRR)周期性地排列所构成的人工材料，通常在微波波段使用；②电介质周期性地排列而成的光子晶体材料，这类材料不具有负介电常量和负磁导率但是也能够产生负折射效应，这种光学材料多应用于微波波段、太赫兹波段甚至可见光波段等。光子晶体中的负折射率有两种，即全角度负折射率和等效负折射率[16]。在具有等效负折射率的材料中，光子晶体一般被看作近似均匀的介质，因此，在传统介质中也有很多性质都适用于此类光学材料。另外，随着负折射率材料制备工艺的进一步发展，特别是等效负折射率光子晶体材料的出现，使此类光学材料越来越多地可以应用于成像光学系统中。典型代表如：2005 年，P. Vodo 团队基于等效负折射率二维光子晶体制造了平凹透镜，实现了厘米波段的平行光会聚成像[17]，结果是，在同一凹面半径下，不同入射波长的光会聚点不同，即该光学透镜是存在色差的。考虑到衍射光学元件的特殊色差性质，可以在负折射率透镜中引入衍射光学元件，对其色差进行校正。

与传统成像衍射光学元件的分析和评价方法类似，衍射效率仍是评价此类光学元件成像性能的重要参数。如图 3.42 所示为光线经过负折射材料基衍射光学元件两个相邻子周期传输示意图，根据 Snell 折射定律，当光线经过负折射率材料与空气介质的分界面时，出射光与入射光会分布于法线同方向。

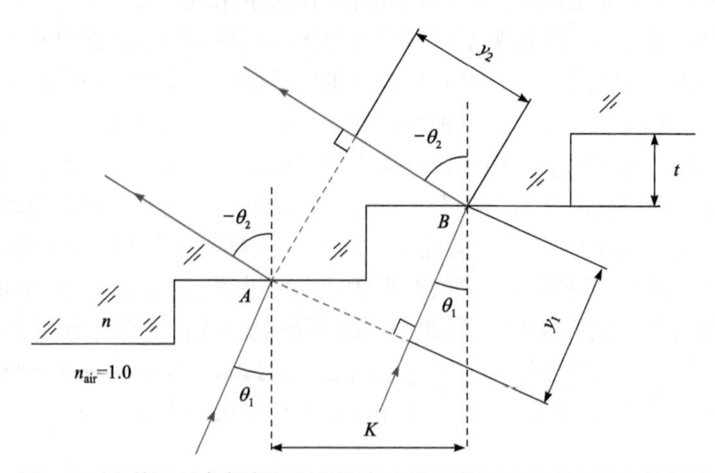

图 3.42 光线经过负折射材料基衍射光学元件两个相邻子周期的情形

根据图 3.42 可知，θ_1和θ_2分别代表光线的入射角和折射角，两个相邻子周期的微结构高度和周期宽度分别为t和k。以波长为单位的相邻子周期相位延迟φ的表达式为

$$\varphi=\frac{1}{\lambda}\left(y_1+ny_2\right) \tag{3-109}$$

式(3-109)中，n表示负折射基底材料的折射率，且为负值。根据三角函数关系可以得到y_1和y_2的表达式分别为

$$\begin{cases}y_1=k\sin\theta_1+t\cos\theta_1\\ y_2=-k\sin\theta_2-t\cos\theta_2\end{cases} \tag{3-110}$$

将式(3-110)代入式(3-109)，相邻子周期相位延迟φ的表达式可以简化为

$$\varphi=\frac{1}{\lambda}(k\sin\theta_1+t\cos\theta_1-nk\sin\theta_2-nt\cos\theta_2) \tag{3-111}$$

透过正折射介质和负折射介质的光满足 Snell 定律，其表达式为[18]

$$\sin\theta_1=-n\sin\theta_2 \tag{3-112}$$

式(3-112)中，n是负值，θ_1和θ_2均为正值。将式(3-112)代入式(3-111)中，经简化后可以得到

$$\varphi=\frac{1}{\lambda}\left[2k\sin\theta_1+t\left(\cos\theta_1+\sqrt{n^2-\sin^2\theta_1}\right)\right] \tag{3-113}$$

负折射材料基衍射光学元件在整个周期内的最大相位延迟ϕ为

$$\phi=N\varphi=\frac{2T\sin\theta_1}{\lambda}+\frac{d\left(\cos\theta_1+\sqrt{n^2-\sin^2\theta_1}\right)}{\lambda} \tag{3-114}$$

式(3-114)中，d和T分别表示微结构高度和周期宽度，并且$T=Nk$，$d=Nt$。由式(3-114)可以看出，负折射材料基衍射光学元件的相位延迟ϕ不仅与入射角度、基底折射率、入射波长和折射率有关，还与周期宽度有关。这是此类衍射光学元件区别于传统衍射光学元件的重要特点。当光线正入射到负折射率衍射光学元件时，即θ_1=0，式(3-114)化简为

$$\phi=N\frac{t(1-n)}{\lambda}=\frac{d(1-n)}{\lambda} \tag{3-115}$$

当ϕ等于 1 时，得到以负折射材料为基底的衍射光学元件的微结构高度表达式为

$$d=\frac{\lambda_0}{1-n_0} \tag{3-116}$$

式(3-116)中，λ_0 表示设计波长，n_0 表示在设计波长下的折射率。将式(3-116)代入式(3-115)中得到

$$\phi = \frac{\lambda_0}{\lambda}\frac{1-n}{1-n_0} \tag{3-117}$$

将式(3-117)代入式(3-116)中，得到正入射时，负折射材料基二元光学元件的衍射效率表达式为

$$\eta_m^N = \left\{ \frac{\sin\left[\pi\left(m - \frac{\lambda_0(1-n)}{\lambda(1-n_0)}\right)\right]}{\sin\left[\frac{\pi}{N}\left(m - \frac{\lambda_0(1-n)}{\lambda(1-n_0)}\right)\right]} \frac{\sin\left(\frac{m\pi}{N}\right)}{\pi m} \right\}^2 \tag{3-118}$$

当相位级数 N 趋于无穷大时，由式(3-118)得到斜入射时，具有连续衍射微结构的负折射材料基衍射光学元件衍射效率的表达式为

$$\eta_m = \mathrm{sinc}^2\left\{ m - \left[\frac{2T\sin\theta_1}{\lambda} + \frac{d\left(\cos\theta_1 + \sqrt{n^2 - \sin^2\theta_1}\right)}{\lambda} \right] \right\} \tag{3-119}$$

特别地，当正入射时，负折射材料基衍射光学元件的衍射效率表达式为

$$\eta_m = \mathrm{sinc}^2\left(m - \frac{\lambda_0}{\lambda}\frac{1-n}{1-n_0} \right) \tag{3-120}$$

负折射材料基二元光学元件和衍射光学元件的微结构示意图如图 3.43 所示。

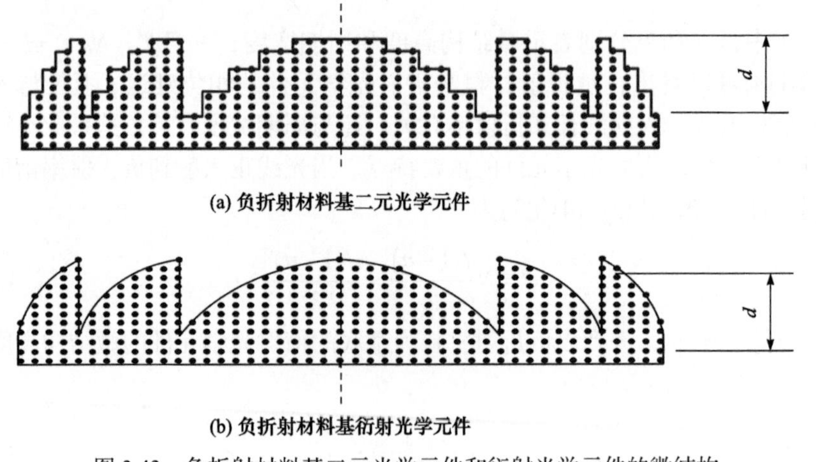

图 3.43　负折射材料基二元光学元件和衍射光学元件的微结构

3.9　反射式衍射光学元件

现代光学系统，特别是军用、航天、航空等对新型光学系统提出了新的要求，光学系统要向小型化和多样化发展，随之，成像衍射光学元件的应用范围也不断被拓宽，在某些特殊场合需要在反射表面上制作衍射微结构实现系统像差的校正。例如，本节选取了文献[19]中提出的反射式衍射光学元件进行分析，包括相关概念和设计方法。

与其他类型的衍射光学元件一样，衍射效率也是反射式衍射光学元件的关键参数之一，决定了光学系统的使用情况。对于反射式衍射光学元件，其衍射效率可以表示为

$$\eta_m = \frac{E_{Rm}}{E_{R0}} \tag{3-121}$$

式(3-121)中，E_{Rm} 代表第 m 级衍射级次的反射光强度，E_{R0} 代表入射至该衍射光学元件的总能量。反射式衍射光学元件应用于成像光学系统时，设计的周期宽度要远大于入射波长，因此，标量衍射理论可以应用于此类型光学元件的设计和分析中，精度能够满足使用要求。同传统单层衍射光学元件的分析方法相同，得到连续表面的单层反射式衍射光学元件的衍射效率为

$$\eta_m = \mathrm{sinc}^2(m-\phi) \tag{3-122}$$

式(3-122)中，$\mathrm{sinc}^2(x) = \sin(\pi x)/(\pi x)$，$m$ 代表反射式衍射光学元件的衍射级次，ϕ 代表其相位延迟。为便于分析讨论，使用如图 3.44 中的台阶模型对连续表面进行近似。对于给定数量的相位，第 m 级衍射级的衍射效率可以写为

$$\eta_m^N = \left\{ \frac{\sin[\pi(m-\phi)]}{\sin\left[\dfrac{\pi(m-\phi)}{N}\right]} \frac{\sin\left(\dfrac{m\pi}{N}\right)}{\pi m} \right\}^2 \tag{3-123}$$

式(3-123)中的相位延迟 ϕ 可以表示为

$$\phi = N\varphi \tag{3-124}$$

式(3-124)中，φ 代表两个相邻子周期之间的相位延迟。在图 3.44 中，衍射光学元件入射和出射介质的折射率分别为 n 和 $-n$。入射角和反射角分别为 θ 和 $-\theta$。相邻子周期之间的物理长度和物理宽度分别为 t 和 k。相位延迟 φ 可表示为

$$\varphi = \frac{n}{\lambda}(y_2 - y_1) \tag{3-125}$$

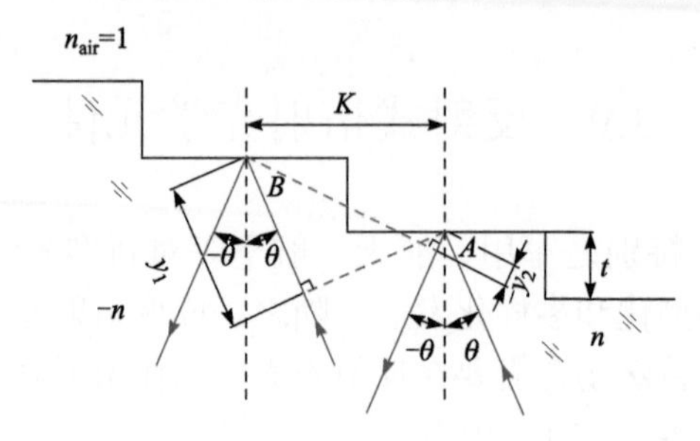

图 3.44　光线通过反射型衍射光学元件的两个相邻子周期

式(3-125)中，λ代表入射波长，y_1和y_2是两条相邻平行光线的光路。当垂足位于光学表面下方时，y_2定义为负值。相反，当垂足位于光学表面上方时，y_2定义为正值。y_1和y_2的表达式可以分别表示为

$$
\begin{aligned}
y_1 &= k\sin\theta + t\cos\theta \\
y_2 &= k\sin\theta - t\cos\theta
\end{aligned}
\tag{3-126}
$$

将式(3-126)代入式(3-125)，可以得到相位延迟表达式为

$$
\varphi = -\frac{2n}{\lambda} t\cos\theta \tag{3-127}
$$

根据式(3-127)可知反射式衍射光学元件在一个周期内的相位延迟ϕ为

$$
\phi = N\varphi = -\frac{2nH}{\lambda}\cos\theta \tag{3-128}
$$

式(3-128)中，H代表反射式衍射光学元件的表面微结构高度，可以表示为$H = Nt$。当确定了设计波长λ_0和设计入射角θ_0后，可以通过设置ϕ等于 1 来计算N阶反射式衍射光学元件的微结构高度

$$
\phi_0 = -\frac{2Hn_0}{\lambda_0}\cos\theta_0 = 1 \tag{3-129}
$$

简化式(3-129)，计算得到衍射光学元件的表面微结构高度为

$$
H = -\frac{\lambda_0}{2n_0\cos\theta_0} \tag{3-130}
$$

式(3-130)中，n_0代表反射式衍射光学元件在设计波长处λ_0的基底材料折射率数值。将式(3-130)代入式(3-128)可以求解出相位延迟ϕ的表达式

$$
\phi = \frac{n\lambda_0\cos\theta}{n_0\lambda\cos\theta_0} \tag{3-131}
$$

将式(3-131)代入式(3-123)，可以用以下二元结构表示反射式衍射光学元件的衍射效率

$$\eta_m^N = \left\{ \frac{\sin\left[\pi\left(m - \frac{n\lambda_0\cos\theta}{n_0\lambda\cos\theta_0}\right)\right]}{\sin\left[\frac{\pi}{N}\left(m - \frac{n\lambda_0\cos\theta}{n_0\lambda\cos\theta_0}\right)\right]} \frac{\sin\left(\frac{m\pi}{N}\right)}{\pi m} \right\}^2 \tag{3-132}$$

如图 3.45 所示，当 N 的数值接近无穷大时，二元微结构在每个周期都变成连续表面，其中蓝色部分表示增反膜层，入射光线经元件反射后成像到理想焦点位置。

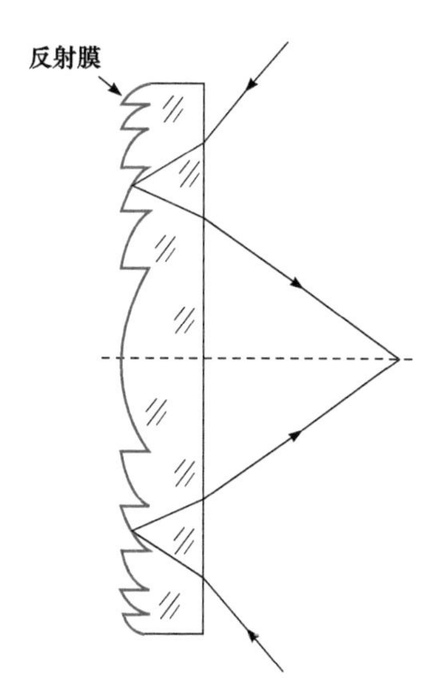

图 3.45　反射式衍射光学元件的表面轮廓

具有连续轮廓的反射式衍射光学元件的衍射效率可写为

$$\eta_m = \text{sinc}^2\left(m + \frac{2nH}{\lambda}\cos\theta\right) \tag{3-133}$$

相应地，其带宽积分平均衍射效率可以表示为

$$\bar{\eta}_m = \frac{1}{\lambda_{\max} - \lambda_{\min}} \int_{\lambda_{\min}}^{\lambda_{\max}} \text{sinc}^2\left(m + \frac{2nH}{\lambda}\cos\theta\right) \mathrm{d}\lambda \tag{3-134}$$

式(3-134)中，$\lambda_{\max}$ 和 $\lambda_{\min}$ 分别代表工作波段的最大和最小波长值。基于式(3-133)和式(3-134)，可以计算出不同波段和入射角的衍射效率及带宽积分平均衍射效率，进而可以评估含有反射式衍射光学元件的混合成像光学系统的实际成像质量。

参 考 文 献

[1] 崔庆丰. 折衍射混合光学系统的研究[D]. 长春: 中国科学院长春光学精密机械研究所, 1996.

[2] Fakilis D, Morris G M. Spectral properties of multiorder diffractive lenses [J]. Applied Optics,1995, 34(14): 2462-2469.

[3] Sweeney D W, Sommargren G E. Harmonic diffractive lenses[J]. Appl. Opt., 1995, 34(14): 2469-2475.

[4] Yoel A, Shmuel O, Naftali E. Design of a diffractive optical element for wide spectral bandwidth[J]. Opt. Lett, 1998, 23(11): 823-824.

[5] 裴雪丹, 崔庆丰, 冷家开. 入射角对双层衍射光学元件衍射效率的影响[J]. 光学学报, 2009, 29(1): 120-125.

[6] 裴雪丹, 崔庆丰, 冷家开, 等. 多层衍射光学元件设计原理与衍射效率的研究[J]. 光子学报, 2009, 38(5): 1126-1131.

[7] 薛常喜. 多层衍射光学元件成像特性的研究[D]. 长春: 长春理工大学, 2010.

[8] Swanson G J, Veldkamp W B. Diffractive optical elements for use in infrared systems[J]. Opt. Eng., 1989, 28(6): 605-608.
[9] Wood A P. Using refractive-diffractive elements in infrared Petzval objectives[J]. Proc. SPIE, 1990, 1354: 316-322.
[10] Michael B. Optical Society of America. Handbook of Optics[M]. New York: McGraw-Hill, 2009.
[11] Yoel A, Salman N, Shmuel O, et al. Design of diffractive optical elements for multiple wavelengths[J]. Appl. Opt., 1998, 37: 6174-6177.
[12] Xue C, Cui Q. Design of multilayer diffractive optical elements with polychromatic integral diffraction efficiency[J]. Opt. Lett., 2010, 35(7): 986-988.
[13] Smith W J. Modern Optical Engineering[M]. 4th ed. United States of America: McGraw-Hill, 2008: 208.
[14] Veselago V, Braginsky V, Shkocver L, et al. Negative refractive index materials[J]. Computational and Theoretical Nanoscience, 2006, 3(2): 1-30.
[15] Shelby R A, Smith D R, Schultz S. Experimental verification of a negative index of refraction[J]. Science, 2001, 292(13): 77-79.
[16] Kosaka H. Superprism phenomena in photonic crystals[J]. Phy. Rev. B, 1998, 58(16): R10096.
[17] Vodo P, Parimi P V, Lu W T, et al. Focusing by plano-concave lens using negative refraction[J]. Appl. Phys. Lett., 2005, 86: 201108-201110.
[18] Houck A A, Brock J B, Chuang I L. Experimental observation of a left-handed material that obeys Snell's law[J]. Phy. Rev. Lett., 2003, 90(13): 137401-137402.
[19] Zhang B, Piao M, Cui Q. Achromatic annular folded lens with reflective-diffractive optics[J]. Opt. Express, 2019, 27(22): 32337-32348.

第 4 章　成像衍射光学元件加工和衍射效率测量

本章研究了成像衍射光学元件加工及其衍射效率测量的相关技术，讨论了成像衍射光学元件常见的加工误差、装配误差类型及其对衍射效率的影响，并基于此对衍射光学元件加工和装配误差公差进行了分析，能够满足在一定成像质量要求的前提下合理分配衍射光学元件加工、装配等误差，从而保证折衍混合成像光学系统具有最佳调制传递函数。研究方法和结果可以为光学工程师在折衍混合成像光学系统的加工和装配、检测中提供理论依据。此外，介绍了成像衍射光学元件核心参数的检测技术，重点介绍了其衍射效率的测量，包括测量原理、实现方式和数据处理等。

4.1　成像衍射光学元件的加工概述

对于成像衍射光学元件，其表面微结构多为微米量级甚至更小，这也就要求了其加工方式为微细加工，对加工设备的精度和加工工程师的技术要求很高。常规地，首先需要设计好成像衍射光学元件二维或者三维衍射微结构的表面形貌，然后通过图形转移、材料去除等方式实现在基底表面加工衍射微结构的目标。随着衍射理论的不断进步发展和加工工艺的不断改进，高质量的成像衍射光学元件也逐渐能够在工程中得以应用，促进着高精密光学系统的发展。在现代社会发展中，为了适应时代发展和社会进步，先进制造技术也需要快速发展，超精密加工技术常用于加工对精度要求高的光学器件，其设备的加工精度直接决定光学器件的加工精度，从而实现理论设计参数和工作目标。成像衍射光学元件作为现代光学工程领域的一个重要研究方向，对于后续混合成像光学系统的研制具有重要作用，特殊表面微结构要求也决定了需要使用特殊加工工艺并且具有高的加工精度。

成像衍射光学元件的核心参数包括周期宽度、微结构高度、表面粗糙度等，而对其面型要求则为连续表面结构。现阶段，连续面型衍射光学元件的加工手段已从最初的微电子制造工艺发展为多种工艺，本节对其加工方法进行论述。

4.1.1　加工方法概述

(1) 刻蚀技术[1-3]。刻蚀技术包括干法刻蚀和湿法刻蚀两种：干法刻蚀是将需要去除的结构处的材料转变为气相进行去除，此方法属于材料的各向异性刻蚀，属于物理腐蚀，优点是刻蚀速度较快且可控、方向性好、分辨率高，然而加工周期较长、成本较贵。离子刻蚀、反应离子刻蚀和反应离子束刻蚀均属于干法刻蚀的典型工艺。湿法刻蚀属于化学腐蚀，价格便宜，能够批量处理，而缺点是可是精度较低、可是速度较慢且方向性较差。

最初，衍射光学元件又称为二元光学元件，其表面微结构是台阶型浮雕结构。受制于当时的加工条件和加工水平较差，主要的加工方法是微电子制造技术，台阶型二元光学元件的加工主要分为掩模版制作、光刻及刻蚀三个步骤，具体流程如图 4.1 所示。二元光学元件的加工流程和加工得到的二级及四级台阶型二元光学元件表面分别如图 4.2(a)和(b)所示。

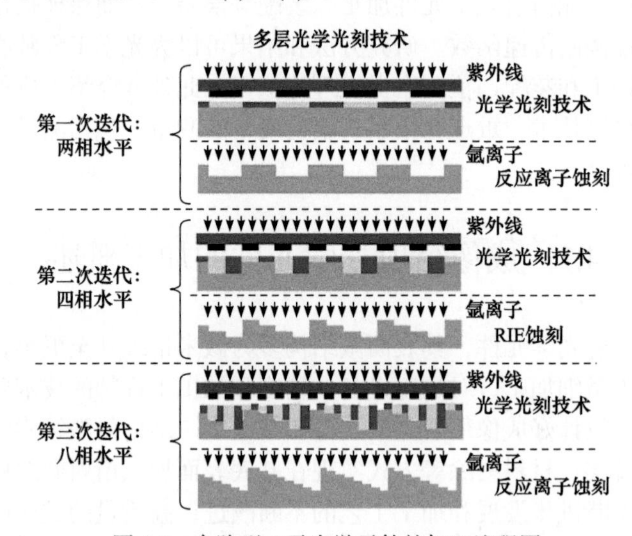

图 4.1　台阶型二元光学元件的加工流程图

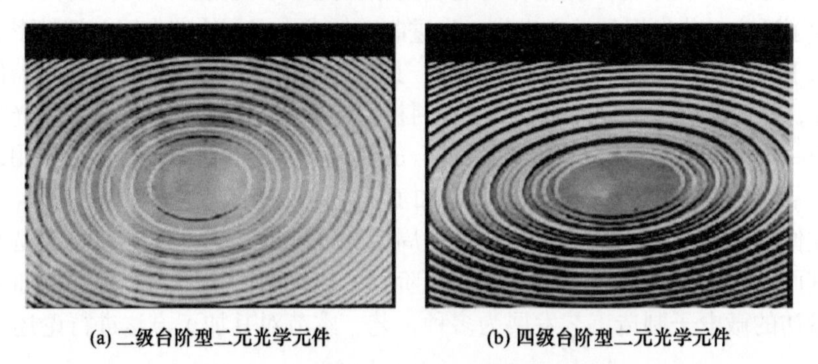

图 4.2　台阶型二元光学元件表面微结构

台阶型二元光学元件的制作周期长、工艺烦琐，其对应的加工误差包括刻蚀深度误差和对准误差。对于台阶型二元光学元件的加工，加工误差的示意图如图 4.3 所示，加工误差对台阶型二元光学元件参数具有累积效应，加工误差对台阶型二元光学元件衍射效率的影响很大，从而对含有台阶型二元光学元件的混合成像光学系统的像质有较大影响。

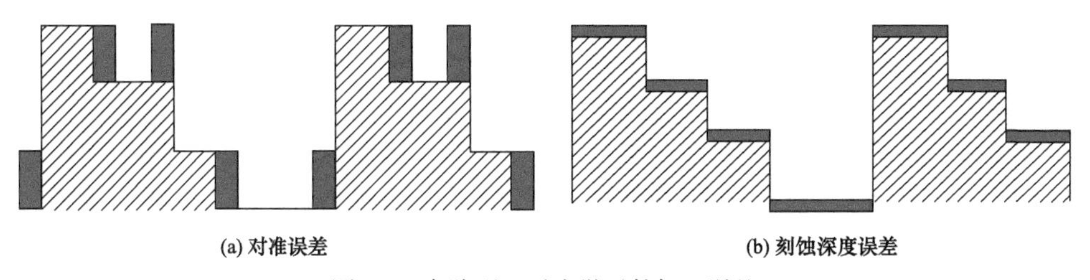

图 4.3　台阶型二元光学元件加工误差

(2) 激光束直写技术[4,5]。激光束直写技术的原理是通过激光束对光致抗腐蚀膜进行扫描曝光，其曝光量决定了胶面的局部厚度，然后通过显影、烘干、离子刻蚀等步骤，将设计好的衍射光学元件表面浮雕结构转移到待加工的光学元件基底表面上。采用此方法具有一次性加工成型的优势，不存在套刻过程产生的误差，但不能够精确地控制衍射光学元件加工的轮廓深度。相比较二元台阶型衍射光学元件的微电子制造技术，激光直写技术对连续表面衍射光学元件的加工过程不需要使用掩模版，因此也避免了套刻过程中对准误差的存在以及误差累计效应对衍射效率的影响。采用激光直写技术在石英基底材料上加工的流程图如图 4.4(a)所示，对应的加工出的衍射光学元件表面微结构形貌如图 4.4(b)所示。

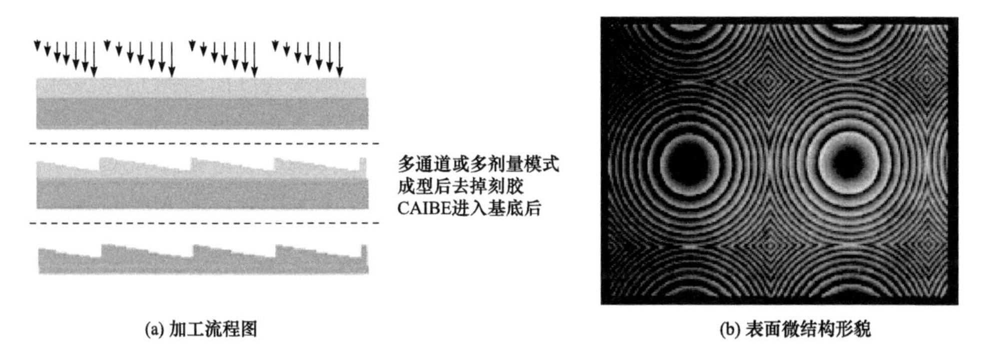

图 4.4　石英基底材料上激光直接写技术加工 256 台阶的菲涅耳透镜阵列

利用激光直写的方法加工衍射光学元件有制作过程简单且成本较低的优点。当用激光直写的方法在非感光光学材料(如玻璃或者红外光学材料)的光学表面进行三维浮雕结构的加工时，只需要在非感光材料表面增加一个由乳胶上浮雕结构向非感光材料表面浮雕结构的转变的过程。

(3) 电子束直写技术[6]。激光直写技术出现不久以后，电子束直写技术随之产生。电子束直写技术具有很高的加工精度，加工精度能够达到亚微米量级，进而能够很精确地实现表面三维浮雕结构的加工。与激光直写技术类似，电子束直写技术是在真空中通过对抗腐蚀光胶进行曝光完成的，由于电子束光斑尺寸较小，因此，其能够加工出特征尺寸较小的衍射光学元件；但是也存在扫描速度较慢的缺点。

(4) 灰度掩模法[7,8]。灰度掩模法是图形转移法中的一种，掩模图形由设计好的衍射光学元件图形生成，灰度掩模在不同位置对光的透过率可变，通过光源照射灰度掩模，再经过一次光刻刻蚀，加工出所需要的多台阶或者相位连续变化的衍射光学元件表面，不存在对准误差，设计简单，价格便宜，缺点是对光源均匀性要求较高。利用灰度掩模法加工衍射光学元件的步骤如下：

(i) 根据光学设计的要求确定衍射光学元件的面型参数；

(ii) 运用计算机和高精度的打印机把确定好的面型参数用不同灰度的掩模版图形描述；

(iii) 采用掩模版对乳胶基底完成一次曝光。

采用灰度掩模版完成以上三个步骤之后，能够加工得到所设计的表面三维浮雕结构。灰度掩模法制造衍射光学元件的优点是制作方法简单，且不需要专门的加工设备就能够完成具有高衍射效率的衍射光学元件的加工。

(5) 精密模压成型技术。最初，在 20 世纪 70 年代，美国柯达公司经过 40 年的潜心研究，成功研究出了玻璃材料的精密模压成型技术，完成了光学球面和非球面的光学元件加工。传统的模压成型技术是将不同形状的光学塑料(纤维状或者颗粒状等)放在一定温度且加工成型的模具腔中，经过闭模加压使其成型固化的过程。热固性塑料、热塑性材料、橡胶材料等都可以使用模压成型技术进行加工。与传统模压成型技术不同，精密模压成型技术不需要经过研磨抛光等步骤。模压技术又称为注模技术，是采用单点金刚石车削技术对所需加工表面以切削方法加工，经过材料注塑成型，加工出所需面型，注塑模具可反复使用，适用于批量生产，极大减小了加工成本[9,10]。复制技术可以对光学塑料、光学玻璃等材料进行加工。德国肖特(Schott)公司研发了应用于可见光波段可精密模压的光学玻璃，在其表面上可以通过一次精密模压加工非球面、衍射面，甚至是自由曲面，而且具有良好的表面质量[11]。在红外波段，硫系玻璃[12-15]通过模压复制的方法实现了红外镜头的低成本化。其中比利时的 Umicore 公司推出的硫系玻璃 GASIR1 和 GASIR2 应用较为广泛[16-19]，可以在其表面上精密模压衍射面或非球面衍射面，如图 4.5 所示。

(6) 单点金刚石车削技术。单点金刚石车削技术(Single Point Diamond Turning, SPDT)是通过数控机床高精度控制金刚石刀具移动，从而实现对加工表面的加工，由于金刚石刀具坚硬，刀头形状精密度高，所以可形成具有高精度衍

图 4.5　模压技术在 GASIR1 透镜表面上加工的非球面和非球面衍射面

射微结构的加工表面。但其也存在加工材料和加工结构受限制，例如不能加工脆性材料等，只能加工旋转对称的光学表面等；同时由于刀具本身尺寸有限，这也制约了加工表面微结构的特征尺寸下限[20,21]。如图 4.6 所示为 PreciTECH 公司的 Nanoform 250 超精密五轴单点金刚石车削设备。

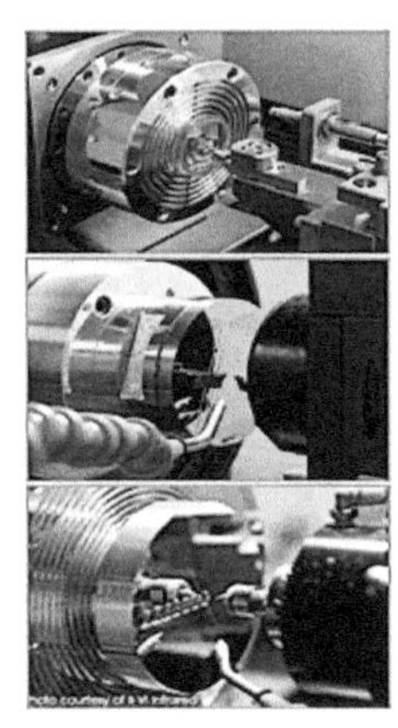

图 4.6　五轴单点金刚石车削设备

目前，单点金刚石车削技术可以加工红外晶体、光学塑料、金属及部分光学玻璃材料等。同时由于加工精度高，主要用来完成复杂结构及特殊要求零件的制作，主要有衍射光学元件、精密模压模具、微透镜阵列、反射镜、半导体外延片、激光元器件等，可加工的表面有平面、球面、非球面和高次非曲面，广泛应用于光学元器件的制作。

(7) 复制技术。复制技术是对衍射光学元件进行批量化生产，其采用金刚石精密车削等方法对已有衍射光学元件的表面微结构制作一个负版，再将基底材料加热软化后经过负版模压成型，复制技术较大降低了衍射光学元件的加工成本。通过上述分析，采用单点金刚石车削技术能够满足红外成像系统和塑料光学系统中衍射光学元件的加工，结合复制技术即可实现衍射光学元件的批量化生产。

与其他加工制作技术相比，单点金刚石车削技术具有如下优点：①加工的表面面型精度可达到纳米级，且加工表面粗糙度小；②加工流程简单，通过数控机床一次加工成型，克服了掩模版制作由于多次套刻引起的对准、刻蚀等误差；③加工深度大，克服了激光束直写和电子激光束直写加工微结构的较大纵深比缺陷；④易于对任意旋转对称且具有一定面型的基底表面进行车削；⑤可高精度地加工衍射光学元件模具，并进行批量化生产。除以上几种加工制作技术外，还有诸如电铸（Lithgraphie，Galvanoformung，Abformun，LIGA）技术、薄膜沉积技术、激光热敏加工技术，以及应用于不同场合的微加工技术。在实际工程中，要根据衍射光学元件的特性和指标选择与之适应的加工方法。

目前现有衍射光学元件加工技术中，光刻技术可加工的最小特征尺寸为亚微米量级，同时只能限于加工台阶状离散表面浮雕结构，虽然可以通过增加台阶数提高衍射效率，但增加加工过程的难度，引入多次加工误差。可以加工任意自由曲面，包括台阶状离散、连续浮雕结构的单点金刚石车削技术，能够弥补光刻技术的不足，但对刀具的选择具有一定要求，且成本较高。无论采用何种单件加工方法都难以实现快速、大批量的生产，因此，只有使用复制技术才能够大幅度降低制造成本，使成像衍射光学元件及其系统被人们普遍接受，表 4.1 中给出一些加工方法能够实现的衍射光学元件的性能数据，表 4.2 为加工衍射光学元件的特征参数。

表 4.1　不同加工方法制作衍射光学元件的性能数据

加工方法	F 数	设计波长/nm	最小特征尺寸/μm	实际衍射效率/%	理论衍射效率/%	备注
全息法			10	～75	95	64×64 阵列
单点金刚石车削	2.0	633	2.6	>70	100	
溶胶凝胶复制	3.3		78.5		99	
金刚石磨削	4	633	50	80	100	10 个超环带
激光直写	2	633		70	100	复制
电子束直写			4	68	98.7	光栅
空间滤波灰度掩模			100	70	100	光栅
载片成像灰度掩模			127	84	100	光栅
准分子激光刻蚀		633	40	70	99	光栅
聚焦离子束刻蚀	2.5	633	<1	91.8	100	64×64 阵列

表 4.2　加工衍射光学元件的特征参数

物理参数	光学参数	阵列元件的参数
元件横向尺寸；衍射光学元件的特征尺寸；衍射光学元件的三维形貌；表面粗糙度	衍射效率；焦距；分辨率；像差、波像差；相位分布；色散；像场尺寸；点扩散函数；调制传递函数；斯特列尔比	阵列的一致性；封装密度、填充因子；交叉性；阵列的集成性

无论使用何种方法加工衍射光学元件，都需要有高精度的检测手段对衍射光学元件进行技术评价。只有依靠特定的检测方法和高精度的检测设备才能优化衍射光学元件的加工工艺过程，从而使加工出满足需要的各类衍射光学元件成为可能。在这里只通过表格列出衍射光学加工过程中和加工完工后需要检测的参数和检测方法。

4.1.2　单点金刚石车削方法

单点金刚石车削技术作为一种高效率、高精度的光学表面加工方法，可直接生产具有纳米级表面粗糙度和亚微米级形状精度的光学元件，被广泛用于高精度、高质量的非球面或自由曲面光学元件的加工，已成为实现多种光学元件加工的最佳解决方案。本节着重介绍采用单点金刚石车削加工方法实现衍射光学元件制造的技术，单点金刚石车削的车床如图 4.7(a)所示，具体加工示意图如图 4.7(b)所示。

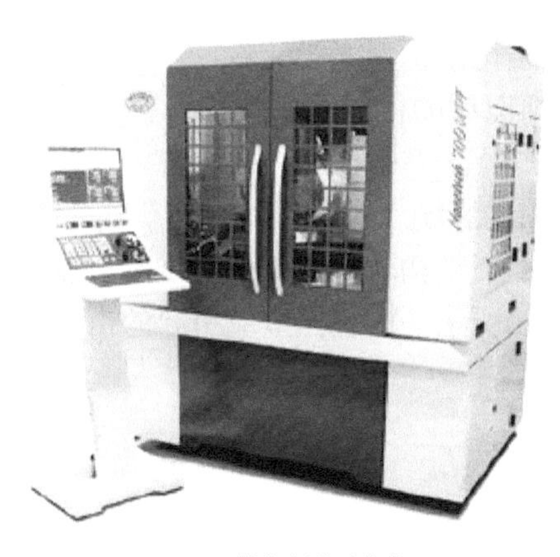

(a)单点金刚石车床

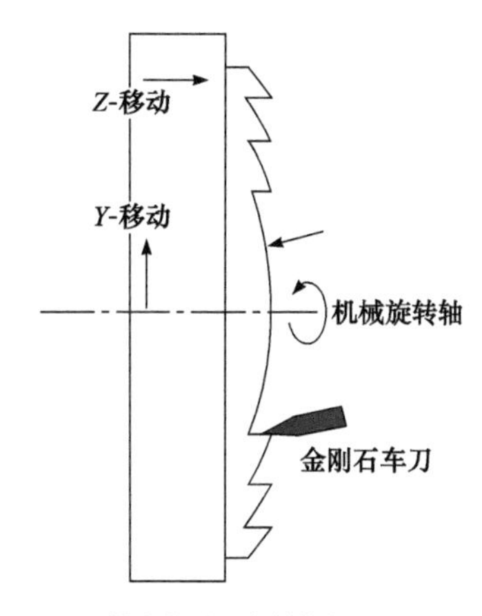

(b) 单点金刚石车削技术

图 4.7　单点金刚石车削加工衍射光学元件车床及加工技术

如图 4.7 所示，相比较其他加工技术，单点金刚石车削技术有很多优点，能够实现一次车削成型，避免反复套刻的复杂性；加工出来的衍射光学元件面型质量良好，加工元件的表面粗糙度能够达到纳米级，面型精度能够达到 $\lambda/10$ 量级；不受基底面型的限制，单点金刚石车削技术能够在平面、球面，甚至非球面基底上加工含有任意高次项的衍射微结构，且能够精确控制微结构高度。然而，金刚石车削技术也存在一定的缺点，如下所述。

(1) 单点金刚石车削技术对待加工的材料有一定要求。

对于材料的选择，目前为止，单点金刚石车削技术只能加工部分红外晶体和光学塑料，无法加工传统光学玻璃，表 4.3 中列出了可以用单点金刚石车削加工的部分常用光学材料[22]。

表 4.3　适合金刚石车削加工的部分常用光学材料

红外材料	光学塑料
氟化钙(CaF_2)	聚甲基丙烯酸甲酯(PMMA)
氟化镁(MgF_2)	聚碳酸酯(POLYCARB)
硒化锌(ZnSe)	聚丙烯(POLYPROPYLENE)
硫化锌(ZnS)	聚苯乙烯(POLYSTYR)
砷化镓(GaAs)	聚酰胺(POLYAMIDE)
锗(Ge)	—
硫族玻璃	—
硅(Si)	—

(2) 对加工面型的要求。

只能加工简单面型即只具有旋转对称结构的衍射光学元件，不可以加工具有不规则面型的微光学元件[23]，对于不规则面型的衍射光学元件，仍需要采用微电子制造工艺等。

(3) 车削刀口对衍射光学元件的透过率的影响。

因为金刚石车刀的刀头形状为圆弧，在微结构转换点处的加工有过渡区，会降低衍射光学元件的透过率[24]，如图 4.8(a)所示。由遮挡效应引起的衍射光学元件透过率损失可表示为

$$L \cong \frac{4}{D}\sqrt{\frac{2dR_T}{n_{\text{rtotal}}}}\sum_{n}^{n_{\text{rtotal}}}\sqrt{n_r} \tag{4-1}$$

式(4-1)中，L 为透过率损失，D 为衍射光学元件有效口径，d 为最大微结构高度，R_T 为刀尖半径，n_{rtotal} 为衍射光学元件周期总数。由式(4-1)可知当刀尖半径一定时，遮挡效应对透过率的损失与衍射光学元件周期数有关。对于红外波段，衍射光学元件的周期数较少，遮挡效应引起的透过率损失较小，有时这种透过率损失可以忽略不计；而对于可见光波段，周期数很大，一般为几十到几百，所以

遮挡效应对透过率的影响很大。目前将刀头形状换成半圆形可以解决单点金刚石车削加工引起的遮挡效应，如图 4.8 所示。

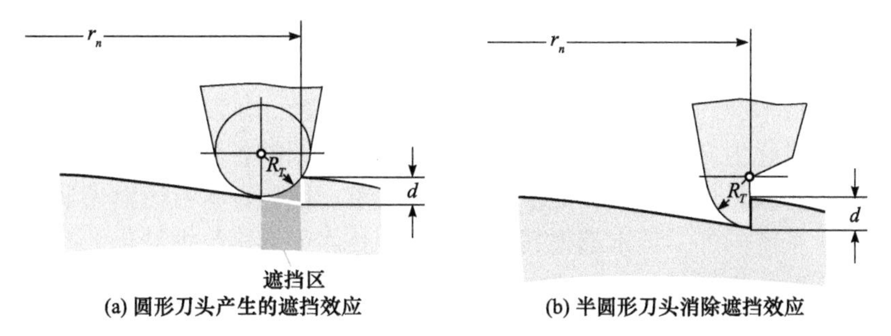

图 4.8　单点金刚石车削技术的遮挡效应

(4) 车削过程对表面粗糙度的影响。

利用单点金刚石车削技术进行衍射光学元件的加工时，会存在一定的表面粗糙度，表面粗糙度会对衍射光学元件衍射效率特性有一定的影响[25]。单点金刚石车削技术加工对衍射光学元件表面粗糙度的影响可以表示为

$$R_{\text{th}} = \frac{f^2}{2R_T} \tag{4-2}$$

式(4-2)中，f 代表每转的进给量，R_{th} 代表加工造成的表面粗糙度。这样造成的衍射光学元件表面的散射为

$$\text{TIS} = \left(\frac{4\pi\delta}{\lambda_0}\right)^2 \tag{4-3}$$

式(4-3)中，δ 代表均方根值(Root Mean Square，RMS)表面粗糙度数值并且满足 $\delta \approx 0.4R_{\text{th}}$。根据报道，现有单点金刚石车削技术能够达到的 RMS 表面粗糙度能够实现小于 10 nm。并且根据 Debye-Waller 因子，表面粗糙度对单层衍射光学元件的衍射效率 $\eta_m(\lambda,\theta,R_{\text{th}})$ 以及带宽积分平均衍射效率 $\overline{\eta}_m(\theta,R_{\text{th}})$ 的影响可以分别表示为

$$\eta_m(\lambda,\theta,R_{\text{th}}) = \eta_m(\lambda,\theta)\left[1-\left(\frac{2\pi R_{\text{th}}}{\lambda}(n_1(\lambda)-n_m(\lambda))\right)^2\right] \tag{4-4}$$

$$\overline{\eta}_m(\theta,R_{\text{th}}) = \frac{1}{\lambda_{\max}-\lambda_{\min}}\int_{\lambda_{\min}}^{\lambda_{\max}} \eta_m(\lambda,\theta)\left[1-\left(\frac{2\pi R_{\text{th}}}{\lambda}(n_1(\lambda)-n_m(\lambda))\right)^2\right]\text{d}\lambda \tag{4-5}$$

式(4-4)和式(4-5)中，$\eta_m(\lambda,\theta)$ 代表加工衍射光学元件不产生表面粗糙度时对应的理论衍射效率，$n_1(\lambda)$ 代表基底材料对应的折射率，$n_m(\lambda)$代表衍射基底所处介质

的折射率，λ_{min} 和 λ_{max} 分别代表工作波段内的最小和最大入射波长。从以上公式可以看出，单点金刚石车削技术会造成衍射效率和带宽积分平均衍射效率一定程度的下降。

目前单点金刚石车床每次只能加工一个元件，很难满足工业批量化生产。需要结合复制技术[26,27]实现衍射光学元件的批量化生产。复制技术是能够实现衍射光学元件批量化生产的重要制造方法。对于之前介绍的各种衍射光学元件的加工方法，都不能满足快速加工和批量化生产的要求。因此，含有衍射光学元件的混合成像光学系统的加工成本都很高。只有复制技术能够满足批量化生产的要求，从而降低衍射光学元件的加工成本，降低折衍混合成像光学系统的加工成本。

4.2　成像衍射光学元件的加工问题

根据成像衍射光学元件成像特性及其衍射效率计算方法，结合衍射光学元件的加工技术可知，在衍射光学元件的加工过程中必然会引入各种误差，其中最主要的加工误差包括衍射微结构高度误差和衍射微结构周期宽度误差两种，加工误差会降低衍射光学元件的衍射效率和带宽积分平均衍射效率，最终会影响混合成像光学系统调制传递函数。本节中，系统研究了成像衍射光学元件的加工技术问题，具体思路为：首先，分析单点金刚石技术加工衍射光学元件产生的加工误差类型；其次，对加工误差和衍射光学元件衍射效率的关系进行建模和公式推导；最后，使用实例分析加工误差对衍射效率的影响并提出相应的控制方法。本节研究内容和结果能够对衍射光学元件的加工具有一定的指导意义和理论价值。

4.2.1　单层衍射光学元件加工误差类型及其影响

随着单点金刚石车削技术的不断发展和走向应用化，具有连续面型的成像光学元件成品逐渐从理论走向工程应用。现阶段，考虑到基底材料性质和加工成本等因素，单点金刚石车削技术主要应用于红外成像光学系统中衍射光学元件的加工。相比较可见光材料，对于红外晶体材料，其阿贝数比可见光波段的玻璃材料的阿贝数大，因此，当要实现红外混合成像光学系统的消色差时，对应的衍射光学元件需要承担的光焦度较小，对应的衍射微结构周期环带数明显小于可见光波段衍射光学元件环带数，在文献[28]中探讨了当衍射光学元件具有较少的环带个数时衍射效率特性。当在基底表面上加工了具有锯齿状的衍射微结构形貌时，只有当衍射微结构周期环带较多(一般多于 100 环)时，衍射效率才能在设计波长位置接近 100%；相反，若衍射微结构周期环带较少，则衍射效率难以在设计波长位置实现 100%。然而，若衍射光学元件表面微结构为连续面型，则在环带数较少的情况下，其衍射效率在设计波长位置也能满足 100%的要求。如图 4.9(a)和(b)所示分别为锯齿形和连续面型微结构。

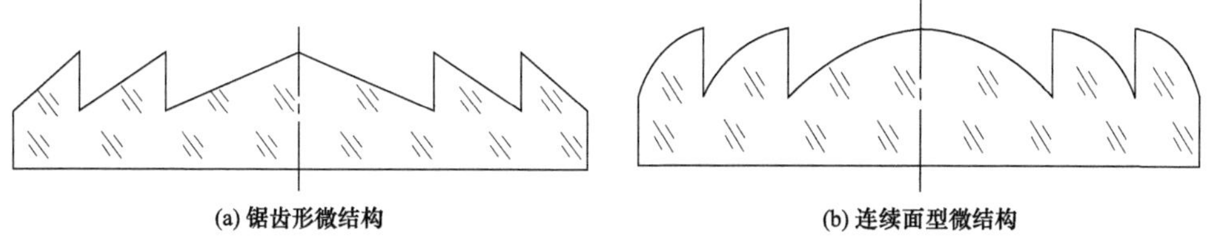

(a) 锯齿形微结构　　(b) 连续面型微结构

图 4.9　衍射光学元件的不同表面微结构形式

对于衍射光学元件，当其微结构周期环带数不断增大时，锯齿形衍射微结构面型逐渐接近连续面型衍射微结构，衍射波长位置处的衍射效率数值也逐渐接近于理论设计值，即 100%。若衍射微结构周期环带数较少，则光束传播经过锯齿型微结构的调制时，对应的相位延迟不是 2π 或者 2π 的整数倍，因此，设计波长的衍射效率理论值无法实现。然而，对于连续面型的衍射微结构，则能实现设计波长位置 100%衍射效率的理论值。对于目前的加工技术而言，单点金刚石车削技术和精密模压技术都能够加工出连续面型的成像衍射光学元件。

然而，任何加工都不可避免地会引入加工误差，与衍射光学元件一样，加工误差依然存在，并且加工误差会直接影响成像衍射光学元件的衍射效率，最终会导致整个混合成像光学系统实际像质的下降。对于衍射光学元件的加工，常见且主要的加工误差包含两部分：加工引起的衍射微结构表面高度误差和衍射微结构周期宽度误差。并且，一般情况下，两种加工误差是同时出现并且共同影响其衍射效率的。

1. 衍射微结构高度误差影响

如图 4.10 所示，为加工误差引起的成像单层衍射光学元件的表面微结构高度误差示意图，其中，H_a 代表存在加工误差的实际微结构高度，H_0 代表不存在加工误差(理论计算)得到的理想微结构高度，二者在图中分别用实线和虚线表示。

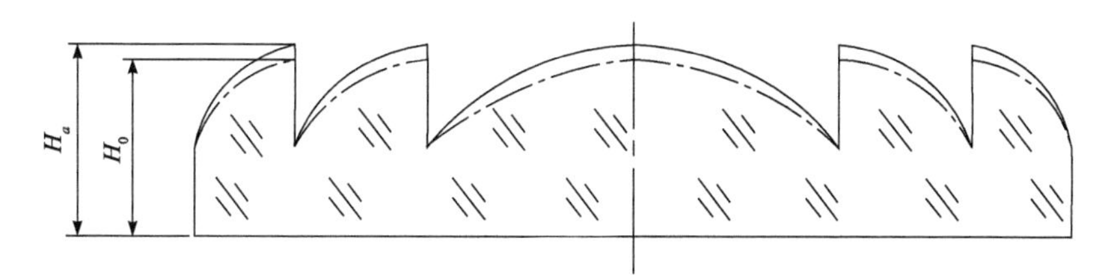

图 4.10　加工误差引起的表面微结构高度误差示意图

若只考虑加工误差产生的衍射微结构高度误差对成像单层衍射光学元件衍射

效率的影响，且先假定光线垂直入射至衍射光学元件基底上，此时，该衍射光学元件的实际衍射效率可以表示为

$$\eta_m = \mathrm{sinc}^2\left[m - \frac{H_a}{\lambda}(n(\lambda)-1)\right] \tag{4-6}$$

式(4-6)中，m 代表衍射光学元件衍射级次，$n(\lambda)$代表衍射光学元件基底材料在入射波长为 λ 处对应的折射率。由加工误差引起的成像衍射光学元件的实际微结构高度可以表示为

$$H_a = H_0 + \Delta H = H_0(1+\varepsilon) \tag{4-7}$$

式(4-7)中，ε 代表相对微结构高度误差，可以表示为$\varepsilon = \Delta H/H_0$；$\Delta H$ 代表衍射微结构高度误差平均数值，可表示为$\Delta H = (\Delta H_1 + \Delta H_2 + \cdots + \Delta H_N)/N$，$\Delta H_j$ 代表成像衍射光学元件第 j 个环带位置对应的微结构高度误差，N 则代表总的环带数。

2. 衍射微结构周期宽度误差

如图 4.11 所示，代表加工误差引起的微结构周期宽度误差，其中T_0代表衍射微结构周期宽度理论值，T_a代表由加工误差产生的微结构周期宽度误差引起的实际周期宽度。

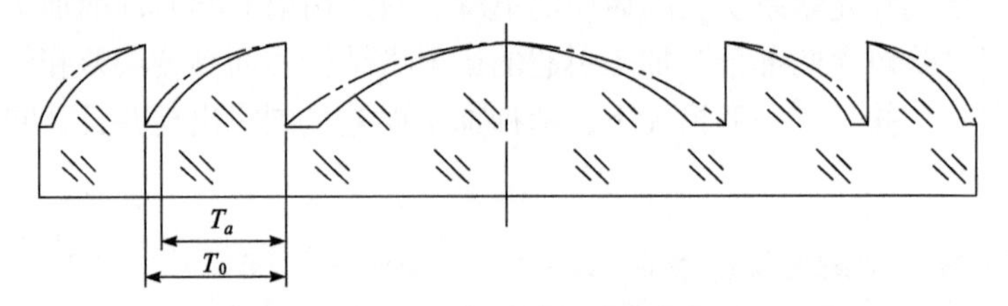

图 4.11　加工误差引起的微结构周期宽度误差示意图

同微结构高度误差对衍射效率影响的分析一样，若只考虑加工误差产生的衍射微结构周期宽度对成像单层衍射光学元件衍射效率的影响，且先假定光线垂直入射至衍射光学元件基底上，此时，该衍射光学元件的实际衍射效率可以表示为

$$\eta = \eta_m \mathrm{sinc}^2\left(\frac{T_a - T_0}{T_0}\right) = \mathrm{sinc}^2\left\{m - \frac{H_0[n(\lambda)-1]}{\lambda}\right\}\mathrm{sinc}^2(\xi) \tag{4-8}$$

式(4-8)中，ξ 表示相对周期宽度误差，表示为$\xi = (T_a - T_0)/T_0$。

4.2.2　多层衍射光学元件加工误差类型及其影响

根据第 3 章内容可知，衍射光学元件具有特殊色散性质和温度性质，与传统

折/反射式光学系统构成的混合成像光学系统能够实现光学系统的色差校正和热稳定功能，并能减小系统体积、减轻系统重量，因而在现代光学系统中得到了广泛关注和应用。带宽积分平均衍射效率是衡量衍射光学元件在成像光学系统性能的主要参数，决定了衍射光学元件的应用范围和使用波段。多层衍射光学元件能够满足宽波段范围内高衍射效率和带宽积分平均衍射效率的设计要求，解决传统单层衍射光学元件入射波长对衍射效率影响较大的问题。对于多层衍射光学元件基底衍射微结构的加工，现在最常用的加工方式是单点金刚石车削。加工过程必然会导致衍射效率的下降以及带宽积分平均衍射效率的下降，从而会降低混合成像光学系统的成像质量。因此，为了实现宽波段内高的衍射效率，很有必要研究双层衍射光学元件的加工误差对其衍射效率特性的影响；然后，进一步基于带宽积分平均衍射效率对加工误差容限进行分析。

如前文介绍，现代光学系统中最常用的衍射光学元件为分离型双层衍射光学元件，两种具有不同色散性质的光学材料为双层衍射光学元件的基底材料，两层衍射微结构中间为空气填充层。并且，两层衍射光学元件的衍射微结构周期宽度是相同的，衍射微结构高度是为实现设计波长位置 100%衍射效率计算得到的数值。本节研究了加工误差对带宽积分平均衍射效率的影响。以分离型双层衍射光学元件为例，建立了加工误差包括衍射微结构高度误差和微结构周期宽度误差对带宽积分平均衍射效率影响的数学模型，推导了相应的数学表达式，该方法能够应用于对多层衍射光学元件加工误差的容限分配，从而在满足多层衍射光学元件带宽积分平均衍射效率的前提下对加工误差进行分配，避免加工过程中不必要的浪费。在采用单点金刚石车削的过程中，加工误差必然存在，通常包括衍射微结构高度误差和衍射微结构周期宽度误差两种。单点金刚石车削加工过程产生的加工误差的示意图如图 4.12 所示，衍射微结构高度误差和衍射微结构周期宽度误差分别如图 4.12(a)和(b)所示。

如图 4.12 所示，$H_{1\mathrm{designed}}$ 和 $H_{1\mathrm{real}}$ 分别代表第一层衍射光学元件的理论微结构高度和由于加工误差导致的实际微结构高度；$H_{2\mathrm{designed}}$ 和 $H_{2\mathrm{real}}$ 分别代表第二层衍射光学元件的理论微结构高度和由于加工误差导致的实际微结构高度，此时衍射微结构高度实际数值大于理论设计数值。$T_{1\mathrm{designed}}$ 和 $T_{1\mathrm{real}}$ 分别代表第一层衍射光学元件的理论微结构周期宽度和由于加工误差导致的微结构周期宽度；$T_{2\mathrm{designed}}$ 和 $T_{2\mathrm{real}}$ 分别代表第二层衍射光学元件的理论微结构周期宽度和由于加工误差导致的微结构周期宽度，此时衍射微结构周期宽度实际数值大于理论设计数值。相同地，$H'_{1\mathrm{designed}}$ 和 $H'_{1\mathrm{real}}$ 也为实际加工得到的两个实际衍射微结构高度数值，该数值小于理论设计数值；$T'_{1\mathrm{designed}}$ 和 $T'_{1\mathrm{real}}$ 也为实际加工得到的两个实际衍射微结构周期宽度数值，该数值也小于理论设计数值。

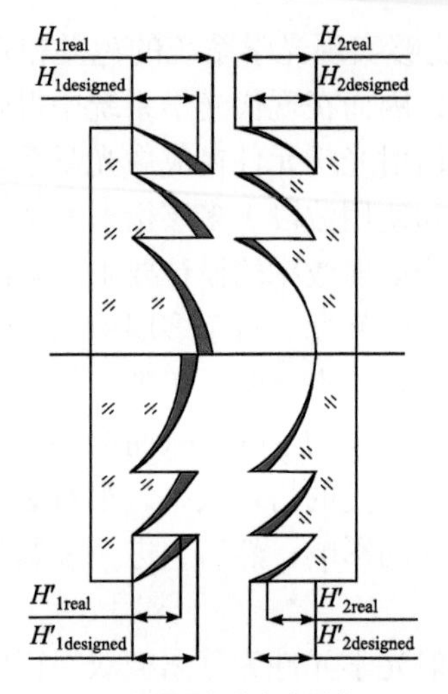

(a) 衍射微结构高度误差

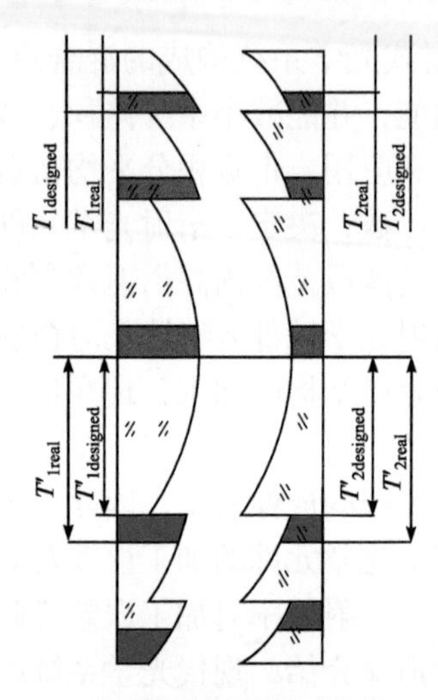

(b) 衍射微结构周期宽度误差

图 4.12 加工误差对双层衍射光学元件面型误差的影响

$H_{1\text{designed}}$：第一层衍射光学元件的理论微结构高度；$H_{1\text{real}}$：第一层衍射光学元件由于加工误差导致的实际微结构高度；$H_{2\text{designed}}$：第二层衍射光学元件的理论微结构高度；$H_{2\text{real}}$：第二层衍射光学元件由于加工误差导致的实际微结构高度；$T_{1\text{designed}}$：第一层衍射光学元件的理论微结构周期宽度；$T_{1\text{real}}$：第一层衍射光学元件由于加工误差导致的微结构周期宽度；$T_{2\text{designed}}$：第二层衍射光学元件的理论微结构周期宽度；$T_{2\text{real}}$：第二层衍射光学元件由于加工误差导致的微结构周期宽度；$H'_{1\text{designed}}$，$H'_{1\text{real}}$：实际加工得到的两个实际衍射微结构高度数值；$T'_{1\text{designed}}$，$T'_{1\text{real}}$：实际加工得到的两个实际衍射微结构周期宽度数值

根据前文的分析可知，实际混合成像光学系统的 MTF(OTF 模值)可近似由理论 OTF(模值)和衍射光学元件的带宽积分平均衍射效率的乘积表示，即

$$\text{MTF}_{\text{real}}(f_x, f_y) = \bar{\eta}_m(\lambda)\text{MTF}_{\text{ideal}}(f_x, f_y) \tag{4-9}$$

由于带宽积分平均衍射效率是用来衡量宽波段范围内衍射光学元件的综合性能的，因此根据标量衍射理论，双层衍射光学元件的带宽积分平均衍射效率可以表示为

$$\bar{\eta}_m(\lambda) = \frac{1}{\lambda_{\max} - \lambda_{\min}} \int_{\lambda_{\min}}^{\lambda_{\max}} \eta_m(\lambda) \mathrm{d}\lambda \tag{4-10}$$

由式(4-10)可以看出，带宽积分平均衍射效率与入射波段最大值、最小值和双层衍射光学元件衍射效率相关。衍射效率 $\eta_m(\lambda)$ 可以表示为

$$\eta_m(\lambda) = \text{sinc}^2\left[m - \frac{\phi(\lambda_i)}{2\pi}\right] \tag{4-11}$$

式(4-11)中，ϕ 为衍射光学元件的相位函数，对于衍射光学元件，其相位延迟函数可以表示为

$$\phi(\lambda_i) = k_i[n_1(\lambda_i) - 1]H_{1\text{designed}} + k_i[n_2(\lambda_i) - 1]H_{2\text{designed}} = m2\pi \tag{4-12}$$

式(4-10)中，$\lambda_{\min}$ 和 $\lambda_{\max}$ 分别代表实际混合光学系统最小波长和最大波长；$\eta_m(\lambda)$ 代表第 m 衍射级次的衍射效率；$\overline{\eta}_m(\lambda)$ 代表宽波段多层衍射光学元件对应的带宽积分平均衍射效率，也就是宽波段实际光学系统的衍射效率。通常情况下，选取一级衍射效率为衍射光学元件的衍射效率，即选择 m=1，带宽积分平均衍射效率可以表示为

$$\begin{aligned}\overline{\eta}_m(\lambda) &= \frac{1}{\lambda_{\max}-\lambda_{\min}}\int_{\lambda_{\min}}^{\lambda_{\max}} \operatorname{sinc}^2\left[m-\frac{\phi(\lambda_i)}{2\pi}\right]\mathrm{d}\lambda \\ &= \frac{1}{\lambda_{\max}-\lambda_{\min}}\int_{\lambda_{\min}}^{\lambda_{\max}} \operatorname{sinc}^2\left[1-\frac{[n_1(\lambda)-1]H_{1\text{designed}}+[n_2(\lambda)-1]H_{2\text{designed}}}{2\pi}\right]\mathrm{d}\lambda\end{aligned} \tag{4-13}$$

加工过程中加工误差包括衍射微结构高度误差和衍射微结构周期宽度误差两种，其中衍射微结构高度的实际值可以表示为

$$\begin{cases}H_{1\text{real}} = H_{1\text{designed}} \pm \Delta H_1 = H_{1\text{designed}} \pm (\Delta H_{11}+\Delta H_{12}+\cdots+\Delta H_{1N})/N = H_{1\text{designed}}(1\pm\varepsilon_1) \\ H_{2\text{real}} = H_{2\text{designed}} \pm \Delta H_2 = H_{2\text{designed}} \pm (\Delta H_{21}+\Delta H_{22}+\cdots+\Delta H_{2N})/N = H_{2\text{designed}}(1\pm\varepsilon_2)\end{cases} \tag{4-14}$$

同时，双层衍射光学元件衍射实际微结构周期宽度可以表示为

$$\begin{cases}T_{1\text{real}} = T_{1\text{designed}} \pm \Delta T_1 = T_{1\text{designed}} \pm (\Delta T_{11}+\Delta T_{12}+\cdots+\Delta T_{1N})/N = T_{1\text{designed}}(1\pm\xi_1) \\ T_{2\text{real}} = T_{2\text{designed}} \pm \Delta T_2 = T_{2\text{designed}} \pm (\Delta T_{21}+\Delta T_{22}+\cdots+\Delta T_{2N})/N = T_{2\text{designed}}(1\pm\xi_2)\end{cases} \tag{4-15}$$

式(4-14)和式(4-15)中，ε_1，ε_2 代表双层衍射光学元件的衍射微结构高度相对误差数值；ξ_1，ξ_2 代表双层衍射光学元件衍射微结构周期宽度相对误差数值；ΔH_{ij} 为存在加工误差时第 i 层衍射光学元件第 j 个环带衍射微结构高度的误差值；ΔT_{ij} 为存在加工误差时第 i 层衍射光学元件第 j 个环带衍射微结构周期宽度误差值。

因此，受到单点金刚石车削技术加工误差影响的双层衍射光学元件的带宽积分平均衍射效率可以表示为

$$\begin{aligned}\overline{\eta}_m(\lambda) &= \frac{1}{\lambda_{\max}-\lambda_{\min}}\int_{\lambda_{\min}}^{\lambda_{\max}} \operatorname{sinc}^2\left(1-\frac{\phi(\lambda_i)}{2\pi}\right)\operatorname{sinc}^2(\xi_1)\operatorname{sinc}^2(\xi_2)\mathrm{d}\lambda \\ &= \frac{1}{\lambda_{\max}-\lambda_{\min}}\int_{\lambda_{\min}}^{\lambda_{\max}} \operatorname{sinc}^2\left[1-\frac{[n_1(\lambda)-1]H_{1\text{real}}+[n_2(\lambda)-1]H_{2\text{real}}}{2\pi}\right] \\ &\quad \cdot\operatorname{sinc}^2(\xi_1)\operatorname{sinc}^2(\xi_2)\mathrm{d}\lambda\end{aligned} \tag{4-16}$$

由式(4-16)可以看出，双层衍射光学元件的带宽积分平均衍射效率不仅与其自身衍射微结构参数即衍射微结构高度和衍射微结构周期宽度有关，也与光学系统的使用波段有关，因此，加工误差与双层衍射光学元件带宽积分平均衍射效率

和单个入射波长的衍射效率的关系可以分别表示为

$$\begin{aligned}\overline{\eta}_m(\lambda)&=\frac{1}{\lambda_{\max}-\lambda_{\min}}\int_{\lambda_{\min}}^{\lambda_{\max}}\operatorname{sinc}^2\left(1-\frac{\phi(\lambda_i)}{2\pi}\right)\operatorname{sinc}^2(\xi_1)\operatorname{sinc}^2(\xi_2)\mathrm{d}\lambda\\&=\frac{1}{\lambda_{\max}-\lambda_{\min}}\int_{\lambda_{\min}}^{\lambda_{\max}}\operatorname{sinc}^2\left[1-\frac{[n_1(\lambda)-1]H_{1\text{designed}}(1+\varepsilon_1)+[n_2(\lambda)-1]H_{2\text{designed}}(1+\varepsilon_2)}{2\pi}\right]\\&\quad\cdot\operatorname{sinc}^2\left(T_{1\text{designed}}(1+\xi_1)\right)\operatorname{sinc}^2\left(T_{2\text{designed}}(1+\xi_2)\right)\mathrm{d}\lambda\end{aligned} \tag{4-17}$$

和

$$\begin{aligned}\eta=&\operatorname{sinc}^2\left[1-\frac{H_{1\text{designed}}(n_1(\lambda)-1)+H_{2\text{designed}}(n_2(\lambda)-1)}{\lambda}\right]\\&\cdot\operatorname{sinc}^2\left(\frac{T_{1\text{real}}-T_{1\text{designed}}}{T_{1\text{designed}}}\right)\operatorname{sinc}^2\left(\frac{T_{2\text{real}}-T_{2\text{designed}}}{T_{2\text{designed}}}\right)\end{aligned} \tag{4-18}$$

存在加工误差的多层衍射光学元件的衍射效率可以表示为

$$\begin{aligned}\eta=&\operatorname{sinc}^2\left[1-\frac{H_{1\text{designed}}(1+\varepsilon_1)(n_1(\lambda)-1)+H_{2\text{designed}}(1+\varepsilon_2)(n_2(\lambda)-1)}{\lambda}\right]\\&\cdot\operatorname{sinc}^2\left[T_{1\text{designed}}(1+\xi_1)\right]\operatorname{sinc}^2\left[T_{2\text{designed}}(1+\xi_2)\right]\end{aligned} \tag{4-19}$$

为简化分析，假定采用单点金刚石车床的加工精度是相同的，即 $\varepsilon_1=\varepsilon_2$ 和 $\xi_1=\xi_2$，然后分析加工误差对多层衍射光学元件带宽积分平均衍射效率的影响。

4.2.3 多层衍射光学元件加工误差对衍射效率影响的举例

1. 可见光波段双层衍射光学元件加工误差分析

以可见光波段为例，说明加工误差对可见光波段折衍混合成像光学系统中的双层衍射元件的影响，选取的双层衍射光学元件的基底材料分别为光学塑料 PMMA 和 POLYCARB，采用的光谱波段为 0.4～0.7 μm，根据带宽积分平均衍射效率最大化设计要求，得到该波段范围内两层衍射光学元件的最优设计波长分别为 0.435 μm 和 0.598 μm，从而可以计算得到两个基底层对应的衍射微结构高度数值分别为 16.460 μm 和−12.813 μm，其中 PMMA 为正衍射光学元件基底材料，POLYCARB 为负衍射光学元件基底材料。

1) 可见光波段加工误差对双层衍射光学元件带宽积分平均衍射效率的影响

根据式(4-19)可以看出，衍射微结构周期宽度对带宽积分平均衍射效率的影响是一个常数，只有衍射微结构高度与积分波长有关，即对带宽积分平均衍射效率影响较大。

假定衍射微结构周期相对误差 $|\xi_1|=|\xi_2|$ 的数值分别为 0，0.02，0.04，0.06，

0.08，0.1，衍射微结构高度相对误差绝对值在 0.1 范围内时，可见光波段衍射微结构高度相对误差对带宽积分平均衍射效率的影响如图 4.13 所示。

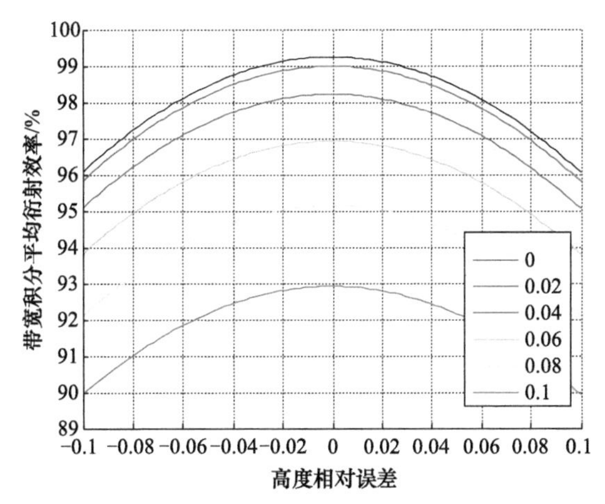

图 4.13　可见光波段衍射微结构高度相对误差对带宽积分平均衍射效率的影响

根据式(4-19)，当衍射微结构周期宽度误差分别为 0，0.02，0.04，0.06，0.08，0.1，衍射微结构高度相对误差为 $\varepsilon_1 = \varepsilon_2 = 0.1$ 时，可见光波段加工误差对双层衍射光学元件带宽积分平均衍射效率影响的数值计算如表 4.4 所示。

表 4.4　可见光波段加工误差对双层衍射光学元件带宽积分平均衍射效率影响的数值计算(固定微结构高度误差)

$\lvert\xi_1\rvert = \lvert\xi_2\rvert$	带宽积分平均衍射效率/%	
	$\varepsilon_1 = \varepsilon_2 = 0.1$	$\varepsilon_1 = \varepsilon_2 = -0.1$
0	96.646	96.089
0.02	96.392	95.837
0.04	95.633	95.083
0.06	94.381	93.837
0.08	92.652	92.119
0.1	90.472	89.951

当衍射微结构周期宽度相对误差为 $\lvert\xi_1\rvert = \lvert\xi_2\rvert = 0.1$，衍射微结构高度相对误差分别为 0，0.02，0.04，0.06，0.08，0.1 时，根据式(4-17)可以计算出可见光波段加工误差对双层衍射光学元件带宽积分平均衍射效率的影响，计算结果如表 4.5 所示。

表 4.5　可见光波段加工误差对双层衍射光学元件带宽积分平均衍射效率的影响(固定微结构周期宽度误差)

$\varepsilon_1 = \varepsilon_2$	0	0.02	0.04	0.06	0.08	0.1
带宽积分平均衍射效率/%	92.897	92.852	92.568	92.049	91.297	90.319

从以上分析结果可以看出，当不存在加工误差时，设计值为理论衍射微结构数值，此时对应的带宽积分平均衍射效率最大，为理论值。当衍射微结构高度相对误差为 0.1，衍射微结构周期宽度相对误差从 0 增加到 0.1 时，对应该波段内的带宽积分平均衍射效率从 96.646%下降到 90.472%。下降幅度为 6.174%；当衍射微结构周期宽度相对误差为 0.1，衍射微结构高度相对误差从 0 增加到 0.1 时，对应波段内的带宽积分平均衍射效率从 92.897%下降到 90.319%，下降幅度为 2.578%。可以看出，衍射微结构高度相对误差对带宽积分平均衍射效率的影响大于衍射微结构周期宽度相对误差的影响，也就是对混合成像光学系统光学传递函数的影响更大，因此，在加工过程中更应该严格控制。

2) 可见光波段微结构周期宽度误差对双层衍射光学元件衍射效率的影响

根据 4.2.2 节中带宽积分平均衍射效率的设计要求，假设当微结构高度相对误差为 $\varepsilon_1=\varepsilon_2=0.1$ 和 $\varepsilon_1=\varepsilon_2=0.05$ 以及 $\varepsilon_1=\varepsilon_2=-0.1$ 和 $\varepsilon_1=\varepsilon_2=-0.05$ 两类情况，可以计算出多层衍射光学元件的衍射效率。本节中，分析两组不同衍射微结构高度相对误差情况下，不同衍射微结构周期宽度相对误差对可见光波段内双层衍射光学元件衍射效率的影响。

当衍射微结构高度相对误差取正值，分别为 0.1 和 0.05，衍射微结构周期宽度误差分别为 0，0.02，0.04，0.06，0.08，0.1 时，加工误差对其衍射效率的影响，如图 4.14 所示。

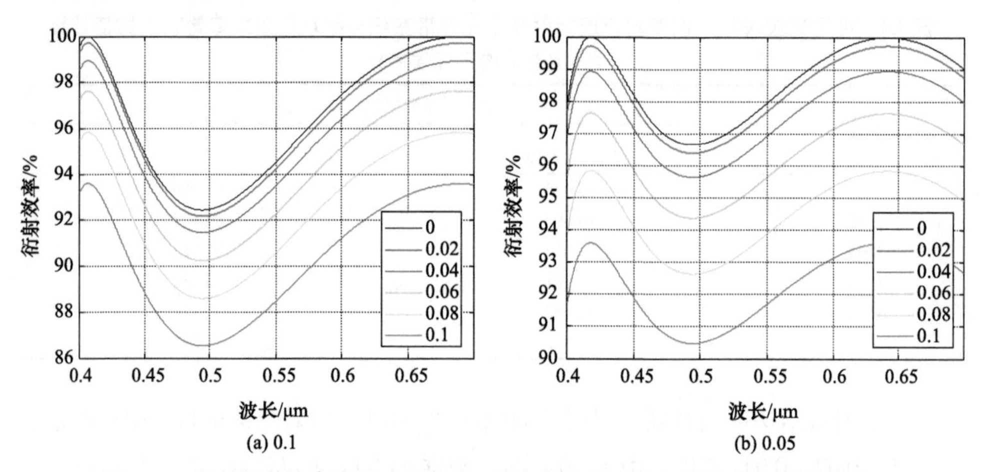

图 4.14　衍射微结构高度相对误差对双层衍射光学元件衍射效率的影响(正值)

对于以上情况，当衍射微结构周期宽度为一定数值且为正值，衍射微结构周期宽度相对误差为离散数值时，在可见光波段内的最小衍射效率计算结果，如表 4.6 所示。

表 4.6　衍射微结构高度相对误差对双层衍射光学元件衍射效率的影响(正值)

$\lvert\xi_1\rvert=\lvert\xi_2\rvert$	衍射效率最小值/%	
	$\varepsilon_1=\varepsilon_2=0.1$	$\varepsilon_1=\varepsilon_2=-0.05$
0	92.445	96.658
0.02	92.202	96.404
0.04	91.476	95.645
0.06	90.278	94.393
0.08	88.625	92.664
0.1	86.539	90.483

从表 4.6 可以看出，当不存在衍射微结构周期宽度相对误差，衍射微结构高度相对误差从 0 增加到 0.1 时，在该波段内的双层衍射光学元件的最小衍射效率从 96.658%下降到 92.445%，下降幅度为 4.213%。当表面微结构高度相对误差为 0.1，衍射微结构周期宽度相对误差从 0 增加到 0.1 时，该波段内的最小衍射效率从 96.658%降低到 90.483%，降低幅度为 6.175%；当表面微结构高度相对误差为 0.05，衍射微结构周期宽度相对误差从 0 增加到 0.1 时，最小衍射效率从 96.658%降低到 90.483%，降低幅度为 6.175%。

当微结构高度相对误差为负值时，加工误差对可见光波段内的衍射效率的影响，如图 4.15 所示。

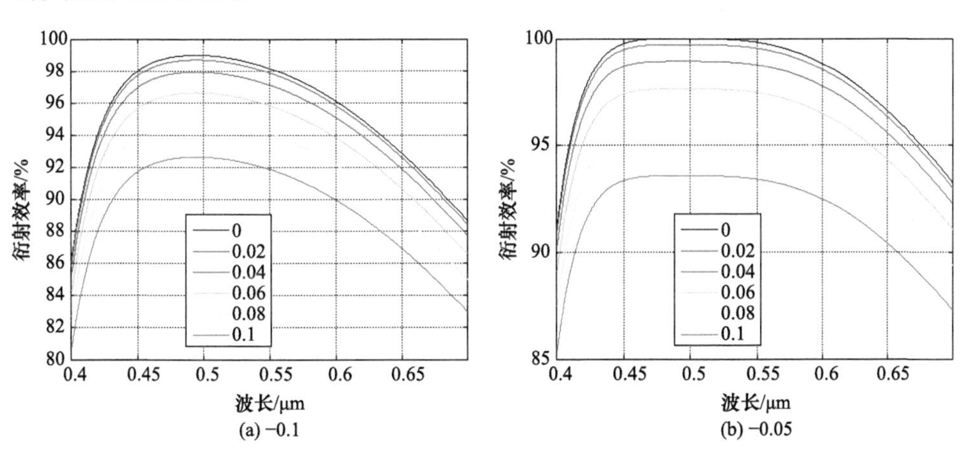

图 4.15　衍射微结构高度相对误差对双层衍射光学元件衍射效率的影响(负值)

对于以上情况，当衍射微结构高度相对误差为负值，衍射微结构周期宽度相对误差分别为 0，0.02，0.04，0.06，0.08，0.1 时，根据式(4-17)可以计算得到对应的可见光波段最小衍射效率数值，如表 4.7 所示。

表 4.7 衍射微结构高度相对误差对双层衍射光学元件衍射效率的影响(负值)

$\lvert\xi_1\rvert=\lvert\xi_2\rvert$	衍射效率最小值/%	
	$\varepsilon_1=\varepsilon_2=-0.1$	$\varepsilon_1=\varepsilon_2=-0.05$
0	86.310	91.247
0.02	86.083	91.007
0.04	85.405	90.291
0.06	84.287	89.109
0.08	82.743	87.477
0.10	80.796	85.418

从表 4.7 可以看出，当不存在衍射微结构周期宽度相对误差，且微结构高度相对误差从 0 降低到–0.1 时，在该波段范围的最小衍射效率从 91.247%下降到 86.310%，下降幅度为 4.937%；当衍射微结构高度相对误差为–0.05，衍射微结构周期宽度相对误差从 0 增加到 0.1 时，该波段范围内的最小衍射效率从 91.247%下降到 85.418%，下降幅度为 5.829%；当衍射微结构高度相对误差为–0.1，衍射微结构周期宽度相对误差从 0 增加到 0.1 时，在该波段范围内的最小衍射效率从 86.310%下降到 80.796%，下降幅度为 5.514%。同样，可以看出，衍射微结构高度相对误差对波段范围内最小衍射效率的影响大于衍射微结构周期宽度相对误差的影响。

3)可见光波段微结构高度相对误差对双层衍射光学元件衍射效率的影响

根据之前的分析，衍射微结构周期宽度为正值或者负值时对波段范围内的衍射效率和带宽积分平均衍射效率的影响是相同的。同理，当衍射微结构高度相对误差为 $\xi_1=\xi_2=\pm0.1$ 和 $\xi_1=\xi_2=\pm0.05$ 时，衍射微结构周期宽度相对误差对衍射效率的影响如图 4.16 所示。

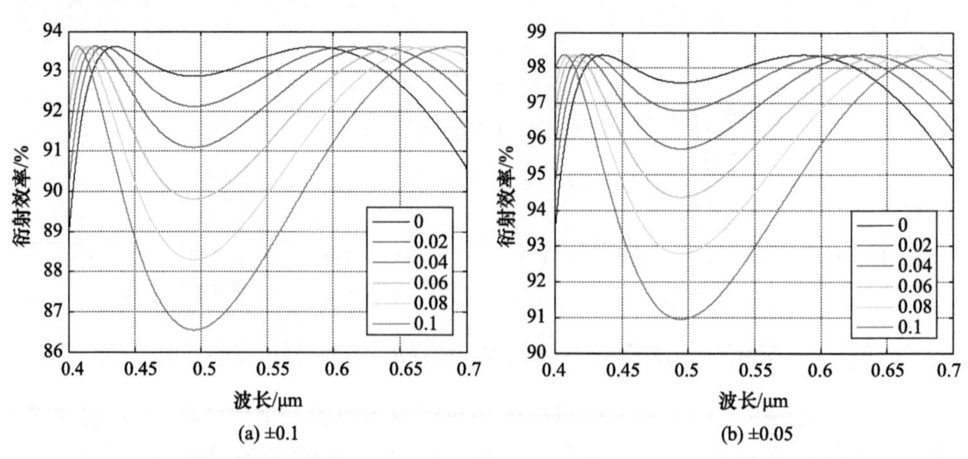

图 4.16 不同微结构周期宽度相对误差下，微结构高度相对误差对双层衍射光学元件衍射效率的影响

当衍射微结构周期宽度相对误差为固定数值即 $\xi_1 = \xi_2 = \pm 0.1$ 和 $\xi_1 = \xi_2 = \pm 0.05$ 时，针对不同的衍射微结构高度相对误差即 0，0.02，0.04，0.06，0.08，0.1，根据式(4-17)可以计算出加工误差对双层衍射光学元件衍射效率的影响结果如表 4.8 所示。

表 4.8　衍射微结构周期宽度相对误差对双层衍射光学元件衍射效率的影响

$\varepsilon_1 = \varepsilon_2$	衍射效率最小值/%	
	$\xi_1 = \xi_2 = \pm 0.1$	$\xi_1 = \xi_2 = \pm 0.05$
0	89.102	93.628
0.02	90.287	94.874
0.04	91.090	95.718
0.06	89.814	94.377
0.08	88.294	92.779
0.1	86.539	90.935

从分析计算结果可以看出，当不存在微结构周期宽度误差，衍射微结构高度相对误差从 0 增加至 0.01 时，在该波段范围内的最小衍射效率从 93.628%下降到 89.102%，下降幅度为 4.526%；在衍射微结构周期宽度相对误差取值为 0.05，衍射微结构高度相对误差从 0 增加到 0.1 的情况下，在该波段范围内的最小衍射效率从 93.628%下降到 90.935%，下降幅度为 2.693%；在衍射微结构周期宽度相对误差取值为 0.1，衍射微结构高度相对误差从 0 增加到 0.1 的情况下，在该波段范围内的最小衍射效率从 89.102%下降到 86.539%，下降幅度为 2.563%。

从以上分析结果可以看出，对于可见光波段由 PMMA 和 POLYCARB 为基底的双层衍射光学元件，衍射微结构高度相对误差对带宽积分平均衍射效率的影响大于衍射微结构周期宽度相对误差的影响。基于加工误差对带宽积分平均衍射效率的影响，假定衍射微结构高度相对误差为 0.1，衍射微结构周期宽度相对误差从 0 增加至 0.1 的情况下，该波段内对应的带宽积分平均衍射效率从 92.445%下降到 86.539%，下降幅度为 5.906%；假定衍射微结构周期宽度相对误差为 0.1，衍射微结构高度相对误差从 0 增加至 0.1 的情况下，该波段内对应的带宽积分平均衍射效率从 89.102%下降到 86.539%，下降幅度为 2.563%。

此外，得到如下规律：当衍射微结构高度相对误差为正时，衍射微结构高度相对误差越大，实现 100%衍射效率的波长往两侧波长位置偏移，中间位置为最低衍射效率；当衍射微结构高度相对误差为负时，衍射微结构高度相对误差越大，实现 100%衍射效率的波长往中间波长位置偏移，最低衍射效率靠近两侧波长。

总之，当衍射微结构周期宽度相对误差和衍射微结构高度相对误差为给定数值时，可以采用式(4-17)和式(4-18)分别计算得到某波长位置的衍射效率和宽波段范围内的带宽积分平均衍射效率。并且，对于不同的双层衍射光学元件基底材料组合，相同的加工误差对其影响会略有不同，但是总体趋势是衍射微结构高度相对误差对带宽积分平均衍射效率的影响大于衍射微结构周期宽度相对误差的影响，即衍射微结构高度相对误差对混合成像光学系统的影响大于衍射微结构周期宽度相对误差的影响，在进行加工的过程中更应该严格控制。

2. 红外波段双层衍射光学元件加工误差分析

对于红外波段双层衍射光学元件的加工误差研究，主要分成中波红外与长波红外两个波段进行分析，并对比分析在相同的加工误差的情况下，加工误差对中波红外双层衍射光学元件和长波红外双层衍射光学元件衍射效率特性的影响情况。

选用红外波段常用的材料硫化锌(ZnS)和硒化锌(ZnSe)组合，分析加工误差对红外波段双层衍射光学元件衍射效率特性的影响，分析加工误差对红外波段折衍混合成像光学系统的影响。为使带宽积分衍射效率最大，对中波红外波段和长波红外波段的设计波长进行选择，并对微结构高度参数进行计算，进而分析加工误差对其衍射效率特性的影响。中波红外波段和长波红外波段双层衍射光学元件的设计波长的选取和对应计算得到的衍射微结构高度数值如表 4.9 所示。

表 4.9　红外波段双层衍射光学元件的设计参数

使用波段	设计波长/μm	微结构高度/μm
中波红外波段	3.24，4.34	491.842，432.405
长波红外波段	8.79，11.11	134.596，121.892

1) 红外波段加工误差对双层衍射光学元件带宽积分平均衍射效率的影响

根据式(4-17)可以看出，衍射微结构周期宽度对带宽积分平均衍射效率的影响是一个常数，只有衍射微结构高度与积分波长有关，即对带宽积分平均衍射效率的影响更大。假定衍射微结构周期相对误差$|\xi_1|=|\xi_2|$的数值分别为 0，0.02，0.04，0.06，0.08，0.1，衍射微结构高度相对误差绝对值在 0.1 范围内时，分析衍射微结构高度相对误差对带宽积分平均衍射效率的影响。

首先，研究加工误差对中波红外波段双层衍射光学元件衍射效率特性的影响。在上述假设的前提下，不同周期宽度误差下微结构高度相对误差对中波红外波段分离型双层衍射光学元件带宽积分平均衍射效率的影响如图 4.17 所示。

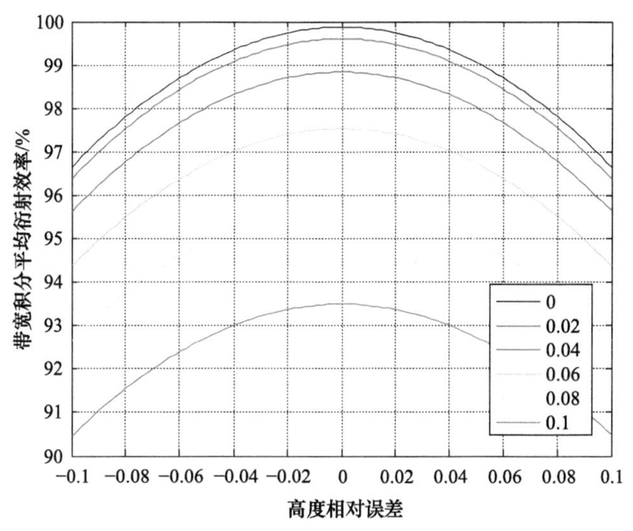

图 4.17　中波红外波段微结构高度相对误差对带宽积分平均衍射效率的影响

假定衍射微结构高度相对误差分别为$\varepsilon_1=\varepsilon_2=0.1$和$\varepsilon_1=\varepsilon_2=-0.1$，衍射微结构周期宽度$\xi_1=\xi_2$且绝对值分别为 0，0.02，0.04，0.06，0.08，0.1 时，中波红外波段加工误差对双层衍射光学元件带宽积分平均衍射效率影响的计算结果如表 4.10 所示。

表 4.10　中波红外波段加工误差对双层衍射光学元件带宽积分平均衍射效率影响的计算结果(固定微结构高度误差)

$\|\xi_1\|=\|\xi_2\|$	带宽积分平均衍射效率/%	
	$\varepsilon_1=\varepsilon_2=0.1$	$\varepsilon_1=\varepsilon_2=-0.1$
0	96.646	96.640
0.02	96.392	96.386
0.04	95.633	95.628
0.06	94.381	94.375
0.08	92.652	92.647
0.1	90.472	90.466

此外，假定衍射微结构周期宽度相对误差为$|\xi_1|=|\xi_2|=0.1$，衍射微结构高度相对误差分别为 0，0.02，0.04，0.06，0.08，0.1 情况下，加工误差对双层衍射光学元件带宽积分平均衍射效率影响的计算结果如表 4.11 所示。

表 4.11　中波红外波段加工误差对双层衍射光学元件带宽积分平均衍射效率影响的计算结果(固定微结构周期宽度误差)

$\varepsilon_1=\varepsilon_2$	0	0.02	0.04	0.06	0.08	0.1
带宽积分平均衍射效率/%	93.498	93.376	93.009	92.400	91.552	90.472

从以上分析结果可以看出，当不存在加工误差时，设计值为理论衍射微结构数值，此时对应的带宽积分平均衍射效率最大，为理论值。当衍射微结构高度相对误差为 0.1，衍射微结构周期宽度相对误差从 0 增加到 0.1 时，对应该波段内的带宽积分平均衍射效率从 96.646%下降到 90.472%，下降幅度为 6.174%；当衍射微结构周期宽度相对误差为 0.1，衍射微结构高度相对误差从 0 增加到 0.1 时，对应波段内的带宽积分平均衍射效率从 93.498%下降到 90.472%，下降幅度为 3.206%。并且，衍射微结构高度相对误差为正值和负值时，对应相同的衍射微结构周期宽度相对误差的带宽积分平均衍射效率数值接近。

然后，研究加工误差对长波红外波段双层衍射光学元件衍射效率特性的影响。假定衍射微结构高度相对误差绝对值在 0.1 范围的情况下，衍射微结构周期宽度相对误差分别为 0，0.02，0.04，0.06，0.08，0.1，不同周期宽度误差下微结构高度相对误差对长波红外波段双层衍射光学元件的带宽积分平均衍射效率的影响如图 4.18 所示。

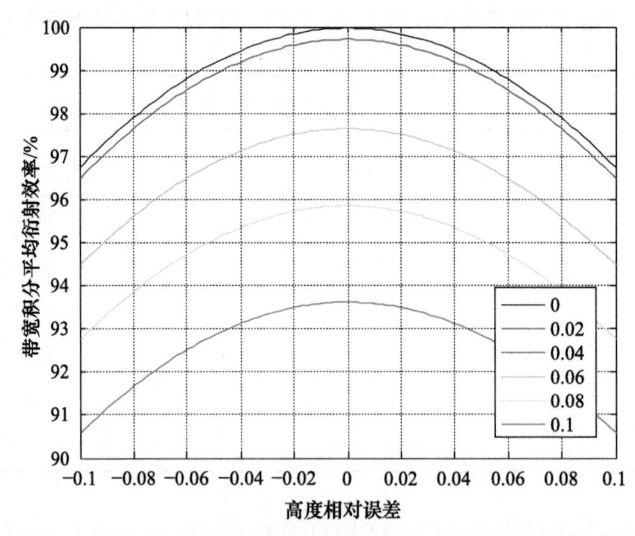

图 4.18　长波红外微结构高度相对误差对带宽积分平均衍射效率的影响

对应不同加工误差类型和数值的情况下，长波红外波段双层衍射光学元件的带宽积分平均衍射效率的计算结果如表 4.12 所示。

表 4.12　长波红外加工误差对双层衍射光学元件带宽积分平均衍射效率影响的计算结果(固定微结构高度误差)

$\xi_1=\xi_2$	带宽积分平均衍射效率/%	
	$\varepsilon_1=\varepsilon_2=0.1$	$\varepsilon_1=\varepsilon_2=-0.1$
0	96.725	96.730
0.02	96.471	96.475
0.04	95.712	95.716
0.06	94.458	94.463
0.08	92.728	93.733
0.1	90.546	90.550

当表面微结构周期宽度相对误差为 0.1 时，衍射微结构高度相对误差对长波红外波段双层衍射光学元件带宽积分平均衍射效率的影响如表 4.13 所示。

表 4.13　长波红外加工误差对双层衍射光学元件带宽积分平均衍射效率的影响的计算结果(固定微结构周期宽度误差)

$\varepsilon_1=\varepsilon_2$	0	0.02	0.04	0.06	0.08	0.1
带宽积分平均衍射效率/%	93.586	93.462	93.093	92.481	91.631	90.546

从以上结果可以看出，当不存在加工误差时，设计值为理论衍射微结构数值，此时对应的带宽积分平均衍射效率最大，为理论值。当衍射微结构高度相对误差为 0.1，衍射微结构周期宽度相对误差从 0 增加到 0.1 时，对应该波段内的带宽积分平均衍射效率从 96.725%下降到 90.546%，下降幅度为 6.179%；当衍射微结构周期宽度相对误差为 0.1，衍射微结构高度相对误差从 0 增加到 0.1 时，对应波段内的带宽积分平均衍射效率从 93.586%下降至 90.546%，下降幅度为 3.040%。综合分析，加工误差对中波红外波段和长波红外波段分离型双层衍射光学元件带宽积分平均衍射效率影响的趋势相同，只是存在一些数值上的差异，并且数值差异不明显。

2) 红外波段周期宽度相对误差对双层衍射光学元件衍射效率的影响

根据 4.2.2 节中带宽积分平均衍射效率的设计要求，假设当微结构高度相对误差为 $\varepsilon_1=\varepsilon_2=0.1$ 和 $\varepsilon_1=\varepsilon_2=0.05$ 以及 $\varepsilon_1=\varepsilon_2=-0.1$ 和 $\varepsilon_1=\varepsilon_2=-0.05$ 两类情况下，可以计算出多层衍射光学元件的衍射效率。本小节中，分析两组不同衍射微结构高度相对误差情况下，不同衍射微结构周期宽度相对误差对红外波段包括中波红外波段和长波红外波段双层衍射光学元件衍射效率的影响。

根据之前的分析，当衍射微结构高度相对误差取正值，分别为 0.1 和 0.05 时，衍射微结构周期宽度相对误差分别为 0，0.02，0.04，0.06，0.08，0.1 的情况下，微结构高度相对误差对中波红外波段双层衍射光学元件衍射效率的影响如图 4.19 所示。

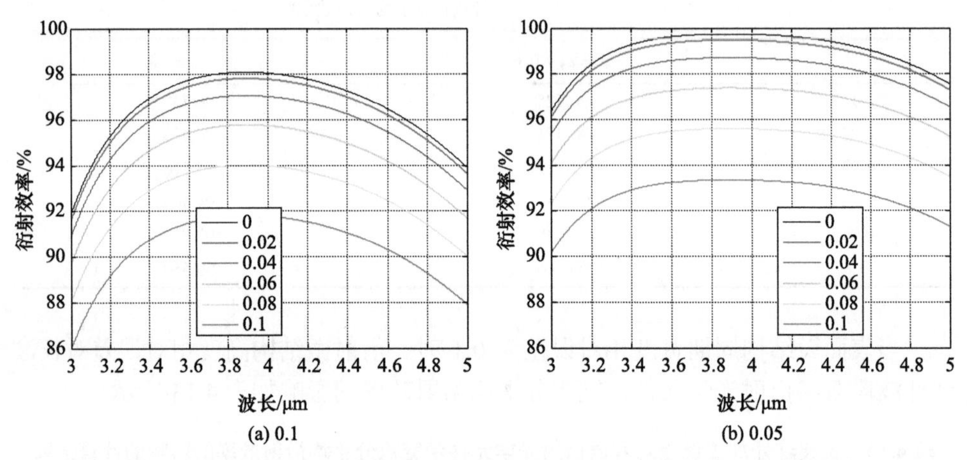

(a) 0.1　　(b) 0.05

图 4.19　微结构高度相对误差对中红外波段双层衍射光学元件衍射效率的影响

如图 4.19 所示，当衍射微结构周期宽度相对误差相同，衍射微结构高度相对误差分别为 0.1 和 0.05 时，衍射微结构高度对中波红外波段双层衍射光学元件衍射效率的影响趋势相同，只存在一些数值上的差异。对于以上情况，当衍射微结构周期宽度为一定数值即 0，0.02，0.04，0.06，0.08，0.1 时，衍射微结构高度相对误差为正值且分别为 $\varepsilon_1=\varepsilon_2=0.1$ 和 $\varepsilon_1=\varepsilon_2=0.05$ 时，加工误差对中波红外波段双层衍射光学元件衍射效率的影响计算结果如表 4.14 所示。

表 4.14　中波红外波段衍射微结构高度相对误差对双层衍射光学元件衍射效率的影响

$\xi_1=\xi_2$	衍射效率最小值/%	
	$\varepsilon_1=\varepsilon_2=0.1$	$\varepsilon_1=\varepsilon_2=0.05$
0	91.978	96.351
0.02	91.736	96.098
0.04	91.014	95.342
0.06	89.822	94.093
0.08	88.177	92.370
0.10	86.102	90.196

从表 4.14 可以看出，当衍射微结构高度相对误差取值为 0.1，微结构周期宽度相对误差从 0 增加至 0.1 时，宽波段内的最小衍射效率从 91.978%降低至 86.102%，降低幅度为 5.876%；当衍射微结构高度相对误差为 0.05，衍射微结构周期宽度相对误差从 0 增加至 0.1 时，宽波段内的最小衍射效率从 96.351%降低

至 90.196%，降低幅度为 6.155%。

当微结构高度相对误差为负值时加工误差对波段内的衍射效率的影响如图 4.20 所示。

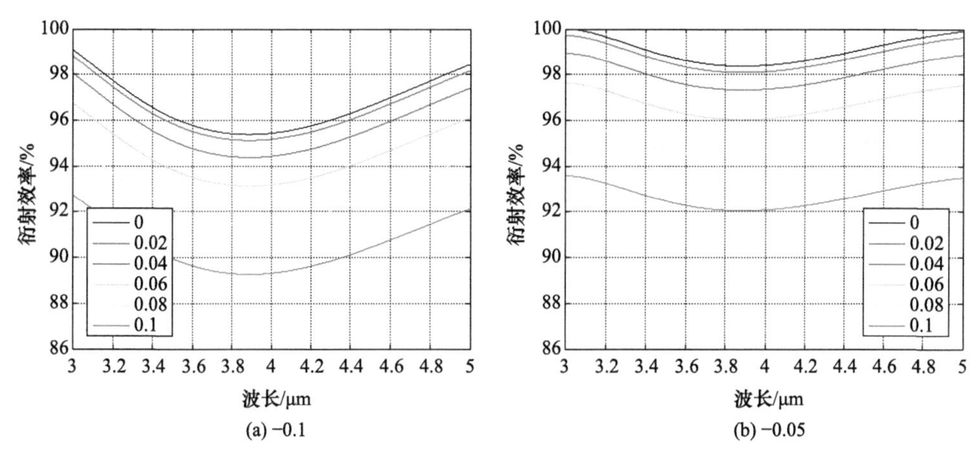

(a) −0.1　　(b) −0.05

图 4.20　衍射微结构高度相对误差对双层衍射光学元件衍射效率的影响(负值)

对于以上情况，当衍射微结构高度相对误差为负值，衍射微结构周期宽度相对误差分别为 0，0.02，0.04，0.06，0.08，0.1 时，根据式(4-19)可以计算得到对应的中波红外波段内最小衍射效率数值如表 4.15 所示。

表 4.15　衍射微结构高度相对误差对多层衍射光学元件衍射效率的影响(负值)

$\xi_1=\xi_2$	衍射效率最小值/%	
	$\varepsilon_1=\varepsilon_2=-0.1$	$\varepsilon_1=\varepsilon_2=-0.05$
0	95.401	98.379
0.02	95.150	98.120
0.04	94.401	97.348
0.06	93.165	96.073
0.08	91.459	94.314
0.10	89.306	92.094

从表 4.15 可以看出，当衍射微结构高度相对误差为−0.05，衍射微结构周期宽度误差从 0 增加至 0.1 时，宽波段内的最小衍射效率从 98.379%降低至 92.094%，降低幅度为 6.285%；衍射微结构高度相对误差为−0.1，衍射微结构周期宽度相对误差从 0 增加到 0.1，在该波段范围内的最小衍射效率从 95.401%降低至 89.306%，降低幅度为 6.095%。

然后在相同前提条件下研究加工误差对长波红外波段分离型双层衍射光学元件

件衍射效率的影响。当衍射微结构高度相对误差分别为 0.1 和 0.05，衍射微结构周期宽度相对误差分别为 0，0.02，0.04，0.06，0.08，0.1 时，微结构高度相对误差对长波红外双层衍射光学元件衍射效率的影响分别如图 4.21(a)和(b)所示。

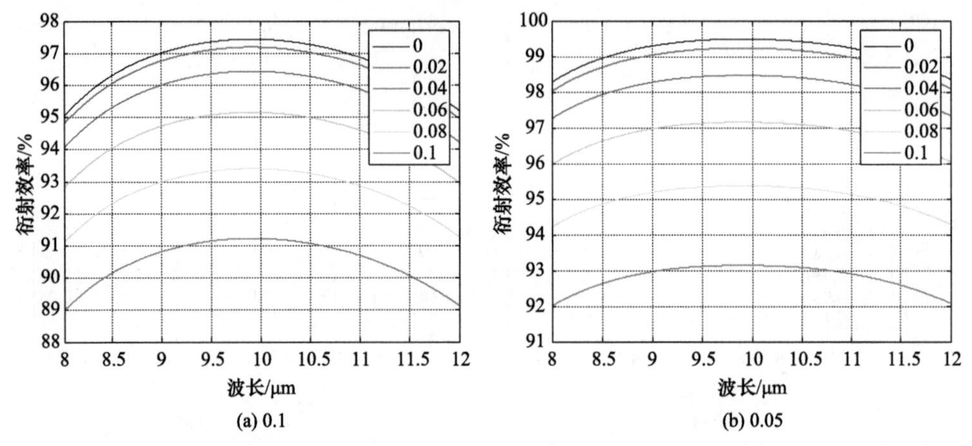

图 4.21　微结构高度相对误差对长波红外双层衍射光学元件衍射效率的影响(正值)

如图 4.21 所示，对于以上情况，根据式(4-17)，当衍射微结构周期宽度相对误差相同，衍射微结构高度相对误差分别为 0.1 和 0.05 时，衍射微结构高度对中波红外波段双层衍射光学元件衍射效率的影响趋势相同，只存在一些数值上的差异。对于以上情况，当衍射微结构周期宽度相对误差为定值，即 0，0.02，0.04，0.06，0.08，0.1，衍射微结构高度相对误差为正值且分别为 $\varepsilon_1=\varepsilon_2=0.1$ 和 $\varepsilon_1=\varepsilon_2=0.05$ 时，加工误差对长波红外波段双层衍射光学元件衍射效率的影响计算结果如表 4.16 所示。

表 4.16　长波红外波段微结构高度相对误差对双层衍射光学元件衍射效率的影响的计算结果(正值)

$\xi_1=\xi_2$	衍射效率最小值/%	
	$\varepsilon_1=\varepsilon_2=0.1$	$\varepsilon_1=\varepsilon_2=0.05$
0	95.047	98.266
0.02	94.797	98.008
0.04	94.051	97.236
0.06	92.820	95.963
0.08	91.120	94.205
0.10	88.975	91.988

对于长波红外波段的分离型双层衍射光学元件，假定衍射微结构高度相对误

差取值为 0.1，衍射微结构周期宽度相对误差从 0 增加至 0.1 时，宽波段内的最小衍射效率从 95.047%降低至 88.975%，降低幅度为 6.072%；当衍射微结构高度相对误差为 0.05，衍射微结构周期宽度相对误差从 0 增加至 0.1 时，宽波段内的最小衍射效率从 98.266%降低至 91.988%，降低幅度为 6.278%。

微结构高度相对误差为负值时对衍射效率的影响分别如图 4.22 所示。

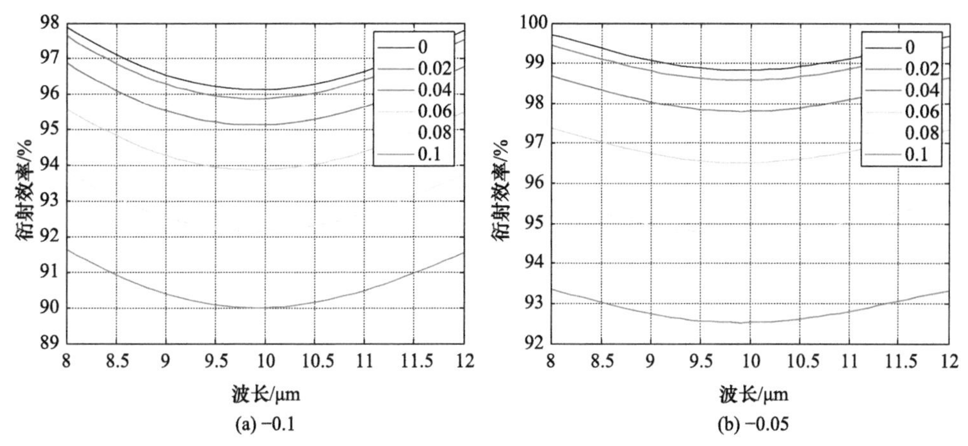

图 4.22　衍射微结构高度相对误差对双层衍射光学元件衍射效率的影响(负值)

根据式(4-17)可以计算得到，不同加工误差情况下该波段内的最小衍射效率，计算结果如表 4.17 所示。

表 4.17　衍射微结构高度相对误差对双层衍射光学元件衍射效率的影响(负值)

$\xi_1=\xi_2$	衍射效率最小值/%	
	$\varepsilon_1=\varepsilon_2=-0.1$	$\varepsilon_1=\varepsilon_2=-0.05$
0	96.133	98.829
0.02	95.880	98.570
0.04	95.126	97.794
0.06	93.880	96.513
0.08	92.161	94.746
0.10	89.992	92.516

从表 4.17 可以看出，当衍射微结构高度相对误差取值−0.05，衍射微结构周期宽度相对误差从 0 增加至 0.1 时，该长波红外波段范围内对应的最小衍射效率从 98.829%降低至 92.516%，降低幅度为 6.313%；当双层衍射光学元件衍射微结构高度相对误差取值为−0.1，衍射微结构周期宽度相对误差从 0 增加至 0.1 时，长波红外波段内双层衍射光学元件的最小衍射效率从 96.133%降低至 89.992%，降低幅度为 6.141%。

根据 4.2.3 节的研究综合分析可知，当衍射微结构高度相对误差的取值相同时，衍射微结构周期宽度相对误差对中波红外波段和长波红外波段分离型双层衍射光学元件衍射效率的影响趋势是相同的，只存在一定数值上的差异。

3) 微结构高度相对误差对红外波段多层衍射光学元件衍射效率的影响

根据之前的分析，衍射微结构周期宽度相对误差为正值或者负值时对波段范围内的衍射效率和带宽积分平均衍射效率的影响是相同的。同理，当衍射微结构高度相对误差为 $\xi_1=\xi_2=\pm0.1$ 和 $\xi_1=\xi_2=\pm0.05$ 时，分别分析和比较衍射微结构高度相对误差对中波红外波段和长波红外波段内的衍射效率的影响。

首先，分析相同周期宽度相对误差的情况下，不同微结构高度相对误差对中波红外波段双层衍射光学元件衍射效率的影响，当衍射微结构高度相对误差分别取 0，0.02，0.04，0.06，0.08，0.1 时，衍射微结构周期宽度相对误差对衍射效率的影响如图 4.23 所示。

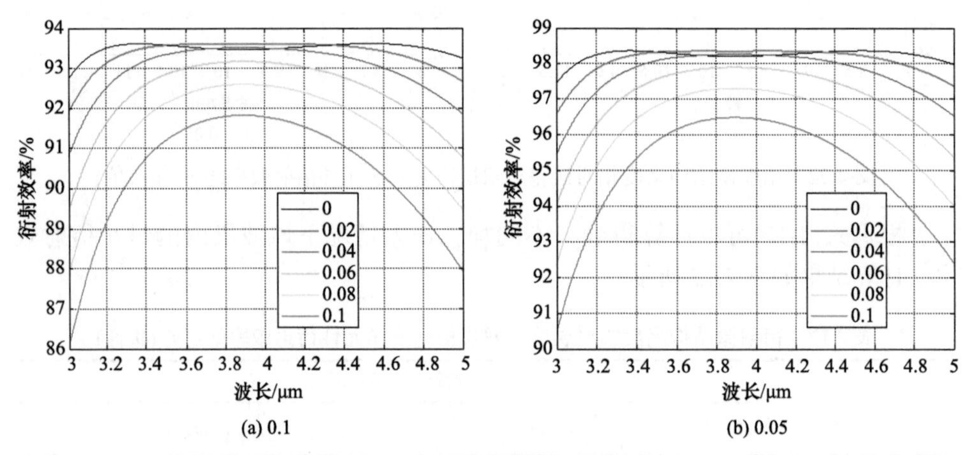

图 4.23　不同微结构高度相对误差下，微结构周期宽度相对误差对双层衍射光学元件衍射效率的影响

当衍射微结构周期宽度相对误差为固定数值即 $\xi_1=\xi_2=\pm0.1$ 和 $\xi_1=\xi_2=\pm0.05$ 时，针对不同的衍射微结构高度相对误差 0，0.02，0.04，0.06，0.08，0.1，可以计算出加工误差对中波红外波段双层衍射光学元件衍射效率的影响结果如表 4.18 所示。

表 4.18　衍射微结构周期宽度相对误差对双层衍射光学元件衍射效率的影响

$\varepsilon_1=\varepsilon_2$	衍射效率最小值/%	
	$\xi_1=\xi_2=\pm0.1$	$\xi_1=\xi_2=\pm0.05$
0	92.736	93.628
0.02	91.915	94.874

续表

$\varepsilon_1=\varepsilon_2$	衍射效率最小值/%	
	$\xi_1=\xi_2=\pm0.1$	$\xi_1=\xi_2=\pm0.05$
0.04	90.833	95.718
0.06	89.497	94.377
0.08	87.916	92.779
0.1	86.102	90.935

从分析计算结果可以看出，当衍射微结构周期宽度相对误差取值为$\xi_1=\xi_2=\pm0.05$，双层衍射微结构高度相对误差从 0 增加值 0.1 时，宽波段内的最小衍射效率从 93.628%降低至 90.935%，降低幅度为 2.693%；当衍射微结构周期宽度相对误差为$\xi_1=\xi_2=\pm0.1$，衍射微结构高度相对误差从 0 增加至 0.1 时，该中波红外波段范围内双层衍射光学元件的最小衍射效率从 92.736%降低至 86.102%，下降幅度为 6.634%。

然后分析相同周期宽度相对误差的情况下，不同微结构高度相对误差对长波红外波段双层衍射光学元件衍射效率的影响，衍射微结构高度相对误差对衍射效率的影响如图 4.24 所示。

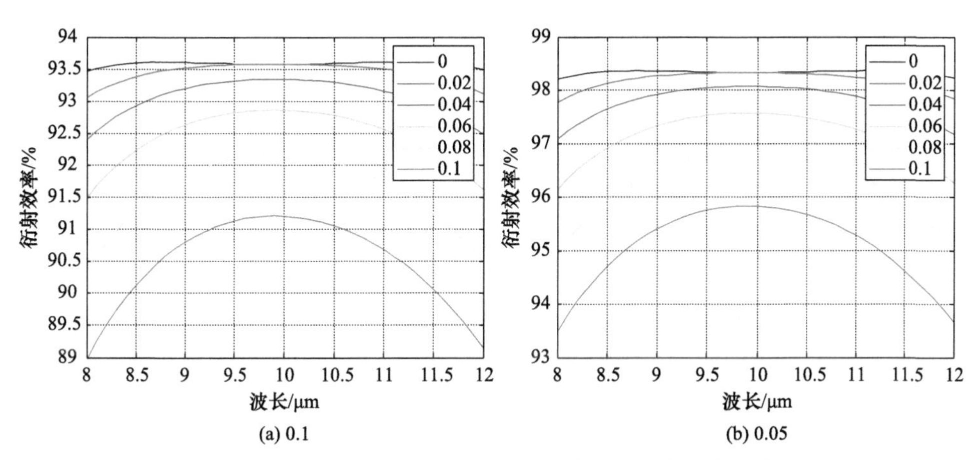

(a) 0.1　(b) 0.05

图 4.24　衍射微结构高度相对误差对双层衍射光学元件衍射效率的影响

当衍射微结构周期宽度相对误差为固定数值即$\xi_1=\xi_2=\pm0.1$和$\xi_1=\xi_2=\pm0.05$时，针对不同的衍射微结构高度相对误差 0，0.02，0.04，0.06，0.08，0.1，根据公式(4-19)可以计算出加工误差对长波红外波段双层衍射光学元件衍射效率的影响结果如表 4.19 所示。

表 4.19　衍射微结构周期宽度相对误差对双层衍射光学元件衍射效率的影响的计算结果

$\varepsilon_1 = \varepsilon_2$	衍射效率最小值/%	
	$\xi_1 = \xi_2 = \pm 0.1$	$\xi_1 = \xi_2 = \pm 0.05$
0	93.466	98.214
0.02	93.064	97.792
0.04	92.410	97.104
0.06	91.506	96.154
0.08	90.358	94.949
0.1	88.975	93.495

从分析计算结果可以看出，在衍射微结构周期宽度相对误差取值为 0.05，衍射微结构高度相对误差从 0 增加到 0.1 的情况下，在该波段范围内的最小衍射效率从 98.214%下降到 93.495%，下降幅度为 4.719%；在衍射微结构周期宽度相对误差取值为 0.1，衍射微结构高度相对误差从 0 增加到 0.1 的情况下，在该波段范围内的最小衍射效率从 93.466%下降至 88.975%，下降幅度为 4.491%。

综合分析，相同微结构周期宽度相对误差相同的情况下，衍射微结构高度相对误差对中波红外波段和长波红外波段分离型双层衍射光学元件衍射效率的影响趋势是相同的；与衍射微结构高度相对误差对两个红外波段双层衍射光学元件衍射效率的影响类似，衍射微结构周期宽度相对误差对衍射效率的影响只是存在一定的数值上的差异，趋势相同。

从以上分析结果可以看出，对于由 ZnSe 和 ZnS 为基底组成的应用于中波红外波段和长波红外波段的分离型双层衍射光学元件，衍射微结构高度相对误差对双层衍射光学元件带宽积分平均衍射效率比衍射微结构周期宽度相对误差的影响更大。当衍射微结构高度相对误差和衍射微结构周期宽度相对误差数值一定时，能够计算出不同入射波段对应的衍射效率和整个波段范围内的带宽积分平均衍射效率。对于不同基底材料组合和不同加工误差，加工误差对衍射效率和带宽积分平均衍射效率的影响在数值上会有所不同，但是总体上都是衍射微结构高度相对误差的影响更大些，即衍射微结构高度相对误差对混合成像光学系统的光学传递函数影响更大些，因此，在进行折衍混合成像光学系统的设计以及多层衍射光学元件的加工过程中应重点控制。对于其他材料组成的多层衍射光学元件结构，均可采用此方法进行分析计算，从而对不同情况下多层衍射光学元件的加工进行误差控制，以保证在存在加工情况下得到最佳成像质量。

4.3　表面粗糙度对成像衍射光学元件的影响

在使用单点金刚石车削技术进行衍射光学元件加工时，自然会引入表面粗糙度的影响，从而对衍射光学元件衍射效率和带宽积分平均衍射效率均有影响，最终降低折衍混合成像光学系统的成像质量。本节系统阐述了表面粗糙度对衍射光学元件衍射效率的影响和分析方法，具体思路是：考虑单点金刚石车削技术造成的表面微结构形貌，然后基于衍射光学元件的自身相位延迟表达式，构建表面粗糙度对其衍射效率影响的数学模型，推导出相应的分析表达式，最后通过实例进行定量分析。实例中，分析了可见光波段(0.4～0.7 μm)和近红外波段(1.4～2.5 μm)，在垂直入射和一般入射情况下，表面粗糙度分别对单层衍射光学元件和多层衍射光学元件衍射效率的影响。本节中提出的研究方法和结论能够应用于光学工程师加工衍射光学元件过程中对表面粗糙度的要求，从而能够准确分析、计算和控制加工过程中的表面粗糙度。

4.3.1　单点金刚石车削加工引起的表面粗糙度

成像衍射光学元件属于相位型光学元件，通过其相位延迟来表示表面微结构。衍射光学元件的相位函数可以通过一个多项式表征，即

$$\phi(x,y)=\frac{2\pi}{\lambda_0}\sum a_{mn}x^m y^n \tag{4-20}$$

在成像光学系统中，衍射光学元件多是旋转对称结构，因此根据式(4-20)可以简化得到

$$\phi(r)=\frac{2\pi}{\lambda_0}\sum a_n r^n \tag{4-21}$$

式(4-21)中，r 代表衍射光学元件的径向半径，a_n 表示相位系数，其数值通过常用的光学系统设计软件(常用 ZEMAX 或者 CODE V)优化得到。

成像衍射光学元件本质上是一种变周期光栅，其相位函数主要是由其局部的光栅位置、周期及相位调制深度决定，衍射光学元件的相位函数最大的调制深度为设计波长 λ_0 的整数倍，最大相位延迟为 2π 的整数倍，调制后的相位函数可以表示为 $\phi_h(r)$。衍射光学元件表面微结构高度分布函数就可以表示为

$$H(r)=\frac{\lambda_0}{n(\lambda_0)-1}\frac{\phi_h(r)}{2\pi} \tag{4-22}$$

式(4-22)中，$n(\lambda_0)$ 代表基底材料对设计波长 λ_0 的折射率。

根据加工方式的不同，衍射光学元件可以加工在平面、球面甚至非球面基底上。成像衍射光学元件表面微结构主要以两种形式表示：

(1) 当基底表面为平面时，直接根据式(4-22)加工表面浮雕微结构，实现设计的光学功能。

(2) 当基底表面不为平面或者球面的旋转对称表面时，通过在光学系统中增

加衍射表面，可以增大光学系统的设计自由度，从而突破传统折射式光学系统的局限，满足光学系统成像质量良好的同时实现小型化、轻量化设计。对于此类面型的基底，加工衍射光学元件微结构后，其面型表现形式为式(4-23)，由基底面型参数和衍射光学元件设计参数两部分组成

$$h(r)=\frac{cr^2}{1+\sqrt{1-(\gamma+1)c^2r^2}}+A_4r^4+A_6r^6+\cdots \tag{4-23}$$

式(4-23)中，γ 的取值与衍射微结构的面型关系如表 4.20 所示。

表 4.20　γ 取值与衍射微结构面型关系

γ	衍射微结构面型
$\gamma<-1$	双曲面
$\gamma=-1$	抛物线
$-1<\gamma<0$	椭球面(长轴)
$\gamma>0$	椭球面(短轴)
$\gamma=0$	球面

式(4-23)中，含有 r^2 项的表达式代表二次曲面基底面型，c 代表该曲面的顶点曲率半径，γ 代表该曲面的二次曲面系数，A_4、A_6 等代表高次非球面系数。加工衍射微结构表面后，其面型表示为

$$H(r)=\frac{\lambda_0}{n(\lambda_0)-1}\frac{\phi_h(r)}{2\pi}+h(r) \tag{4-24}$$

基于式(4-24)，关于单层衍射光学元件面型的数值模拟，如图 4.25 所示。

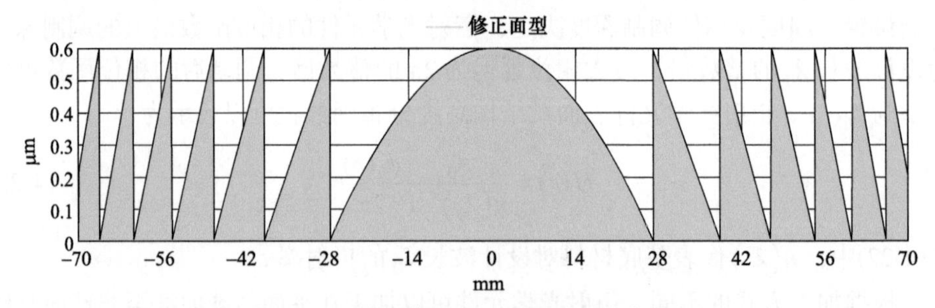

图 4.25　单层衍射光学元件面型的数值模拟

根据前述章节内容，单点金刚石车削技术现在已经广泛应用在可见光波段、红外甚至是紫外波段工作的平面、球面以及非球面基底上，能够加工出符合设计的衍射浮雕结构。相较于其他加工方法，单点金刚石车削方法具有很多优点，体

现在以下三点：

(1) 能够实现一次性表面成型，避免了多次套刻加工技术的复杂性和由之产生的加工误差的叠加作用；

(2) 加工出的成像衍射光学元件表面精度高、面型接近设计要求，例如，表面粗糙度能够达到纳米级别，同时面型精度能够达到十分之一波长数量级；

(3) 加工不受基底面型的制约，可以实现平面、球面、非球面甚至含有高次项的面型上衍射光学元件的加工，同时能够获得精确的表面微结构高度、微结构周期宽度等。

单点金刚石车刀非常尖锐且坚韧，在加工过程中(材料去除过程中)可以认为是在非常薄材料区域上的剪切过程。在该过程中，剪切区域从最开始的切削端逐渐向前延伸，当边缘不存在流动变形时，能够加工出设计的理想衍射表面浮雕结构，图 4.26 为单点金刚石车削的去除材料过程，图 4.27 为单点金刚石车削材料表面微结构轮廓的示意图，具有一定的表面粗糙度[29]。

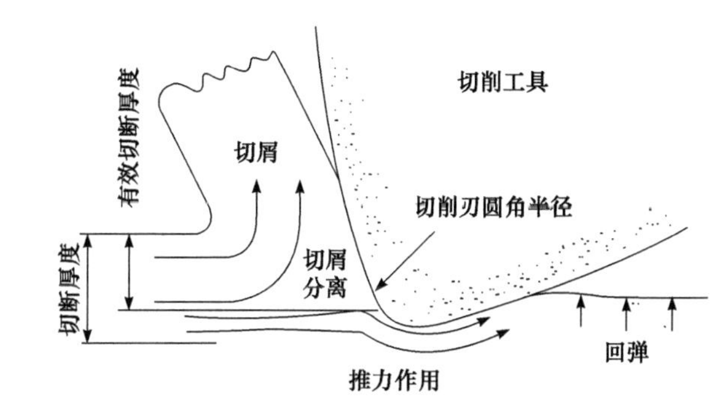

图 4.26　单点金刚石车削的去除材料过程示意图

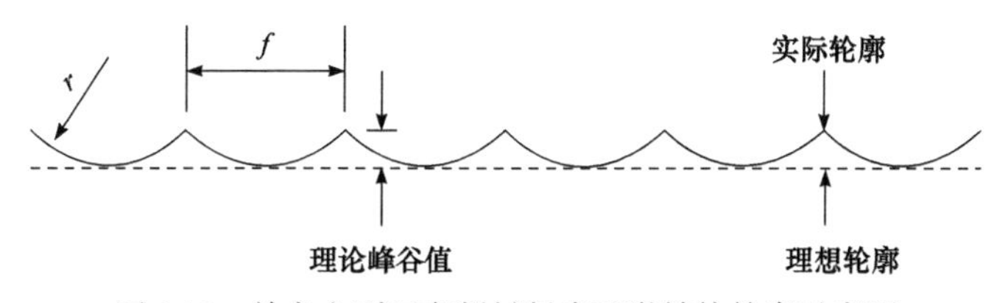

图 4.27　单点金刚石车削材料表面微结构轮廓示意图

根据图 4.26 和图 4.27 可以看到，加工过程中道具形貌结构必然会引入表面粗糙度，此时应该考虑表面粗糙度对衍射光学元件衍射效率的影响。在不同条件下，表面粗糙度具有不同的表现形式，因此，在建立理想表面粗糙度的预测模型时，需要考虑多种因素，这个过程非常复杂。

为简化分析，假定加工设备为理想状态并在此状态下加工衍射表面，以表面粗糙度预测模型为例分析单点金刚石车削技术带来的表面粗糙度对衍射效率的影响。如图 4.28 所示为单点金刚石车削技术加工衍射光学元件的模型，产生的表面粗糙度由切削车刀的边缘轮廓和刀具进给量等多种复杂因素共同决定[30]。

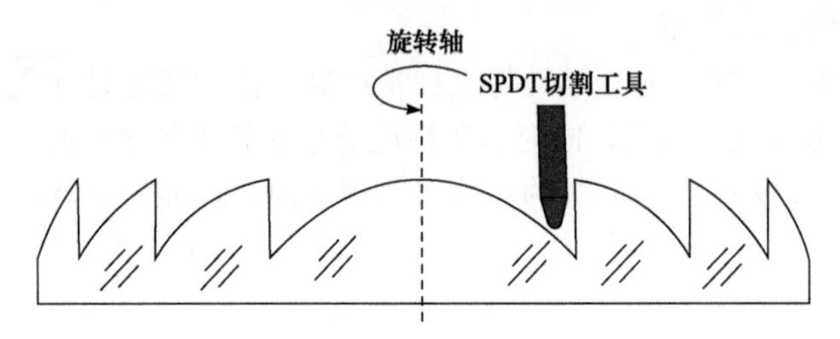

图 4.28　单点金刚石车削技术加工衍射光学元件的模型

单点金刚石车削方法采用圆弧形刀具产生的理论表面粗糙度为 $\widehat{R_a}$ ，可以表示为

$$\widehat{R_a} = \frac{f^2}{18\sqrt{3}R_\varepsilon} \approx \frac{0.0321f^2}{R_\varepsilon} \tag{4-25}$$

式(4-25)中，f 代表单点金刚石车刀刀具每周期的进给量；R_ε 代表其刀具切削刃的圆弧半径，该值为理论预测值。而实际上，表面粗糙度由切削工具的边缘轮廓和进给量等多种加工因素引起，以加工衍射光学元件后的实测数据为准。

从微观来看，设计成像衍射光学元件理论上要求不同衍射环带之间有相位跃变，然而，在实际的加工过程中，由于刀具具有一定的刀尖形状以及大小，因此在各个相邻衍射环带之间不能完全切削，在相位突变位置处会存在一定的残余量。这种残余量会导致入射到该部分的光束，其能量衍射到非设计级次，弥散在像面上形成杂散光，同时也会造成衍射光学元件透过率的下降，并且该部分透过率的下降随着刀尖曲率半径的减小而降低。如图 4.29 所示，当切削刀具刀尖形状为圆弧形时，在各个相邻衍射环带的相位突变处，存在造成透过率损失的遮挡区域。

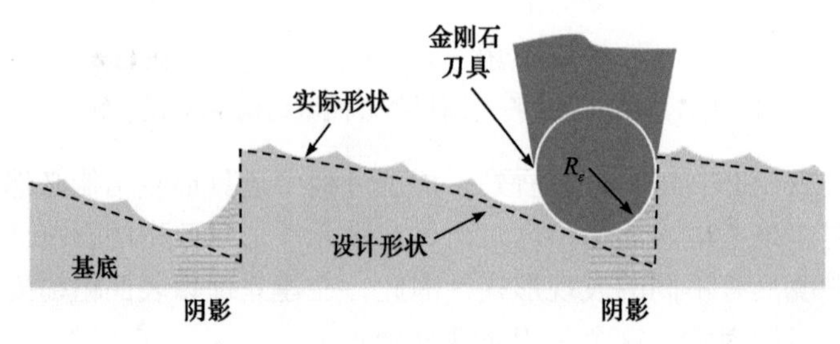

图 4.29　圆弧刀刃单点金刚石车削技术加工衍射光学元件示意图

可以看出，单点金刚石车削进行衍射光学元件加工过程中所出现的残余区

域，会对衍射光学元件的衍射效率以及带宽积分衍射效率带来一定影响，即遮挡效应。遮挡效应同时会造成透过率的降低，表示为

$$L \approx \frac{4}{D}\sqrt{\frac{2dR_{\varepsilon}}{n_{\text{rtotal}}}}\sum_{1}^{n_{\text{rtotal}}}\sqrt{n_r} \tag{4-26}$$

式(4-26)中，D 代表衍射光学元件的直径，d 代表衍射微结构设计最大理论数值，R_{ε} 代表单点金刚石车床的刀具半径，n_{rtotal} 代表设计的衍射光学元件总的环带总数。

由式(4-26)可知，由于遮挡效应的存在，当刀具刀尖的曲率半径是定值时，衍射光学元件的周期环带数目越多会造成越大的透过率损失。当衍射光学元件工作在红外波段时，其具有较少的周期环带，因此该透过率损失很小甚至可以忽略；对于工作在可见光波段的衍射光学元件而言，其周期环带总数通常有几十个，甚至几百个，遮挡效应是非常明显的。

如图 4.30 所示，当在各相位转换处用半圆弧刀刃的刀具替代圆弧刀刃时，加工残余量会大大减少，那么遮挡效应带来的影响也可以适当减少。另外，通过适当地减小加工的进给量以及切削深度，不仅保持使用圆弧形刀刃加工表面所带来的表面粗糙度，同时可以有效地避免遮挡效应，因此，在加工过程中，选择半圆弧刀具进行加工带来的损失和遮挡效应会降低，适宜进行成像衍射光学元件的加工。

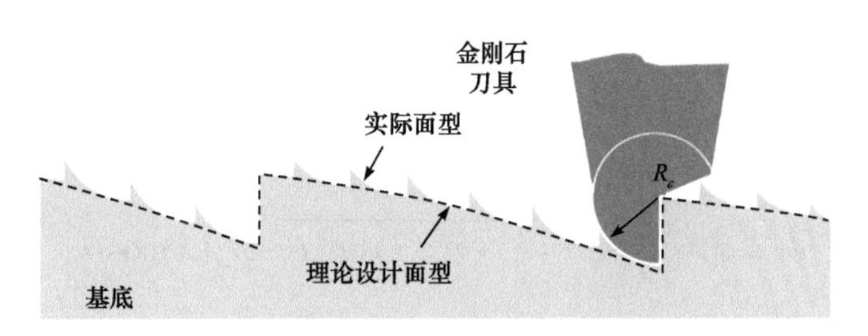

图 4.30　单点金刚石车刀半圆弧刀刃加工衍射光学元件

另外，通常表面粗糙度引起的散射量带来的透过率损失可以忽略不计，为了评估这种损失的大小，需要计算总的积分散射量(Total Integrated Scatter, TIS)[31]表示为

$$\text{TIS} = \left(4\pi\delta/\lambda_0\right)^2 \tag{4-27}$$

式(4-27)中，δ 表示表面粗糙的均方根值，λ_0 表示入射光波长。例如，表面粗糙度值为 10 nm，并且入射波长为 4 μm 时，散射量只有 0.1%，因此可以忽略散射带来的透过率损失。

4.3.2 成像衍射光学元件表面粗糙度对衍射效率的影响

1. 单层衍射光学元件表面粗糙度对衍射效率影响的数学模型

本节分析表面粗糙度对单层衍射光学元件的衍射效率的影响，首先，建立数学模型，然后分析推导出数学表达式。典型的含有表面粗糙度的连续面型的单层衍射光学元件结构如图 4.31 所示，图中红色线条代表衍射光学元件实际面型，黑色线条代表设计面型。

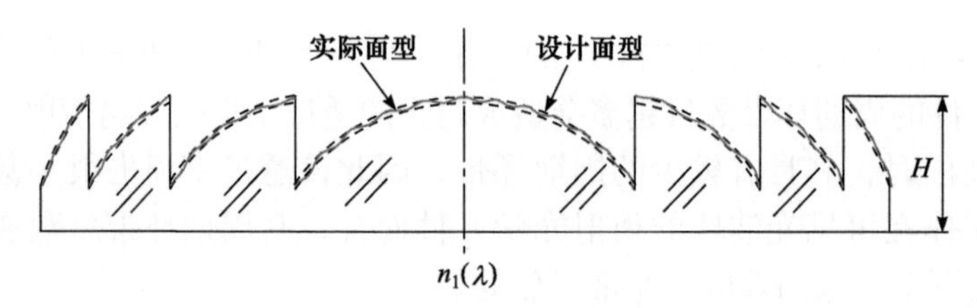

图 4.31 典型的含有表面粗糙度的连续面型的单层衍射光学元件结构

根据衍射光学元件的近似标量设计理论，连续面型的单层衍射光学元件的第 m 级衍射效率可以表示为

$$\eta_m = \mathrm{sinc}^2\left(m - \frac{\phi(\lambda,\theta)}{2\pi}\right) \tag{4-28}$$

式(4-28)中，$\phi(\lambda,\theta)$ 代表该单层衍射光学元件的相位延迟表达式，λ 和 θ 分别代表入射光波长及光线入射角；m 代表在该入射波长及入射角下的衍射级次。当相位延迟 $\phi(\lambda,\theta)=2\pi$ 时，设计波长处及垂直入射时，单层衍射光学元件可以获得100%的一级衍射效率。对于一般倾斜入射的单层衍射光学元件，其相位延迟表达式为

$$\phi(\lambda,\theta) = \frac{H}{\lambda}\left[\sqrt{n^2(\lambda) - n_m^2(\lambda)\sin^2\theta} - n_m(\lambda)\cos\theta\right] \tag{4-29}$$

式(4-29)中，H 代表单层衍射光学元件对应设计波长位置处的微结构高度，$n(\lambda)$ 代表基底材料对入射光 λ 的折射率，$n_m(\lambda)$ 代表入射光线所在介质对入射光的折射率，λ 和 θ 分别代表入射光波长及光线入射角。

因此，单层衍射光学元件的衍射效率和带宽积分平均衍射效率的表达式分别为

$$\eta_m(\lambda,\theta) = \mathrm{sinc}^2\left\{m - \frac{H}{\lambda}\left[\sqrt{n^2(\lambda) - n_m^2(\lambda)\sin^2\theta} - n_m(\lambda)\cos\theta\right]\right\} \tag{4-30}$$

和

$$\overline{\eta}(\lambda,\theta) = \frac{1}{\lambda_{\max} - \lambda_{\min}}\int_{\lambda_{\min}}^{\lambda_{\max}} \eta_k(\lambda,\theta)\mathrm{d}\lambda \tag{4-31}$$

式(4-31)中，$\lambda_{\max}$ 和 $\lambda_{\min}$ 分别表示工作波段的最大和最小波长，θ 表示入射角。

通过单点金刚石车削加工所引起的表面粗糙度是基于衍射光学元件衍射浮雕结构表面的。根据 Debye-Waller 因子[32]中关于表面粗糙度对单层衍射光学元件衍射效率的影响，推导出受表面粗糙度影响的单层衍射光学元件实际衍射效率的表达式为

$$\eta_k(\lambda,\theta,R_a)=\eta_k(\lambda,\theta)\left[1-\left(\frac{2\pi R_a}{\lambda}(n(\lambda)-n_m(\lambda))\right)^2\right] \tag{4-32}$$

式(4-32)中，R_a 代表单点金刚石车削造成的基底衍射面的表面粗糙度；$\eta_k(\lambda,\theta,R_a)$ 代表单层衍射光学元件在表面粗糙度影响下的实际衍射效率值，与理论表面粗糙度预测值密切相关。

实际加工后的衍射光学元件是存在表面粗糙度误差的，目前常用的表征元件表面质量的表面粗糙度实测值为算数平均值 R_a，是根据待评估长度内中心线与偏差理论面型偏离度的算术平均值来确定表面粗糙度的，该值是需要实际计算的，其测量计算公式为

$$R_a=\frac{1}{n}\sum_{i=1}^{n}|y_i| \tag{4-33}$$

式(4-33)中，n 表示采样点的数量，$|y_i|$ 表示采样长度内从第 i 个采样点到轮廓中心线的距离的绝对值。R_a 的最终数值是根据实际加工设备提供的。

在不考虑振动、温度和机械精度影响的情况下，加工表面是在理想条件下进行的。理想的表面粗糙度不受非衍射级次光能量的影响，是一个无周期性的统计误差，表面粗糙度带来的散射光具有广泛的角度分布。类似地，表面粗糙度对带宽积分平均衍射效率的影响可以表示为

$$\bar{\eta}_k(\lambda,\theta,R_a)=\frac{1}{\lambda_{\max}-\lambda_{\min}}\int_{\lambda_{\min}}^{\lambda_{\max}}\eta_k(\lambda,\theta)\left[1-\left(\frac{2\pi R_a}{\lambda}(n_1(\lambda)-n_m(\lambda))\right)^2\right]\mathrm{d}\lambda \tag{4-34}$$

2. 多层衍射光学元件表面粗糙度对衍射效率影响的数学模型

在整个宽波段范围内，多层衍射光学元件可以获得很高的衍射效率，本节分析推导出了考虑表面粗糙度情形下多层衍射光学元件的衍射效率和带宽积分平均衍射效率的数学表达式。选取双分离型双层衍射光学元件进行分析，该结构是由两种不同色散材料组成的双分离型衍射光学元件，如图 4.32 所示。

对于混合成像光学系统，衍射光学元件能够引入新的设计自由度。实际上，衍射光学元件是一种周期为 2π 的相位型光栅，只有在相位差为 2π 时，在衍射光学元件设计波长处能够获得 100%的衍射效率。本节中讨论的单点金刚石车削所带来的表面粗糙度是基于双层衍射光学元件的浮雕结构表面的，当接收平面距离衍射光学元件足够远且其结构特征尺寸远大于光波波长时，采用标量衍射理论可以进行足够

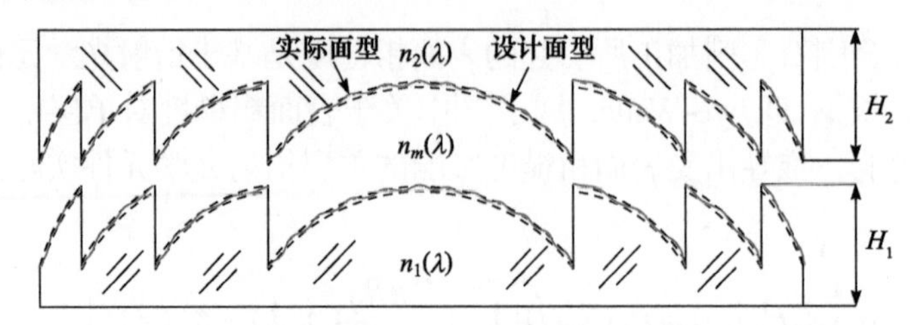

图 4.32　含有表面粗糙度的双分离型双层衍射光学元件结构

精度的分析。因此，对于成像衍射光学元件的分析，采用标量衍射理论是有效的。根据傅里叶光学和标量理论，连续表面的多层衍射光学元件衍射效率表示为

$$\eta_m = \mathrm{sinc}^2\left(m - \frac{\phi(\lambda,\theta)}{2\pi}\right) \tag{4-35}$$

式(4-35)中，η_m 代表多层衍射光学元件的衍射效率，其中

$$\mathrm{sinc}(x) = \sin(\pi x)/(\pi x) \tag{4-36}$$

$\phi(\lambda,\theta)$ 代表双层衍射光学元件的实际相位延迟。m 代表衍射级次，取值仍为 1，当相位延迟 $\phi(\lambda,\theta) = 2\pi$ 时，一级衍射可以满足100%的衍射效率设计要求。

当光束倾斜入射至第一层衍射光学元件基底材料时，衍射微结构产生的相位延迟可以表示为

$$\begin{aligned}\phi(\lambda,\theta) = &\frac{H_1}{\lambda}\left[\sqrt{n_m^2(\lambda) - n_1^2(\lambda)\sin^2\theta} - n_1^2(\lambda)\cos\theta\right] \\ &+ \frac{H_2}{\lambda}\left[\sqrt{n_2^2(\lambda) - n_1^2(\lambda)\sin^2\theta} - \sqrt{n_m^2(\lambda) - n_1^2(\lambda)\sin^2\theta}\right]\end{aligned} \tag{4-37}$$

式(4-37)中，H_1、H_2 分别代表多层衍射光学元件衍射微结构高度，θ 代表光线的入射角，λ 代表入射波长。$n_m(\lambda)$ 是双层衍射光学元件中间介质所具有的折射率。$n_1(\lambda)$、$n_2(\lambda)$ 分别代表双层衍射光学元件第一层和第二层基底材料的折射率。当为分离型双层衍射光学元件结构时，中间介质层为空气层，即 $n_m(\lambda) = 1$。

将式(4-37)代入式(4-35)中，可得到双层衍射光学元件的衍射效率的表达式为

$$\eta_m(\lambda,\theta) = \mathrm{sinc}^2\left\{\begin{aligned}&m - \frac{H_1}{\lambda}\left[\sqrt{n_m^2(\lambda) - n_1^2(\lambda)\sin^2\theta} - n_1^2(\lambda)\cos\theta\right] \\ &- \frac{H_2}{\lambda}\left[\sqrt{n_2^2(\lambda) - n_1^2(\lambda)\sin^2\theta} - \sqrt{n_m^2(\lambda) - n_1^2(\lambda)\sin^2\theta}\right]\end{aligned}\right\} \tag{4-38}$$

单点金刚石车削加工所引起的表面粗糙度是基于衍射光学元件衍射浮雕结构表面的。根据 Debye-Waller 因子中关于表面粗糙度对衍射效率的影响[32]，给出受表面粗糙度影响的分离型双层衍射光学元件的衍射效率表达式为

$$\eta_m(\lambda,\theta,R_{a1},R_{a2})=\eta_m(\lambda,\theta)\left\{\begin{aligned}&1-\left(\frac{2\pi R_{a1}}{\lambda}\left(n_1(\lambda)-n_m(\lambda)\right)\right)^2\\&-\left(\frac{2\pi R_{a2}}{\lambda}\left(n_2(\lambda)-n_m(\lambda)\right)\right)^2\end{aligned}\right\} \tag{4-39}$$

因此，一般入射情形下，考虑表面粗糙度影响的多层衍射光学元件中典型的分离型双层衍射光学元件的带宽积分平均衍射效率可以表示为

$$\begin{aligned}\overline{\eta}_k(\lambda,\theta,R_{a1},R_{a2})=&\frac{1}{\lambda_{\max}-\lambda_{\min}}\\&\cdot\int_{\lambda_{\min}^1}^{\lambda_{\max}^1}\int_{\lambda_{\min}^2}^{\lambda_{\max}^2}\eta_k(\lambda,\theta)\left\{1-\left[\left(\frac{2\pi R_{a1}}{\lambda}(n_1(\lambda)-n_m(\lambda)\right)^2\right.\right.\\&\left.\left.+\left(\frac{2\pi R_{a2}}{\lambda}(n_2(\lambda)-n_m(\lambda)\right)^2\right]\right\}\mathrm{d}\lambda_1\mathrm{d}\lambda_2\end{aligned} \tag{4-40}$$

式(4-40)中，R_{a1}、R_{a2} 分别代表单点金刚石车削造成的两个基底衍射面的表面粗糙度。为了简化分析模型，假定 R_{a1} 和 R_{a2} 相等。

3. 表面粗糙度对混合成像光学系统光学调制传递函数的关系

折衍混合光学系统中，由于非设计级次的光束存在，这些光束会弥散在像面形成杂散光，不仅降低了光学系统的能量利用率，也降低了光学系统的光学传递函数。光学系统的实际点扩散函数分为两部分：一部分为设计级次的光束，也是用于成像的有效光束；另一部分为非设计级次的衍射光束。因此，混合成像光学系统的出瞳函数 $P(x,y)$ 可以表示为

$$P(x,y)=t_{k=1}(x,y)\exp[\mathrm{i}\phi_{k=1}(x,y)]+t_{k\neq1}(x,y)\exp[\mathrm{i}\phi_{k\neq1}(x,y)] \tag{4-41}$$

式(4-41)中，$t(x,y)$ 代表设计级次的光束在出瞳面的透过率函数，衍射光学元件的局部衍射效率 $\eta_{\text{local}}(x,y)$ 可以表示为

$$\eta_{\text{local}}(x,y)=\left|t_{k=1}(x,y)\right|^2 \tag{4-42}$$

式(4-42)中，$t_{k=1}(x,y)$ 代表非设计级次的光束在出瞳面的透过率函数。

一般情况下，衍射光学元件在系统中承担的光焦度较小，此时可以认为，出瞳以外的局部衍射效率为零，此时出瞳面上的衍射效率等同于衍射光学元件的衍射效率，通过在整个出瞳面对局部衍射效率积分求平均，可以得到带宽积分平均衍射效率 η_{int}，其表达式为

$$\eta_{\text{int}} = \frac{1}{A_{\text{pupil}}} \int_{-\infty}^{\infty} \int_{-\infty}^{\infty} \eta_{\text{local}}(x, y) \mathrm{d}x \mathrm{d}y \tag{4-43}$$

式(4-43)中，A_{pupil} 表示出瞳区域，该式仅在出瞳区域有效。出瞳面以外的衍射效率为零时，光学系统的光学传递函数可以表示为

$$\text{OTF}(f_x, f_y) = \eta_{\text{int}} \text{OTF}^{100\%}(f_x, f_y) + (1 - \eta_{\text{int}}) \delta(f_x) \delta(f_y) \tag{4-44}$$

式(4-44)中，f_x, f_y 为光学系统的像面上空间频率；$\text{OTF}^{100\%}(f_x, f_y)$ 为理想成像系统的光学传递函数，即不考虑衍射光学元件的衍射效率的影响，主衍射级的衍射效率为 100%，$\text{OTF}^{100\%}(f_x, f_y)$ 可以通过常用的光学设计软件计算求得；$\delta(f_x)$ 和 $\delta(f_y)$ 代表脉冲函数。式(4-44)可以表示为

$$\text{OTF}(f_x, f_y) = \begin{cases} \eta_{\text{int}} \text{OTF}_1^{100\%}(f_x, f_y), & f_x \neq 0, f_y \neq 0 \\ 1, & f_x = f_y = 0 \end{cases} \tag{4-45}$$

通过计算出整个出瞳面上的积分平均值，得到了旋转对称混合折衍光学系统的衍射效率值。对于多层衍射光学系统，其带宽积分平均衍射效率表示为

$$\eta_{\text{int}}(\lambda) = \bar{\eta}_k(\theta, Ra1, Ra2) = \frac{1}{\lambda_{\max} - \lambda_{\min}} \int_{\lambda_{\min}}^{\lambda_{\max}} \eta_k(\lambda, \theta, Ra1, Ra2) \mathrm{d}\lambda \tag{4-46}$$

根据式(4-45)与式(4-46)可知，通过计算光学系统的积分衍射效率与理想成像系统光学函数的乘积，可以得到折衍混合光学系统的光学传递函数 $\text{OTF}_{\text{poly}}(f_x, f_y)$ 为

$$\text{OTF}_{\text{poly}}(f_x, f_y) = \begin{cases} \bar{\eta}_k(\theta, Ra1, Ra2) \text{OTF}^{100\%}(f_x, f_y), & f_x \neq 0, f_y \neq 0 \\ 1, & f_x = f_y = 0 \end{cases} \tag{4-47}$$

最终，折衍混合光学系统的光学调制传递函数 $\text{MTF}_{\text{poly}}(f_x, f_y)$ 可以表示为

$$\text{MTF}_{\text{poly}}(f_x, f_y) = \left| \text{OTF}_{\text{poly}}(f_x, f_y) \right| \tag{4-48}$$

根据式(4-47)与式(4-48)可知，衍射光学元件的衍射效率与折衍混合光学系统的成像质量密切相关。

4.3.3 实例分析

1. 表面粗糙度对单层衍射光学元件衍射效率影响的分析

为了分析可见光波段，即 0.4～0.7 μm 中表面粗糙度对单层衍射光学元件带来的影响，选取基底材料为光学塑料 PMMA，采用带宽积分平均衍射效率最大化设计方法，得到设计波长为 0.564 μm，衍射微结构高度为 1.144 μm。目前，

考虑到在光学设计领域，超精密加工所带来的表面粗糙度值达到了 10 nm 以内，甚至是几纳米，因此，选取表面粗糙度值的分析范围为 0～10 nm。

如图 4.33 所示，为不考虑表面粗糙度的情形下，单层衍射光学元件的衍射效率与入射角及波长的关系，由于其衍射效率对入射角度不敏感，因此只有当入射角度达到了一定范围时，衍射效率才会迅速降低。

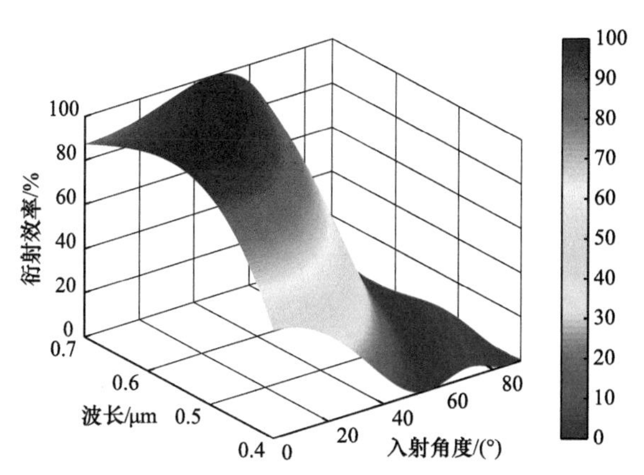

图 4.33　不考虑表面粗糙度情形下，单层衍射光学元件衍射效率-波长-入射角度的关系

如图 4.34 所示为考虑表面粗糙度的情形下，单层衍射光学元件的衍射效率与表面粗糙度、波长的关系，可以看出单层衍射光学元件的衍射效率对表面粗糙度的影响并不是非敏感的。

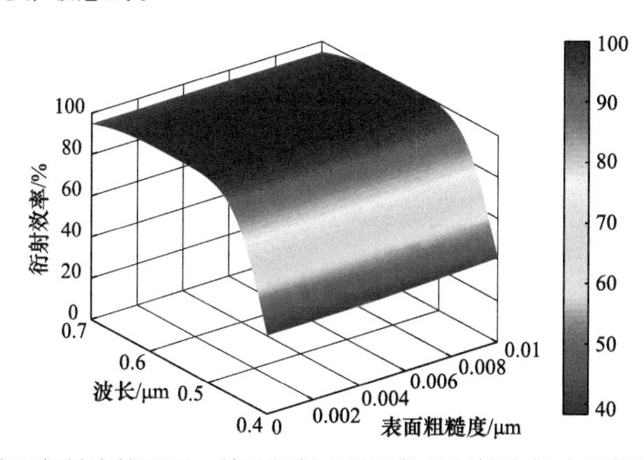

图 4.34　存在表面粗糙度情形下，单层衍射光学元件的衍射效率-表面粗糙度-波长的关系

如图 4.35 所示，为分别考虑存在表面粗糙度和不存在表面粗糙度的情形下，单层衍射光学元件的带宽积分平均衍射效率与表面粗糙度及入射角的关系，可以看出，对于单层衍射光学元件，相比较表面粗糙度的影响，入射角度对带宽积分平均衍射效率的影响比较明显。

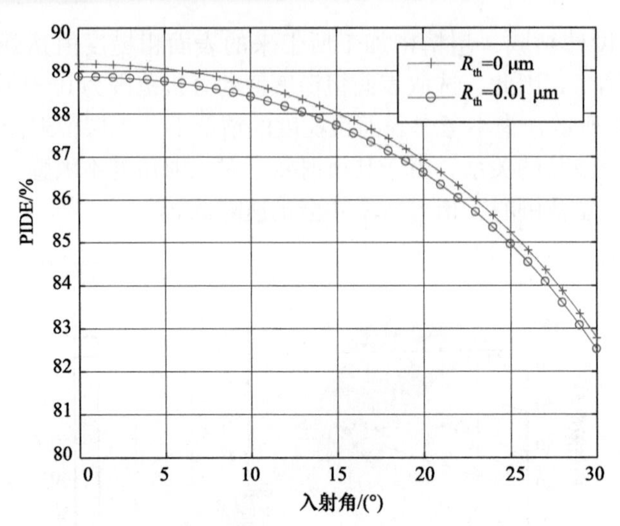

图 4.35 存在和不存在表面粗糙度情形下，单层衍射光学元件的带宽积分平均衍射效率-表面粗糙度-入射角的关系

选取两种不同的入射角，即 0°和 23.36°，如图 4.36 所示为带宽积分平均衍射效率与表面粗糙度的关系，可以看出，当入射角为 23.36°时，且在设计波长下，对于单层衍射光学元件，衍射效率从 100%下降到 99%时对应的角度，表面粗糙度对带宽积分平均衍射效率影响不明显。

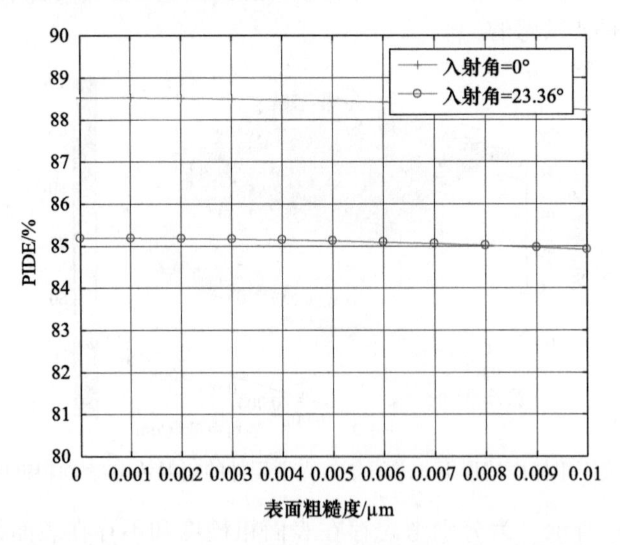

图 4.36 不同入射角度情形下，单层衍射光学元件的带宽积分平均衍射效率-表面粗糙度的关系

最后，如图 4.37 所示为单层衍射光学元件的衍射效率在不同表面粗糙度及入射角下的分布情况。

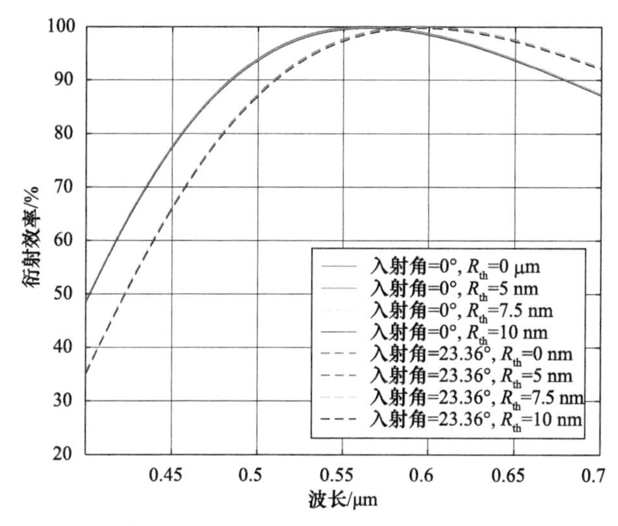

图 4.37　单层衍射光学元件的衍射效率在不同表面粗糙度-入射角关系

(1) 当入射光垂直入射时，在不同表面粗糙度下，衍射效率及带宽积分平均衍射效率的数值如表 4.21 所示。

表 4.21　不同表面粗糙度下，单层衍射光学元件的衍射效率与带宽积分平均衍射效率的数值 (θ=0°)

表面粗糙度/μm	η/%	带宽积分平均衍射效率/%
	λ_1	$\lambda_{max}-\lambda_{min}$
0	100	88.518
0.005	99.925	88.444
0.0075	99.830	88.351
0.01	99.699	88.222

由表 4.21 可知，表面粗糙度对单层衍射光学元件的衍射效率及带宽积分衍射效率影响很小。做一组数据分析：在设计波长处，随着表面粗糙度值由 0 增加到 0.01 μm，衍射效率从 100%下降到 99.699%，降低量仅为 0.301%。最终，带宽积分平均衍射效率从 88.518%下降到 88.222%，降低量仅为 0.296%，对折衍混合光学系统的光学传递函数几乎没有影响。

(2) 当入射光以 23.36°入射时，在不同表面粗糙度下，单层衍射光学元件的衍射效率及带宽积分平均衍射效率的数值如表 4.22 所示。

表 4.22　不同表面粗糙度下，单层衍射光学元件的衍射效率与带宽积分平均衍射效率的数值 (θ=23.36°)

表面粗糙度/μm	η/%	带宽积分平均衍射效率/%
	λ_1	$\lambda_{max}-\lambda_{min}$
0	98.928	85.188
0.005	98.854	85.119
0.0075	98.761	85.032
0.01	98.630	84.912

由表 4.21 和表 4.22 可知，考虑表面粗糙度的情形下，入射角度对单层衍射光学元件的衍射效率及带宽积分平均衍射效率的影响较大。做一组数据分析：当表面粗糙度值为 0.01 μm，且入射角度从 0°增加到 23.36°时，在设计波长处，衍射效率从 99.699%下降到 98.630%，降低了 1.069%。最终，带宽积分平均衍射效率从 88.222%下降到 84.912%，降低了 3.31%，相比较垂直入射下对表面粗糙度的影响，一定入射角下表面粗糙度更会降低折衍混合成像光学系统的调制传递函数，从而影响了光学系统的成像质量。

综上所述，可以看出，对于单层衍射光学元件，表面粗糙度对混合光学系统的光学传递函数几乎没有影响；在考虑表面粗糙度的情况下，单层衍射光学元件衍射效率和带宽积分平均衍射效率对入射角都是较敏感的。

2. 表面粗糙度对双层衍射光学元件衍射效率影响的分析

以可见光波段为例，选取 PMMA 和 POLYCARB 作为双层衍射光学元件的基底材料，工作波段选定为 0.4～0.7 μm，分析表面粗糙度对双层衍射光学元件衍射效率特性的影响。基于带宽积分平均衍射效率最大化设计方法，选取双层衍射光学元件的设计波长为 0.435 μm 和 0.598 μm，经计算得到设计的衍射微结构高度数值分别为 16.460 μm 和−12.813 μm。同样地，使用MATLAB 软件分析表面粗糙度对双层衍射光学元件衍射效率的影响。

(1) 当不存在表面粗糙度时，入射角、入射波长和双层衍射光学元件衍射效率的关系如图 4.38 所示。

得出结论：随着入射角度的增大，当入射角大于 6°时，衍射效率开始急剧下降，在 20°附近，衍射效率接近零值，相较于单层衍射光学元件，双层衍射光学元件的衍射效率对入射角度更加敏感。

(2) 当存在表面粗糙度时，表面粗糙度、入射波长和衍射效率的关系如图 4.39 所示。

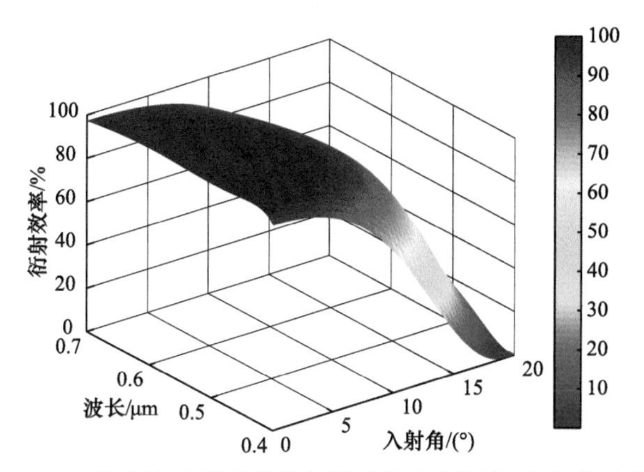

图 4.38　双层衍射光学元件的衍射效率-入射波长-入射角的关系

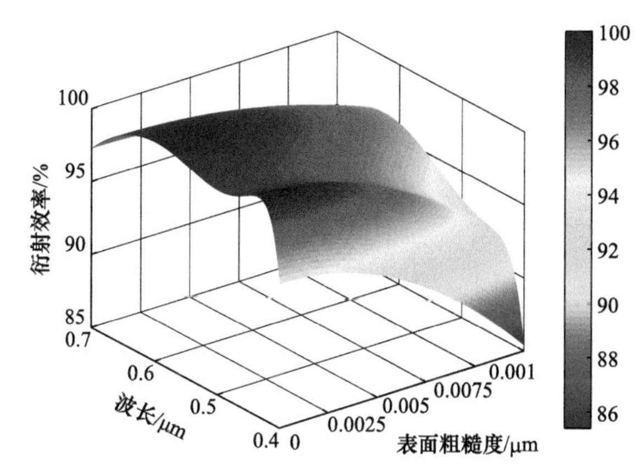

图 4.39　双层衍射光学元件的衍射效率-入射波长-表面粗糙度的关系

与图 4.34 比较可以看出，双层衍射光学元件衍射效率对表面粗糙度更加敏感。

(3) 在有表面粗糙度和无表面粗糙度的情形下，双层衍射光学元件的带宽积分平均衍射效率与入射角之间的关系如图 4.40 所示。

与图 4.35 对比可以看出，双层衍射光学元件的带宽积分平均衍射效率对表面粗糙度敏感。

然后，分别分析光线垂直入射和以 5.21°倾斜入射情况下的情况。如图 4.41 所示，为两种入射情况下表面粗糙度对双层衍射光学元件带宽积分平均衍射效率的影响。

最后，选取不同入射角和表面粗糙度对，对双层衍射光学元件的影响进行分析，衍射效率与波长之间的关系如图 4.42 所示。

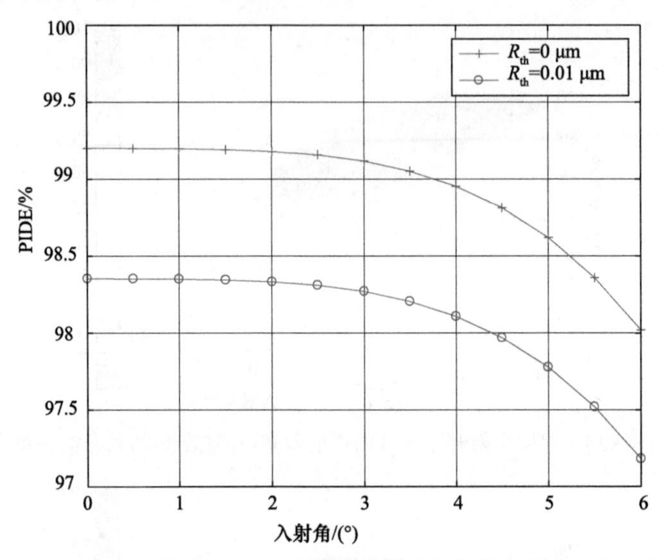

图 4.40　有和无表面粗糙度情形下，双层衍射光学元件的带宽积分平均衍射效率-入射角的关系

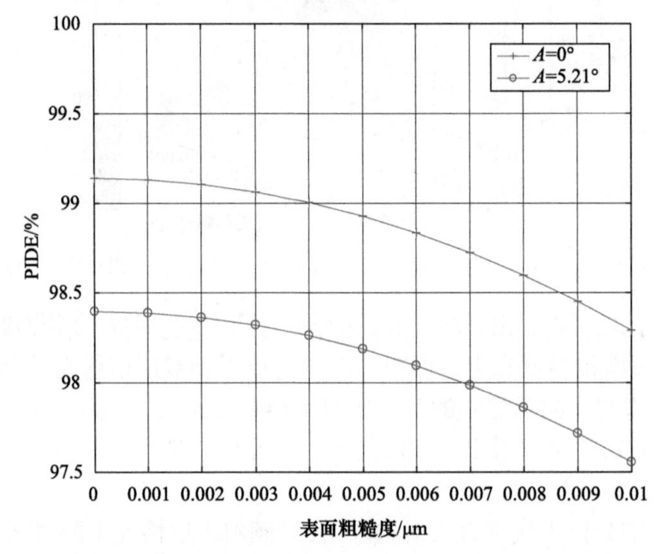

图 4.41　不同入射角度情形下，双层衍射光学元件的带宽积分平均衍射效率-表面粗糙度的关系

当光线的入射情况不同时，衍射光学元件表面粗糙度对不同波长衍射效率和该波段内的带宽积分平均衍射效率的影响分别如表 4.23 和表 4.24 所示。其中，表 4.23 代表光线垂直入射情况，表 4.24 代表光线一般入射的情况，即入射角度选择为 5.21°。

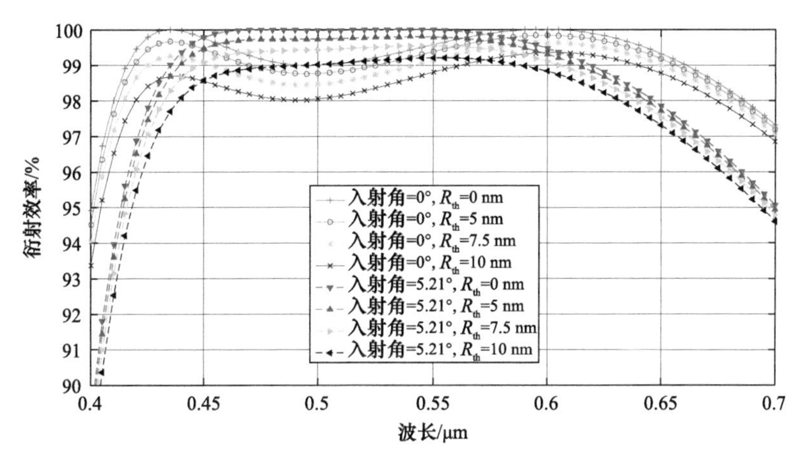

图 4.42　双层衍射光学元件的衍射效率-不同表面粗糙度-入射角下的关系

表 4.23　不同表面粗糙度下，双层衍射光学元件的衍射效率与带宽积分平均衍射效率的数值 (θ=0°)

表面粗糙度/μm	η/%		带宽积分平均衍射效率/%
	λ_1	λ_2	$\lambda_{max}-\lambda_{min}$
0	100	100	99.137
0.005	99.673	99.839	98.925
0.0075	99.264	99.638	98.658
0.01	98.692	99.356	98.289

根据表 4.23，表面粗糙度可以同时影响双层衍射光学元件的衍射效率和带宽积分平均效率，造成较大范围的降低。做一组数据分析：对于设计波长 λ_1，当表面粗糙度从 0 增大到 0.01 μm 时，衍射效率从 100%下降到 98.692%，减少了 1.308%；对于第二个设计波长 λ_2，表面粗糙度从 0 增大到 0.01 μm 时，衍射效率从 100%下降到 99.356%，减少了 0.644%。最终，带宽积分平均衍射效率从 99.137%下降到 98.289%，减少了 0.848%，这就导致混合成像光学系统光学传递函数的下降，从而降低混合光学系统的实际成像质量。

表 4.24　不同表面粗糙度下，双层衍射光学元件的衍射效率与带宽积分平均衍射效率的数值 (θ=5.21°)

表面粗糙度/μm	η/%		带宽积分平均衍射效率/%
	λ_1	λ_2	$\lambda_{max}-\lambda_{min}$
0	99.356	99.507	98.396
0.005	98.682	99.347	98.185
0.0075	98.277	99.147	97.920
0.01	97.711	98.867	97.554

通过比较表 4.23 和表 4.24，在考虑表面粗糙度的情形下，入射角度会同时降低双层衍射光学元件衍射效率和带宽积分平均衍射效率。做一组数据分析：当表面粗糙度为 0.01 μm，光线的入射角分别为 0°、5.21°时，对于第一个设计波长 λ_1，衍射效率从 98.692%下降到 97.711%，减少了 0.981%；对于第二个设计波长 λ_2，衍射效率从 99.356%下降到 98.867%，减少了 0.489%。最终，带宽积分平均衍射效率从 98.282%下降到 97.554%，减小了 0.728%，导致了折衍混合光学系统成像质量变差。

综上所述，相比较单层衍射光学元件，对于双层衍射而言，表面粗糙度对其衍射效率的影响会更大，对其带宽积分平均衍射效率的影响也会更大，即会影响到混合成像光学系统的光学传递函数。另外，在进行表面粗糙度分析时，为简化分析过程和模型，我们假定双层衍射光学元件的每一层加工的表面粗糙度数值是相同的，这种叠加效果也会导致表面粗糙度对双层衍射光学元件衍射效率的影响大于对单层衍射光学元件衍射效率的影响。

4.4　成像衍射光学元件的装调问题

单点金刚石车削技术和精密模压技术是衍射光学元件加工的主要技术，完成加工后在装调过程中也必然会产生装调误差，装调误差会导致双层衍射光学元件带宽积分平均衍射效率的下降，进而影响折衍混合成像光学系统的传递函数。本节建立装调误差对双层衍射光学元件带宽积分平均衍射效率影响的数学模型，推导相应的表达式，并以分离型双层衍射光学元件为例，分析装调误差对双层衍射光学元件带宽积分平均衍射效率的影响。

衍射光学元件具有特殊的色散性质和温度性质，与传统折/反射式光学系统构成的混合成像光学系统相比能够实现光学系统的色差校正和热稳定功能，并能减小系统体积、减轻系统重量，因而在现代光学系统中得到了广泛关注和应用。带宽积分平均衍射效率是衡量衍射光学元件在成像光学系统中性能的主要参数，决定了衍射光学元件的应用范围和使用波段。双层衍射光学元件能够满足宽波段范围内高衍射效率和带宽积分平均衍射效率的设计要求，解决传统单层衍射光学元件入射波长对衍射效率影响较大的问题。

对于双层衍射光学元件基底衍射微结构的装调，装调过程必然会导致衍射效率的下降以及带宽积分平均衍射效率的下降，从而会降低混合成像光学系统的成像质量。因此，为了实现宽波段内高的衍射效率，很有必要讨论双层衍射光学元件的装调误差对带宽积分平均衍射效率的影响。本节研究了双层衍射光学元件装调误差对带宽积分平均衍射效率的影响：对装调误差进行了分析，尤其是偏心误差，因为它比倾斜误差对衍射效率和带宽积分平均衍射效率的影响更大。以分离型双层衍射光学元件为例，建立了装调误差特别是偏心误差对带宽积分平均衍射效率影响的数学模型，推导了相应的数学表达式，该方法能够应用于对双层衍射光学元件装配的要求和误差控制，从而在满足双层衍射光学元件带宽积分平均衍射效率的前提下对装调误差进行分配，避免装调过程中不必要的浪费。

4.4.1　装调误差类型和影响

光学系统设计所允许的总公差是为保证对光传递函数影响最小时所允许的误差范围。对于光学成像系统，当设计和加工完成后，装调误差会直接影响光学成像系统的性能。偏心误差和倾斜误差是装调过程中两种典型误差，偏心误差相比较倾斜误差对双层衍射光学元件衍射效率的影响更大，因此，当设计和加工过程全部完成后，应控制装调误差以确保光学系统的性能。

常用的双层衍射光学元件是一种双分离型双层衍射光学元件，由两种色散特性光学材料组成，两层之间有气隙，可在宽波段内实现高衍射效率和带宽积分平均衍射效率。图 4.43(a)和(b)分别代表没有偏心误差和具有偏心误差的双层衍射光学元件结构。具有偏心误差的双层衍射光学元件衍射微结构中的光路如图 4.44 所示，其中蓝线代表双层衍射光学元件的基底，红线代表含有偏心误差的第二层基底材料的实际微结构；带箭头的黑色和蓝色线代表理想和真实的光路传输，这会导致光程差和额外相位差。然后，建立偏心误差对双层衍射元件衍射效率和带宽积分平均衍射效率影响的数学模型，推导出相应的数学表达。

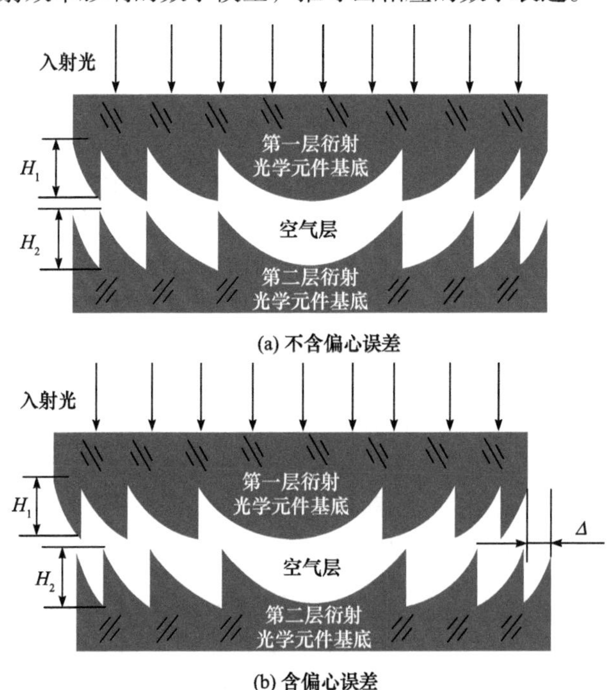

图 4.43　双层衍射光学元件结构

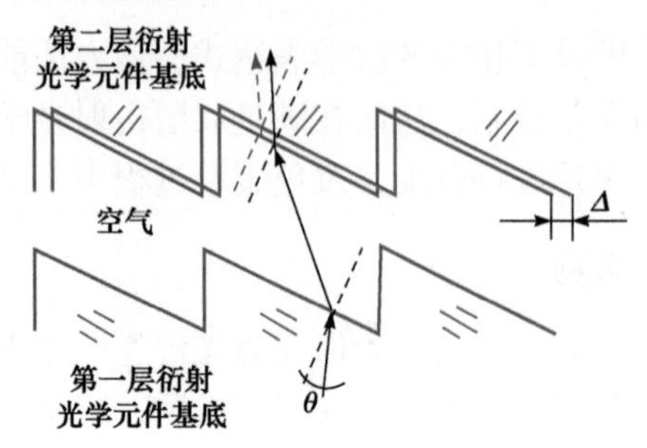

图 4.44　双层衍射光学元件衍射微结构的光线传输

在工作波段内，混合成像系统的实际像质会受到带宽积分平均衍射效率的影响，可以表示为

$$\mathrm{OTF}_m(f_x, f_y) = \eta_{\mathrm{int}} \mathrm{OTF}_{m\text{-theory}}(f_x, f_y) \tag{4-49}$$

式(4-49)中，$\mathrm{OTF}_m(f_x, f_y)$代表频率为 f_x 的光学传递函数，m 代表第 m 个衍射级；η_{int} 代表双层衍射光学元件的成像质量，即带宽积分平均衍射效率；$\mathrm{OTF}_{m\text{-theory}}(f_x, f_y)$代表理论图像质量。

对于成像光学系统中使用的双层衍射光学元件，其关键功能是在焦距很小的情况下校正像差，又由于衍射光学元件衍射微结构周期宽度的最小特征尺寸比入射波长大很多倍，因此，标量近似理论可以应用于双层衍射光学元件的设计和分析，其实际带宽积分平均衍射效率可以表示为

$$\overline{\eta}_{\mathrm{real}}(\lambda, T, \theta, \Delta) = \frac{1}{\lambda_{\max} - \lambda_{\min}} \int_{\lambda_{\min}}^{\lambda_{\max}} \eta_{\mathrm{real}}(\lambda, T, \theta, \Delta) \mathrm{d}\lambda \tag{4-50}$$

由式(4-50)可以看出，双层衍射光学元件带宽积分平均衍射效率受入射波长、微结构周期宽度、入射角和偏心误差的影响。

带宽积分平均衍射效率可以代表整个入射波段的整个真实衍射特性，而衍射效率代表不同入射波长的衍射特性。此外，不同波长处的衍射效率表示为

$$\eta_{\mathrm{real}}(\lambda, T, \theta, \Delta) = \mathrm{sinc}^2\left[1 - \phi_{\mathrm{real}}(\lambda, T, \theta, \Delta)\right] \tag{4-51}$$

式(4-51)中，$\phi_{\mathrm{real}}(\lambda, T, \theta, \Delta)$ 代表具有偏心误差的双层衍射光学元件的实际相位延迟，λ 是波长，$\lambda_{\min}$ 和 $\lambda_{\max}$ 分别代表整个波段的最大和最小波长，T 是衍射微结构的周期宽度，θ 是入射角，Δ是偏心误差。

双层衍射光学元件的相位延迟通常可以表示为

$$\phi_{\mathrm{real}}(\lambda, T, \theta, \Delta) = \phi_{\mathrm{idca}}(\lambda, T, \theta) + \phi_{\mathrm{decenter}}(\lambda, T, \theta, \Delta) \tag{4-52}$$

由式(4-52)可以看出，双层衍射光学元件的相位延迟由理想相位延迟 $\phi_{\mathrm{real}}(\lambda, T, \theta)$和具有偏心误差 $\phi_{\mathrm{real}}(\lambda, T, \theta, \Delta)$的实际相位延迟组成。在存在偏心误差的情况下，根

据图 4.44，存在和不存在偏心误差的光路光程可表示为

$$\begin{cases} L_1 = \dfrac{\varDelta \sin\beta_2}{\sqrt{1-n_1^2(\lambda)\sin^2\theta}} \\ L_2 = L_1\left[\sqrt{1-n_1^2(\lambda)\sin^2\theta}\sqrt{1-\dfrac{n_1^2(\lambda)\sin\theta}{n_2^2(\lambda)}}+\dfrac{n_1^2(\lambda)\sin^2\theta}{n_2(\lambda)}\right] \end{cases} \tag{4-53}$$

式(4-53)中，L_1 和 L_2 分别代表有和没有偏心误差的光路。此外，式(4-53)中的 $\sin^2\theta$ 可以表示为 $\sin^2\theta = H_{02}/(T^2+H_{02}^2)^{1/2}$，这与第二基底层的微结构高度和微结构周期宽度有关。$n_2(\lambda)$和 $n_1(\lambda)$分别代表入射波长在第一和第二基底层的折射率。

根据 Snell 定律，由一个周期宽度的偏心误差引起的相位延迟可以表示为

$$\phi_{\text{decenter}}(\lambda,T,\theta,\varDelta)=\frac{1}{\lambda}\left[n_2(\lambda)L_2-L_1\right] \tag{4-54}$$

然后，将式(4-53)代入式(4-54)中，得到由偏心误差引起的双层衍射光学元件相位延迟

$$\begin{aligned}\phi_{\text{decenter}}(\lambda,\theta,\varDelta) &= \frac{1}{\lambda}\frac{\varDelta\sin\beta_2}{\sqrt{1-n_1^2(\lambda)\sin^2\theta}} \\ &\cdot\left[\sqrt{1-n_1^2(\lambda)\sin^2\theta}\sqrt{n_2^2(\lambda)-n_1^2(\lambda)\sin^2\theta}+n_1^2(\lambda)\sin^2\theta-1\right]\end{aligned} \tag{4-55}$$

将式(4-55)代入式(4-52)中，双层衍射光学元件的总相位延迟可以表示为

$$\begin{aligned}\phi_{\text{real}}(\theta,\lambda,T,\varDelta,m) &= \phi_{\text{ideal}}(\lambda,\theta)+\frac{1}{\lambda}\frac{\varDelta\sin\beta_2}{\sqrt{1-n_1^2(\lambda)\sin^2\theta}} \\ &\cdot\left[\sqrt{1-n_1^2(\lambda)\sin^2\theta}\sqrt{n_2^2(\lambda)-n_1^2(\lambda)\sin^2\theta}+n_1^2(\lambda)\sin^2\theta-1\right]\end{aligned} \tag{4-56}$$

因此，含有偏心误差的双层衍射光学元件的实际衍射效率和带宽积分平均衍射效率可以分别表示为

$$\eta_{\text{real}}(\theta,\lambda,\varDelta,m)=\operatorname{sinc}^2\left\{\begin{aligned}&m-\left[\phi_{\text{ideal}}(\lambda,\theta)+\frac{1}{\lambda}\frac{\varDelta\sin\beta_2}{\sqrt{1-n_1^2(\lambda)\sin^2\theta}}\right.\\ &\left.\cdot\left[\sqrt{1-n_1^2(\lambda)\sin^2\theta}\sqrt{n_2^2(\lambda)-n_1^2(\lambda)\sin^2\theta}+n_1^2(\lambda)\sin^2\theta-1\right]\right]\end{aligned}\right\} \tag{4-57}$$

和

$$\bar{\eta}_{\text{real}}(\lambda,\beta,\theta,\varDelta)=\frac{1}{\lambda_{\max}-\lambda_{\min}}\int_{\lambda_{\min}}^{\lambda_{\max}}\eta_{\text{real}}(\theta,\lambda,\varDelta,m)\mathrm{d}\lambda \tag{4-58}$$

此外，当入射角垂直时，双层衍射光学元件的实际相位延迟可以表示为

$$\phi_{\text{real}}(\lambda,\theta,\varDelta)=\frac{H_1}{\lambda}\left[n_1(\lambda)-1\right]+\frac{H_2}{\lambda}\left[n_2(\lambda)-1\right]+\frac{\varDelta H_2}{\lambda\sqrt{T^2+H_2^2}}\left[n_2(\lambda)-1\right] \tag{4-59}$$

在正常入射情况下偏心误差引起的双层衍射光学元件的实际衍射效率和带宽积分平均衍射效率分别为

$$\eta_{\text{real}}(\lambda,T,\varDelta)=\operatorname{sinc}^2\left\{m-\left[\frac{H_1}{\lambda}(n_1(\lambda)-1)+\frac{H_2}{\lambda}(n_2(\lambda)-1)+\frac{\varDelta H_2}{\lambda\sqrt{T^2+H_2^2}}(n_2(\lambda)-1)\right]\right\} \tag{4-60}$$

和

$$\bar{\eta}_{\text{real}}(\lambda,\varDelta,T)=\frac{1}{\lambda_{\max}-\lambda_{\min}}\int_{\lambda_{\min}}^{\lambda_{\max}}\operatorname{sinc}^2 \cdot\left(m-\frac{H_1}{\lambda}[n_1(\lambda)-1]+\frac{H_2}{\lambda}[n_2(\lambda)-1]+\frac{\varDelta H_2}{\lambda\sqrt{T^2+H_2^2}}\left[n_2(\lambda)-1\right]\right)\mathrm{d}\lambda \tag{4-61}$$

由式(4-60)和式(4-61)可以看出，双层衍射光学元件衍射效率和带宽积分平均衍射效率与每个基底的衍射微结构高度、基底折射率、微结构周期宽度和偏心度有关。

4.4.2 实例分析

选取常用的分离型双层衍射光学元件，以 8～12 μm 的长红外波段中的双层衍射光学元件为例，模拟装调过程中偏心误差对双层衍射光学元件衍射效率和带宽积分平均衍射效率产生的影响。对于长红外波段，选择了材料组合硫化锌-硒化锌(ZnS-ZnSe)，它不仅可以在正常和倾斜入射情况下在整个波段上确保衍射效率最小程度降低，而且可以通过单点金刚石车削以及精密模压进行加工。然后，基于最大带宽积分平均衍射效率理论，可以计算出每一层的微结构高度，设计的波长为 8.79 μm 和 11.11 μm，微结构高度可以分别计算为 134.596 μm 和−121.892 μm。

1. 装调误差对双层衍射光学元件带宽积分平均衍射效率的影响

当不存在偏心误差时，可以计算出入射角、入射波长和衍射效率之间的关系，如图 4.45 所示。

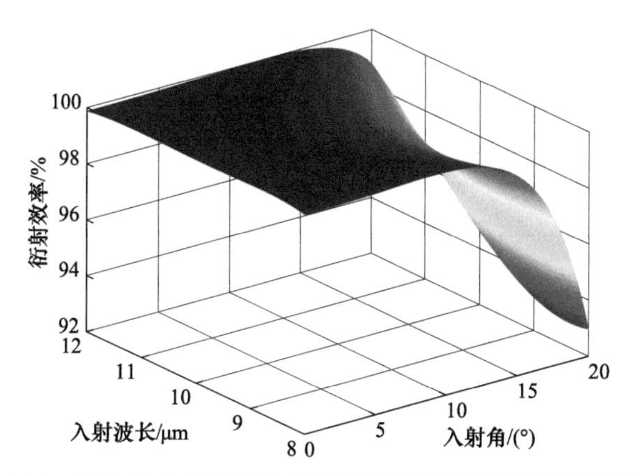

图 4.45　入射角-入射波长对双层衍射光学元件衍射效率的影响

从图 4.45 可以看出，对于该双层衍射光学元件，衍射效率随入射角的增加而降低。当入射角度大于 20°时，衍射效率迅速降低。通常，双层衍射光学元件大多位于混合成像光学系统的后端，用于像差校正，尤其是用于色差和热像差校正。因此，光束入射到双层衍射光学元件表面上的角度不会太大。

考虑到这一点，假定双层衍射光学元件表面的最大入射角为 10°。从式(4-60)和式(4-61)可以看出，当不存在偏心误差时，对于每个微结构周期宽度，衍射效率和带宽积分平均衍射效率都相等。如图 4.46 所示，当选择微结构周期宽度为 1000 μm 和 500 μm 时，入射角为 0°和 10°的带宽积分平均衍射效率对偏心误差的影响可以分别进行仿真。

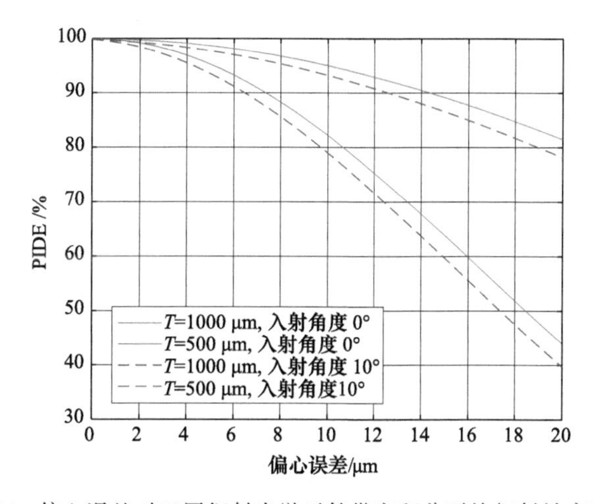

图 4.46　偏心误差对双层衍射光学元件带宽积分平均衍射效率的影响

从图 4.46 可以看出，随着微结构周期宽度的增加，带宽积分平均衍射效率减小。表 4.25 显示了在不同入射情况下，不同周期宽度下带宽积分平均衍射效率与偏心误差的关系。在下面的分析中，我们分别以 1000 μm(T_1)和 500 μm(T_2)的衍射微结构周期宽度，且相应的入射角分别为 0°和 10°为例进行分析。

表 4.25　偏心误差对双层衍射光学元件带宽积分平均衍射效率的影响

偏心误差/μm	带宽积分平均衍射效率/%			
	θ=0°		θ=10°	
	T_1	T_2	T_1	T_2
0	99.972	99.972	99.849	99.849
2	99.772	99.207	99.326	98.442
4	99.173	96.939	98.394	95.516
6	98.1812	93.255	97.065	91.174
8	96.808	88.295	95.351	85.598
10	95.064	82.245	93.271	79.000

从表 4.25 中可以看出，对于周期宽度为 1000 μm 和 500 μm 的微结构，入射角为 0°时，偏心误差从 0 μm 增加到 10 μm，带宽积分平均衍射效率分别从 99.972%减少到 95.064% (减少量为 4.908%) 和 82.245%(减少量为 17.727%)。此外，当入射角为 10°且偏心误差从 0 μm 增加到 10 μm 时，带宽积分平均衍射效率分别从 99.849%减少到 93.271%(减少量为 6.578%)和 79.000%(减少量为 20.849%)。可以看出，入射角对双层衍射光学元件带宽积分平均衍射效率的影响比微结构周期宽度更严重。

图 4.47 给出了在不同的微结构周期宽度和偏心误差的条件下入射角和带宽积分平均衍射效率之间的关系。黑色曲线代表无偏心误差时的带宽积分平均衍射效率，蓝色和红色实线分别代表偏心误差为 10 μm 时微结构周期宽度为 1000 μm 和 500 μm 的带宽积分平均衍射效率，虚线对应于偏心误差为 20 μm 的情况。表 4.26 显示了在不同微结构周期宽度下带宽积分平均衍射效率与入射角的关系，其中 Δ_1 和 Δ_2 分别代表 10 μm 和 20 μm 的偏心误差。

从表 4.26 可以看出，对于周期宽度为 1000 μm 和 500 μm 的微结构，当不存在偏心误差时，带宽积分平均衍射效率随入射角从 0°增大到 10°而从 99.972%减小到 99.849%。因此，可以选择 10°作为入射角，以满足成像系统中使用的双层衍射光学元件的带宽积分平均衍射效率的要求。当偏心误差为 10 μm 时，随着入射角从 0°增加到 10°，带宽积分平均衍射效率从 95.064%减少到 93.271%(减少量为 1.739%)，从 82.245%减少到 79.000%(减少量为 3.245%)。此外，当偏心误差为 20 μm 时，随着入射角从 0°增加到 10°，带宽积分平均衍射效率会从 81.531%减少到 78.232%(减少量为 3.299%)，从 43.971%减少到 39.689%(减少量为 4.282%)。然后，为了满足带宽积分平均衍射效率的要求，不同周期宽度和入射角的偏心误差容限是不同的，如表 4.27 所示。

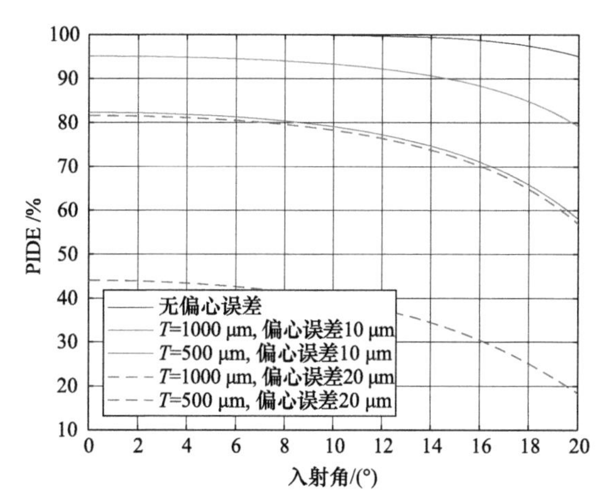

图 4.47　不同偏心误差下入射角度对双层衍射光学元件带宽积分平均衍射效率的影响

表 4.26　不同周期下入射角度对双层衍射光学元件带宽积分平均衍射效率的影响

入射角/(°)	理想情况	带宽积分平均衍射效率/ %			
		$\varDelta_1$		$\varDelta_2$	
		T_1	T_2	T_1	T_2
0	99.972	95.064	82.245	81.531	43.971
2	99.972	95.006	82.138	81.420	43.821
4	99.970	94.826	81.798	81.077	43.361
6	99.959	94.505	81.204	80.472	42.561
8	99.927	94.006	80.300	79.553	41.365
10	99.849	93.271	79.000	78.232	39.689

表 4.27　基于带宽积分平均衍射效率的双层衍射光学元件偏心误差容限

偏心误差容限/μm		T_1		T_2	
		0°	10°	0°	10°
带宽积分平均衍射效率/%	98	6.300	4.658	3.218	2.380
	95	10.067	8.363	5.143	4.273
	90	14.415	12.641	7.364	6.458

从表4.27中可以看出，随着偏心误差的增加，相同入射角和相同周期宽度下，双层衍射光学元件的带宽积分平均衍射效率会下降。例如，当微结构周期宽度为 1000 μm，并且带宽积分平均衍射效率要求从90%到98%时，在0°和10°的入射角下，偏心误差容限分别从14.415 μm和12.641 μm 减小到6.300 μm和4.658 μm。

此外，对于给定的带宽积分平均衍射效率，不同的入射角对应于不同的偏心误差容限。例如，当入射角为10°且带宽积分平均衍射效率要求从90%到98%时，对于1000 μm和500 μm的周期宽度，偏心误差容限分别从12.641 μm和6.458 μm减小到4.658 μm和2.380 μm。

2. 双层衍射光学元件装调误差容限分析

研究了偏心误差对不同波长(尤其是针对双层衍射光学元件的两个设计波长)的衍射效率的影响，然后推导了其偏心误差容限。首先，当入射角分别为垂直和斜角时，分别计算了不同衍射微结构周期宽度下衍射效率与偏心误差和入射波长的关系，如图 4.48 和图 4.49 所示。

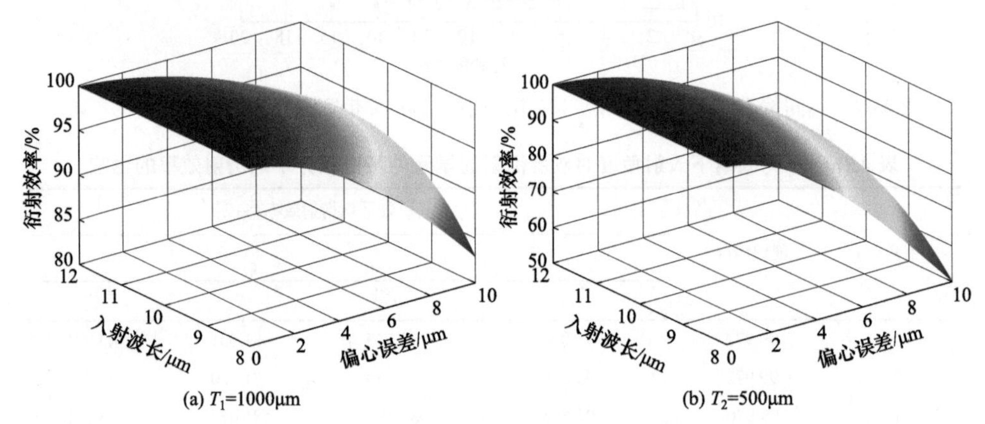

(a) T_1=1000μm　　(b) T_2=500μm

图 4.48　垂直入射下入射波长-偏心误差对双层衍射光学元件衍射效率的影响

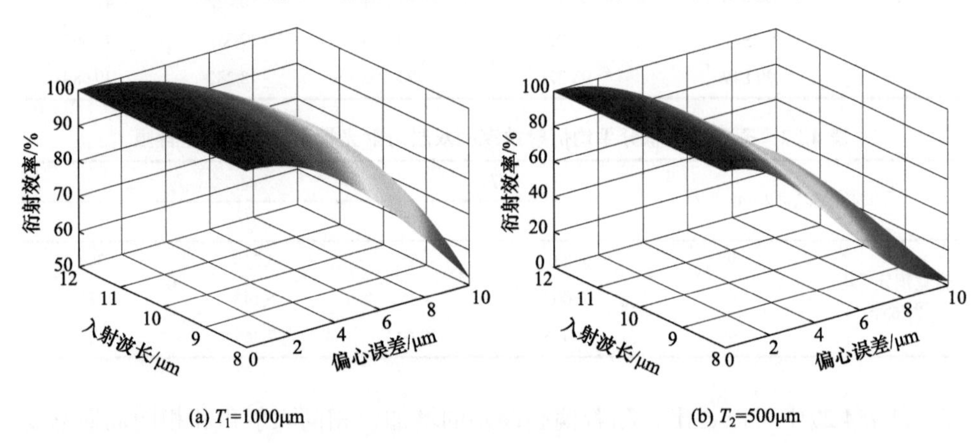

(a) T_1=1000μm　　(b) T_2=500μm

图 4.49　斜入射下入射波长-偏心误差对双层衍射光学元件衍射效率的影响

表 4.28 表明入射角影响整个工作波段的最小衍射效率，并且随着微结构周期宽度的减小，衍射效率受到更严重的影响。因此，在组装双层衍射光学元件

时，应考虑最小周期宽度的衍射效率，以避免快速下降。对于设计的波长，计算出衍射效率与偏心误差和入射角的关系，结果如图 4.50 所示。表 4.29 给出了计算得出的偏心误差容限，以满足不同的衍射效率要求。

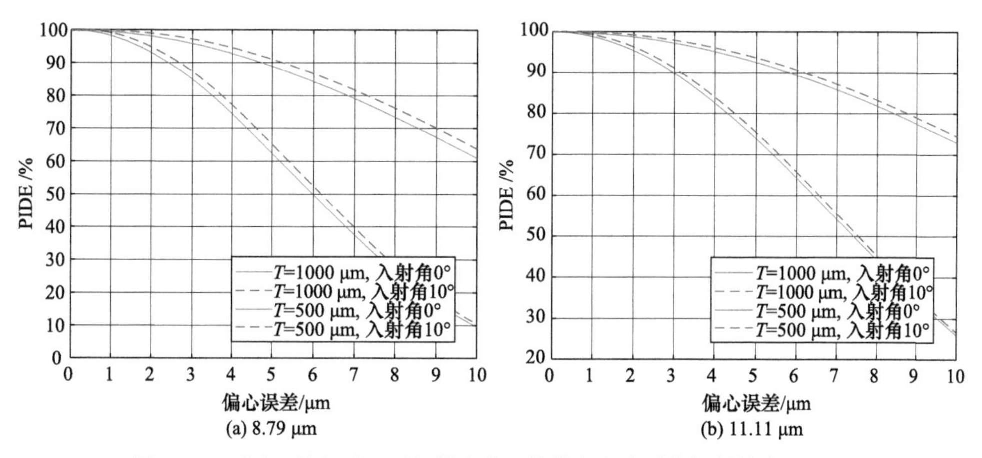

图 4.50　不同入射角对双层衍射光学元件带宽积分平均衍射效率的影响

表 4.28　含有偏心误差的双层衍射光学元件最小衍射效率

偏心误差/μm	η_{min} / %			
	0°		10°	
	T_1	T_2	T_1	T_2
0	99.844	99.844	92.891	92.891
2	96.255	88.718	98.667	98.910
4	88.302	64.431	98.811	85.752
6	76.876	36.489	94.584	57.988
8	63.217	14.233	84.755	28.668
10	48.729	2.446	71.334	8.339

表 4.29　设计波长处不同入射角度下的双层衍射光学元件偏心误差容限

偏心误差容限/μm		T_1		T_2	
		0°	10°	0°	10°
η_1 /%(8.79μm)	98	2.137	2.691	1.092	1.375
	95	3.351	3.886	1.712	1.985
	90	4.755	5.266	2.429	2.690
η_2 /%(11.11μm)	98	2.569	2.997	1.312	1.531
	95	4.086	4.491	2.088	2.294
	90	5.841	6.218	2.984	3.177

从表 4.29 中我们可以发现，偏心误差和微结构周期宽度会影响两个设计波长的衍射效率。此时，当入射角为 0°时，对于周期宽度为 1000 μm 的微结构，在两个设计波长下，衍射效率从 90%增加到 98%，偏心误差容限从 4.755 μm 和 5.841 μm 减小到 2.137 μm 和 2.569 μm。对于其他条件，可以以相同的方式计算偏心误差容限。

4.5　成像衍射光学元件形貌检测技术

当完成成像衍射光学元件的设计和加工后，检测技术是评估加工精度的必要手段，是保证混合成像光学系统具有良好工作性能的重要步骤。目前，检测技术的发展不断趋于多样化，检测精度也越来越高，然而，关于成像衍射光学元件表面面型的检测仍然还没有一种标准的方法，国内一些科研院所也对衍射表面做过测量方面的研究，但是都是针对特定材料、特定波段、特定光学系统进行的，还没有能够实现成像衍射光学元件表面形貌测量的标准，这也是制约我国衍射光学发展和研究的重要因素之一。

传统光学元件的表面形貌检测可以分为定性检测和定量检测，定性检测方法主要是刀口阴影法，定量检测方法主要包括接触式测量和非接触式测量两种方法。其中，接触式测量随着表面接触式测量仪的不断开发逐渐进步，从而使得表面微结构尺寸的检测成为可能；然而，接触式测量容易划伤表面并且测量精度受限。随着光电技术的发展，非接触式测量仪也开始出现并逐渐发展，随之也产生了一系列对应的非接触式检测方法，能够完成光学元件表面微结构形貌的检测，包括有效微结构参数和表面粗糙度检测。

(1) 接触式测量。

20 世纪 70 年代，美国研发了三维表面针式轮廓仪，开启了接触式测量的先河，该方法也是最早出现并且研究时间最长的一种表面轮廓测量方法。具体实现思路是：首先使用机械探针在待测元件表面上下移动，然后位移传感器会记录下探针的移动量，对测量值进行处理，最终模拟出待测元件的表面微观结构。典型代表有电容式位移传感器，其测量精度能够达到 0.1 nm，测量探针的直径决定了横向分辨率，直径越小对应的测量精度越高。

缺点是：该方法是通过逐点检测面型的，如果待测物体较大，则需要多次移动完成测量，此时测量数据量很大，测量工作麻烦；另外，探针和光学元件是直接接触的，这会对光学元件表面造成一定的压力，若待测光学元件基底质地较为松软，则可能会对表面造成一定的划伤且测量不准确。因此，此检测方法不适用于抛光光学表面、镀膜表面的光学件检测。

(2) 非接触式测量。

与接触式测量方法不同，非接触式测量在测量过程中通过节间测量待测元件表面从而获得元件表面微结构形貌。光学探针测量法、扫描探针显微镜测量法、扫描电子显微镜测量法和光学干涉测量法等都属于非接触式测量的主要方法，应用较为广泛。此处，各种测量原理不再赘述。

此方法有效改善了接触式测量的缺点，针对不同光学元件使用情况和测量精度要求，在实际检测过程中选择相应的检测方法。

(3) 成像衍射光学元件表面微结构检测。

根据前面章节内容可知，成像衍射光学元件是制作在光学透镜表面的，光学透镜基底材料主要有光学玻璃、光学塑料、光学晶体、金属材料等，并且加工方法和镀膜也都是一般成像光学系统的必备要求。因此，不能使用接触式测量法对其表面形貌进行测量，一般都会采用非接触式测量方法，典型的测量仪器如白光干涉仪。本小节以白光干涉仪为例，介绍成像衍射光学元件表面微结构的检测方法和过程。

单色光源干涉仪和白光干涉仪在测量方法上是相同的，区别在于白光干涉仪的使用波段为宽波段，各个波长分量会综合影响干涉条纹，而且比单色光源干涉仪具有更大的测量范围。当使用白光干涉仪进行测量时，条纹中心会出现一条最亮，为主极大，此位置为零光程差位置，与测量波长无关，在其两侧为彩色条纹分布。因此，零光程差位置可以准确得到，也为实际测量提供了一个绝对的参考位置，保证光程的绝对测量。白光干涉仪具有的优势是对外界因素不敏感，抗干扰能力强。

如图 4.51 所示，为具有超高性能的新一代 ZYGO NewView7300 白光干涉仪，它的 RMS 重复性精度优于 0.01 nm，纵向分辨率优于 0.1 nm，侧向分辨率为亚微米级，测量区域更可达 100 mm × 100 mm。该干涉仪具有优异的光学性能和图像质量，并且具有图像拼接功能，能够实现自动化放大功能，这也为实际测量提供了更加灵活多变的性能。这样高精度的检测仪器能够满足成像衍射光学元件表面微结构、面型精度、表面粗糙度等加工参数的检测，并满足一定的精度要求。仪器的参数如表 4.30 所示。

图 4.51　ZYGO NewView7300 白光干涉仪

表 4.30　ZYGO NewView7300 的参数

关键性能	ZYGO NewView7300
扫描速度	≤135 μm/s
系统缩放	自动缩放
最大扫描范围	≤200 mm
RMS 可重复性	< 0.01 nm
物镜	1 倍～100 倍
最大视场角	一般，14 mm；可选择，22 mm
搭载选项	机动或者人工(6 个位置)
Z 平台	机动式(100 mm 行程)
X-Y 平台	人工(100 mm 行程)或者机动(150 mm 行程)

成像衍射光学元件的特征参数，主要包括光学参数和物理参数两大类，具体内容如表 4.31 所示，特征参数检测方式如表 4.32 和表 4.33 中所示。

表 4.31　衍射光学元件的特征参数

<table>
<tr><td>光学参数</td><td>衍射光学元件的横向尺寸；衍射光学元件的特征尺寸；
衍射光学元件的三维形貌；衍射光学元件的表面粗糙度</td></tr>
<tr><td>物理参数</td><td>衍射效率；焦距；分辨率；像差、波像差；相位分布；
色散；像场尺寸；点扩散函数；调制传递函数；斯特列尔比</td></tr>
</table>

表 4.32　衍射光学元件特征参数的检测方式

<table>
<tr><td rowspan="4">表面面型</td><td>物理探针</td><td colspan="2">轮廓测定仪；原子力显微镜；扫描隧道显微镜</td></tr>
<tr><td rowspan="3">光学探针</td><td>成像技术</td><td>显微术；电子显微镜</td></tr>
<tr><td>扫描技术</td><td>共焦扫描成像；电子显微扫描；自聚焦传感</td></tr>
<tr><td>干涉技术</td><td>特外曼-格林干涉；斐索干涉计量；白光干涉仪</td></tr>
<tr><td rowspan="2">光学特性</td><td>波前测量</td><td colspan="2">干涉计量(透射)</td></tr>
<tr><td>Hartmann-Shack 传感</td><td colspan="2">成像面分析；傅里叶频谱面分析</td></tr>
</table>

表 4.33 光学元件参数的检测方法

表面形状		光学特性	阵列元件测试
物理探针	光学探针		
轮廓测定仪 原子力显微镜 扫描隧道显微镜	成像： 显微术 电子显微镜	波前测量： 干涉计量(透射)	干涉测量： 剪切干涉测量 Smart 干涉测量
	扫描技术： 共焦扫描成像 Raster 电子显微扫描 自聚焦传感	Hartmann-Shack 传感： 成像面分析 傅里叶频谱面分析	莫尔技术
	干涉测量：特外曼-格林干涉 斐索干涉计量 椭圆偏振测量术 散射测量		分数泰伯成像

4.6 成像衍射光学元件的衍射效率测量

目前，成像衍射光学元件衍射效率的测量还没有统一的方法和国家标准，可以根据对其衍射效率的定义，搭建光路完成测试。常见的成像衍射光学元件衍射效率测量的方法有以下六种：

(1) 分别测出衍射光场的主衍射级次的最大能量与通过衍射光学元件后出射光束的能量，计算其比值得到衍射效率。

(2) 把入射光线经过衍射光学元件后在成像像面位置的光能量作为系统的总能量，这样能够补偿光线经过衍射光学时被吸收、反射等损失掉的能量，将后焦面的总能量作为衍射效率测量的标准。

(3) 测出入射至焦平面探测器上的有效面积光能量，然后测出去掉平面基板对光束吸收、反射后的出射光束能量，二者作比值得到衍射效率结果。

(4) 测出经过衍射光学元件后的光束入射至焦平面光探测器的有效面积光能量和经过整个光学系统后焦平面探测器上的有效面积光能量，对其比值计算得到衍射效率。

(5) 扣除背景影响的衍射效率的测量，指采用间接方式计算衍射光学元件主衍射级次的透射能量，即为该衍射光学元件的衍射效率，具体实现是通过扣除总投射光能量中背景光的影响。

(6) 采用衍射远场的中央主瓣衍射光能量与理想受限混合透镜的轴上辐照度之比；也可以通过计算主瓣和第一旁瓣的光能量与总能量之比计算衍射光学元件对应的衍射效率，此方法也称为斯特内尔效率法。

4.6.1 测量原理和方法

1. 成像衍射光学元件衍射效率的测量原理及方法

一般地，对于成像衍射光学元件，选用一级衍射即 m=1 为其主衍射级次。在实际测量衍射光学元件的衍射效率过程中，通过分别测量含有衍射光学元件的折衍混合光学系统的主衍射级次能量 E_1 和经过光学系统后焦面的总光能 E_0，对其进行比值，计算得到衍射光学元件的衍射效率，测量原理如图 4.52 所示。

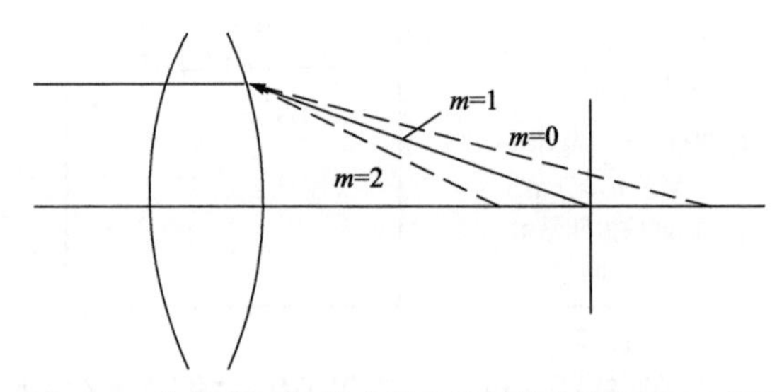

图 4.52　光线经过衍射光学元件后的衍射级次示意图

测量的具体实现方法是：①在平行光管焦面上放置一个角半径适当的星点孔，使被测系统在主衍射级次焦面上可以出现一个艾里衍射分布；②选择一个适当大小的小孔光阑，放在待测系统的焦面上，调整小孔光阑的中心与艾里斑中心相重合，滤掉次级衍射的能量以保证衍射效率的测量精度。此时要注意：如果焦面上光强度分布是标准的艾里斑分布，那么根据小孔光阑尺寸可以计算得到通过小孔光阑的能量中一级衍射能量所占的比例，从而就能计算得到衍射光学元件的衍射效率。这种测量方法要求待测的折衍混合成像光学系统性能较好，成像衍射光学元件和整个光学系统的加工及装配也要达到较高的标准，才能够满足星点像能量分布呈标准的衍射光斑特性。

2. 衍射光学元件衍射效率测量的实验装置

通过测量含有衍射光学元件的折衍混合成像光学系统出射光的主衍射级次能量 E_1 和光学系统后焦面的总光能 E_0 可以得到衍射效率。为了提高测量精度，考虑到双光路测量装置能够有效降低激光器波动性对衍射效率测量结果准确度的影响，本小节使用双光路的测量方法，具体实验测量装置如图 4.53 所示。工作过程为：激光光源发出光束，此光束经过平行光管后出射为光强分布均匀的平行光束，其中一路光经过分光镜被一个光电探测器接收，此光路为参考光路；另一路光照射至待测光学系统上，由光电探测器在光学系统后焦面位置接收光束的出射能量，此光路为测量光路。在衍射效率的测量过程中，首先测量出一级衍射光的能量 E_1，同时记录参考光的能量 E_1'；然后，去掉光电探测器前方的针孔光阑，测量并记录待测光学系统后焦面上的总能量 E_0 和参考光能量 E_0'，此时成像衍射光学元件的衍射效率可以通过以下公式计算

$$\eta = \frac{E_1 E_0'}{E_1' E_0} \tag{4-62}$$

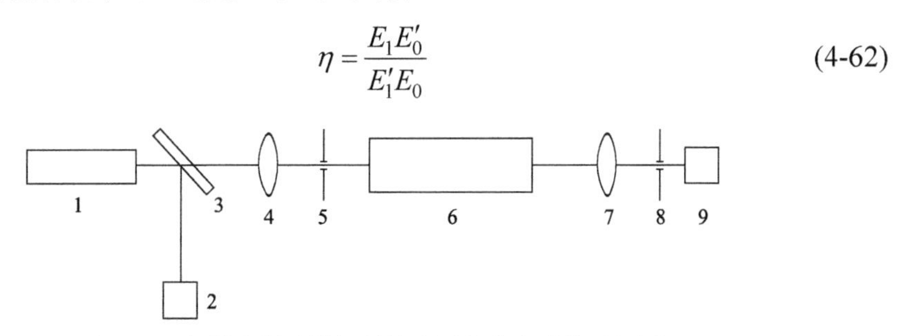

图 4.53　衍射光学元件衍射效率测量的实验装置框图

1-光源；2-光电探测器 1；3-分光镜；4-聚光镜；5-针孔光阑；6-平行光管；7-待测光学系统；8-小孔光阑；9-光电探测器 2

3. 一级衍射能量的修正

在实验测量过程中，一级衍射能量 E_1 可通过在主衍射级次焦面处放置一个足够大的小孔光阑测量得到。小孔光阑的大小能够在满足保证主衍射级次的能量全部通过的前提下，拦截掉其他各次级衍射光的能量(不考虑杂散光的影响)。当衍射光学元件承担较大的光焦度时，主衍射级和各次级衍射的像面距离较远，上述方法是可行的。但是，若衍射光学元件承担光焦度较小，其应用只是为了校正光学系统色差时，主衍射级次的像面和各次级衍射的像面相距很近，很难准确地将主衍射级像点的能量与各次级衍射像点的能量分开。因此，此时如果把测量得到的能量直接作为主衍射级的能量 E_1，则会引入很大的测量误差。在这种情况下，可以采取只测量主衍射级弥散斑的中央亮斑及其附近的部分区域能量的方法，选用尺寸较小的小孔光阑，让主衍射级次的能量尽可能多地通过小孔光阑，并尽量减少通过小孔光阑的次级衍射能量，这样可以有效减少测量中的误差因素对测量结果的影响。使用这种方法的前提是光学系统主衍射级次的成像质量接近或达到衍射极限，能够在光学系统的焦面上形成一个比较标准的艾里斑分布图形。

圆孔夫琅禾费衍射的强度分布表示如下

$$M = \left[\frac{2\mathrm{J}_1(kra/f')}{kra/f'} \right]^2 M_0 \tag{4-63}$$

式(4-63)中，$\mathrm{J}_1(kra/f')$ 是一阶贝塞尔函数；k 代表波数，可以表示为 $k = 2\pi/\lambda$；a 代表小孔光阑半径；f' 代表光学系统的焦距；M_0 是一个与小孔光阑面积、光波长以及焦距有关的常量。

将式(4-63)在半径 r_1 的区域范围内积分，得到该区域内包含的能量大小是

$$P(r_1) = 1 - J_0^2\left(\frac{kr_1a}{f'}\right) - J_1^2\left(\frac{kr_1a}{f'}\right) \tag{4-64}$$

式(4-64)中，$J_0^2\left(\frac{kr_1a}{f'}\right)$代表零阶贝塞尔函数。

当主衍射级次和各次级衍射的像面相距较近时，可以采用较小的小孔光阑，只允许中央亮斑和邻近的若干亮环的能量通过，则测量得到的能量仅包含了主衍射级次能量的一部分，此时需要测量得到的衍射能量并且对其进行修正后得到准确的一级衍射能量 E_1。由于小孔光阑的半径可以准确地知道，因此根据式(4-64)，可以计算出通过小孔光阑的那部分能量所占一级衍射总能量的百分比 $P(r_1)$，则一级衍射光能量应为 $E_1/P(r_1)$，对应的衍射光学元件的衍射效率修正表达式为

$$\eta = \frac{E_1}{P(r_1)E_0} \tag{4-65}$$

4.6.2　测量装置

成像衍射光学元件衍射效率的测量装置主要包括光源(激光器)、分光镜、显微物镜、空间滤波器(针孔光阑)、平行光管、光电探测器(光功率计)、小孔光阑等。相关仪器的具体介绍如下。

1. 光源

在衍射光学元件衍射效率实验测量的过程中，由于在平行光管焦面处设置了一个较小的星点孔进行空间滤波，所以照射到折衍混合光学系统上的光信号比较弱。衍射光学元件衍射效率会随着入射波长偏离设计波长而下降，所以，一般选用单色光光源测量衍射效率；此外，如果采用一般的光源加上干涉滤光片，其具有一定的波段宽度，单色性不好，且接收到的光信号会很弱。综上考虑，激光器具有方向性好、单色性强的优点，适用于作为衍射效率测量的光源。一般，激光光源开机之后激光器功率输出处于波动状态，需要根据各种激光器的使用说明先预热几分钟，几分钟后激光器的输出功率渐趋于稳定(处于一种相对平缓的波动之中)，便可开始进行测量。

2. 分光镜

分光镜是此实验环节的又一关键元件，作用就是将激光束分为两束：一束用于测量光路中，通过混合光学系统光轴参与成像；另一束则作为参考光，只衡量激光器光束质量的波动性对测量结果的影响。

3. 显微物镜和空间滤波器

激光器的光束发散角很小，需要用一个扩束镜来增大光束的发散角。通常可以选用 20 倍、40 倍的显微物镜或者具有很短焦距的单片正透镜或负透镜来实现激光光束的扩束。空间滤波器对扩束后的光束进行过滤，只允许中间比较均匀的那部分光通过。显微物镜、空间滤波器以及平行光管物镜共同完成对激光光束的扩束与准直的作用。选择这样结构的优点是：空间滤波器的针孔光阑可以减少激光束高阶模式所产生的散斑的影响；同时针孔光阑可以截取高斯光束中心处相对平缓的那部分光束，以便得到均匀性较好的平行光束。

4. 平行光管

一般地，在做星点测量时，平行光管的选择需要满足如下要求：$f_c' > 3f'$，$D_C > 1.2D$，即平行光管的焦距大于待测镜头焦距的 3 倍，口径大于待测的光学系统口径的 1.2 倍。经过平行光管出射的平行光，通过待测的光学系统后，如果能得到圆形的星点图，则表明待测光学系统的成像质量良好，接近衍射极限。在使用星点测量理论中，为了保证星点像具有比较好的对比度和足够的衍射细节，星点孔直径一般要求应该满足

$$d \leqslant \frac{0.61\lambda}{D} f_c' \tag{4-66}$$

将待测光学系统的入瞳直径 D、平行光管焦距 f_c' 以及照明光源的波长 λ，代入式(4-66)中，可计算得到平行光管物镜焦面位置处所允许的星点孔直径。然后，按照星点检验的原理进行判断，若待检测光学系统的成像质量良好，那么在光学系统后焦面上将形成一个比较标准的艾里斑衍射分布图形，星点像的艾里斑半径应该满足

$$r_0 = f' \frac{1.22\lambda}{D} \tag{4-67}$$

将待测光学系统的相关参数代入式(4-67)中，计算可得艾里斑直径为 $d_1 = 2r_1$，此时一级暗环内光能量约占到整个星点像光能量的 91%。

5. 光功率计

光功率计通常以光电二极管或者光电池作为光敏元件，为数字显示方式(可以直接将电压信息模拟量转化为数字量，方便读取参数)，光电二极管线性光电响应较好，可应用在衍射效率的测量中。在实际测量过程中，根据测量精度要求，选择相应的光功率计。此处以四位有效数字的读数精度为例分析，可以选择 Newport 公司生产的双通道光功率计主机 2936-C，如图 4.54 所示，可以同时读出 A 和 B 两个探测器接收的能量，并能够检测出激光光源波动性对测量结果产

生的误差，从而提高测量结果的精度和准确性。

图 4.54　Newport 的 2936-C 双通道光功率计

6. 小孔光阑

为了尽量使一级衍射的能量全部通过小孔光阑被探测器接收，纵然小孔光阑的口径很小，也还是会有一定量的其他级次的衍射能量通过小孔光阑而被探测器探测到，进而影响到衍射效率的测量结果。若得到次级衍射在一级衍射焦面上的弥散斑尺寸，再根据小孔光阑的尺寸大小，就可以算出次级衍射能量进入到一级衍射焦面上的比例，进一步确定次级衍射对测量结果准确性的影响。

如图 4.55 所示，根据衍射光学元件光焦度的计算公式，可以得到不同衍射级次在轴上的焦点位置，进一步可以算出 $m=1$ 的衍射级次与相邻的衍射级次 $m=2$ 之间的轴向距离 d_2 和 d_0；以及 2 级和 0 级衍射在一级衍射焦面上的高度 h_2 和 h_0 的大小。由光学系统的点扩散函数图可以得到，光学系统轴上点所对应的弥散斑大小。根据弥散斑的大小，就可以计算出探测器前面小孔光阑的尺寸，进而进行选取。

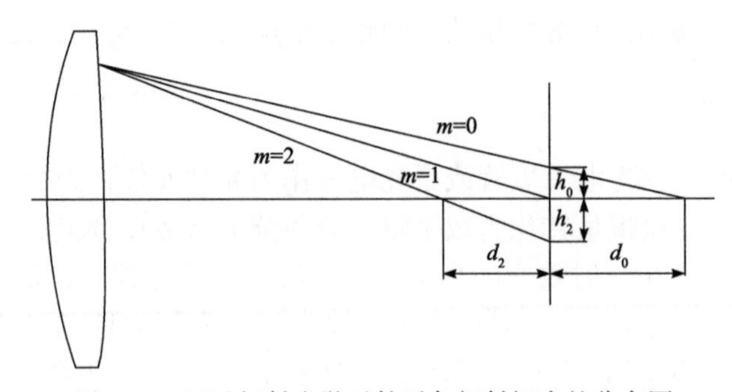

图 4.55　经过衍射光学元件后各衍射级次的分布图

当探测器前面的小孔光阑直径大小为 d 时，二级和零级衍射在一级衍射像面上的高度分别为 h_2 和 h_0，那么通过小孔光阑透过的二级和零级衍射光所占的比例分别为 $\frac{\pi(d/2)^2}{\pi h_2^2}$ 和 $\frac{\pi(d/2)^2}{\pi h_0^2}$。由此可以得到通过小孔光阑的次级衍射光所占的比例大小，进而对测量结果进行校正等处理。

除了上述的主要实验仪器外，还有一些辅助仪器，如光学平台、多自由度微调器、挡板、激光器夹持器等。

4.6.3　测量结果的处理方法

基于标量衍射理论在成像衍射光学元件的应用，当光束从衍射光学元件的基底材料斜入射到空气中时，单层衍射光学元件的第 m 衍射级次的衍射效率如式(3-25)所示，当光线从空气介质入射到衍射光学元件的基底材料中时，衍射光学元件的第 m 衍射级次的衍射效率如式(3-24)所示。此时，根据待测衍射光学元件的衍射表面所处的折衍混合透镜的位置，通过公式计算则能够得到在设计波长或者测量波长处的衍射光学元件的理论衍射效率。

1. 一级衍射光能量的测量

在暗室中调整好测量的准直光路，确保经过平行光管后得到均匀分布的平行光束，将其放在测试光路中。这样，平行光管经过衍射光学元件后会聚到主衍射级次所在的焦平面位置，然后将针孔光阑放在光功率计的探头前面，确保这两个部件的相对位置不动；最后使用三维位移台调整光探头的位置，直到衍射光学元件主衍射级次的焦点位置和针孔光阑的中心位置重合，寻找出射光强度最大的位置，测量、记录此时衍射光学元件的一级衍射光能量和参考光路的光强(分别为 E_1 和 E_1')。

2. 入射总光强的测量

在测量完成一级衍射光能量后，尽量不移动光功率计的探头位置(确保探测器光敏面相同位置接收光能量，避免其表面效应对测量精度的影响，尽量降低误差)，移开针孔光阑，读取此时光功率计探头接收到的光强信号 E_0 和此时参考光路的光强信号 E_0'。注意：在测量过程中，可以在待测系统前放一个黑色挡板，这样可以忽略背景光能量的影响。最后，将测量数据代入式(4-65)中计算得到衍射效率数值，并与理论计算数进行比对，分析测量误差的来源，例如加工误差、装配误差等。

3. 测量结果的数据处理

对于每次测量，应该记录含有衍射光学元件的混合成像光学系统的一级衍射光能量和此时的参考光能量(分别为 E_1 和 E_1')，以及待测光学系统后焦面的总能量和参考光能量(分别为 E_0 和 E_0')。测量过程中要求进行 N 次重复测量，记计算每次测量后的衍射光学元件的衍射效率并取平均值，得到在当前测量视场下成像衍射光学元件的衍射效率，表示为

$$\eta_{\text{mea}} = \sum_{i=1}^{N} \eta_i, \quad i = 1, 2, \cdots, N \tag{4-68}$$

衍射光学元件衍射效率的测量误差为理论计算的衍射效率 η_m 减掉测量得到的衍射效率 η_{mea}，表示为

$$\Delta\eta = \eta_m - \eta_{\text{mea}} \tag{4-69}$$

测量结果相对误差为测量误差值与理论计算的理想衍射效率的比值，表示为

$$\varepsilon = \frac{\Delta\eta}{\eta_m} = \frac{\eta_m - \eta_{\text{mea}}}{\eta_m} \tag{4-70}$$

使用插值算法，对不同波长光源下测量的衍射光学元件衍射效率的数值进行曲线拟合，可以得到在任意一个波长位置处测试得到的实际衍射效率的数值，然后计算得到衍射光学元件对应波段的带宽积分平均衍射，计算依据为

$$\bar{\eta}_{\text{mea}} = \frac{1}{\lambda_{\max} - \lambda_{\min}} \int_{\lambda_{\min}}^{\lambda_{\max}} \eta_{\text{mea}} \mathrm{d}\lambda \tag{4-71}$$

式(4-71)中，$\lambda_{\min}$ 和 $\lambda_{\max}$ 分别代表波段范围内的最小和最大波长值。

参 考 文 献

[1] Suleski T J, O'Shea D C. Gray-scale masks for diffractive-optics fabrication[J]. Appl. Opt., 1995, 34 (32): 7507-7517.

[2] Chen Y X. A new concept of 3-dimensional integrated optics[J]. Optoelectronics-Devices and Technologies, 1990, 5(1): 109-118.

[3] Pawlowski E. Thin film deposition and alternative technique for the fabrication of binary optic of high efficiency[J]. IEEE Conference Publication, 1993, 379: 54-59.

[4] Suyal H, Waddie A J, Taghizadeh M R. Direct laser-writing of complex photopolymer structures using diffractive optical elements[J]. Proc. SPIE, 2006, 6185: 61851C-1.

[5] Liu J, Gu B. Laser beam shaping with polarization-sensitive diffractive phase elements[J]. Appl. Opt., 2000, 39(18): 3089-3092.

[6] Daschner W, Larsson M, Lee S H. Fabrication of monolithic diffractive optical elements by the use of e-beam direct write on an analog resist and a single chemically assisted ion-beam-etching

step[J]. Appl. Opt., 1995, 34(14): 2534-2539.

[7] Suleski T J, O'Shea D C. Gray-scale masks for diffractive-optics fabrication: Ⅰ. Commercial slide imagers[J]. Appl. Opt., 1995, 34(32): 7507-7517.

[8] O'Shea D C, Rockward W S. Gray-scale masks for diffractive-optics fabrication: Ⅱ. Spatially filtered halftone screens[J]. Appl. Opt., 1995, 34(32): 7518-7526.

[9] Tsai K. Effect of injection molding process parameters on optical properties of lenses[J]. Appl. Opt., 2010, 49(31): 6149-6159.

[10] Tofteberg T, Amedro H, Andreassen E. Injection molding of a diffractive optical element[J]. Polymer Engineering and Science, 2008, 48(11): 2134-2142.

[11] SCHOTT N. America, Inc.. Optical glass collection datasheets [Z]. 2013.

[12] Cogburn G. Advanced manufacturing methods for chalcogenide molded optics[C]. Proc. SPIE, 2011, 8012: 80122E-1-7.

[13] Cha D H, Kim H J, Park H S, et al. Effect of temperature on the molding of chalcogenide glass lenses for infrared imaging applications[J]. Appl. Opt., 2010, 49(9): 1607-1613.

[14] Cogburn G. Chalcogenide and germanium hybrid optics[J]. Proc. SPIE, 2011, 8189: 818911-1-8.

[15] Cogburn G, Symmons A, Mertus L. Molding aspheric lenses for low-cost production versus diamond turned lenses[J]. Proc. SPIE, 2010, 7660: 766020-1-6.

[16] Guimond Y, Bellec Y. A new moldable infrared glass for thermal imaging and low cost sensing[J]. Proc. SPIE, 2077, 6542: 654225-1-6.

[17] Guimond Y, Franks J, Bellec Y. Comparison of performances between GASIR moulded optics and existing IR optics[J]. Proc. SPIE, 2004, 5406: 114-120.

[18] Bourget A, Guimond Y, Franks J, et al. Moulded infrared optics making night vision for cars within reach[J]. Proc. SPIE, 2005, 5663: 182-189.

[19] Guimond Y, Bellec Y. High precision IR moulded lenses[J]. Proc. SPIE, 2004, 5252: 103-110.

[20] Karlsson M, Nikolajeff F. Fabrication and evaluation of a diamond diffractive fan-out element for high power lasers[J]. Opt. Express, 2003, 11: 191-198.

[21] Blough C G, Rossi M, Mack S K, et al. Single-point diamond turning and replication of visible and near-infrared diffractive optical elements[J]. Appl. Opt., 1997, 36(30): 4648-4654.

[22] Yoder P R. Opto-Mechanical Systems Design[M]. Boca Raton: CRC Press, 2006.

[23] 王鹏. 衍射光学元件设计及金刚石单点车削技术的研究[D]. 长春：长春理工大学, 2007.

[24] Tamagawa Y, Ichioka Y. Modulation transfer function of blazed diffractive optics produced by diamond turning[J]. Opt. Rev., 1999, 6(4): 288-292.

[25] Rossi M, Hessler T. Stray-light effects of diffractive beam-shaping elements in optical micro-systems[J]. Appl. Opt., 1999, 38(16): 3068-3076.

[26] Gale M T. Diffractive optics and microoptics production technology in Europe[C]. Diffractive Optics and Micro-Optics, Vol. 75 of OSA Trends in Optics and Photonics Series (Optica Publishing Group, 2002), Paper DMB1, 2002: 18-20.

[27] Gale M T. Replicated diffractive optics and micro-optics[J]. Opt. Photonics News, 2003, 14(8): 24-29.

[28] Greisukh G I, Ezhov E G, Kalashnikov A V, et al. The efficiency of relief-phase diffractive

elements at a small number of Fresnel zones[J]. Opt. and Spectrosc., 2012, 113(4): 425-430.
[29] Abouelatta O B, Madl J. Surface roughness prediction based on cutting parameters and tool vibrations in turning operations[J]. J. of Mater Process Technol., 2001, 118: 269-277.
[30] He C L, Zong W J, Zhang J J. Influencing factors and theoretical modeling methods of surface roughness in turning process: State-of-the-art[J]. Int. J. Mach. Tools Manuf., 2018, 129: 15-26.
[31] Riedl M J. Optical Design Fundamentals for Infrared Systems[M]. Washington: Proc. SPIE PSIE, 2001.
[32] Seesselberg M, Kleemann B H. DOEs for color correction in broad band optical systems: validity and limits of efficiency approximations[J]. Proc. SPIE, 2010, 7652 (4): 7652-2T.

第 5 章　镀有增透膜的成像衍射光学元件优化设计

本章主要研究了镀有增透膜的成像单层衍射光学元件和双层衍射光学元件的优化设计方法。首先，分析了增透膜对成像单层衍射光学元件的相位影响；然后，基于单层衍射光学元件在设计波长位置处 100%衍射效率的设计方法，推导了增透膜对单层衍射光学元件的衍射效率和带宽积分平均衍射效率的影响，提出了镀有增透膜的单层衍射光学元件的优化设计理论；最后，根据优化设计理论对常用的可见光波段单层衍射光学元件进行了详细讨论。基于镀有增透膜对单层衍射光学元件衍射效率的影响以及对单层衍射光学元件的优化设计方法，研究了增透膜对双层衍射光学元件衍射效率的影响以及对应的双层衍射光学元件的优化设计方法。结果表明，在垂直入射和一般入射情况下，采用优化设计能实现设计波长处 100%的衍射效率和宽波段内高带宽积分平均衍射效率。与传统设计方法相比，衍射光学元件的优化设计理论不仅能够保证折衍混合成像光学系统具有更高的透过率、更好的光学元件性能，也能够保证在设计波长位置处 100%衍射效率和宽波段范围内高的带宽积分平均衍射效率，在一定程度上提高光学系统的成像质量。与传统设计方法相比，优化设计理论从原理上弥补了衍射光学元件的设计缺点，对衍射光学元件的设计有重要意义。

5.1　衍射光学元件镀膜的必要性

衍射光学元件的特殊色散性质和温度性质使其广泛应用于折衍混合成像光学系统中。光学增透膜具有提高光学元件表面透过率和系统能量利用率，并防止光学材料特别是红外光学材料潮解等优势。此外，光学元件表面特别是有机光学材料表面必须经过镀制耐磨的双层增透膜以提高其物理性能。然而，增透膜材料的厚度和折射率也会对衍射光学元件产生附加相位调制，导致能够实现 100%衍射效率的波长位置发生偏移，并使整个波段内的带宽积分平均衍射效率下降，从而造成像平面上对应设计波长的成像衬比度下降，并产生一定的杂散光，最终降低折衍混合成像光学系统的成像质量。在传统的衍射光学元件设计中，并没有考虑到衍射光学元件表面增透膜对衍射光学元件衍射效率特性的影响。

为了减少衍射光学元件表面的反射，在衍射光学元件表面镀制增透膜是最直接的解决方案。发明专利[1]中给出了二元光学元件和多级衍射光学元件表面镀制增透膜的方法；文献[2]研究了对衍射光学元件表面镀制纳米结构梯度折射率增透膜。关于光学膜层的镀制，目前主要采用薄膜淀积方式[3,4]。然而，目前在单层、双层衍射光学元件的设计中还尚未考虑光学增透膜对其衍射效率的影响，因而这种设计并不能反映工程上普遍使用的实际情况。本章从理论上研究了描述光学增透膜对成像衍射光学元件(单层衍射光学元件和双层衍射光学元件)衍射效率影响的数学模型，进而在计算、仿真分析的基础上提出对应的衍射光学元件的优化设计方法。研究内容和结论有助于进一步完善双层衍射光学元件的设计理论，并对含有双层衍射光学元件的系统的准确设计、评价及其实际工程应用提供理论和技术支持。

5.2　镀有增透膜的单层衍射光学元件优化方法

对于单层衍射光学元件，衍射光学元件的表面增透膜会对衍射光学元件本身产生附加相位，会使设计波长位置处的衍射效率不再是 100%，也会降低对应波段内的带宽积分平均衍射效率。本节中，研究了增透膜对单层衍射光学元件衍射效率的影响以及对应的优化设计理论。

5.2.1　增透膜对单层衍射光学元件衍射效率的影响

在已有文献中可知，衍射光学元件表面光学膜层的镀制采用薄膜淀积的方式进行。然而对于传统衍射光学元件的设计，并未考虑到增透膜对衍射光学元件产生的附加相位以及对衍射效率的影响作用。

增透膜产生的附加相位会使单层衍射光学元件在设计波长位置处的衍射效率下降，能够导致实现 100%衍射效率的波长位置发生偏移，整个波段内的带宽积分平均衍射效率下降，这样会造成设计波长位置处在成像面的对比度下降，在像面位置产生一定的杂散光，降低折衍混合成像光学系统的成像质量。因此，应该将增透膜考虑到单层衍射光学元件的设计中，保证设计波长位置处 100%衍射效率和整个波段内最大带宽积分平均衍射效率，从而保证折衍混合成像光学系统的最好成像质量。

单层衍射光学元件的优化设计算法的思路为：首先考虑衍射光学元件表面膜层对衍射光学元件产生的附加相位；其次同时考虑衍射光学元件本体相位和增透膜相位，分析增透膜对单层衍射光学元件衍射效率的影响；再次将光学膜层的附加相位从整体相位中去除，重新计算衍射微结构高度；最后将优化后的衍射微结构高度代入衍射效率表达式，计算设计波长位置处的衍射效率。

如图 5.1 所示，为单层衍射光学元件表面增透膜的结构，其中 L_i 为每层光学薄膜的物理厚度，对应的入射波长的折射率为 n_i，衍射光学元件的基底材料标注为基底，置于空气介质中。如图 5.2 所示为考虑到增透膜的单层衍射光学元件的结构，红色部分为光学元件的增透膜，蓝色部分为衍射光学元件的本体基底。

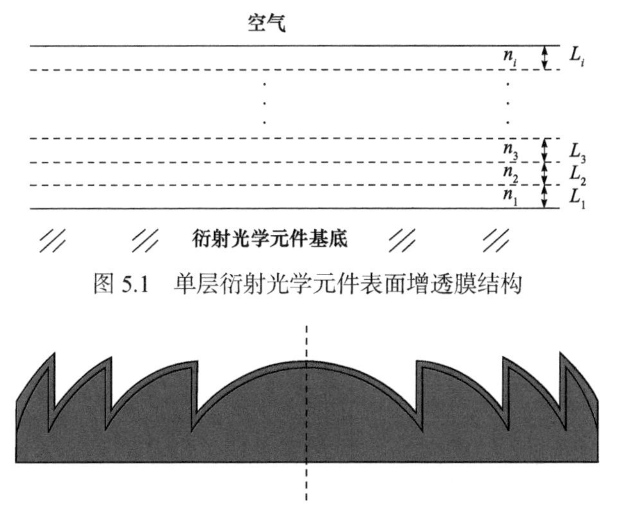

图 5.1　单层衍射光学元件表面增透膜结构

图 5.2　镀有增透膜的单层衍射光学元件结构

考虑到增透膜的附加相位时，为了保证单层衍射光学元件在设计波长位置处100%衍射效率的特性，应该综合考虑单层衍射光学元件本体的相位和增透膜产生的附加相位。因此，含有光学膜层的衍射光学元件的相位表达式为

$$\phi_{\text{total}} = \phi_{\text{DOE}} + \phi_{\text{coating}} \tag{5-1}$$

式(5-1)中，ϕ_{total} 为镀有光学增透膜的衍射光学元件相位，ϕ_{DOE} 为单层衍射光学元件的本体相位，ϕ_{coating} 为光学膜层产生的附加相位。

其中光学膜层产生的附加相位的表达式为

$$\phi_{\text{coating}} = \frac{2\pi}{\lambda}\Delta L = \frac{2\pi}{\lambda}\sum_{i=1}^{k} n_i l_i \tag{5-2}$$

式(5-2)中，ΔL 为光学膜层产生的光程差，$\sum_{i=1}^{k} n_i l_i$ 为第 1 层到第 i 层每层的介质折射率与几何厚度乘积的加和，λ 为工作波长。

衍射光学元件的相位表达式为

$$\phi_{\text{DOE}} = \frac{H}{\lambda}\left[n(\lambda) - n_0(\lambda)\right] \tag{5-3}$$

式(5-3)中，H 为优化设计理论下衍射光学元件衍射微结构高度数值，$n(\lambda)$ 为工作波长对应的基底折射率，$n_0(\lambda)$ 为工作波长在基底所在介质的折射率。

因此，含有光学膜层的衍射光学元件的衍射效率表达式为

$$\eta_m(\lambda) = \operatorname{sinc}^2\left(m - \frac{\phi_{\mathrm{DOE}} + \phi_{\mathrm{coating}}}{2\pi}\right) \tag{5-4}$$

式(5-4)中，$\eta_m(\lambda)$ 为波长对应的衍射效率。

含有光学膜层的衍射光学元件的带宽积分平均衍射效率表达式为

$$\bar{\eta}_m(\lambda) = \frac{1}{\lambda_{\max} - \lambda_{\min}} \int_{\lambda_{\min}}^{\lambda_{\max}} \operatorname{sinc}^2\left(m - \frac{\phi_{\mathrm{DOE}} + \phi_{\mathrm{coating}}}{2\pi}\right) \mathrm{d}\lambda \tag{5-5}$$

式(5-5)中，$\bar{\eta}_m(\lambda)$ 为波长对应的带宽积分平均衍射效率，$\lambda_{\min}$ 和 $\lambda_{\max}$ 分别为工作波段的最小和最大波长数值。

优化后的衍射光学元件的相位计算表达式为

$$\phi_{\text{DOE-opt}} = \phi - \phi_{\mathrm{coating}} = \frac{H}{\lambda_{\mathrm{designed}}}\left[n(\lambda_{\mathrm{designed}}) - 1\right] \tag{5-6}$$

式(5-6)中，$\phi_{\text{DOE-opt}}$ 为考虑增透膜进行优化设计后的衍射光学元件本体的设计相位。

因此，镀有光学增透膜的单层衍射光学元件的衍射效率表达式为

$$\eta'_m(\lambda) = \operatorname{sinc}^2\left(m - \frac{\phi_{\text{DOE-opt}}}{2\pi}\right) \tag{5-7}$$

式(5-7)中，$\eta'_m(\lambda)$ 为优化后的衍射效率。

优化后的含有光学膜层的衍射光学元件的带宽积分平均衍射效率表达式为

$$\bar{\eta}'_m(\lambda) = \frac{1}{\lambda_{\max} - \lambda_{\min}} \int_{\lambda_{\min}}^{\lambda_{\max}} \operatorname{sinc}^2 m - \left(\frac{\phi_{\text{DOE-opt}}}{2\pi}\right) \mathrm{d}\lambda \tag{5-8}$$

式(5-8)中，$\bar{\eta}'_m(\lambda)$ 为考虑光学增透膜的单层衍射光学元件对应的优化后的衍射效率。

5.2.2 优化设计实例

下面讨论单层衍射光学元件应用于可见光波段时，附加相位对单层衍射光学元件衍射效率和带宽积分平均衍射效率的影响；然后对该优化设计方法进行研究分析。在可见光波段，光学塑料是采用单点金刚石车床进行车削加工的最常用材料。选择可见光波段 0.4～0.7 μm，设计波长为 0.55 μm，以 PMMA 光学塑料作为单层衍射光学元件基底材料进行增透膜影响的分析和优化设计。

首先，应该对 PMMA 光学塑料进行表面增透膜的设计和镀制；然后，再进行增透膜对单层衍射光学元件衍射效率和带宽积分平均衍射效率的分析；最后，完成镀有增透膜的单层衍射光学元件的优化设计和分析。对于光学膜层材料，相

比较金属膜，介质膜具有吸收少、对波长选择性反射、设计参数多、膜层强度高等优点，在一般情况下，成像光学系统中的光学元件采用介质膜进行膜系设计。常用光学薄膜材料的性质如表 5.1 所示。

表 5.1　常用光学薄膜材料的性质

膜层材料	熔点/℃	蒸发温度/℃	蒸发方式	材料密度/(g/cm³)	折射率	透明区/μm	牢固度
SiO_2	1700	1600	电子束	2.1	1.45～1.46(0.55 μm)	0.2～9	极高，抗激光损伤强，压应力小，抗潮性优
Ta_2O_5	1800	2100	反应蒸发电子束，反应蒸发溅射	8.74	2.16(0.55 μm，250℃) A=4.2446，B=0.13158	0.35～10	硬度高，抗激光损伤中，抗潮性优
ZrO_2	2715	2700	电子束	5.49	1.97(0.55 μm，30℃) 2.05(0.55 μm，20℃) A=3.291，B=0.09712	0.3～12	硬度极高，抗激光损伤弱，张应力大，抗潮性优

表 5.1 中，A 和 B 代表 Sellmeir 色散方程的系数，波长单位为 μm。

对于该使用波段，首先，计算衍射光学元件的表面结构参数，PMMA 作为衍射光学元件的基底材料，当不考虑增透膜的影响即 $\phi_{\text{coating}}=0$ 的情况下，对应设计波长 λ_0 位置处衍射光学元件表面微结构高度可以计算为 $\lambda_0/[n(\lambda_0)-1]=$ 1.114 μm。然后，采用 TFCale 光学镀膜软件进行单层衍射光学元件增透膜的设计，要求在该使用波段内折衍混合透镜的光学透过率大于 99.5%。根据文献[5]中关于基底材料 PMMA 上的增透膜层的镀制，对于衍射表面的光学膜层的优化设计结果如表 5.2 所示。

表 5.2　PMMA 基底材料的增透膜设计结果

增透膜层	厚度/nm	折射率(@0.55 μm)
SiO_2	15	1.455
Ta_2O_5	24	2.200
SiO_2	123	1.455
Ta_2O_5	107	2.200

然后根据式(5-2)计算增透膜产生的附加相位，将该附加相位考虑到单层衍射光学元件的设计中，重新计算此时单层衍射光学元件对应的衍射微结构高度。采用 MATLAB 软件，编程计算当采用传统衍射光学元件的设计方法时，含有增透

膜和不含有增透膜的单层衍射光学元件的衍射效率特性，如图 5.3 所示。

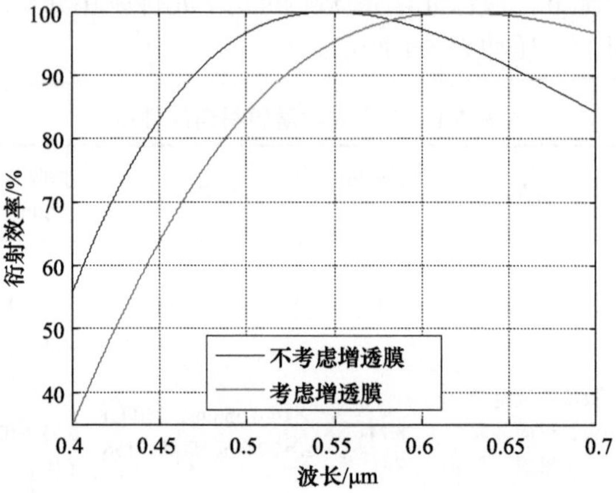

图 5.3　传统方法下单层衍射光学元件的衍射效率

从图 5.3 可以看出，当没有考虑增透膜时，传统单层衍射光学元件能够实现设计波长位置 0.55 μm 处 100%衍射效率。然而，在考虑增透膜的存在时，当仍然使用传统的设计方法进行分析时，可以看出单层衍射光学元件的衍射效率在设计波长位置处有明显降低。考虑镀有和不镀有增透膜两种情况下衍射效率的计算结果如表 5.3 所示。

表 5.3　传统设计方法下增透膜对单层衍射光学元件衍射效率的影响

波长/μm	衍射效率/%	
	没有增透膜	有增透膜
0.40	55.961	35.319
0.45	82.987	63.864
0.50	96.579	84.067
0.55	100.00	95.265
0.60	97.292	99.625
0.65	91.433	99.494
0.70	84.253	96.672

从模拟结果可以看出，当采用 PMMA 作为可见光波段单层衍射光学元件基底材料时，传统设计方法可以实现设计波长 0.55 μm 处 100%衍射效率。当考虑到光学增透膜时，在传统设计理论下可以看出，单层衍射光学元件在设计波长位置处的衍射效率为 95.265%，比不考虑增透膜时下降了 4.735%；此外，可以看出增透膜会降低靠近短波位置处的衍射效率，在靠近长波位置处衍射效率有所上

升，但衍射效率上升覆盖的波段较窄，这样会导致带宽积分平均衍射效率的下降，从而影响折衍混合成像光学系统的成像质量。

从以上分析可以看出，增透膜会影响单层衍射光学元件衍射效率的分布，从而影响到带宽积分平均衍射效率和混合成像光学系统的成像质量，因此，有必要采用优化设计方法对衍射光学元件的微结构参数进行优化计算，从而保证设计波长位置处 100%衍射效率。根据式(5-6)和式(5-7)，考虑到增透膜对单层衍射光学元件衍射效率的影响，采用优化设计算法后的含有增透膜的单层衍射光学元件的衍射效率如图 5.4 所示。

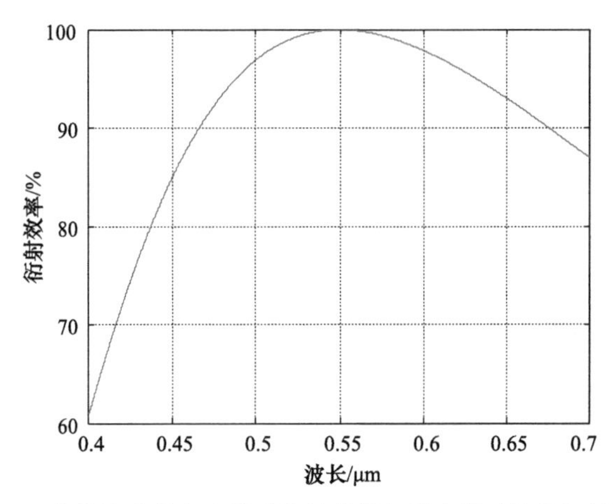

图 5.4　优化算法的含有增透膜的单层衍射光学元件的衍射效率

分析比较采用传统设计理论和优化设计理论方法后增透膜对单层衍射光学元件衍射效率的影响，具体计算结果如表 5.4 所示。

表 5.4　增透膜对单层衍射光学元件衍射效率的影响的对比

波长/μm	衍射效率/%	
	传统设计理论	优化设计理论
0.40	35.319	60.973
0.45	63.864	85.037
0.50	84.067	96.894
0.55	95.265	100.00
0.60	99.625	97.891
0.65	99.494	93.043
0.70	96.672	86.978

从表 5.4 可以看出，采用优化设计方法的单层衍射光学元件在设计波长位置处能够实现 100%衍射效率。最后比较传统设计方法和优化设计方法对含有增透膜的单层衍射光学元件的带宽积分平均衍射效率的影响，结果如表 5.5 所示。

表 5.5　增透膜对单层衍射光学元件的带宽积分平均衍射效率影响的结果比较

基底材料	带宽积分平均衍射效率/%		
	无增透膜	含有增透膜	
	传统设计方法	传统设计方法	优化设计方法
PMMA	88.495	76.150	84.826

从表 5.5 可以看出，当采用传统衍射光学元件设计方法，考虑到增透膜时，增透膜会使该使用波段内的带宽积分平均衍射效率从 88.495%下降至 76.150%，下降幅度达 12.345%，这对折衍射混合成像光学系统的影响是很大的。而当采用优化设计方法之后，带宽积分的平均衍射效率可达 84.826%，比传统设计方法提高了 8.676%，能够在一定程度上提高折衍混合成像光学系统的成像质量。

5.3　一般入射下镀有增透膜的双层衍射光学元件的优化方法

5.3.1　倾斜入射下镀有增透膜的双层衍射光学元件模型和优化方法

倾斜入射是光束入射至衍射光学元件的一般入射模式，垂直入射是光束入射至衍射光学元件的特殊模式，因此，有必要研究倾斜入射下镀有增透膜的双层衍射光学元件的模型和优化方法。图 5.5 为典型的分离型双层衍射光学元件结构及光线倾斜入射至双层衍射光学元件第一层基底表面时的光线传输轨迹模型。

(a) 双层衍射光学元件结构

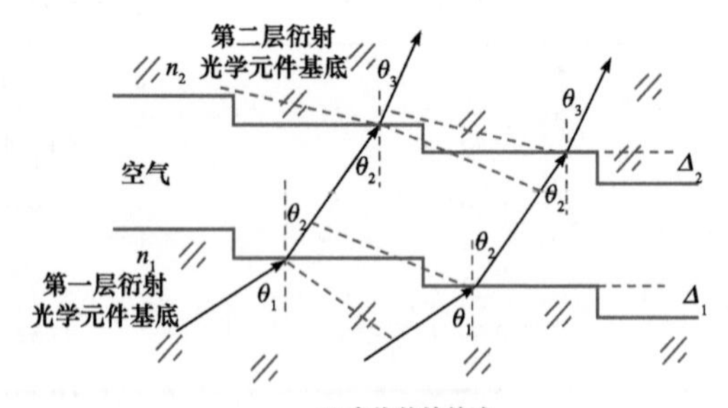

(b) 光线传输轨迹

图 5.5　典型的分离型双层衍射光学元件结构及光线传输轨迹

实际折衍混合光学成像系统的光学传递函数 R_{MTF} 可以近似由理论调制传递函数 T_{MTF} 和衍射光学元件的带宽积分平均衍射效率 $\overline{\eta}^m(\lambda,\theta)$ 的乘积表示，即

$$R_{\mathrm{MTF}}\left(f_x,f_y\right)=\overline{\eta}^m\left(\lambda,\theta\right)\cdot T_{\mathrm{MTF}}\left(f_x,f_y\right) \tag{5-9}$$

式(5-9)中，f_x 和 f_y 分别代表在 x 和 y 方向的采样频率。

传统双层衍射光学元件的带宽积分平均衍射效率代表了宽波段内双层衍射光学元件的综合性能，可以表示为

$$\overline{\eta}^m\left(\lambda,\theta\right)=\frac{1}{\lambda_{\max}-\lambda_{\min}}\int_{\lambda_{\min}}^{\lambda_{\max}}\operatorname{sinc}^2\left[m-\frac{\phi_{\text{MLDOE-sub}}(\lambda,\theta)}{2\pi}\right]\mathrm{d}\lambda \tag{5-10}$$

式(5-10)中，$\lambda_{\min}$ 和 $\lambda_{\max}$ 分别代表工作波段内的最小和最大波长；$\overline{\eta}^m\left(\lambda,\theta\right)$ 表示不考虑光学增透膜时的带宽积分平均衍射效率，用来评价该类折衍混合成像系统的成像质量；m 代表双层衍射光学元件的衍射级次；$\phi_{\text{MLDOE-sub}}\left(\lambda,\theta\right)$ 代表双层衍射光学元件的本体相位；λ 和 θ 分别代表入射至双层衍射光学元件的波长和入射角度。

在独立波长位置，双层衍射光学元件的衍射效率可以表示为

$$\eta^m\left(\lambda,\theta\right)=\operatorname{sinc}^2\left[m-\frac{\phi_{\text{MLDOE-sub}}(\lambda,\theta)}{2\pi}\right] \tag{5-11}$$

式(5-11)中，m 为整数，代表衍射级次。

根据双层衍射光学元件的基本成像原理，基于标量衍射理论的双层衍射光学元件的相位表达式为

$$\phi_{\text{MLDOE-sub}}(\lambda,\theta)=2\pi\sum_{j=1}^{N}\frac{H_j[n_{ji}(\lambda)\cos\theta_{ji}-n_{jt}(\lambda)\cos\theta_{jt}]}{\lambda} \tag{5-12}$$

式(5-12)中，H_j 代表第 j 层衍射光学元件的表面微结构高度，数值正负均可，根据双层衍射光学元件所在基底材料承担的光焦度的正负来决定；$n_{ji}(\lambda)$表示衍射光学元件入射端介质材料折射率，$n_{jt}(\lambda)$表示出射端介质材料折射率；θ_{ji} 表示入射角，θ_{jt} 表示出射角。

为了实现对设计波长 100%的衍射效率，其相位延迟应该等于 2π 的整数倍，即满足

$$m=\frac{\phi_{\text{MLDOE-sub}}(\lambda,\theta)}{2\pi} \tag{5-13}$$

因此，设计传统双层衍射光学元件时，为了同时实现对两个设计波长 100%的衍射效率，根据式(5-12)和式(5-13)，可以按照下式计算得到衍射微结构高度数值，即

$$\begin{cases} H_1 = \dfrac{m\lambda_2 B(\lambda_1) - m\lambda_1 A(\lambda_2)}{B(\lambda_2)A(\lambda_1) - B(\lambda_1)A(\lambda_2)} \\ H_2 = \dfrac{m\lambda_1 B(\lambda_2) - m\lambda_2 A(\lambda_1)}{B(\lambda_2)A(\lambda_1) - B(\lambda_1)A(\lambda_2)} \end{cases} \tag{5-14}$$

式(5-14)中，由于 A 和 B 都与该双层衍射光学元件的光线入射角度、两层基底折射率变化参数有关，为简化公式，定义 $A(\lambda) = \sqrt{n_2^2(\lambda) - n_1^2(\lambda)\sin^2\theta} - \sqrt{1 - n_1^2(\lambda)\sin^2\theta}$ 和 $B(\lambda) = n_1(\lambda)\cos\theta - \sqrt{1 - n_1^2(\lambda)\sin^2\theta}$；$H_1$ 和 H_2 分别代表传统设计方法下双层衍射光学元件的两层微结构高度，也就是未考虑增透膜的附加相位；$n_1(\lambda_1)$ 和 $n_1(\lambda_2)$，$n_2(\lambda_1)$ 和 $n_2(\lambda_2)$ 分别表示设计波长为 λ_1 和 λ_2 时，两层基底材料对应的折射率。此外，入射角度也会造成设计波长处理论衍射微结构高度数值的改变，从而影响双层衍射光学元件的衍射效率。

鉴于未考虑光学增透膜产生的附加相位调制作用而设计的双层衍射光学元件不能反映出实际工作情况，因此对镀有增透膜的双层衍射光学元件进行优化设计是必要的。

由于双层衍射光学元件每个基底层都镀有增透膜，因此为了保证设计波长位置处 100%的衍射效率，每层增透膜引起的附加相位均须考虑到双层衍射光学元件的设计中。于是，其实际设计相位的表达式应为

$$\begin{aligned} \phi_{\text{MLDOE-total}}(\lambda,\theta) &= \phi_{\text{MLDOE-sub}}(\lambda,\theta) + \phi_{\text{ARs}}(\lambda,\theta) \\ &= \sum_{j=1}^{N} \left\{ 2\pi \left[\frac{H_{j\text{-opt}}[n_{ji}(\lambda)\cos\theta_{ji} - n_{jt}(\lambda)\cos\theta_{jt}]}{\lambda} \right] + \phi_{\text{AR-}j} \right\} \end{aligned} \tag{5-15}$$

式(5-15)中，$\phi_{\text{MLDOE-sub}}(\lambda,\theta)$ 为双层衍射光学元件的本体相位，$\phi_{\text{ARs}}(\lambda,\theta)$ 为双层衍射光学元件表面增透膜引起的附加相位；$H_{j\text{-opt}}$ 为优化设计后第 j 层衍射光学元件的微结构高度；$\cos\theta_{ji}$ 和 $\cos\theta_{jt}$ 分别代表光束入射至第 j 层衍射光学元件和从第 j 层衍射光学元件出射时的角度。

根据 Willey 对宽波段增透膜层的设计经验，能够实现超宽光谱光学成像系统在波段内最大平均透过率数值。此时，膜层的反射率平均值可以表示为

$$R_{\text{ave}}(B, L_1, T, D) = \left(\frac{4.378}{D}\right)\left(\frac{1}{T}\right)^{0.31} [\exp(B - 1.4) - 1](L_1 - 1)^{3.5} \tag{5-16}$$

式(5-16)中，B 为低反射率带宽，大小等于最大波长与最小波长之比；D 为除最外层薄膜的高低折射率的差值；T 为双层衍射光学元件的总光学厚度；L_1 为最外层薄膜材料的折射率。由式(5-16)可知，宽带增透膜的平均反射率受最外层材料折射率的影响，数值越小，增透效果越好。

光学增透膜产生的附加相位可以表示为

$$\phi_{\text{ARs}}=\frac{2\pi}{\lambda}\Delta L=\frac{2\pi}{\lambda}\sum_{i=1}^{k}n_i l_i\cos\theta_j \tag{5-17}$$

式(5-17)中，ΔL 为增透膜的物理厚度，n_i 为每层光学膜层对应的折射率，l_i 为每层光学膜层的物理厚度，$\cos\theta_j$ 代表光束入射至第 j 层膜层的角度。此时，镀有光学增透膜的双层衍射光学元件的衍射效率和带宽积分平均衍射效率可以分别表示为

$$\eta_{m\text{-real}}(\lambda)=\operatorname{sinc}^2\left[m-\frac{\phi_{\text{MLDOE-total}}(\lambda)}{2\pi}\right] \tag{5-18}$$

$$\overline{\eta}^{m}(\lambda,\theta)=\frac{1}{\lambda_{\max}-\lambda_{\min}}\int_{\lambda_{\min}}^{\lambda_{\max}}\operatorname{sinc}^2\left[m-\frac{\phi_{\text{MLDOE-total}}(\lambda,\theta)}{2\pi}\right]\mathrm{d}\lambda \tag{5-19}$$

利用式(5-15)，在考虑光学增透膜相位调制情况下，为保证在设计波长处具有 100%衍射效率，对式(5-12)求解，可得两层衍射光学元件的表面微结构高度数值为

$$\begin{cases}H_{\text{opt1}}=\dfrac{\left[(\phi_{\text{AR-1}}+\phi_{\text{AR-2}})-m\lambda_2\right]A(\lambda_1)+\left[m\lambda_1-(\phi_{\text{AR-1}}+\phi_{\text{AR-2}})\right]A(\lambda_2)}{B(\lambda_1)A(\lambda_2)-B(\lambda_2)A(\lambda_1)}\\[2ex] H_{\text{opt2}}=\dfrac{\left[(\phi_{\text{AR-1}}+\phi_{\text{AR-2}})-m\lambda_2\right]B(\lambda_1)+\left[m\lambda_1-(\phi_{\text{AR-1}}+\phi_{\text{AR-2}})\right]B(\lambda_2)}{B(\lambda_1)A(\lambda_2)-B(\lambda_2)A(\lambda_1)}\end{cases} \tag{5-20}$$

式(5-20)中，H_{opt1} 和 H_{opt2} 分别代表采用优化方法设计的双层衍射光学元件两个基底层对应的表面微结构高度；$\phi_{\text{AR-1}}$ 和$\phi_{\text{AR-2}}$ 分别代表双层衍射光学元件两层衍射微结构表面增透膜产生的附加相位。特别地，当光线垂直入射至双层衍射光学元件表面时，即令入射角度 $\theta=0°$时，可以计算得到双层衍射光学元件的衍射微结构高度数值。

根据以上讨论可知，对于镀有增透膜的双层衍射光学元件，只有当同时考虑增透膜产生的相位和双层衍射光学元件本体的相位时，才能同时满足设计波长100%衍射效率特性、增强实际折衍混合成像光学系统透过率以及光学元件表面强度等目的。

5.3.2　优化设计实例

下面讨论镀有增透膜的双层衍射光学元件的衍射效率以及考虑改善衍射效率的优化设计方法。在可见光波段，可以用于单点金刚石车削装调的材料主要是光学塑料。根据文献，对于可见光波段(0.4～0.7 μm)，将聚甲基丙烯酸甲酯(PMMA)和聚碳酸酯(POLYCARB)分别作为双层衍射光学元件的两层基底材料，能够保证大

入射角度下带宽积分平均衍射效率降低最少。因此，选此两种材料作为双层衍射光学元件基底材料来分析镀有增透膜的双层衍射光学元件的衍射效率。

相比较金属膜，介质膜具有光吸收少、膜层强度高、设计参数多以及对入射波长的选择性反射等优点。一般情况下，成像光学系统中的光学元件多采用介质膜系。为满足折衍混合透镜的透过率大于 99%，要求衍射微结构表面单面透过率大于 99.5%，根据文献[5]，考虑到塑料基底材料镀制增透膜的要求，采用 TFCalc 光学镀膜软件对双层衍射光学元件的增透膜进行优化设计，结果如表 5.6 所示。

表 5.6　双层衍射光学元件增透膜的膜系设计参数

基底 1	膜材料	厚度/ nm	基底 2	膜材料	厚度/ nm
PMMA	SiO_2	91.77	POLYCARB	SiO_2	22.46
	ZrO_2	10.00		Ta_2O_5	18.61
	SiO_2	48.75		SiO_2	30.09
	ZrO_2	44.78		Ta_2O_5	57.94
	SiO_2	10.00		SiO_2	10.00
	ZrO_2	67.63		Ta_2O_5	41.02
	SiO_2	86.98		SiO_2	88.96

根据上述优化设计理论，由式(5-17)计算出镀制在双层衍射光学元件表面的增透膜所引起的附加相位，进而根据式(5-18)和式(5-20)计算得到在该工作波段，当光束垂直入射至双层衍射光学元件时，两个基底层对应的衍射微结构高度数值，结果如表 5.7 所示。

表 5.7　双层衍射光学元件表面微结构高度计算结果

衍射微结构高度	传统方法		优化方法	
	PMMA	POLYCARB	PMMA	POLYCARB
H_1/μm	16.462		16.091	
H_2/μm		−12.815		12.661

根据传统设计方法，在考虑和不考虑增透膜时，入射角度、入射波长与双层衍射光学元件衍射效率的关系如图 5.6 所示，而入射角与双层衍射光学元件带宽积分平均衍射效率的关系如图 5.7 所示。

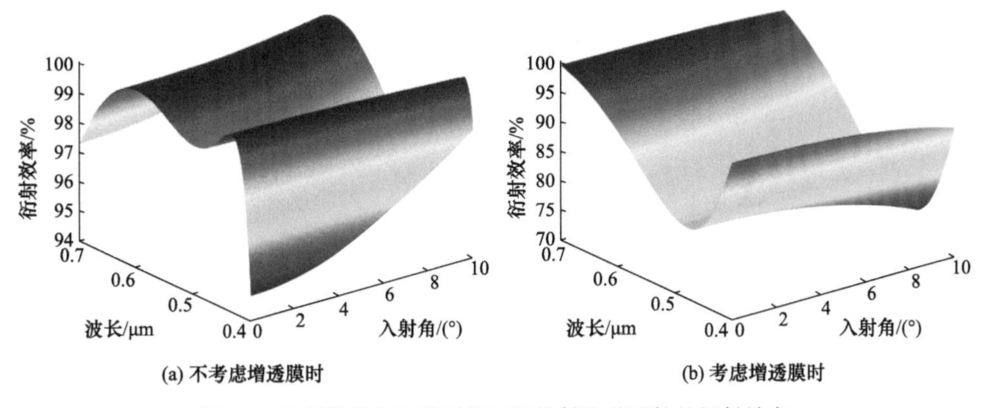

图 5.6　根据传统方法得到的双层衍射光学元件的衍射效率

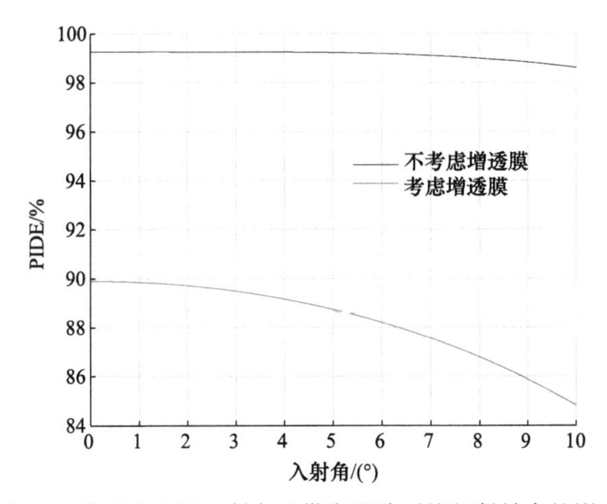

图 5.7　传统方法下入射角对带宽积分平均衍射效率的影响

从图 5.6 和图 5.7 可以看出，采用传统方法设计双层衍射光学元件时，与未考虑增透膜情况相比，镀有增透膜的双层衍射光学元件的衍射效率及带宽积分平均衍射效率均下降很快。因此，传统设计方法不考虑光学增透膜对衍射效率的影响，会造成对含有双层衍射光学元件的混合成像光学系统最终像面的杂散光增多，影响最终像质，导致对实际成像质量评价不准确，在混合成像系统的像质评价中存在一定的不准确性。

一般地，双层衍射光学元件多位于混合成像光学系统的后端部分中，用于像差，特别是色差和热差的校正。因此，光束入射至双层衍射光学元件表面的角度不会太大，现假定入射至双层衍射光学元件表面的最大角度为 10°。图 5.8 所示为入射角度为 10°和 0°时，根据传统设计方法得到的镀有增透膜和无增透膜的双层衍射光学元件的衍射效率。

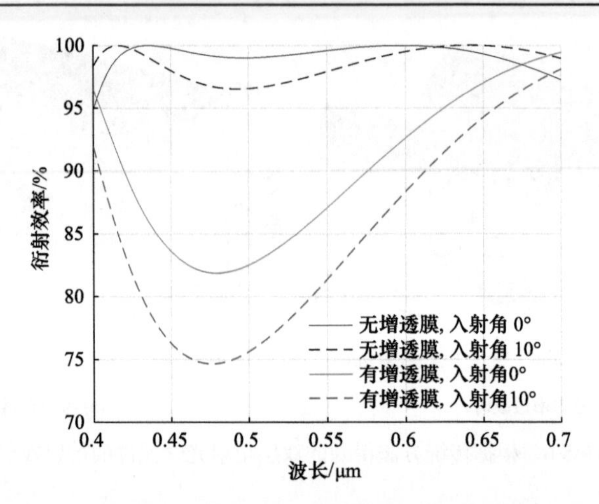

图 5.8　传统方法下镀有增透膜和没有增透膜的双层衍射光学元件的衍射效率

从图 5.8 可以看出，不考虑增透膜时，传统双层衍射光学元件能够满足对设计波长 0.435 μm 和 0.598 μm 位置 100%衍射效率的要求。考虑增透膜时，若仍然采用传统的设计方法，则双层衍射光学元件在设计波长处的衍射效率有所下降。表 5.8 显示了采用传统设计方法在两种情况下对应某些设计波长的衍射效率计算结果。

表 5.8　传统方法下增透膜对双层衍射光学元件衍射效率的影响

波长/μm	衍射效率/%			
	不考虑增透膜		考虑增透膜	
	0°	10°	0°	10°
0.400	94.845	98.350	96.508	92.935
0.435	99.996	99.094	86.146	79.045
0.450	99.770	98.001	83.604	76.291
0.550	99.578	97.918	87.123	81.425
0.598	100.00	99.456	92.459	88.135
0.650	99.301	99.977	96.032	94.274
0.700	97.277	99.969	99.473	98.140

由以上分析结果可以看出，在垂直入射和以 10°倾斜角入射两种情况下，考虑增透膜时，设计波长处的衍射效率均有较大幅度的下降：比如在 0.435 μm 波长处的衍射效率分别下降 13.850%和 20.049%；在 0.598 μm 波长处的衍射效率下降幅度较大，分别下降 7.541%和 11.321%，并且衍射效率峰值波长向长波方向偏移。此外，由图 5.8 可以看出，整个波段的带宽积分平均衍射效率都会有一定

程度下降，这样必然会降低整个折衍混合成像光学系统的成像质量。因此，有必要对镀有增透膜的双层衍射光学元件进行优化设计，以达到实际设计波长位置100%衍射效率和宽波段内高带宽积分平均衍射效率的设计要求。

采用优化后的双层衍射光学元件的衍射微结构高度数值进行计算时，可以得到图 5.9(a)所示优化设计的双层衍射光学元件的入射角度、入射波长与衍射效率的关系。图 5.9(b)所示为在两种不同入射情况下，采用优化设计得到的双层衍射光学元件的衍射效率。

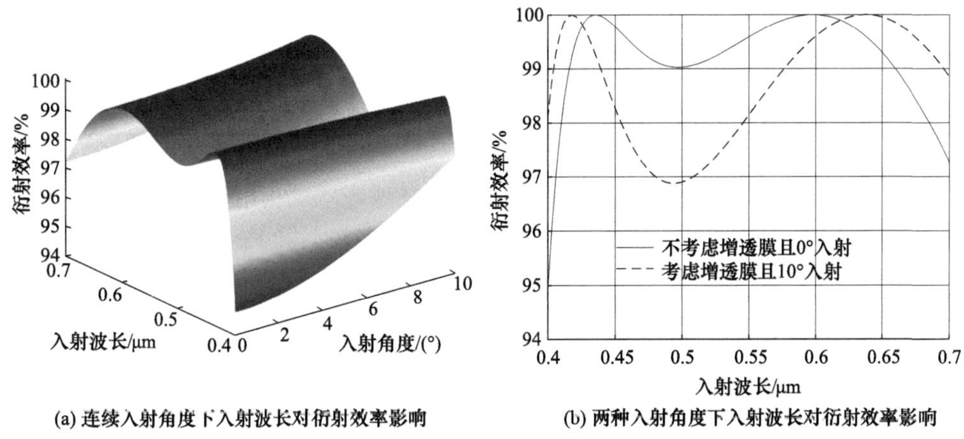

(a) 连续入射角度下入射波长对衍射效率影响　(b) 两种入射角度下入射波长对衍射效率影响

图 5.9 优化设计下增透膜对衍射光学元件衍射效率的影响

由图 5.9 可以看出，基于优化设计理论设计的双层衍射光学元件能够实现两个设计波长处 100%的衍射效率，并在整个波段范围内提高了衍射效率，意味着在提高整个光学系统透过率的前提下，在宽波段范围内提高了整个双层衍射光学元件的带宽积分平均衍射效率，进而在一定程度上改善了折衍混合成像光学系统的光学传递函数。表 5.9 为一些波长在两种入射情况下衍射效率的计算结果。

表 5.9 优化设计下特定波长处的衍射效率

波长/μm	衍射效率/%	
	0°	10°
0.400	94.855	98.076
0.435	100.00	99.280
0.450	99.775	98.276
0.550	99.588	98.147
0.598	100.00	99.560
0.650	99.296	99.95
0.700	97.273	98.845

最后对两种设计方法下的带宽积分平均衍射效率进行分析。表 5.10 所示为衍射光学元件表面入射角度分别为 0°、5°和 10°时，经优化设计的双层衍射光学元件的带宽积分平均衍射效率计算结果。

表 5.10　增透膜对双层衍射光学元件带宽积分平均衍射效率的影响

入射角度/(°)	带宽积分平均衍射效率/%		
	不含增透膜	考虑增透膜	
	传统方法	传统方法	优化方法
0	99.252	89.893	99.257
5	99.213	88.741	99.220
10	98.597	84.806	98.730

由表 5.10 可以看出，采用传统设计方法并考虑双层衍射光学元件时，在垂直入射情况下，带宽积分平均衍射效率从 99.252%下降到 89.893%，降幅为 9.359%；采用优化设计理论计算时，其对应的带宽积分平均衍射效率为 99.257%。还可以看出，在入射角度为 5°和 10°的情况下，不采用优化设计方法时，光学增透膜对宽波段内双层衍射光学元件带宽积分平均衍射效率影响很大；采用优化设计方法时，在不同入射角度下带宽积分平均衍射效率都有一定程度的提高，这也在一定程度上提高了折衍混合成像光学系统的成像质量。

5.4　垂直入射下镀有增透膜的双层衍射光学元件模型和优化方法

5.4.1　镀有增透膜的双层衍射光学元件模型和优化方法

在 5.2 节中研究了镀有增透膜的单层衍射光学元件的优化设计方法，在此基础上本节进一步研究含有增透膜的双层衍射光学元件的优化设计方法，建立了镀有增透膜的双层衍射光学元件结构的模型，推导了增透膜对双层衍射光学元件衍射效率影响的表达式，以及对带宽积分平均衍射效率影响的表达式。根据推导所得的理论关系，对双层衍射光学元件的优化设计方法进行详细论述，最后对应用于可见光波段镀有增透膜的双层衍射光学元件的优化设计方法进行实例分析说明。

单层衍射光学元件由于具有特殊的色差和热差性质而得到了广泛应用。然而单层衍射光学元件只有在设计波长处的一级衍射效率为 100%，当工作波长偏离设计波长时，一级衍射效率偏离设计波长下降明显，这会导致其他级次的光弥散到像面上形成杂散光并影响最终成像的对比度。与传统单层衍射光学元件相比，双层衍射光学元件增加了衍射光学元件的设计自由度，能够实现多个设计波长位置 100%衍射效率和宽波段范围内高衍射效率的特性，从而在现代光学系统中包括民用、商用和军事等高质量高精度光电设备上得到了广泛应用。

现在工程上常用的双层衍射光学元件是由多种具有不同色散特性的光学材料为基底，具有相同光栅周期和不同微结构高度的衍射光学元件通过不同的组合方式形成的新型衍射光学元件结构。其中，最常用的双层衍射光学元件是分离型双层衍射光学元件，它是将衍射微结构加工在两种具有不同色散性质的光学元件基底材料上，中间介质层为空气，光学微结构如图 5.10 所示。对应的双层衍射光学元件表面的增透膜结构如图 5.11 所示。因此，含有增透膜的双层衍射光学元件结构如图 5.12 所示。

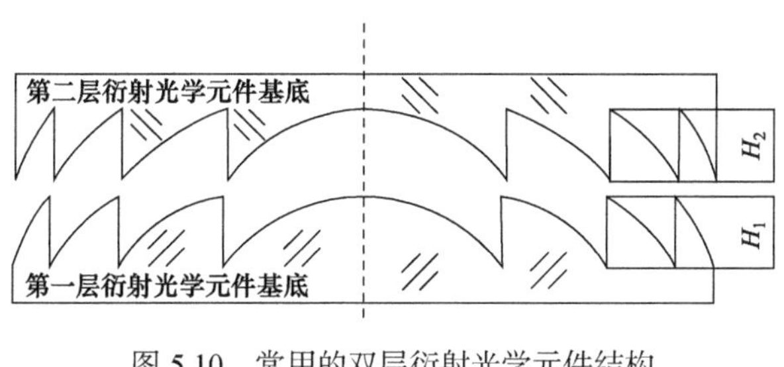

图 5.10　常用的双层衍射光学元件结构

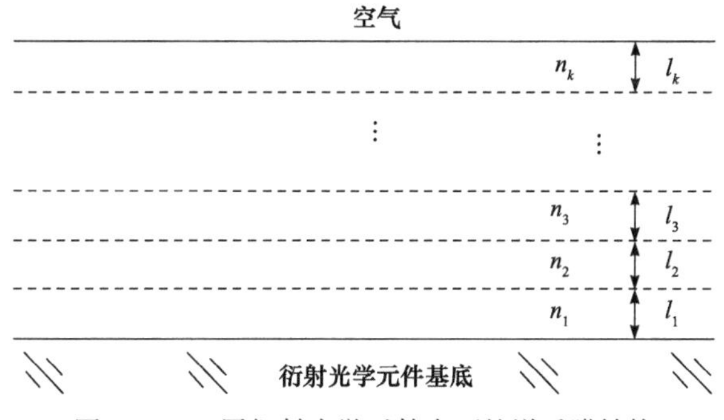

图 5.11　双层衍射光学元件表面的增透膜结构

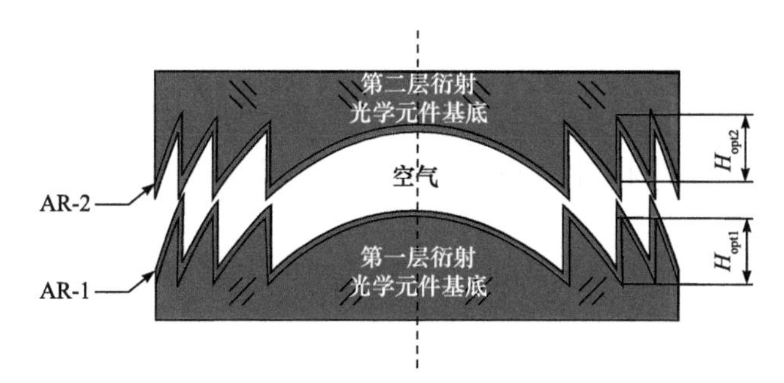

图 5.12　含有增透膜的双层衍射光学元件结构

根据双层衍射光学元件的基本成像原理，基于标量衍射理论的双层衍射光学元件的相位表达式为

$$\phi_{\mathrm{MLDOE}}(\lambda)=2\pi\sum_{j=1}^{N}\frac{H_j[n_{ji}(\lambda)-n_{jt}(\lambda)]}{\lambda}=\frac{2\pi}{\lambda}[H_1(n_1(\lambda)-1)+H_2(n_2(\lambda)-1)] \tag{5-21}$$

其中，微结构高度与相位关系可以表示为

$$\begin{cases}2m\pi=k_1[H_1(n_1(\lambda_1)-1)]+k_1[H_{\mathrm{opt}2}(n_2(\lambda_1)-1)]\\2m\pi=k_1[H_1(n_1(\lambda_2)-1)]+k_2[H_{\mathrm{opt}2}(n_2(\lambda_2)-1)]\end{cases} \tag{5-22}$$

因此，对于传统双层衍射光学元件的设计，为了实现两个设计波长位置处100%衍射效率，衍射微结构高度数值可以根据下面的公式计算得到，即

$$\begin{cases}H_1=\dfrac{m\lambda_1\left[n_2(\lambda_2)-1\right]-m\lambda_2\left[n_2(\lambda_2)-1\right]}{\left[n_1(\lambda_1)-1\right]\left[n_2(\lambda_2)-1\right]-\left[n_1(\lambda_2)-1\right]\left[n_2(\lambda_1)-1\right]}\\H_2=\dfrac{m\lambda_1\left[n_1(\lambda_1)-1\right]-m\lambda_2\left[n_1(\lambda_1)-1\right]}{\left[n_1(\lambda_1)-1\right]\left[n_2(\lambda_2)-1\right]-\left[n_1(\lambda_2)-1\right]\left[n_2(\lambda_1)-1\right]}\end{cases} \tag{5-23}$$

式(5-23)中，H_1 和 H_2 代表传统设计方法下双层衍射光学元件的两层微结构高度，也就是没有考虑增透膜的附加相位。$n_1(\lambda_1)$、$n_1(\lambda_2)$、$n_2(\lambda_1)$、$n_2(\lambda_2)$ 分别代表设计波长为 λ_1 和 λ_2 时两层基底材料对应的折射率。

于是，双层衍射光学元件的衍射效率和带宽积分平均衍射效率可以分别表示为

$$\eta_m(\lambda)=\mathrm{sinc}^2\left[m-\frac{\phi_{\mathrm{MLDOE}}(\lambda)}{2\pi}\right] \tag{5-24}$$

和

$$\overline{\eta}_m(\lambda)=\frac{1}{\lambda_{\max}-\lambda_{\min}}\int_{\lambda_{\min}}^{\lambda_{\max}}\mathrm{sinc}^2\left[m-\frac{\phi_{\mathrm{MLDOE}}(\lambda)}{2\pi}\right]\mathrm{d}\lambda \tag{5-25}$$

然后，对镀有增透膜的双层衍射光学元件的优化设计方法进行研究。双层衍射光学元件的相位应该包括双层衍射光学元件本体相位和增透膜的附加相位。因此，镀有增透膜的双层衍射光学元件的相位可以表示为

$$\phi_{\mathrm{real}}(\lambda)=\phi_{\mathrm{MLDOE}}(\lambda)+\sum_{j-1}^{N}\phi_{\mathrm{AR}\text{-}j}=\sum_{j=1}^{N}\left[2\pi\frac{H_j[H_{ji}(n_{ji}(\lambda)-n_{jt}(\lambda))]}{\lambda}+\phi_{\mathrm{AR}\text{-}j}\right] \tag{5-26}$$

式(5-26)中，$\phi_{\mathrm{MLDOE}}(\lambda)$ 为双层衍射光学元件的本体相位，$\phi_{\mathrm{AR}\text{-}j}$ 为第 j 层双层衍射光学元件表面增透膜的相位。增透膜产生的附加相位可以表示为

$$\phi_{\mathrm{AR}}=\frac{2\pi}{\lambda}\Delta L=\frac{2\pi}{\lambda}\sum_{i=1}^{k}n_i l_i \tag{5-27}$$

式(5-27)中，ΔL 为增透膜的物理厚度，n_i 为每层光学膜层对应的折射率，l_i 为每层光学膜层的物理厚度。因此，为了保证设计波长位置处 100%衍射效率，将增透膜考虑到双层衍射光学元件的设计中，实际设计相位的表达式应该为

$$\phi_{\mathrm{real}}(\lambda)=[k_1 H_{\mathrm{opt1}}(n_1(\lambda)-1)+\phi_{\mathrm{AR\text{-}1}}]+[k_2 H_{\mathrm{opt2}}(n_2(\lambda)-1)+\phi_{\mathrm{AR\text{-}2}}] \tag{5-28}$$

式(5-28)中，H_{opt1} 和 H_{opt2} 代表采用优化设计方法的双层衍射光学元件两个基底层对应的表面微结构高度数值。$\phi_{\mathrm{AR\text{-}1}}$ 和 $\phi_{\mathrm{AR\text{-}2}}$ 则代表双层衍射光学元件两层衍射微结构表面的增透膜产生的附加相位。

为了保证在设计波长位置处实现 100%衍射效率的特性，依据式(5-28)，双层衍射光学元件的表面微结构高度可根据下面公式计算得出

$$\begin{cases}2m\pi=\left\{k_1[H_{\mathrm{opt1}}(n_1(\lambda_1)-1)]+\phi_{\mathrm{AR\text{-}1}}\right\}+\left\{k_1 H_{\mathrm{opt2}}(n_2(\lambda_1)-1)+\phi_{\mathrm{AR\text{-}2}}\right\}\\2m\pi=\left\{k_2[H_{\mathrm{opt1}}(n_1(\lambda_2)-1)]+\phi_{\mathrm{AR\text{-}1}}\right\}+\left\{k_2 H_{\mathrm{opt2}}(n_2(\lambda_2)-1)+\phi_{\mathrm{AR\text{-}2}}\right\}\end{cases} \tag{5-29}$$

因此，考虑到光学膜层的双层衍射光学元件的衍射效率和带宽积分平均衍射效率可以分别表示为

$$\eta_{m\text{-real}}(\lambda)=\mathrm{sinc}^2\left[m-\frac{\phi_{\mathrm{real}}(\lambda)}{2\pi}\right] \tag{5-30}$$

和

$$\overline{\eta}_{m\text{-real}}(\lambda)=\frac{1}{\lambda_{\max}-\lambda_{\min}}\int_{\lambda_{\min}}^{\lambda_{\max}}\mathrm{sinc}^2\left[m-\frac{\phi_{\mathrm{real}}(\lambda)}{2\pi}\right]\mathrm{d}\lambda \tag{5-31}$$

式(5-31)中，$\lambda_{\min}$ 和 $\lambda_{\max}$ 分别为最小和最大波长，$\eta_{m\text{-real}}(\lambda)$ 为实际衍射效率，$\overline{\eta}_{m\text{-real}}(\lambda)$ 为实际带宽积分平均衍射效率，可以用来评价折衍混合成像光学系统实际成像质量。

根据以上推导可知，镀有增透膜的双层衍射光学元件只有当同时考虑增透膜产生的相位和双层衍射光学元件本体的相位时，才能同时满足设计波长 100%衍射效率特性、增强实际折衍混合成像光学系统透过率以及光学元件表面强度的目的。

5.4.2　优化设计实例

下面来讨论镀有增透膜的双层衍射光学元件对衍射效率的影响以及对应的优化设计方法。在可见光波段，单点金刚石车削加工的材料主要是光学塑料。采用 PMMA 和 POLYCARB 作为双层衍射光学元件的两层基底材料对考虑增透膜时

其对衍射效率的影响进行分析。首先，对双层衍射光学元件进行镀膜设计，满足透过率大于 90%的增透膜的优化设计结果如表 5.11 所示。

表 5.11　双层衍射光学元件的镀膜结果

基底材料(正)	增透膜层	厚度/nm	折射率(@0.55 μm)	基底材料(负)	增透膜层	厚度/nm	折射率(@0.55 μm)
PMMA	SiO_2	91.77	1.455	POLYCARB	SiO_2	22.46	2.200
	ZrO_2	10.00	2.050		Ta_2O_5	18.61	2.200
	SiO_2	48.75	1.455		SiO_2	30.09	1.455
	ZrO_2	44.78	2.050		Ta_2O_5	57.94	2.200
	SiO_2	10.00	1.455		SiO_2	10.00	1.455
	ZrO_2	67.63	2.050		Ta_2O_5	41.02	2.200
	SiO_2	86.98	1.455		SiO_2	88.96	1.455

当采用传统衍射光学元件设计理论时，为了实现使用波段内最大带宽积分平均衍射效率，根据之前的优化设计理论，可以计算出双层衍射光学元件表面镀制的增透膜的相位，然后可以计算出优化设计方法下双层衍射光学元件的两个表面微结构高度数值。设计波长选择为 0.435 μm 和 0.598 μm，可以计算出双层衍射光学元件表面微结构高度分别为 16.535 μm 和 12.876 μm。因此，传统设计方法下镀有增透膜和无增透膜的双层衍射光学元件的衍射效率如图 5.13 所示。

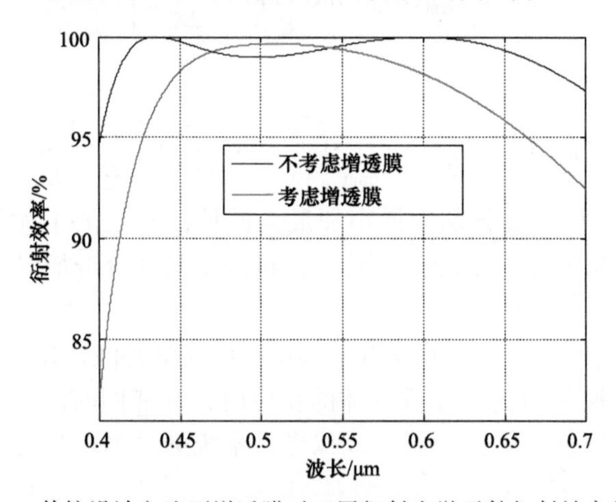

图 5.13　传统设计方法下增透膜对双层衍射光学元件衍射效率的影响

从图 5.13 可以看出，当没有考虑增透膜时，传统双层衍射光学元件能够满足设计波长位置 0.435 μm 和 0.598 μm 处 100%衍射效率的要求。然而，当考虑增透膜的存在，并仍然使用传统的设计方法进行分析时，可以看出双层衍射光学元件的衍射效率在设计波长位置处有所下降。传统设计方法下对两种情况的双层衍射光学元件衍射效率的影响计算结果如表 5.12 所示。

表 5.12　传统设计方法下增透膜对双层衍射光学元件衍射效率的影响

波长/μm	衍射效率/%	
	没有增透膜	有增透膜
0.400	94.713	82.545
0.435	100.00	96.560
0.450	99.771	98.292
0.550	99.559	99.362
0.598	100.00	98.235
0.650	99.333	95.842
0.700	97.342	92.456

从以上分析结果可以看出：当考虑增透膜时，设计波长位置的衍射效率都有了较大幅度的下降；此外，相比较不考虑增透膜情况，整个波段范围内入射波长在大多数位置对应的衍射效率下降，这样肯定会降低整个光学系统的带宽积分平均衍射效率，从而降低整个折衍混合成像光学系统的成像质量。

因此，有必要对镀有增透膜的双层衍射光学元件进行优化设计，从而满足设计波长位置 100%衍射效率和宽波段内高带宽积分平均衍射效率的设计要求。根据之前的优化设计理论，由式(5-15)可以计算出双层衍射光学元件表面镀制的增透膜的相位，然后根据式(5-15)和式(5-20)可以计算得到双层衍射光学元件两个基底层对应的衍射微结构高度数值，分别为 16.056 μm 和−12.482 μm。采用优化设计理论后的双层衍射光学元件的衍射效率如图 5.14 所示。表 5.13 所示为采用两种方法对镀有或不镀增透膜的双层衍射光学元件衍射效率的影响对比。

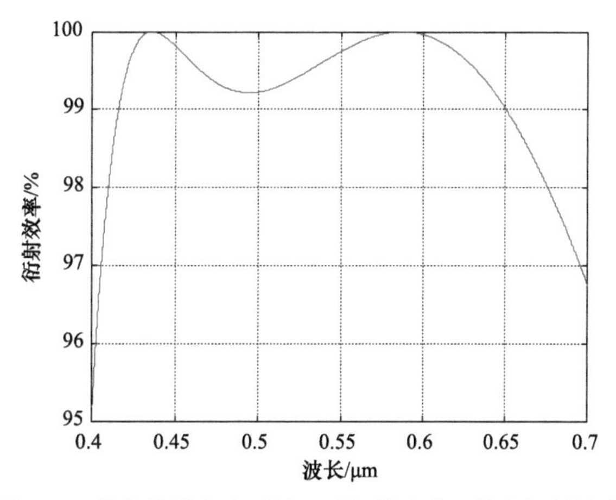

图 5.14　优化设计方法下的双层衍射光学元件的衍射效率

表 5.13　增透膜对双层衍射光学元件衍射效率的影响的对比

波长/μm	衍射效率/%	
	没有增透膜	有增透膜
0.400	94.713	95.182
0.435	100.00	100.00
0.450	99.771	99.817
0.550	99.560	99.742
0.598	100.00	99.985
0.650	99.333	99.012
0.700	97.342	96.737

从图 5.14 可以看出，采用优化设计理论的双层衍射光学元件能够实现两个设计波长位置 100%衍射效率的特性，并在整个波段范围内提高了对应的衍射效率，意味着在实现整个光学系统透过率提高的前提下，在宽波段范围内提高了整个双层衍射光学元件的带宽积分平均衍射效率，进而能够对折衍混合成像光学系统的光学传递函数有一定的提高。最后对两种设计方法下的带宽积分平均衍射效率进行计算，计算结果如表 5.14 所示。

表 5.14　增透膜对双层衍射光学元件的带宽积分平均衍射效率影响的结果比较

基底	带宽积分平均衍射效率/%		
	没有增透膜	含有增透膜	
	传统设计方法	传统设计方法	优化设计方法
PMMA-POLYCARB	99.252	97.065	99.237

从以上结果可以看出，采用优化设计方法的双层衍射光学元件的设计中，能够实现在两个设计波长位置处同时满足 100%衍射效率的要求。当考虑增透膜时，采用在第一设计波长 0.435 μm 位置的衍射效率为 96.560%，比传统设计方法下的衍射效率下降了 3.440%；在第二设计波长 0.598 μm 位置处的衍射效率为 98.235%，比传统设计方法下的衍射效率下降了 1.765%。当用传统设计方法考虑双层衍射光学元件的带宽积分平均衍射效率时，带宽积分平均衍射效率从 99.252% 下降到 97.065%，降幅为 2.187%；而当用优化设计理论计算双层衍射光学元件的两层衍射微结构高度数值时，其对应的带宽积分平均衍射效率为 99.237%，这也在一定程度上提高了折衍混合成像光学系统的成像质量。

参考文献

[1] Chang C H, Dominguez-Caballero J A, Barbastathis G. Method for antireflection in binary and multi-level diffractive elements, US20120057235[P]. United States Patent Application, 20120057235.

[2] Chang C H, Dominguez-Caballero J A, Choi H J, et al. Nanostructured gradient-index antireflection diffractive optics[J]. Opt. Lett., 2011, 36(13): 2354-2356.

[3] Pawlowski E, Kuhiow B. Antireflection-coated diffractive optical elements fabricated by thin-film deposition[J]. Opt. Eng., 1994, 33: 3537-3545.

[4] Pawlowski E, Engel H, Fersti M, et al. Diffractive microlenses with antireflection coatings fabricated by thin film deposition[J]. Opt. Eng., 1994, 33: 647-652.

[5] Schulz U, Schallenberg U B, Kaiser N. Antireflection coating design for plastic optics[J]. Appl. Opt., 2002, 41(16): 3107-3110.

第 6 章　基于角度带宽积分平均衍射效率的成像衍射光学元件设计

衍射效率对入射角度的依赖性是衍射光学元件的主要缺点之一，由此也限制了衍射光学元件的应用情况。传统设计方法包括新结构设计、基底材料选择、特定角度设计等。为扩展衍射光学元件的使用情况，解决传统设计下衍射光学元件衍射效率受入射角度影响较大的问题，提升混合成像光学系统成像质量，本章提出了角度带宽积分平均衍射效率(Angle Band Integral Average Diffraction Efficiency, ABIADE)概念，并将其应用于单层、双层衍射光学元件的优化设计中，推导相应的数学表达式，并对单层和双层衍射光学元件进行优化设计和分析。为复色光情况下具有大入射角的衍射光学元件提出了积分平均衍射效率优化设计模型，并详细介绍了这种更佳的设计方法，可以通过选择最佳波长来获得相应的表面微结构高度，从而实现更佳设计。结果表明，基于角度带宽积分平均衍射效率的优化设计对于获得混合成像光学系统中衍射光学元件的定量和优化设计具有重要意义，可以提高整个入射角和宽波段内的衍射效率，从而对于在实际设计的混合成像光学系统中进行量化和优化具有重要意义。

6.1　入射角度对衍射效率影响的问题分析

衍射光学元件的一个重要特征是其对入射角的衍射效率敏感性，而折衍混合成像光学系统中衍射光学元件的正常工作模式就是倾斜入射。

通常，衍射光学元件成像的有效能量可以归因于一阶衍射。对于其余级次，光束会在整个图像平面中扩散，从而导致有害能量的产生。为了解决这个问题，对探测器采用点扩散函数模型进行图像收集，当系统的有效能量和点扩散函数图像处理模型结合使用时，折衍混合成像光学系统的图像质量将得到显著改善[1]。衍射光学元件的典型类型包括单层、双层和谐衍射光学元件等，其中单层衍射光学元件最容易设计和制造；然而，单层衍射光学元件的衍射效率对工作波长依赖性明显，限制了其在宽波段光学系统的应用。双层衍射光学元件能够改善入射角度对衍射效率影响较大的问题；但其衍射效率随着入射角度的增大下降明显，具有一定的使用局限性。不同类型的衍射光学元件的设计方法和应用环境均不相同，但是入射角度和入射波长都是影响衍射光学元件衍射效率的主要因素。对于单层衍射光学元件，常用的设计方法是基于中心波长和带宽积分平均衍射效率[2]；对于双层衍射光学元件，常用的设计方法是基于带宽积分平均衍射效率，实现宽波段内高衍射效率。此外，研究者们在入射角度对衍射效率影响方面进行了一些研究：提出了一种三层衍射光学元件，以获得具有宽入射角的高带宽积分平均衍射效率特性[3-7]；可以通过选择光学元件基底材料来确保较高的带宽积分平均衍射效率[8]，而这些都是基于固定入射角而言的。显然，所有这些设计都没有考虑入射角范围对相位延迟和衍射效率的影响。

在混合光学系统中应用的衍射光学元件始终在其表面倾斜入射条件下，这表明衍射光学元件的设计优化和衍射效率分析在倾斜入射条件下才具有普遍意义和实用性，即使对于大视角或孔径角也是如此，尤其是在通常应用于高端光学系统的变焦混合光学系统中。因此，本章的主要目的是提供更佳的衍射光学元件设计，确定设计波长选择和计算衍射微结构参数，以保证高衍射效率，从而提高混合成像系统实际像质。

在本节中，提出了角度带宽积分平均衍射效率的概念，并建立了相应的数学模型。随后，我们根据上述概念和模型研究衍射光学元件的优化设计，设计方法可以确保衍射光学元件在宽入射角范围内具有高衍射特性，从而确保混合光学系统的成像质量。此外，我们探索了一种在大入射角的宽波段范围内评估混合成像系统成像质量的新方法，光学设计师可以将本章研究内容和结果应用于对含有衍射光学元件的混合成像系统的优化设计和像质评价。

衍射效率是决定工作波段和衍射光学元件应用的重要参数。对于混合光学系统或透镜，带宽积分平均衍射效率直接影响光学传递函数。当传统衍射光学元件的工作波段变宽且入射角增加时，衍射效率急剧下降，从而降低了带宽积分平均衍射效率和混合光学系统的光学传递函数。因此，通过重新选择设计波长以实现微观结构优化，可以满足较高的衍射效率要求。

在混合成像光学系统中，当光斜入射到混合成像光学系统中的单层衍射光学元件基底上时，光路传输如图 6.1 所示，其中图 6.1(a)表示大孔径角情况，图 6.1(b)表示大视场角情况。

如图 6.1 所示，光束垂直入射至单层衍射光学元件是最简单的形式之一。通常，应考虑一定入射角下的光束透射和衍射效率。因此，实际光学系统总是具有大孔径角或者大视场角。在倾斜入射角范围内，单层衍射光学元件的衍射效率和带宽积分平均衍射效率分析具有普遍意义，并且具有更大的实用性。

图 6.2 显示了在多个入射波长下，基于中波波长设计的入射角对单层衍射光学元件衍射效率的影响曲线。选择长波红外作为工作波段，选择 0°～45°作为入射角范围，对单层衍射光学元件衍射效率进行评价，结果如图 6.2 所示。图 6.2(a)给出了入射角、波长和相应的衍射效率之间的关系；图 6.2 (b)给出了入射角与整

体带宽积分平均衍射效率的关系；图 6.2(c)给出了在不同入射角情况下波长与衍射效率之间的关系。

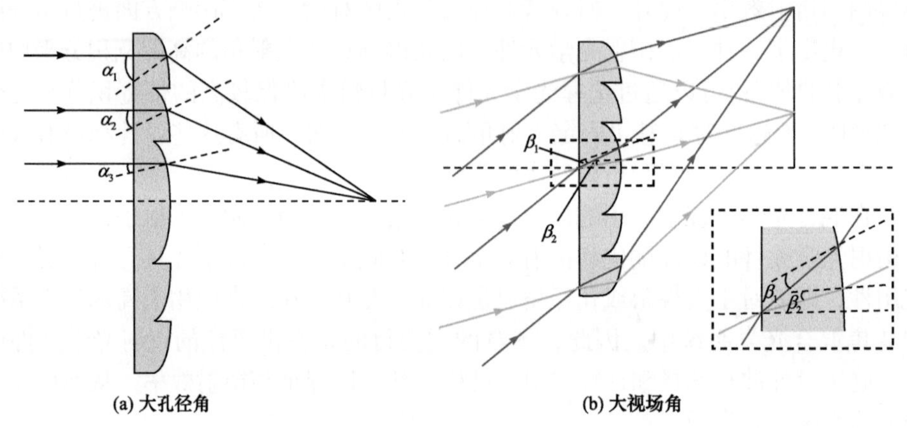

(a) 大孔径角　　(b) 大视场角

图 6.1　斜入射时单层衍射光学元件的光路传输

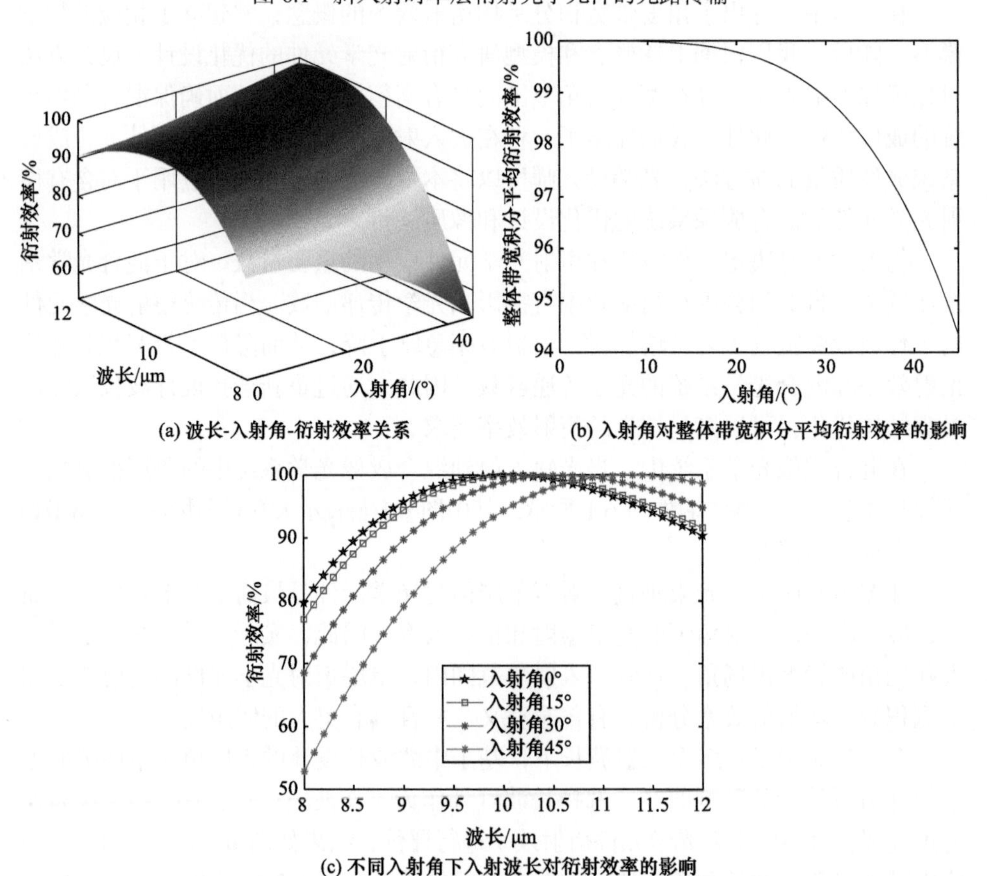

(a) 波长-入射角-衍射效率关系　　(b) 入射角对整体带宽积分平均衍射效率的影响

(c) 不同入射角下入射波长对衍射效率的影响

图 6.2　入射波长和入射角对单层衍射光学元件衍射效率的影响

图 6.2 表示当入射角逐渐增大时，衍射效率最初会缓慢下降，这表明单层衍射光学元件可以在该角度范围内使用。然而，随着入射角的进一步增大，衍射效率急剧下降。因此，由入射光和单层衍射光学元件表面形成的入射角使衍射效率降低到由设计波长偏差获得的降低的衍射效率。因此，入射波长和入射角度会造成单层衍射光学元件衍射效率下降，并且随着入射角度的增加，下降明显，在衍射光学元件的设计中入射角度的影响不能忽视。

6.2　单层衍射光学元件角度带宽积分平均衍射效率设计方法

6.2.1　设计模型

6.1 节中的分析表明，在单层衍射光学元件优化中必须考虑入射角，以满足入射角范围内的高衍射效率要求，确保混合成像光学系统的高成像质量。当单层衍射光学元件所有工作波长和入射角度取值为一一对应的数据对时，即(λ_1,θ_1), (λ_2, θ_2), $(\lambda_3,\theta_3),\cdots,(\lambda_i,\theta_i)$，以实现高衍射效率。因此，通过在计算过程中考虑不同的工作波长和入射角对，可以为对应的单层衍射光学元件获得最大的衍射效率。随后，可以基于唯一的最佳设计波长计算微结构高度，以实现最大角度带宽积分平均衍射效率。

传统单层衍射光学元件是基于带宽积分平均衍射效率实现最优设计的。本节是基于混合光学系统的工作波段和入射角范围来获得最佳设计波长和衍射微结构参数的，从而优化最大角度带宽积分平均衍射效率值，其中最佳波长和微结构高度被视为中间值。最大化角度带宽积分平均衍射效率的过程可分为以下三个部分：首先，确定最大带宽积分平均衍射效率，从而确定最大角度带宽积分平均衍射效率；然后，选择优化设计波长；最后，重新计算单层衍射光学元件微结构高度。由于入射角范围是在光学系统设计之初就固定的，因此在本节中我们不会优化入射角。图 6.3 描述了单层衍射光学元件优化设计过程。

在图 6.3 中，η_3 表示角度带宽积分平均衍射效率最大值，λ 表示设计波长，θ 表示入射角，η_1 和 η_2 表示所有入射角和整个波段的衍射效率，$\lambda_{\max}$ 和 $\lambda_{\min}$ 分别表示最大和最小波长，$\theta_{\max}$ 和 $\theta_{\min}$ 分别表示最大和最小入射角。

具体的优化设计思想是，考虑入射角范围和波段，可以用角度范围波段计算点对点的角度带宽积分平均衍射效率。另外，比较对应于不同入射角和波长的角度带宽积分平均衍射效率值以获得对应关系。最后，可以确定设计波长。根据该设计波长，可以计算出单层衍射光学元件的衍射微结构高度，实现更佳设计。

基于傅里叶光学和标量近似理论，当我们不考虑入射光的材料吸收、反射和散射时，连续表面的衍射效率可以表示为

$$\eta_m = \mathrm{sinc}^2\left[\left(m - \frac{\phi(\lambda,\theta)}{2\pi}\right)\right] \tag{6-1}$$

式(6-1)中，$\mathrm{sinc}(x) = \sin\pi x/(\pi x)$；$\phi(\lambda,\theta)$是相位延迟；$\theta$ 是入射角；λ 表示波长；m 表示衍射级，通常仅将 $m = 1$ 的第一个衍射级视为有效能量。

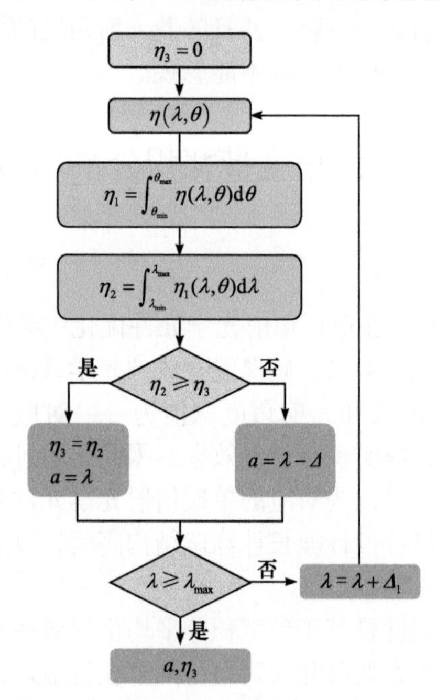

图 6.3　含有入射角度的单层衍射光学元件优化设计方法

确定单层衍射光学元件基底材料、入射角和波长时，相位延迟应等于 2π，以确保 100%的衍射效率。因此，对应于等式的相位延迟可以表示为

$$\phi(\lambda,\theta) = \frac{H}{\lambda}\left[\sqrt{n^2(\lambda) - n_m^2(\lambda)\sin^2\theta} - n_m(\lambda)\cos\theta\right] \tag{6-2}$$

式(6-2)中，H 是微结构的高度，$n(\lambda)$是基材的折射率，$n_m(\lambda)$是介质的折射率。因此，通过将式(6-2)代入式(6-1)，单层衍射光学元件的衍射效率可以表示为

$$\eta_m(\lambda,\theta) = \mathrm{sinc}^2\left\{m - \frac{H}{\lambda}\left[\sqrt{n^2(\lambda) - n_m^2(\lambda)\sin^2\theta} - n_m(\lambda)\cos\theta\right]\right\} \tag{6-3}$$

为了使混合光学系统的一阶衍射效率最大化，其相位高度引起的相位延迟应成设计波长的整数倍，因此微结构高度应该满足

$$H\left[\sqrt{n^2(\lambda_0) - n_m^2(\lambda_0)\sin^2\theta} - n_m(\lambda_0)\cos\theta\right] = \lambda_0 \tag{6-4}$$

当设计波长在工作波段中具有不同的值，并且入射角在角度范围内为任何值

时，微结构高度将呈现一系列不同结果。设计和评估单层衍射光学元件的重要指标和考虑因素，例如工作波段，因为单个波长的衍射效率不能代表整体性能。

光学系统中的入射光通常不是来自单色光源，而是来自复色光源。因此，评估影响系统成像的带宽积分平均衍射效率是有意义的。对于单层衍射光学元件，角度带宽积分平均衍射效率是指相对于入射角范围和工作波段的整体成像性能，可以表示为

$$\begin{aligned}\overline{\eta}_m(\lambda,\theta)&=\frac{1}{\lambda_{\max}-\lambda_{\min}}\int_{\theta_{\min}}^{\theta_{\max}}\int_{\lambda_{\min}}^{\lambda_{\max}}\eta_m\mathrm{d}\lambda\mathrm{d}\theta\\&=\frac{1}{\lambda_{\max}-\lambda_{\min}}\int_{\theta_{\min}}^{\theta_{\max}}\int_{\lambda_{\min}}^{\lambda_{\max}}\operatorname{sinc}^2\left[m-\phi(\lambda,\theta)\right]\mathrm{d}\lambda\mathrm{d}\theta\end{aligned}\tag{6-5}$$

式(6-5)中，$\lambda_{\max}$ 和 $\lambda_{\min}$ 分别代表最大和最小波长，$\theta_{\max}$ 和 $\theta_{\min}$ 分别代表最大和最小入射角。

对于传统单层衍射光学元件，观察到带宽积分平均衍射效率直接影响混合光学系统的成像质量，光学成像系统的调制传递函数($\mathrm{MTF_{poly}}$)是角度带宽积分平均衍射效率的函数，可以表示为

$$\mathrm{MTF_{poly}}=\begin{cases}\overline{\eta}\mathrm{MTF_{ideal}}(f_x,f_y), & f_x\neq0,f_y\neq0\\1, & f_x=f_y=0\end{cases}\tag{6-6}$$

式(6-6)中，$\mathrm{MTF_{ideal}}$ 表示基于光学设计软件的混合光学系统的理想调制传递函数，f_x 和 f_y 分别表示 x 和 y 方向的空间频率。

因此，通过考虑入射角并代入方程式。将式(6-5)代入式(6-6)中，混合光学系统的实际调制传递函数可以表示为

$$\mathrm{MTF_{poly}}=\begin{cases}\overline{\eta}_m(\lambda,\theta)\mathrm{MTF_{ideal}}(f_x,f_y), & f_x\neq0,f_y\neq0\\1, & f_x=f_y=0\end{cases}\tag{6-7}$$

根据方程式，当光垂直入射到单层衍射光学元件时，带宽积分平均衍射效率可以表示为

$$\overline{\eta}_{m=1}\approx1+\frac{\pi^2}{3\lambda_0}(\lambda_{\min}+\lambda_{\max}-\lambda_0)-\frac{\pi^2}{9\lambda_0{}^2}(\lambda_{\min}^2+\lambda_{\min}\lambda_{\max}+\lambda_{\max}^2)\tag{6-8}$$

确定设计波长后，还可以确定单层衍射光学元件的带宽积分平均衍射效率。可以根据下式计算设计波长

$$\lambda_0=\frac{2(\lambda_{\min}^2+\lambda_{\max}\lambda_{\min}+\lambda_{\max}^2)}{3(\lambda_{\max}+\lambda_{\min})}\tag{6-9}$$

当设计波长可以满足式(6-9)时，带宽积分平均衍射效率达到最大且对图像质量的影响最小。此外，可以基于带宽积分平均衍射效率要求确定光学系统的可用工作波段，从而确保系统的调制传递函数并在法向入射下为混合光学系统产生最

佳图像质量。但是，当光束以某个角度入射到单层衍射光学元件时，角度带宽积分平均衍射效率是大入射角范围内可用波段的对应值。

最后，不同设计波长和入射角度情况下，衍射光学元件的衍射效率不同

$$\begin{cases}\Delta s_1 = \eta_{\text{ABIADE}}(\theta_1,\theta_2,\cdots\theta_i;\lambda_1,\lambda_2,\cdots\lambda_i) - \eta_{\text{mid-wavelength}}(\theta_1,\theta_2,\cdots,\theta_i;\lambda_1,\lambda_2,\cdots,\lambda_i) \\ \Delta s_2 = \eta_{\text{ABIADE}}(\theta_1,\theta_2,\cdots\theta_i;\lambda_1,\lambda_2,\cdots\lambda_i) - \eta_{\text{BIADE}}(\theta_1,\theta_2,\cdots,\theta_i;\lambda_1,\lambda_2,\cdots,\lambda_i)\end{cases} \tag{6-10}$$

6.2.2 设计举例

可见光波段中的光学塑料和玻璃等光学材料以及红外波段中的晶体材料等光学材料表现出明显不同的特性，从而导致单层衍射光学元件的衍射效率和微结构高度差异很大。光学手册[9]指出，红外晶体材料的折射率和阿贝数显著大于光学塑料和玻璃的折射率和阿贝数。另外，以红外波段为例，同一晶体材料的光学性能在长红外波段(8～12 μm)和中红外波段(3～5 μm)下工作时有所不同。根据光学软件和材料色散表达式，图 6.4 模拟了几种光学材料在不同波段中其折射率和波长之间的关系。

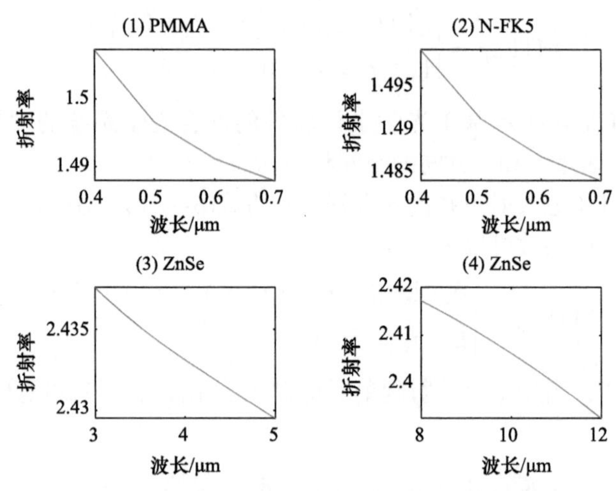

图 6.4　不同波段光学材料的波长与折射率关系

尽管光学塑料不常用于混合光学系统的高性能光学透镜中，但可以基于单点金刚石车削技术的发展来生产具有高精度连续表面的衍射光学元件。另外，红外晶体材料的阿贝数大于玻璃和光学塑料的阿贝数。当折衍混合透镜在红外波段下满足消色差和热条件时，衍射光学元件的光焦度分布很小。此外，衍射环带的数量明显少于基于光学玻璃和光学塑料作为基底的衍射光学元件的情况。因此，我们选择一种可以在长红外波段工作的晶体材料进行模拟和分析。

结合光学材料特性根据式(6-9)可以计算出基于两种传统方法的设计波长，以

及法向和倾斜入射角下的微结构高度，结果如表 6.1 所示。

表 6.1　两种入射情况和不同设计方法下单层衍射光学元件的优化设计

工作情况	工作波段	可见光		中波红外	长波红外
		0.4～0.7 μm		3～5 μm	8～12 μm
	基底材料	PMMA	N-FK5	ZNSE	ZNSE
设计方法	基于中间波长	0.55	0.55	4.0	10.0
	基于带宽积分平均衍射效率	0.564	0.564	4.083	10.13
微结构高度/μm 垂直入射（0°）	基于中间波长	1.114	1.125	2.791	7.110
	基于带宽积分平均衍射效率	1.116	1.155	2.285	7.114
微结构高度/μm 倾斜入射（45°）	基于中间波长	0.904	0.912	2.468	6.277
	基于带宽积分平均衍射效率	0.905	0.936	2.519	6.280
0°入射下的带宽积分平均衍射效率/%	基于中间波长	90.201	90.440	92.656	95.084
	基于带宽积分平均衍射效率	90.147	89.486	87.383	95.074
45°入射下的带宽积分平均衍射效率/%	基于中间波长	90.286	90.513	92.663	95.113
	基于带宽积分平均衍射效率	90.254	89.575	92.053	95.105

如表 6.1 所示，两种入射情况下的微结构高度不同。在长红外波段情况下，其显微结构高度及其差异远大于可见和中红外单层衍射光学元件。

关于波长对和入射角，可以基于方程式计算不同的微结构高度。因此，对于混合光学系统，单层衍射光学元件的衍射效率对调制传递函数和图像质量的影响最小。基于最佳设计理论，假设在 8～12 μm 长红外波段的一定角度范围内工作的单层衍射光学元件的设计波长为 λ，入射角为 θ，显微结构高度为 H_0。使用 ZnSe 晶体材料为基底，选择入射角度为 0°～30°。最后，当这些值确定时可以确定角度带宽积分平均衍射效率。因此，如图 6.5 所示，水平坐标(x, y)分别表示入射角和波长，并且 z 坐标是单层衍射光学元件的相关表面微结构高度。

图 6.5 表明，在不同的入射角和波长对下，相应的微结构高度不同，表明应在不同条件下计算微结构高度，以满足不同的工作环境。因此，可以计算给定波段和入射角范围的角度带宽积分平均衍射效率，从而能够选择最佳设计波长和相对于设计波长及入射角的微结构高度。

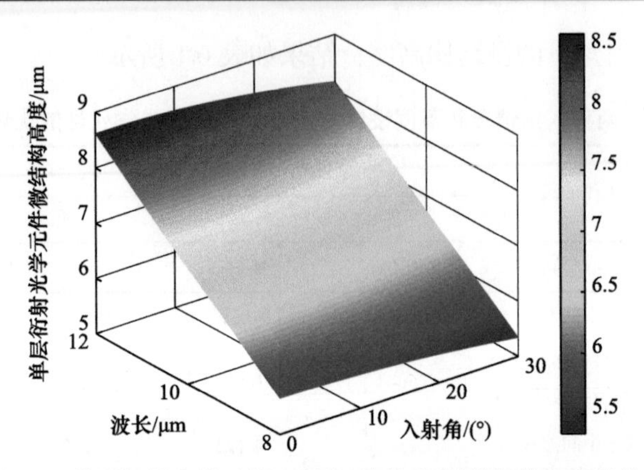

图 6.5　单层衍射光学元件入射角-波长-衍射微结构高度的关系

图 6.6 给出了在 8～12 μm 波段中，入射角为 0°～30°时入射波长对角度带宽积分平均衍射效率的影响。可以通过选定波长的 x 坐标获得角度带宽积分平均衍射效率分布，其中，当达到最大值时，可以确定最佳设计波长，获得设计波长后，可以计算单层衍射光学元件的衍射微结构高度。

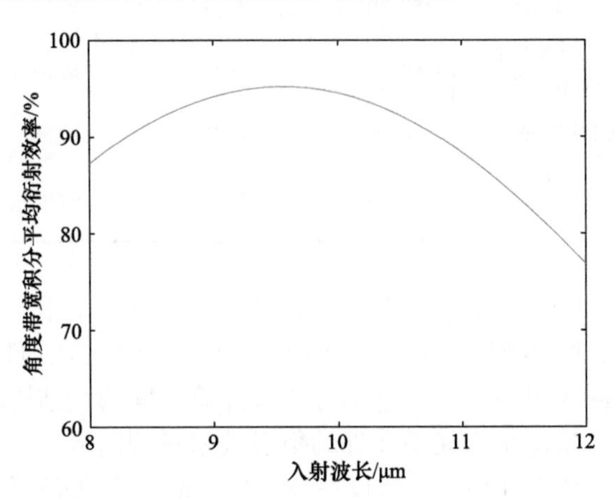

图 6.6　入射角度下，入射波长对角度带宽积分平均衍射效率的影响

图 6.6 表明，在相似的入射条件下，微结构的高度随单层衍射光学元件的变化而变化。另外，角度带宽积分平均衍射效率随入射角和波长而变化。在确定单层衍射光学元件基底材料之后，还可以确定角度带宽积分平均衍射效率的最大值。单层衍射光学元件设计波长为 9.55 μm，相应的最大角度带宽积分平均衍射效率达到 95.208%。如图 6.7 所示，分析了不同设计波长的入射角和入射波长对衍射效率的综合影响。

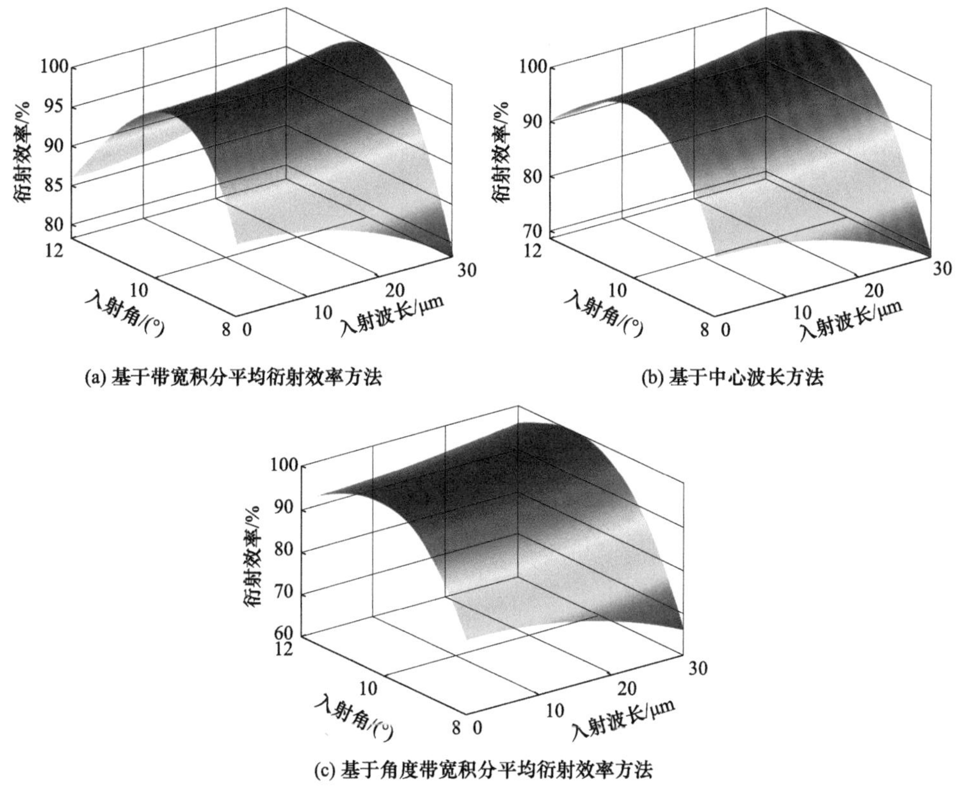

(a) 基于带宽积分平均衍射效率方法　　(b) 基于中心波长方法

(c) 基于角度带宽积分平均衍射效率方法

图 6.7　三种设计方法下入射角-入射波长-衍射效率的关系

图 6.7 中分别显示了基于带宽积分平均衍射效率、中心波长和角度带宽积分平均衍射效率三种方法下，设计波长分别为 9.55 μm、10 μm 和 10.13 μm 时的入射角、入射波长和衍射效率的关系。图 6.7 中的比较表明，角度带宽积分平均衍射效率设计的总体衍射效率高于带宽积分平均衍射效率和中心波长设计的衍射效率，并且性能得到了显著改善。在 0°～30°的工作角度范围和 8～12 μm 的波段中，基于角度带宽积分平均衍射效率的设计可以使衍射效率达到最大值，高于其他两种设计方法。

对于不同的入射角，可以计算出衍射效率与波长之间的关系，如图 6.8 所示。此外，表 6.2 显示了整个波段对应的衍射微结构高度和最小衍射效率。

在图 6.8 中，每个子图中的黑色、红色和绿色曲线表示由入射角(10°，20°和 30°)在整个波段上引起的衍射效率。图 6.8 表明，基于角度带宽积分平均衍射效率最优方法的单层衍射光学元件表现出比工作波段内其余两种方法更好的衍射效率。表 6.2 列出了三种设计的结果(第 1 列)，包括设计波长(第 2 列)，微结构高度(第 3 列)和在三种入射角情况下的最小衍射效率(第 4 列)。

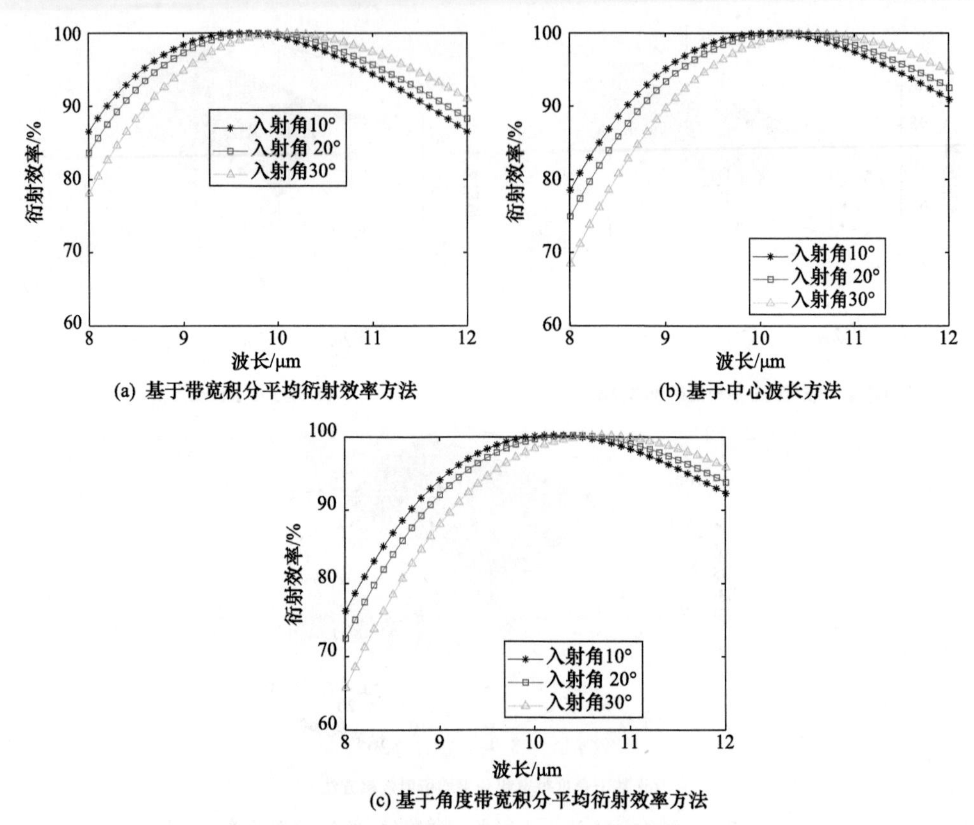

(a) 基于带宽积分平均衍射效率方法

(b) 基于中心波长方法

(c) 基于角度带宽积分平均衍射效率方法

图 6.8　不同设计方法下，入射角对衍射效率的影响

表 6.2　三种设计方法下单层衍射光学元件设计

方法	波长/μm	衍射微结构高度 H/μm	η_{min}/%		
			10°	20°	30°
基于角度带宽积分平均衍射效率	9.55	6.777	86.510	83.610	78.219
基于中心波长	10	6.978	78.554	74.972	68.567
基于带宽积分平均衍射效率	10.13	7.207	76.007	72.255	65.609

从表 6.2 中可以看出，考虑到基于三种设计的工作角，基于角度带宽积分平均衍射效率的单层衍射光学元件最大化设计在所有入射角下均表现出最高的衍射效率，且不同设计的最小衍射效率差异很大。例如，当设计波长为 9.55 μm 且入射角度为 10°时，观察到的最小衍射效率为 86.510%，这比基于中心波长和基于带宽积分平均衍射效率计算得到的波长对应的衍射效率更高，分别为 7.956%和

10.503%。对于 20°和 30°的入射角，可以观察到相同的趋势。此外，基于角度带宽积分平均衍射效率的设计以最小的表面微结构高度实现了单层衍射光学元件衍射效率最大化。

图 6.9 显示了单层衍射光学元件在 8～12 μm 波段和角度范围内的衍射效率曲线。表 6.3 列出了衍射微结构高度、最小衍射效率和角度带宽积分平均衍射效率计算结果。

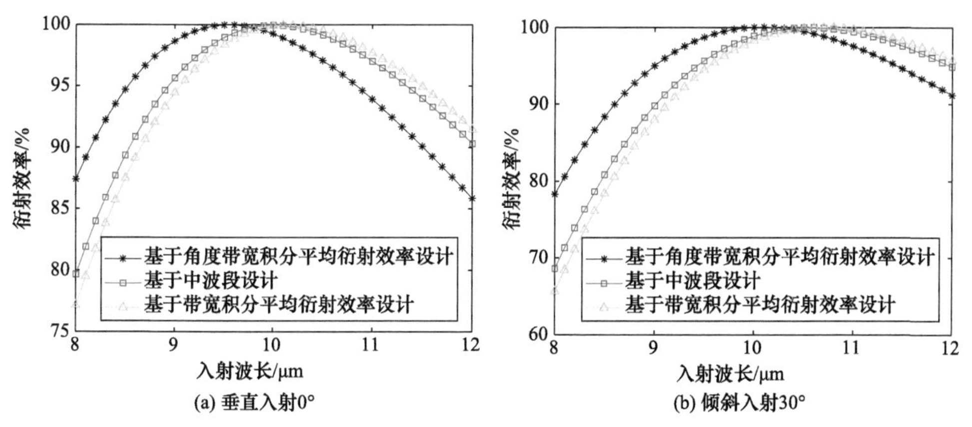

图 6.9　三种设计方法下单层衍射光学元件入射波长和衍射效率关系

在图 6.9 中，每个子图中的黑色、红色和绿色曲线代表单层衍射光学元件一级衍射效率曲线，其中衍射效率是波长(分别为 9.55 μm、10 μm 和 10.13 μm)的函数。图 6.9 显示，使用角度带宽积分平均衍射效率最大化方法设计的单层衍射光学元件的衍射效率明显优于工作波段中其余两种设计的衍射效率。

表 6.3 显示，在入射角为 30°的情况下，基于角度带宽积分平均衍射效率的单层衍射光学元件设计的带宽积分平均衍射效率最高，为 94.678%，比基于带宽积分平均衍射效率和中心波长的设计分别高 1.811%和 2.590%。此外，基于这种最佳设计的最小衍射效率高于其余两种设计的最小衍射效率，分别为 9.652%和 12.61%。角度带宽积分平均衍射效率可以以最小的微观结构最大化单层衍射光学元件衍射效率。此外，在工作波段中，基于角度带宽积分平均衍射效率最大化设计的单层衍射光学元件表现出最大的带宽积分平均衍射效率，这比基于带宽积分平均衍射效率和基于中心波长设计的衍射效率更高，分别相差 1.832%和 7.31%。这表明基于角度带宽积分平均衍射效率的设计优于基于带宽积分平均衍射效率的设计和基于中心波长的设计，并且基于带宽积分平均衍射效率设计的单层衍射光学元件的衍射效率最差。

表 6.3 三种设计方法下单层衍射光学元件设计结果

方法		基于角度带宽积分平均衍射效率	基于中心波长	基于带宽积分平均衍射效率
设计波长/μm		9.55	10.0	10.13
衍射微结构高度 H/μm		6.777	6.978	7.207
垂直入射	η_{min}/%	85.891	79.699	77.212
	带宽积分平均衍射效率/%	94.990	94.832	94.541
倾斜入射@30°	η_{min}/%	78.219	68.567	65.609
	ABIADE/%	94.678	92.867	92.088

6.3 双层衍射光学元件角度带宽积分平均衍射效率设计方法

6.3.1 设计模型

在严格的衍射理论框架内，有许多工作致力于相关研究，这些理论适用于在不同波段工作的各种类型的双层衍射光学元件。标量和矢量衍射理论是衍射光学元件设计的两个主要理论。对于光学成像系统，由于特征尺寸是入射波长的几倍，因此标量衍射理论可以满足设计要求和精度。对于混合光学系统，为了使双层衍射光学元件的第一个衍射级的衍射效率最大化，每一层的微结构高度应为设计波长(λ_1，λ_2，…，λ_N)的相位延迟的整数倍。当选择双层衍射光学元件光学材料组合时，与设计波长对和入射角相对应的光程差表示为[10]

$$\begin{cases} \sum_{j=1}^{N} H_j(n_{ji}(\lambda_1)\cos\theta_{ji} - n_{jt}(\lambda_1)\cos\theta_{jt}) = m\lambda_1 \\ \sum_{j=1}^{N} H_j(n_{ji}(\lambda_k)\cos\theta_{ji} - n_{jt}(\lambda_k)\cos\theta_{jt}) = m\lambda_k \\ \cdots\cdots \\ \sum_{j=1}^{N} H_j(n_{ji}(\lambda_N)\cos\theta_{ji} - n_{jt}(\lambda_N)\cos\theta_{jt}) = m\lambda_N \\ m = 1 \end{cases} \tag{6-11}$$

式(6-11)中，λ_k 代表第 k 个设计波长；H_j 表示第 j 个微结构的高度；$n_{ji}(\lambda_k)$ 和 $n_{jt}(\lambda_k)$分别代表第 j 层入射介质和出射介质的折射率；θ_{ji} 和 θ_{jt} 分别代表第 j 层的入射角和出射角；N 代表层数，m 代表衍射级。另外，当给定不同入射角度和设计波长时，通过求解式(6-11)，可以得到一系列不同的衍射微结构高度结构。

根据微结构面型的不同，双层衍射光学元件类型不同，它们都可以在整个波段上实现高衍射效率。典型示例之一是由两种不同的分散材料组成的双分离双层衍射光学元件，它们之间具有气隙($n_m(\lambda)$=1)，其结构如图 6.10 所示。

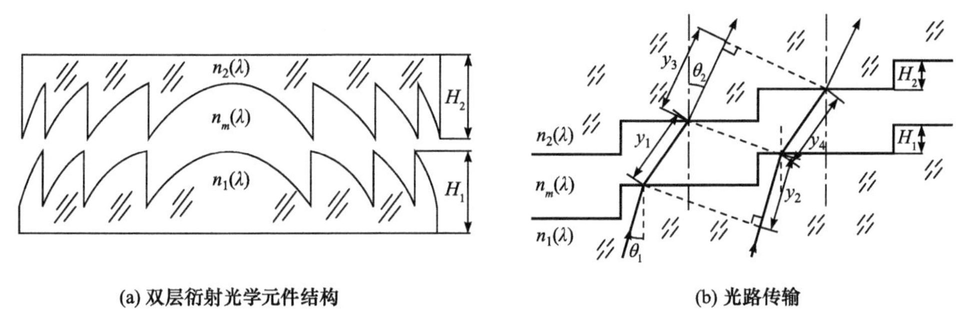

图 6.10　双层衍射光学元件及其光路传输

双层衍射光学元件的衍射效率对入射角度非常敏感，并会逐渐降低到 0，这是其设计不可忽视的关键问题。对于混合成像系统中使用的双层衍射光学元件，斜入射是常见的工作情况。因此，不管是大视角系统还是大孔径角系统，在复色光的情况下，微结构的高度都应该进行优化设计，以在宽入射角下实现高衍射效率。如图 6.11 所示，其中 α 和 β 分别代表大的视场角和孔径角。

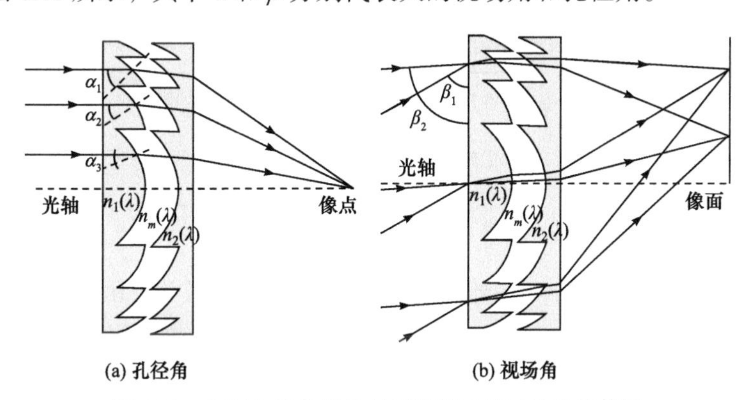

图 6.11　含有入射角度的双层衍射光学元件光路传输

在标量衍射理论下获得的衍射微结构浮雕深度可以作为矢量衍射理论框架内优化的良好初始解决方案。根据傅里叶光学和标量理论，具有连续表面的双层衍射光学元件的衍射效率表示为

$$\eta_m(\lambda,\theta)=\left\{\operatorname{sinc}\left[m-\frac{\phi(\lambda,\theta)}{2\pi}\right]\right\}^2 \tag{6-12}$$

式(6-12)中，$\eta_m(\lambda,\theta)$是双层衍射光学元件的衍射效率；$\mathrm{sinc}(x) = \sin\pi x/(\pi x)$；$\phi(\lambda,\theta)$是相位延迟，它是给定的微结构周期内波长和入射角的函数，当相位延迟为 2π 时，一阶衍射效率为 100%。

如图 6.11(b)所示，当光束倾斜入射到双层衍射光学元件第一层基底上时，由微结构高度、入射角、波段和材料折射特性产生的相位延迟可以表示为

$$\begin{aligned}\phi(\lambda,\theta)=2\pi\Bigg\{&\frac{H_1}{\lambda}\left[\sqrt{1-n_1^2(\lambda)\sin^2\theta}-n_1^2(\lambda)\cos\theta\right]\\&+\frac{H_2}{\lambda}\left[\sqrt{n_2^2(\lambda)-n_1^2(\lambda)\sin^2\theta}-\sqrt{1-n_1^2(\lambda)\sin^2\theta}\right]\Bigg\}\end{aligned}\tag{6-13}$$

式(6-13)中，H_1 和 H_2 分别代表第一层和第二层微结构的高度；θ 是入射角，λ 是入射波长；$n_1(\lambda)$和 $n_2(\lambda)$分别代表第一层和第二层基底的折射率。

最终，为了确保 100%的衍射效率，衍射级数应等于相位延迟。从式(6-13)和式(6-12)知，第一层和第二层的衍射微结构高度可计算为

$$\begin{cases}H_1=\dfrac{m\lambda_2A(\lambda_1)-m\lambda_1A(\lambda_2)}{B(\lambda_2)A(\lambda_1)-B(\lambda_1)A(\lambda_2)}\\[2ex]H_2=\dfrac{m\lambda_1A(\lambda_2)-m\lambda_2A(\lambda_1)}{B(\lambda_2)A(\lambda_1)-B(\lambda_1)A(\lambda_2)}\end{cases}\tag{6-14}$$

式(6-14)中，A 和 B 的中间变量可以表示为

$$A(\lambda)=\sqrt{n_2^2(\lambda)-n_1^2(\lambda)\sin^2\theta}-\sqrt{1-n_1^2(\lambda)\sin^2\theta}$$

和

$$B(\lambda)=n_1(\lambda)\cos\theta-\sqrt{1-n_1^2(\lambda)\sin^2\theta}$$

通过将式(6-13)和式(6-14)代入式(6-12)，可以得到双层衍射光学元件衍射效率为

$$\begin{aligned}\eta_m(\lambda,\theta)=\mathrm{sinc}^2\Bigg\{&m-\frac{H_1}{\lambda}\left[\sqrt{1-n_1^2(\lambda)\sin^2\theta}-n_1^2(\lambda)\cos\theta\right]\\&-\frac{H_2}{\lambda}\left[\sqrt{n_2^2(\lambda)-n_1^2(\lambda)\sin^2\theta}-\sqrt{1-n_1^2(\lambda)\sin^2\theta}\right]\Bigg\}\end{aligned}\tag{6-15}$$

为了全面考虑双层衍射光学元件的实际应用，应同时考虑入射波长和入射角度，以最大程度提高衍射效率。因此，提出了一种在复色光中具有宽入射角的双层衍射光学元件的积分衍射效率模型，该模型同时考虑入射波段和入射角的整体衍射效率性能。这种关系可以表示为

$$
\begin{aligned}
\overline{\eta}_m(\theta,\lambda) &= \frac{1}{\lambda_{\max}-\lambda_{\min}}\int_{\theta_{\min}}^{\theta_{\max}}\int_{\lambda_{\min}}^{\lambda_{\max}}\eta_m \mathrm{d}\lambda \mathrm{d}\theta \\
&= \frac{1}{\lambda_{\max}-\lambda_{\min}}\int_{\theta_{\min}}^{\theta_{\max}}\int_{\lambda_{\min}}^{\lambda_{\max}}\operatorname{sinc}^2\left[m-\frac{\phi(\lambda,\theta)}{2\pi}\right]\mathrm{d}\lambda \mathrm{d}\theta
\end{aligned}
\tag{6-16}
$$

式(6-16)中，$\lambda_{\max}$ 和 $\lambda_{\min}$ 分别代表最大和最小波长；$\theta_{\max}$ 和 $\theta_{\min}$ 分别代表最大和最小入射角；λ 和 θ 分别代表波长和入射角。

双层衍射光学元件优化设计的最终目标是在入射和波段的整个工作角上获得最大的衍射效率，这本质上是反求最佳解的过程。也就是说，根据混合成像系统的波段和入射角，反向获得最佳设计波长对和微结构参数，从而使衍射效率最大化。优化设计过程主要分为三个步骤：第一步是获得复色光时的积分衍射效率；第二步是根据第一步的结果获得角度带宽积分平均衍射效率；第三步是计算双层衍射光学元件的波长对和微结构高度参数，设计流程如图 6.12 所示。

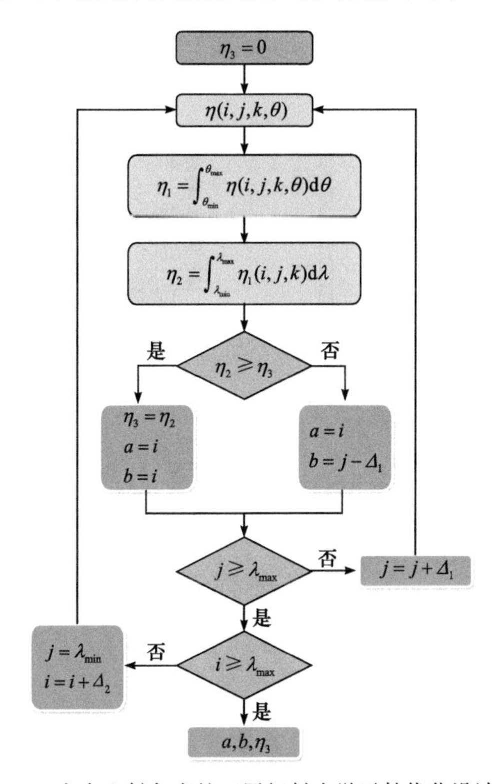

图 6.12　含有入射角度的双层衍射光学元件优化设计方法

从图 6.12 可以看到，在复色光情况下，宽入射角下的积分衍射效率与混合成像系统中双层衍射光学元件的设计波长对、入射角范围和微结构高度密切相关。当给定入射角度和设计波长时，可以计算出双层衍射光学元件最佳的微结构高度(H_1，H_2)，以获得最大的衍射效率。

6.3.2 设计举例

根据这种最佳模型和设计，例如，一个典型的双层衍射光学元件具有工作波长为 400～700 nm，入射角为 0°～15°，并且基材为光学塑料为 PMMA-POLYCARB 的组合设计和分析。值得注意的是，要达到 100%的衍射效率，微结构高度(H_1，H_2)会随所选择的设计波长对和入射角而不同。

从式(6-15)和图 6.12 知，当给出入射角和波段时，可以计算出最佳的微结构高度。当在波段中以 $\lambda_1+\Delta\lambda$ 的某一步长设置第一设计波长，并且第二设计波长与同一步长同步时，可以计算出微结构高度。图 6.13 示出了微结构高度与设计计波长对之间的关系，其中水平坐标(x，y)分别代表两个设计波长，并且 z 坐标是其表面微结构高度。

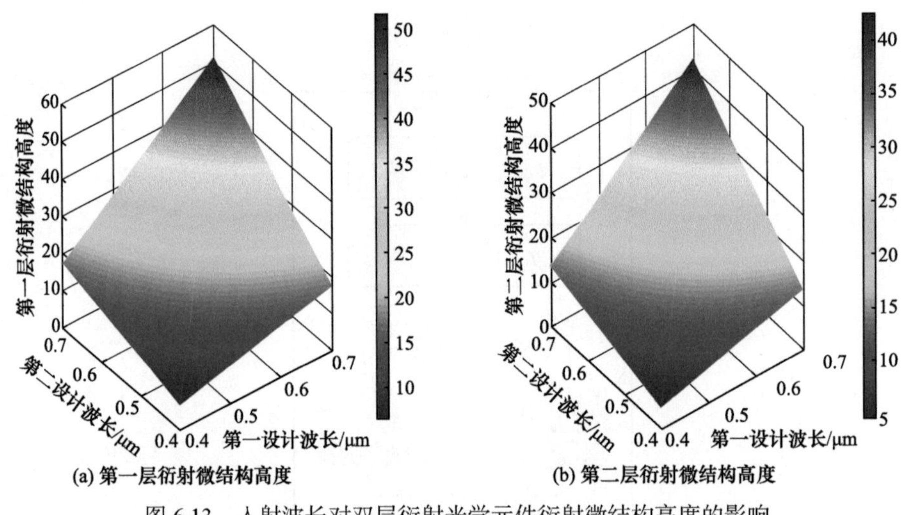

图 6.13　入射波长对双层衍射光学元件衍射微结构高度的影响

然后，在作为波长对的两个设计波长的组合中，可以获得在复色光情况下具有宽入射角的积分衍射效率。可以计算出设计波长对和带宽积分平均衍射效率的关系，其结果如图 6.14 所示。这表明，当将一个设计波长设为固定值时，将另一个设计波长设为变量。如果设计波长将沿 y 坐标轴取所有波长，则在同时获得复色光的情况下，可以获得具有宽入射角的相应系列的整体衍射效率。

此外，图 6.14 还证明了能够通过这种设计计算出在复色光照明下，宽入射角的积分衍射效率对于真实的混合成像系统而言更为准确合理。

基于图 6.14 的结果，图 6.15 中给出了第一设计波长和角度带宽积分平均衍射效率之间的关系，表明了宽入射角和相应的设计波长对的最大积分衍射效率，从而计算出双层衍射光学元件的表面微结构高度。因此，在 0°～15°的入射角和 400～700 nm 的波段下，相应的最大积分衍射效率为 98.806%。当相应的最佳设计波长对 λ_1 和 λ_2 分别为 450 nm 和 550 nm 时，微结构高度可以分别计算为 15.364 μm 和−11.929 μm。

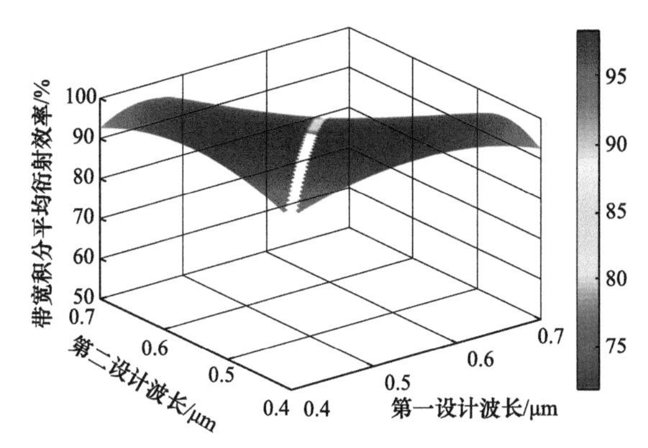

图 6.14　斜入射时入射波长对带宽积分平均衍射效率的影响

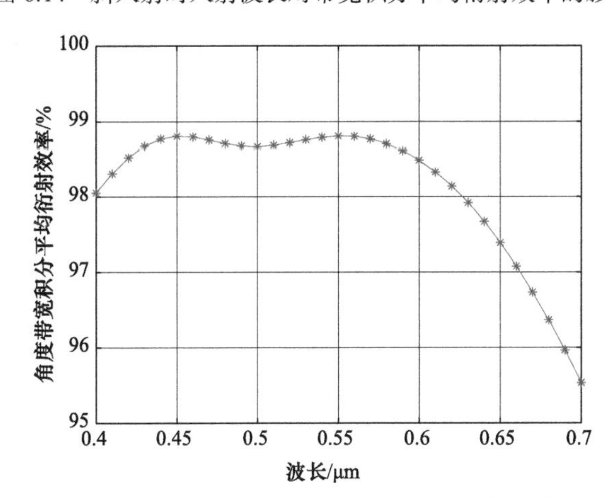

图 6.15　斜入射下波长与角度带宽积分平均衍射效率的关系

对双层衍射光学元件的传统设计方法的比较，一种是基于带宽积分平均衍射效率的方法(设计波长对为 435 nm 和 598 nm)，另一种是基于特征波长方法(设计波长对为 486 nm 和 656 nm)。接下来，我们分析入射角和波段对双层衍射光学元件带宽积分平均衍射效率的影响。

1. 入射角度的影响

图 6.16 显示了不同设计波长对的衍射效率与入射角之间的关系曲线，其中黑色、红色和绿色曲线对应于不同设计波长对下双层衍射光学元件的一阶衍射效

率，分别为 450 nm 和 550 nm，435 nm 和 598 nm，486 nm 和 656 nm。结果表明，在复色入射光的情况下，基于宽入射角积分衍射效率模型设计的衍射效率在宽入射角范围内优于其他两种方法。

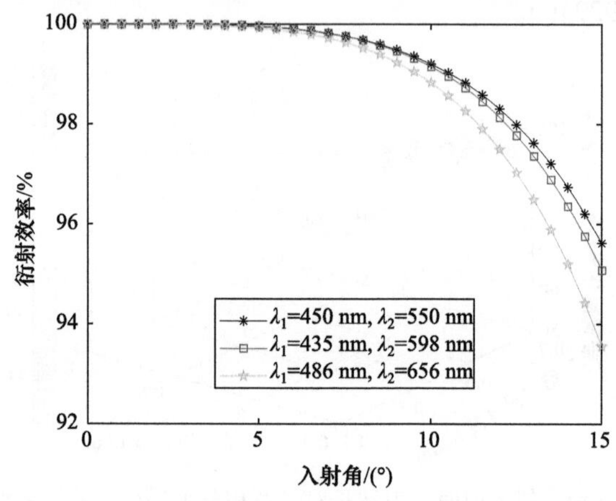

图 6.16　三种设计波长下入射角度对衍射效率的影响

表 6.4 给出了在 0°～15°入射角下，不同设计波长对的微结构高度和相应的角度带宽积分平均衍射效率。

表 6.4　三种设计方法，斜入射角度时双层衍射光学元件衍射微结构高度和相应的角度带宽积分平均衍射效率

λ_1 和 λ_2 / nm	H_1 / μm	H_2 / μm	角度带宽积分平均衍射效率(θ=0°～15°) / %
450 和 550	15.364	−11.929	99.116
435 和 598	16.460	−12.813	99.028
486 和 656	24.149	−19.242	96.864

可以看出，考虑到入射角在 0°～15°范围内以及在各自的设计波长对，在复色光情况下，基于具有宽入射角的积分衍射效率模型的双层衍射光学元件的角度带宽积分平均衍射效率是最高的。此外，它还可以使微结构高度最小化，并在入射角范围内使衍射效率最大化，这比其他两种方法分别高 0.088%和 2.252%。

2. 入射波长的影响

图 6.17 显示了在不同波长对条件下双层衍射光学元件的衍射效率与入射波长之间的关系，其中黑色、红色和绿色曲线分别对应于 450 nm 和 550 nm，435 nm

和 598 nm，486 nm 和 656 nm。结果表明，在复色光情况下，采用宽入射角角度带宽积分平均衍射效率模型设计的双层衍射光学元件的衍射效率优于其他两种方法。

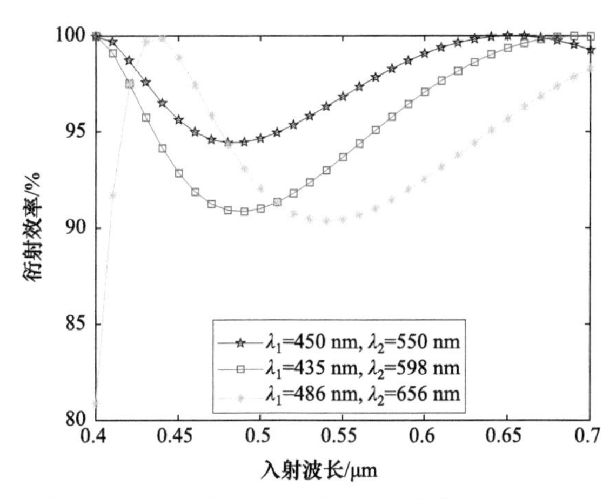

图 6.17　不同设计方法下 15°入射时入射波长对角度带宽积分平均衍射效率的影响

表 6.5 给出了在 400～700 nm 波段内的微结构高度、最小衍射效率和积分衍射效率的计算结果。

表 6.5　不同设计方法下双层衍射光学元件设计结果和衍射效率

λ_1 和 λ_2 / nm	450 和 550	435 和 598	486 和 656
H_1 / μm	15.364	16.460	24.149
H_2 / μm	−11.929	−12.813	−19.242
最小衍射效率/ %	94.435	90.868	80.879
积分衍射效率/ %	97.707	95.764	93.924

如图 6.17 所示，角度带宽积分平均衍射效率与入射角密切相关。通过三种设计比较，基于这种最佳设计的整个波段内的最小衍射效率和整体衍射效率均比其他两个典型设计好得多。当考虑到入射角为 15°时，在相应的设计波长对下，基于复色光入射角较宽的积分衍射效率模型，双层衍射光学元件的角度带宽积分平均衍射效率达到最高，达到 97.707%，高于其他方法的值分别为 1.943%和 3.783%。另外，基于积分衍射效率模型，在复色光中入射角较宽时，双层衍射光学元件的最小衍射效率达到最高，达到 94.435%，比其他两种方法高 3.567%和 13.556%。

3. 入射角和波长的综合影响

图 6.18 显示了入射角和入射波长对不同设计波长对的双层衍射光学元件衍射效率的影响。图 6.18(a)～(c)显示了基于具有宽入射角的积分衍射效率模型、带宽积分平均衍射效率和特征波长方法的双层衍射光学元件上的衍射效率、波长和入射角之间的关系，其波长对分别为 450 nm 和 550 nm，435 nm 和 598 nm，486 nm 和 656 nm。

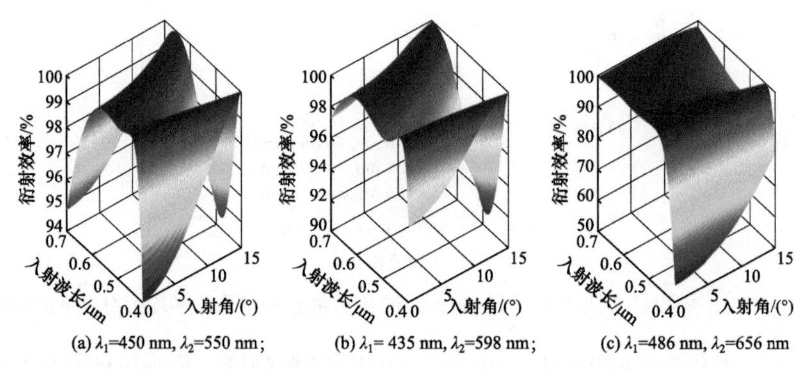

图 6.18　三种设计方法下入射角-入射波长和衍射效率的关系

表 6.6 给出了在 400～700 nm 波段和 0°～15°入射角范围内微结构高度和角度带宽积分平均衍射效率。

表 6.6　不同设计方法下双层衍射光学元件设计结果和角度带宽积分平均衍射效率

λ_1 和 λ_2 / nm	H_1 / μm	H_2 / μm	角度带宽积分平均衍射效率/ %
450 和 550	15.364	−11.929	98.806
435 和 598	16.460	−12.813	98.449
486 和 656	24.149	−19.242	96.038

可以看出，考虑到入射角和设计波长对，积分衍射效率最高，达到 98.806%，比其他方法分别高 0.357%和 2.768%。此外，基于积分衍射效率模型的微结构高度可以最小，分别为 15.364 μm 和−11.929 μm，可以以最小的制造误差进行制造，并进一步确保混合光学系统的 MTF 最优。最重要的是，Nanoform®700 ultra 的加工能力，其加工的光学元件的表面粗糙度小于 1 nm。因此，容易按照设计表面结构高精度地进行该双层衍射光学元件的制造。

参考文献

[1] Hu Y, Cui Q, Zhao L, et al. PSF model for diffractive optical elements with improved imaging performance in dual-waveband infrared systems[J]. Opt. Express, 2018, 26(12): 26845-26857.

[2] Greĭsukh G I, Ezhov E G, Stepanov S A, et al. Spectral and angular dependences of the efficiency of diffraction lenses with a dual-relief and two-layer microstructure[J]. J. Opt. Technol., 2015, 82: 308-311.

[3] Zhao Y H, Fan C J, Ying C F, et al. The investigation of triple-layer diffraction optical element with wide field of view and high diffraction efficiency[J]. Opt. Commun., 2013, 295: 104-107.

[4] Mao S, Cui Q, Piao M, et al. High diffraction efficiency of three-layer diffractive optics designed for wide temperature range and large incident angle[J]. Appl. Opt., 2016, 55(12): 3549-3554.

[5] Fan C. The investigation of large field of view eyepiece with multilayer diffractive optical element[J]. Proc. SPIE, 2014, 9272: 92720N.

[6] Chambers D, Nordin G, Kim S. Fabrication and analysis of a three-layer stratified volume diffractive optical element high-efficiency grating[J]. Opt. Express, 2003, 11(1): 27-38.

[7] Xie H, Ren D, Wang C, et al. Design of high-efficiency diffractive optical elements towards ultrafast mid-infrared time stretched imaging and spectroscopy[J]. J Mod. Opt., 2018, 65: 255-261.

[8] Zhang B, Cui Q, Piao M. Effect of substrate material selection on polychromatic integral diffraction efficiency for multi-layer diffractive optics in oblique situation[J]. Opt. Commun., 2018, 415: 156-163.

[9] Swanson G J, Veldkamp W B. Diffractive optical elements for use in infrared systems[J]. Opt. Eng., 1989, 28: 605-608.

[10] Shea D C O, Suleski T J, Kathman A D, et al. Diffractive Optics Design, Fabrication, and Test[M]. Bellingham: SPIE Press, 2003: 206.

第 7 章　成像衍射光学元件在混合光学系统中的应用

在前面的章节中，已对多种类型衍射光学元件具有特殊的成像性质、衍射效率、加工、装配等理论和技术问题进行了系统论述，当衍射光学元件与折射光学元件混合使用时，可以简化光学系统的结构，降低成本，提高成像质量。本章中，基于单层衍射光学元件和双层衍射光学元件的成像理论、设计方法，并结合具体应用需求和使用背景，设计了衍射光学元件应用于混合成像光学系统的具体案例，并进行了成像性能相关分析。

7.1　单层衍射光学元件在目镜光学系统的设计

7.1.1　光学系统需求与设计指标

目镜光学系统是望远镜和显微镜等仪器的重要组成部分，同时也是一种独特的光学系统。它将前置光学系统(如物镜)所形成的像再次放大，以便人眼观察；同时，其在功能和具体设计上与成像物镜又有很大的不同。目镜的设计要求是其独特功能的直接结果，需要用目镜在人眼舒适的距离下呈现附近物的放大图像或二次图像(即客观系统的内部图像)。如图 7.1 所示为最简单的 10 倍目镜。物镜所成的图像(对于目镜光学系统为物面)经过如图所示结构后，在会聚点即人眼处形成十倍放大的像。

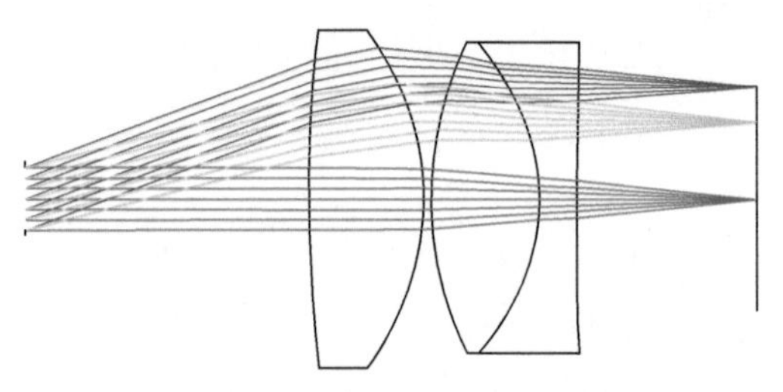

图 7.1　10 倍目镜结构示意图

此外，目镜光学系统必须为其使用者提供足够的视觉距离(以下简称视距)。为了满足这一需求，目镜必须提供一个成像良好的外出瞳。因此，目镜系统必须对成像像差提供足够的校正，同时对瞳孔像差也进行很好的校正。

放大镜是最初最简单的目镜光学系统，后来发展的典型目镜结构例如惠更斯目镜、冉斯登目镜，再到凯涅尔目镜、对称式目镜等，其结构分别如图 7.2(a)～(d)所示，每种目镜都有其独特的成像特点及合适的工作视场。

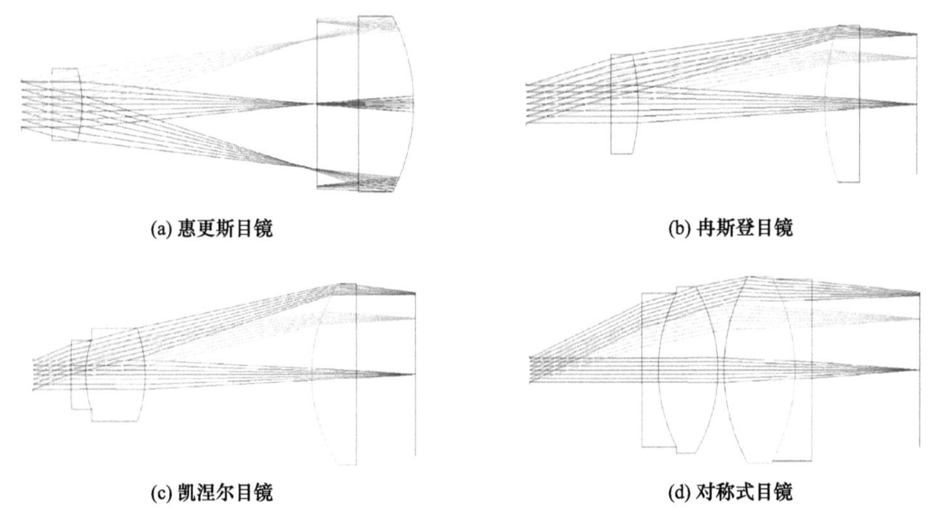

(a) 惠更斯目镜　(b) 冉斯登目镜

(c) 凯涅尔目镜　(d) 对称式目镜

图 7.2　常见目镜结构示意图

目镜结构从简单到复杂，通过不断优化各项参数，逐渐满足人们多样化的需求。近年来，为满足不同应用场合的需求，各式各样不同指标的目镜也被设计出来，但它们的功能趋向于以下的共同点：大出瞳直径、长出瞳距离、大视场、小尺寸和轻重量。然而，如果同时需求视距和大视场，那么元件的大孔径就不可避免，因为孔径光阑位于目镜外部，光学元件的孔径会随着视场的增大而增大，而视距保持不变；同样，如果视场固定，光学元件的孔径就会随着视距的增大而增大。因此，设计一个同时有长视距和宽视场的目镜十分困难，传统的球面透镜难以实现这一目标。衍射光学元件可以大大增加系统光学设计的自由度，并实现单纯依靠其他传统光学难以达到的功能和指标要求，其对校正系统中的像差和改善图像质量、减少系统尺寸等诸多方面都显示出优势。因此，我们可以将衍射光学元件广泛应用于目镜光学系统的设计中。

目镜是目视光学系统的重要组成部分，在军事系统、医疗器械系统及娱乐诸多方面都起着重要的作用。目镜自身的特点，即较大的视场、有一定的眼点距等，使得目镜光学系统的像差校正变得更加复杂，同时也会增加系统的结构和重量。为了满足光学仪器轻小型化的发展趋势，方便人们使用，需要探索新的技术手段来提高成像质量并降低系统体积和重量。考虑到衍射光学元件用于成像中能突破传统光学系统许多局限的优势，如在单透镜的一面上引入衍射面能实现消色差设计，用普通的光学材料组合就能实现复消色差等。衍射光学元件在改善系统成像质量、减小系统体积和重量等诸多方面表现出传统光学不可比拟的优势。本节主要目的是设计完成一款基于衍射光学元件具有长出瞳距离的目镜光学系统，具体指标为：出瞳直径 8 mm，出瞳距离 60 mm，焦距 40 mm，视场 $2\omega=30°$，波段为可见光波段；并要求 MTF 在截止频率 40 lp/mm 时大于 0.1，畸变小于 10%。

实现思路为：首先通过阅读相关文献和书籍，了解衍射光学元件的基本成像原理和特殊成像性质并了解指标中各项参数的意义；然后通过对比 ZEBASE 光学镜头库和书籍中的一些初始结构，选择最符合需求的初始结构，通过改变各透镜的曲率半径和厚度进行优化设计以实现目标指标；最后引入衍射光学元件完成折衍混合目镜光学系统的设计优化，并与传统纯折射式目镜光学系统的性能和结构等方面进行对比。

7.1.2　传统折射式目镜光学系统设计与像质评价

1. 光学系统优化设计

目镜是目视光学系统的一个重要组成部分，在功能上与放大镜十分相似，主要区别在于目镜是用来观察由目镜和物体间光学元件形成的实际像的。因此，对目镜来说，其入射光束的入射角、入射高度、形状、尺寸都由这个前置的光学元件决定。目镜可以看作是一个与物镜相匹配的放大镜，因此目镜的放大率为 $\tau=\dfrac{250}{f'}$，式中 f' 为目镜的焦距。从目镜的光学特性来说，目镜具有以下几个特点：①短焦距，在望远系统中，目镜焦距一般为 10～40 mm；在显微系统中，目镜的焦距更短，甚至是几毫米。②相对孔径比较小，由于目镜的出射光束直接进入人眼的瞳孔，人眼瞳孔的直径一般在 2～8 mm 范围变化，在高照度时即一般仪器的出瞳直径为 2～3 mm，而低照度如军用夜视系统的出瞳直径应为 6～8 mm。③视场角大，通常在 40°，广角目镜的视场在 60°左右，有些特广角目镜甚至达 100°。视场角大是目镜的一个最突出特点。目镜属于广角目镜的范围。④入瞳和出瞳远离透镜组，目镜的入瞳一般位于前方的物镜上，而出瞳则位于后方一定距离上。

目镜光学特性方面的上述特点，决定了它的结构型式、像差性质和设计方法上的一系列特殊性：①由于目镜的视场比较大，出瞳又远离透镜组，轴外光束在透镜组上的投射高比较大，在透镜表面上的入射角自然也就增大，因此轴外的斜光束像差如彗差、像散、场曲、畸变、垂轴色差都很大。由于要校正这些像差，所以目镜的结构一般要比物镜复杂。②由于目镜的焦距比较短，相对孔径一般又不大，同时由于校正轴外像差的需要，系统中的透镜组比较多，因此目镜的球差和轴向色差一般比较小，用不着特别注意校正就能满足要求。所以，目镜的像差校正以轴外像差为主，其中尤其是影响成像清晰的几种像差。③目镜的出瞳位置的特殊性，使得系统失去对称性，从这一方面考虑，也使得系统的彗差、畸变、垂轴色差较大，不好校正。

首先在书籍和文献中找出适合此次设计的长出瞳目镜类型。如下文所述，选取艾弗尔目镜作为初始结构并找到参数指标为：入瞳直径 4 mm，半视场 30°，波长范围 0.51 μm、0.55 μm、0.61 μm，焦距 27.9 mm。其较大的半视场适合长出瞳距离，故选取该结构参数为初始结构参数，具体参数如表 7.1 所示。

表 7.1　初始结构参数

表面类型	曲率半径/mm	厚度/mm	玻璃	口径/mm
标准面	无限	19.5		2
标准面	无限	2.25	F2	13.258
标准面	37.94	11.2	BK7	14.993
标准面	–31.65	0.5		16.386
标准面	75.4	8.4	SK10	18.561
标准面	–75.4	0.5		18.823
标准面	43.55	12.9	SK4	18.512
标准面	–37.4	2.8	SF2	17.638
标准面	51.54	13.25		15.857
标准面	无限			14.831

确定初始结构后，按设计要求设定视场和工作波长分别如图 7.3 和图 7.4 所示。

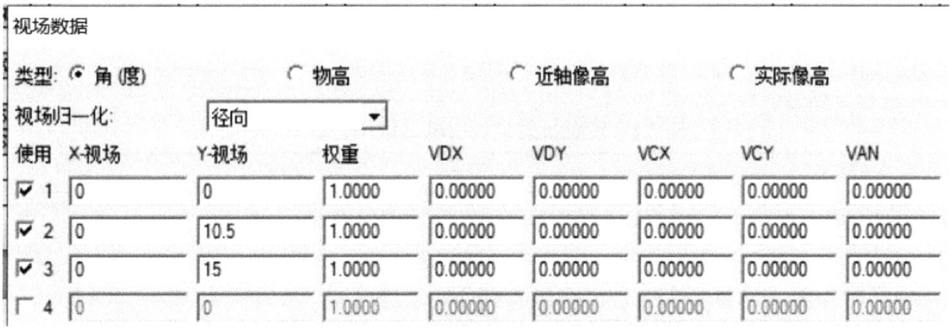

图 7.3　设定视场数据

波长数据

使用	波长(微米)	权重	使用	波长(微米)	权重
☑ 1	0.4861327	1	☐ 13	0.55	1
☑ 2	0.5875618	1	☐ 14	0.55	1
☑ 3	0.6562725	1	☐ 15	0.55	1

图 7.4　设定波长数据

由于目镜系统是反向光路设计，故设置出瞳距离即第一面的厚度为 60 mm，设计要求的出瞳直径即入瞳直径 8 mm，使用 EFFL 操作数限定光学系统的焦距为 40 mm，使用最小边缘厚度操作数 MNEG 控制玻璃边缘厚度不小于 5 mm，使用最大中心厚度操作数 MXCG 控制玻璃最大中心厚度不大于 20 mm，使用最小中心厚度操作数 MNCG 控制玻璃最小中心厚度不小于 2 mm，使用最大边缘厚度操作数 MXEG 控制玻璃最大边缘厚度不大于 8 mm，使用面间最小距离操作数 MNCT 控制面之间的最小中心厚度不小于 0.01，使用面间最小边缘厚度操作数 MNET 控制面之间的最小边缘厚度不小于 0.1，用最大畸变操作数 DIMX 控制系统的最大畸变不大于 10%，使用垂轴色差操作数 LACL 控制系统的垂轴色差接近 0。具体目标值和权重设置如图 7.5 所示。

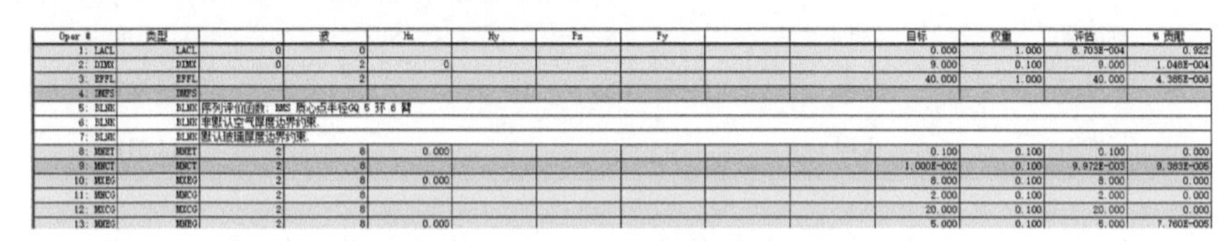

Oper #	类型		波	Hx	Hy	Px	Py			目标	权重	评估	% 贡献
1: LACL	LACL	0	0							0.000	1.000	8.703E-004	0.922
2: DIMX	DIMX	0	2	0						9.000	0.100	9.000	1.048E-004
3: EFFL	EFFL		2							40.000	1.000	40.000	4.385E-006
4: DMFS	DMFS												
5: BLNK	BLNK	序列评价函数: RMS 质心点半径GQ 5 环 6 臂											
6: BLNK	BLNK	非默认空气厚度边界约束.											
7: BLNK	BLNK	默认玻璃厚度边界约束.											
8: MNET	MNET	2	8	0.000						0.100	0.100	0.100	0.000
9: MNCT	MNCT	2	8							1.000E-002	0.100	9.972E-003	9.383E-005
10: MXEG	MXEG	2	8	0.000						8.000	0.100	8.000	0.000
11: MNCG	MNCG	2	8							2.000	0.100	2.000	0.000
12: MXCG	MXCG	2	8							20.000	0.100	20.000	0.000
13: MNEG	MNEG	2	8	0.000						5.000	0.100	5.000	7.760E-005

图 7.5　传统折射式长出瞳目镜操作数

将曲率半径、厚度设置为变量并将玻璃类型改为替换，通过不断组合变量优化光学系统的成像质量，降低其评价函数，得到传统折射式长出瞳目镜光学系统结构具体参数如表 7.2 所示，二维结构如图 7.6 所示。

表 7.2　传统折射式长出瞳目镜设计参数表

表面类型	曲率半径/mm	厚度/mm	玻璃	口径/mm
标准面	无限	60		4
标准面	353.884	2.051	SF57	20.232
标准面	63.121	12.541	ULTRAN20	20.807
标准面	−62.331	0.264		20.003
标准面	50.986	11.781	N-LAK22	23.826
标准面	−312.715	13.886		23.294
标准面	24.953	15.072	PSK53A	18.067

续表

表面类型	曲率半径/mm	厚度/mm	玻璃	口径/mm
标准面	147.77	3.339	P-SF8	14.050
标准面	15.192	9.024		10.676
标准面	无限			9.766

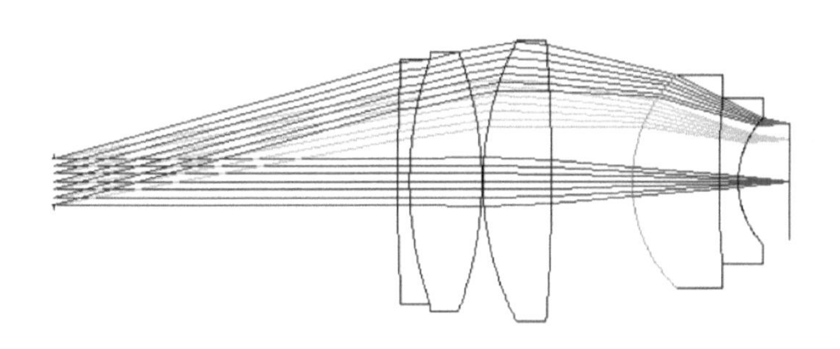

图 7.6　传统折射式长出瞳距目镜结构图

光学系统由五片镜片构成，并且所有表面都采用球面，该系统总长为 127.95 mm。

2. 像质评价和分析

该折射式长出瞳目镜光学系统的场曲和畸变如图 7.7 所示。

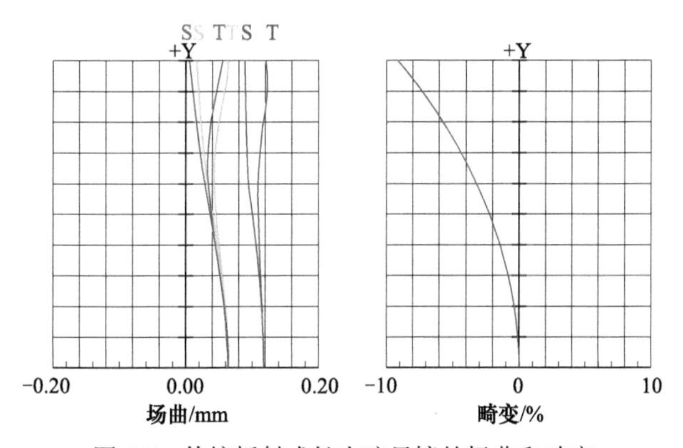

图 7.7　传统折射式长出瞳目镜的场曲和畸变

由图 7.7 可知，该光学系统最大视场处场曲最大，为 0.12 mm；最大视场处畸变最大，为 9.03%；光学系统在截止频率为 40 lp/mm 时的 MTF 曲线如图 7.8 所示。

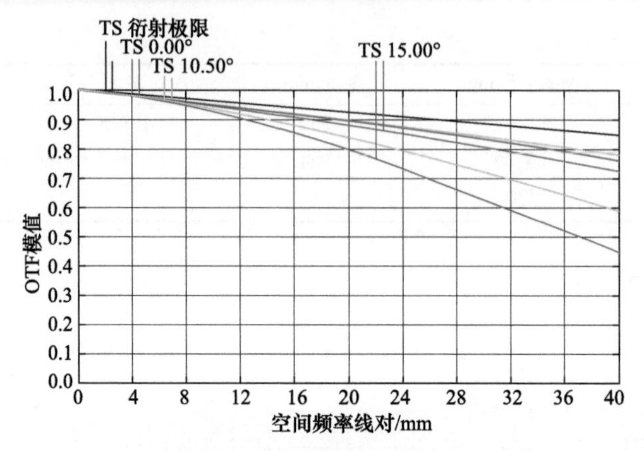

图 7.8　传统折射式长出瞳目镜的 MTF 曲线

可以看出，在 40 lp/mm 处，中心视场的 MTF 高于 0.7，最大视场的 MTF 高于 0.4，满足设计指标要求。

7.1.3　引入衍射光学元件的目镜光学系统优化设计与像质评价

1. 光学系统优化设计

具体设计步骤为：

(1) 把第一组双胶合透镜中的负透镜去掉，改变正透镜的曲率半径，保证初始光焦度；

(2) 同步骤(1)，把第二组双胶合透镜中的负透镜去掉，改变正透镜的曲率半径，保证初始光焦度；

这两个步骤主要是为了光焦度分配和初始结构的光焦度分配基本一致。

(3) 将最后一个光学透镜表面设置为衍射表面，以衍射面的第一项作为优化变量；

(4) 执行优化，并评价光学系统成像质量；

(5) 把最后一片透镜的材料换成常见的玻璃，再一次执行优化操作；

(6) 重新评价成像质量；

(7) 分析衍射光学元件参数，包括衍射面的周期数和最小周期宽度。

为了进一步优化光学系统的尺寸和像差，进行进一步处理：在视场波长等参数不变的情况下，把最后一组双胶合透镜删去一面，替换为一片厚透镜；同时为了保持成像质量，将第 5 面的表面类型设为“Binary2”，并将编辑器中二次项和四次项即参数 1 和参数 2 设为变量，使用传统折射式系统的操作数进行优化，最终得到如图 7.9 所示的折衍混合长出瞳目镜，设计参数如表 7.3 所示。

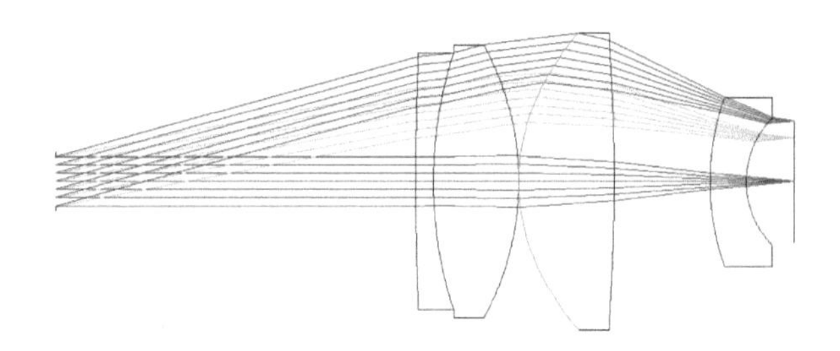

图 7.9　折衍混合长出瞳目镜结构图

表 7.3　折衍混合长出瞳目镜设计参数表

表面类型	曲率半径/mm	厚度/mm	玻璃	口径/mm
标准面	无限	60		4
标准面	463.459	2.915	SF66	20.195
标准面	67.111	14.124	FK51	20.862
标准面	–45.237	9.92×10^{-3}		22.16
二元面	–326.312	15.605	PSK53A	24.164
标准面	–312.715	16.073		22.95
标准面	39.798	6.004	SSK3	13.701
标准面	14.508	7.904		10.289
标准面	无限			9.775

可以看出，该系统由四片镜片构成，第五个面为衍射面，系统总长为 122.63 mm。

2. 像质评价和分析

折衍混合长出瞳目镜的场曲和畸变如图 7.10 所示。

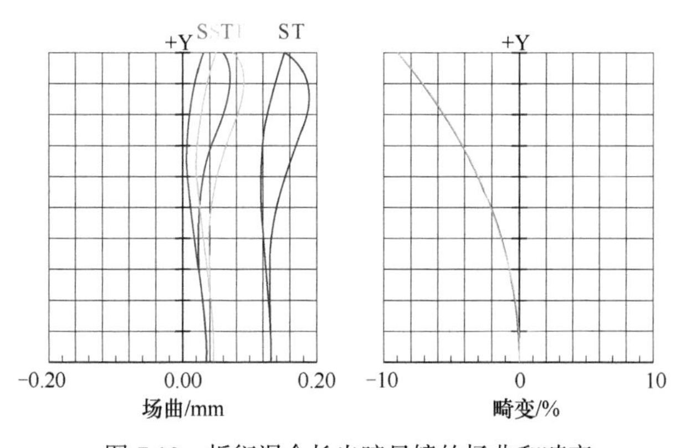

图 7.10　折衍混合长出瞳目镜的场曲和畸变

由图 7.10 可知，该光学系统最大视场处场曲最大，为 0.18 mm；最大视场处畸变最大，为 9.03%。光学系统在截止频率为 40 lp/mm 时的 MTF 曲线如图 7.11 所示。

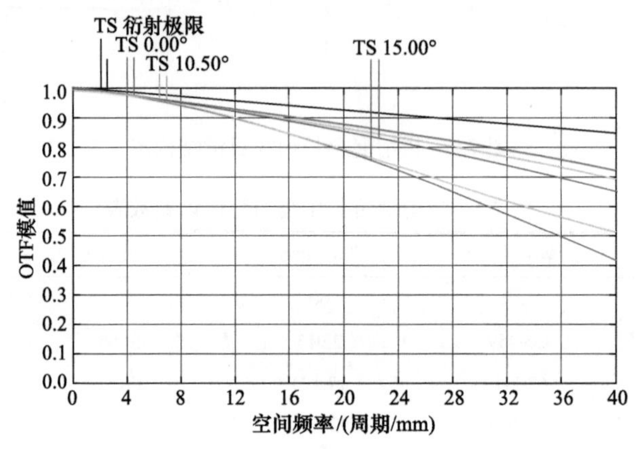

图 7.11　折衍混合长出瞳目镜的 MTF 曲线

在 40 lp/mm 处，中心视场的 MTF 高于 0.7，最大视场的 MTF 高于 0.4，满足设计指标要求。

3. 衍射光学元件参数与特性分析

衍射光学表面微结构高度可由光栅闪耀级次推导得出。将 $d=\dfrac{\lambda}{n-1}$ 与从成都光明玻璃库查的第五面衍射面材料 PSK53A 的折射率数据(图 7.12)代入此公式，利用 MATLAB 编程可得单层衍射光学元件在一级衍射级次位置衍射效率与入射角的关系，如图 7.13 所示。由图可见在 0°～15°入射角度范围内，单层衍射光学元件的衍射效率高于 99.84%。实际上从图 7.9 中的光路可以看出，入射到衍射光学元件的入射角随目镜系统视场的增大而增大，此处为简化，将入射角按 0°～15°计算。使用 MATLAB 所编程序如图 7.14 所示。

如表 7.4 所示，为两种目镜光学系统指标参数的对比。可以看出，相比传统折射式目镜，折衍混合目镜系统的透镜数量减少了 1 片，结构更加简单，总长减小了 4.16%；而且成像质量也没有变差，适用于一些对目镜长度和出瞳距等指标要求严格的场合。然而，由于衍射光学元件加工的费用成本较高，实际使用时可

CDGM				HOYA		SCHOTT		OHARA	
TYPE	nd	Vd	nF-nC	CODE	TYPE	CODE	TYPE	CODE	TYPE
H-ZPK1A	1.618000	63.39	0.009748	618-634	PCD4	618634	N-PSK53A	618634	S-PHM52

图 7.12　成都光明玻璃库提供的 PSK53A 材料的折射率数据

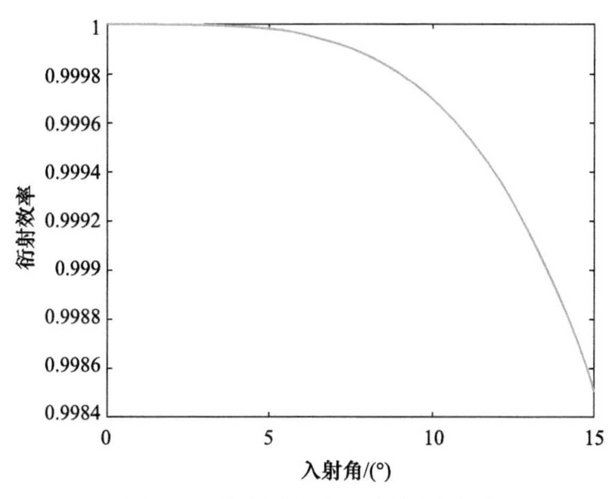

图 7.13　衍射效率与入射角的关系

```
1 —    clc;clear;
2 —    theta=linspace(0,15,10000)/180*pi;
3 —    the=linspace(0,15,10000);
4 —    n=1.618;
5 —    lamda=0.587*1e0;
6 —    d=lamda/(n-1);
7 —    m=1;
8 —    eta=sinc(m-d/lamda*(sqrt(n^2-sin(theta).^2)-cos(theta))).^2;
9 —    figure;
10 —   plot(the,eta);
```

图 7.14　MATLAB 编程所用的代码

根据具体情况选择其中任一种结构的目镜，折衍混合目镜系统均能够适用于轻小型长出瞳距的使用场合；此外，比较两种光学系统设计结果可以看出，像差特性有明显改善，并且系统总长有一定的减小，光学系统的结构和重量也有一定的降低。

表 7.4　两种目镜光学系统的指标参数对比

设计指标	传统折射式目镜系统	折衍混合目镜系统
透镜个数/片	5	4
系统总长/mm	127.95	122.63
最大畸变/%	9.03	9.03
中心视场 MTF/(40lp/mm)	0.7	0.7
最大视场 MTF/(40lp/mm)	0.4	0.4

设计结果表明，最小周期宽度控制在预期的范围之内，通过合理地选择加工

工艺参数，该衍射面可以采用金刚石单点车削技术加工出来。另外，与传统光学系统相比，折衍混合目镜光学系统能够显著减轻系统的重量，同时达到传统目镜光学系统的成像质量，能显著地减小系统的垂轴色差，适应现代光学系统重量轻、体积小、成像质量高的发展方向。

7.2 双层衍射光学元件在宽波段光学系统的设计

7.2.1 光学系统需求与设计指标

目前，监控镜头广泛应用于许多公共场所，包括各机关、部门的安防系统、高速公路的快速抓拍系统，以及在恶劣条件下替代人工的检测监控系统。这些系统的光学成像部分主要在可见光和近红外波段运行。光线充足时成像质量尚可，但在光线不足甚至暗淡时系统成像质量较差。因此，识别和处理图像就变得困难。根据实际微光监测系统的要求，需要设计工作波段为 0.4～0.9 μm 的成像光学系统；另外，考虑到光学系统的更高像质、轻量化设计，以及简单成像光学系统结构，因此使用折衍混合成像光学系统完成此设计。为此，确定了如表 7.5 的光学系统设计参数。

表 7.5 宽波段监控光学系统设计参数要求

光学系统性能	参数
波段/μm	0.4～0.9
视场角/(°)	18
F 数	2
MTF @68lp/mm	>0.5
畸变/%	<2
焦距/mm	28
总长/mm	<40
是否校正二级光谱	是

这里，分别采用传统折射式 Petzval 光学系统和使用双层衍射光学元件的基于 Petzval 光学系统的混合成像光学系统进行优化设计，最后进行光学系统结构和成像性能的对比。

7.2.2 传统折射式宽波段光学系统设计与像质评价

要使用 Petzval 结构设计系统，通常需要在图像平面附近添加一个场镜，以进行场曲校正。经过优化设计后，用于色差校正的传统折射式 Petzval 光学系统的二维结构如图 7.15 所示，该系统由 8 片光学透镜组成，共有三种光学材料，包括 N-SK2、N-KZFS8 和 P-SF68。

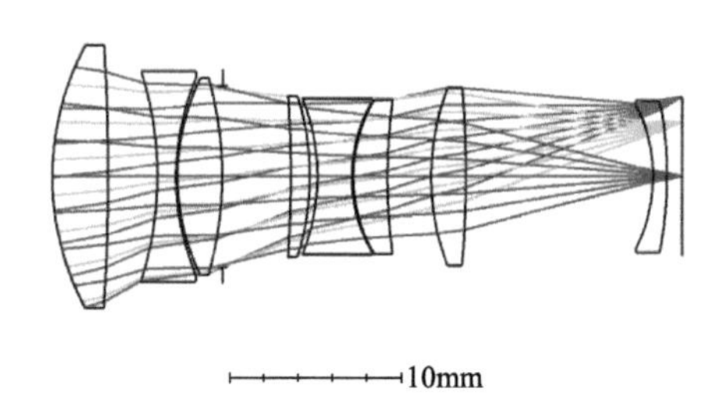

图 7.15　传统折射式 Petzval 光学系统二维结构图

如图 7.16 所示，为传统折射式 Petzval 光学系统的成像质量评价图，其中图 7.16(a)为该光学系统的 MTF 曲线，而图 7.16(b)为其轴向像差曲线。

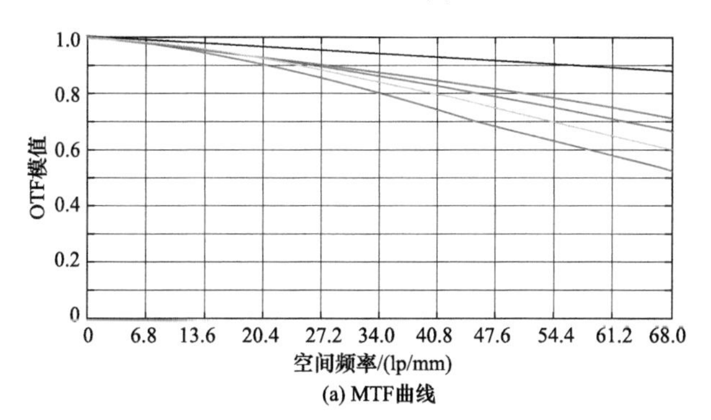

(a) MTF曲线

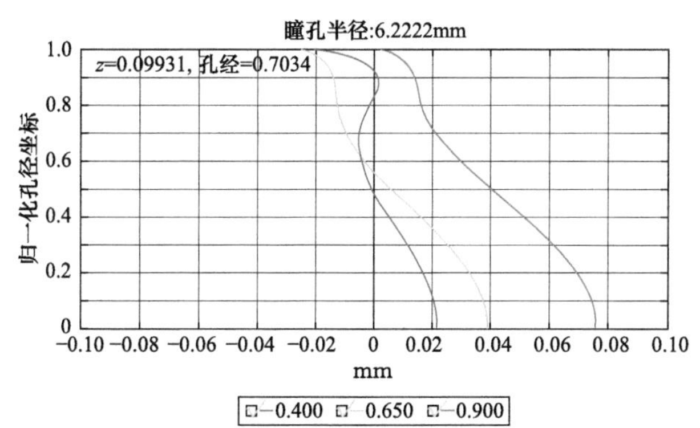

(b) 轴向像差曲线

图 7.16　传统折射式 Petzval 光学系统的成像质量评价图

7.2.3　基于衍射光学元件的混合成像系统优化设计与像质评价

1. 折衍混合成像系统中的衍射光学元件设计原理

传统光学设计下的消色差和二级光谱像差校正是通过组合不同的色散折射透

镜组合来实现的。但是，考虑到衍射光学元件的特殊色散特性包括负色散和部分色散性质，因此可以通过其和折射光学透镜进行组合实现消色差和二次光谱效果。为实现此效果，光学系统的光焦度分布应该满足

$$\begin{cases} K_{R1}+K_{R2}+K_D=K \\ \dfrac{K_{R1}}{v_{R1}}+\dfrac{K_{R2}}{v_{R2}}+\dfrac{K_D}{v_D}=0 \\ \dfrac{K_{R1}}{v_{R1}}P_1+\dfrac{K_{R2}}{v_{R2}}P_2+\dfrac{K_D}{v_D}P_D=0 \end{cases} \tag{7-1}$$

式(7-1)中，K, K_{R1}, K_{R2} 和 K_D 分别代表混合成像光学系统的总光焦度、第一片折射透镜、第二片折射透镜和衍射光学元件所承担的光焦度；v_{R1}, v_{R2} 和 v_D 分别是这几片光学透镜对应的阿贝数；P_1, P_2 和 P_3 分别代表这几片透镜对应的相对色散。因此，对此式进行求解，可以得到对应的消色差和二级光谱的光学透镜的光焦度，分别为

$$\begin{bmatrix} K_{R1} \\ K_{R2} \\ K_{R3} \end{bmatrix}=\begin{bmatrix} \dfrac{Kv_{R1}(P_2-P_3)}{X} \\ \dfrac{Kv_{R2}(P_3-P_1)}{X} \\ \dfrac{Kv_D(P_1-P_2)}{X} \end{bmatrix} \tag{7-2}$$

式(7-2)中，$X=v_{R1}(P_2-P_3)+v_{R2}(P_3-P_1)+v_D(P_1-P_2)$。根据以上分析可知，使用衍射光学元件在二级光谱校正方面有独特的优势。衍射光学元件在成像光学系统中一般都是旋转对称的，根据光学设计软件 ZEMAX 中对衍射(Binary2)光学表面的表述，其相位延迟可以表示为

$$\phi(r)=m2\pi(A_1r^2+A_2r^4+\cdots) \tag{7-3}$$

式(7-3)中，m 代表衍射级，A_1 代表决定衍射光学元件近轴光焦度的次级相位系数，表示为 $K_D=-2mA_1\lambda$。如果衍射光学元件已经设计好了，那么二次项 A_1 被定义为用于校正色差的主要像差。此外，高阶定义为非球面相位系数，可用于单色像差校正。对于具有更多基底的一般相位延迟元件，可表示为

$$\phi(\lambda,\theta)=2\pi\sum_{k=1}^{N}\frac{H_k\left[n_{ki}(\lambda)\cos\theta_{ki}-n_{kt}(\lambda)\cos\theta_{kt}\right]}{\lambda} \tag{7-4}$$

式(7-4)中，H_k 代表双层衍射光学元件第k层基底的衍射微结构高度，此数值可正可负，代表了承担光焦度的正负；$n_{ki}(\lambda)$和$n_{kt}(\lambda)$分别代表光线入射和出射至第k层

基底在波长λ时对应的折射率数值；θ_{ki}和θ_{kt}分别代表光线入射和出射至第k层基底时对应的角度数值。

此外，一般地，衍射光学元件是刻蚀在透镜表面的，透镜表面可以是平面、球面、非球面、多项式曲面等结构，因此，其附加相位可以表示为

$$z=\frac{cr^2}{1+\sqrt{1-(1+k)c^2r^2}}+a_1r^2+a_2r^4+a_3r^6+\cdots+a_8r^{16} \tag{7-5}$$

式(7-5)中，前一项与非球面表面模型中的项是相同的，c代表曲率，k代表圆锥系数，r代表径向尺寸。

另外，双层衍射光学元件在光学系统中应用时，一般都是斜入射，即光线是以任意角度入射至双层衍射光学元件第一层基底的，如图7.17所示。

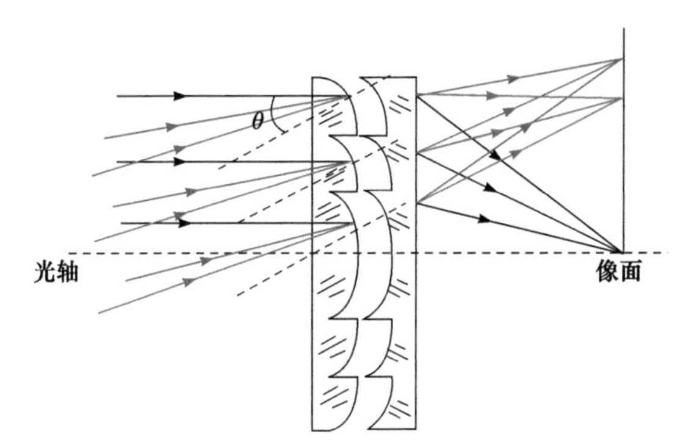

图 7.17　斜入射下双层衍射光学元件的工作原理图

双层衍射光学元件衍射效率会随着入射角度的减小变得很明显，因此，我们使用先前的理论，即基于角度带宽积分平均衍射效率的双层衍射光学元件优化设计方法进行设计和分析计算，以保证在宽波段、斜入射情况下双层衍射光学元件仍有较高的衍射效率。具体设计原理和流程如6.3节中内容所述，此处不再赘述。具体设计流程为：

(1) 对传统设计的Petzval光学系统进行再次优化设计，其中使用双层衍射光学元件代替传统球面结构，并对光学系统再次简化结构、减少镜片，最终满足成像性能；

(2) 考虑到使用工作波段和入射至双层衍射光学元件第一层基底的最大入射角度，使用基于带宽积分平均衍射效率最大化算法，重新优化计算双层衍射光学元件的设计波长；

(3) 根据优化计算得到的双层衍射光学元件优化设计波长，计算双层衍射光学元件分别对应的衍射微结构高度数值和衍射级次；

(4) 考虑到衍射效率的影响，对此成像光学系统进行像质分析和评价。

2. 折衍混合成像系统中的优化设计和像质评价

从图7.16可以看出，虽然光学系统的MTF达到了系统设计要求，但是仍然存在一定的二级光谱，这在一定程度上也影响着光学系统的成像质量，因此还需要进一步对二级光谱进行校正。对于传统双胶合光学系统组合，有时候也需要使用非球面对系统的球差、彗差和沿轴色差进行校正，这也会增加光学镜片的加工难度和制造成本。

为此，基于衍射光学元件的特殊成像性质对传统折射式光学系统进行优化设计。基于衍射光学的双层衍射光学元件的使用不仅可以在宽波段实现良好的成像质量，而且还可以保证高的衍射效率。基于传统折射式光学系统结构，将前透镜替换为双层衍射光学元件结构，获得校正消色差的结构和性能，与传统的结构相比，大大减少了系统重量和尺寸。该器件用于系统结构优化和校正。基底材料选用可见波段常用的PMMA和POLYCARB，其中PMMA作为正片，POLYCARB作为负片透镜材料。同时在优化过程中将后置镜头组替换为单个透镜。在这里，我们使用ZEMAX软件进行进一步优化和理想的图像质量评估，图7.18展示了优化设计后的折衍混合光学系统二维结构图。

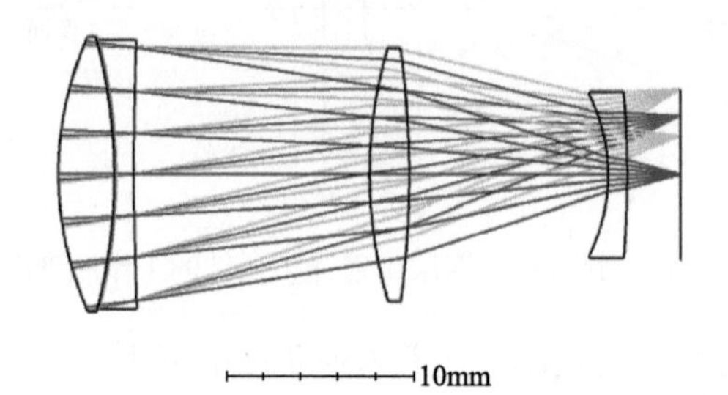

图 7.18　优化设计后的折衍混合光学系统二维结构图

优化后的系统总长度为 33.5 mm，满足设计要求，这比通过传统方法设计的系统的总长度要短。此外，场镜与像面有一定的距离，可以加装滤光片等元件。在此优化设计中，双层衍射光学元件的引入也为光学系统提供了更多的设计自由度，更高级次也意味着更高级次的像差校正。图 7.19 显示了基于双层衍射光学元件的折衍混合 Petzval 光学系统的成像质量，图 7.19(a)描绘了光学系统的 MTF 曲线，图 7.19(b)显示了轴向像差曲线。

从图 7.19 可以看出，光学系统的像质均能满足使用要求，并且 MTF 比传统设计有更高的结果，超过了设计要求，在 68 lp/mm 时每个视场的值都高于 0.6。考虑到实际范围为 20.1，在空间频率为 68 lp/mm 时，双层衍射光学元件衍射效率影响下的系统的实际 MTF 如表 7.6 所示，系统的实际 MTF 也远远超出了设计要求。

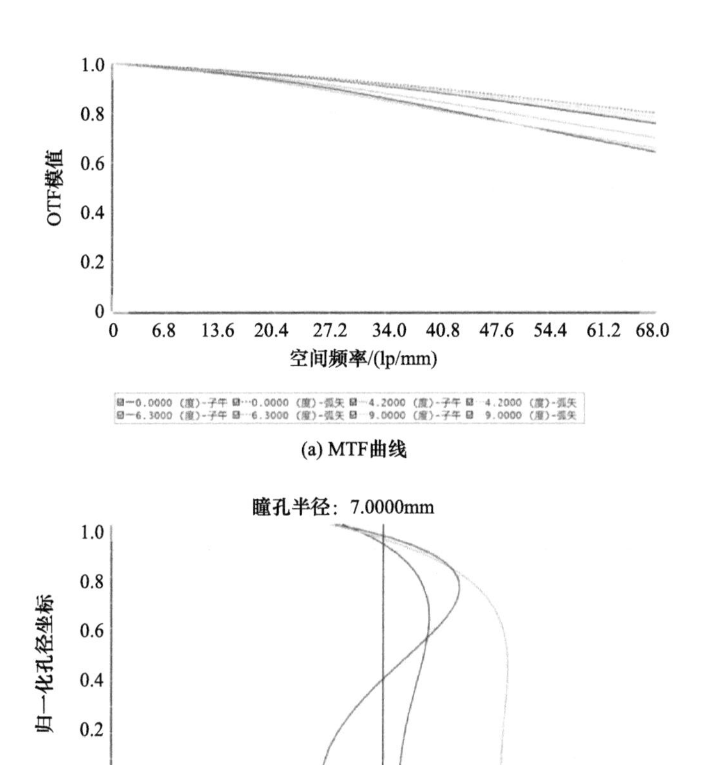

图 7.19　折衍混合 Petzval 光学系统的像质评价图

表 7.6　不同角度下衍射效率对实际 MTF 的影响计算结果

	视场角为 0°		视场角为 6.3°		视场角为 9°	
MTF	子午方向	弧矢方向	子午方向	弧矢方向	子午方向	弧矢方向
理论值	0.757	0.757	0.635	0.795	0.663	0.764
实际值	0.723	0.723	0.607	0.759	0.634	0.729

此外，系统畸变小于 1.74%，满足设计要求。此光学系统与传统折射式光学系统最大的区别在于双层衍射光学元件的使用，在校正色差和二级光谱的前提下，简化了系统结构和体积，提升了系统成像质量。表 7.7 给出了两种设计方法下光学系统的结构和性能比较。

表 7.7　两种设计方法下光学系统的结构和性能的对比

性能要求	传统设计方法下的折射式光学系统	优化设计方法下的折衍混合光学系统	差别
透镜数目	8	4	4
重量/g	4.595	1.437	3.158
系统总长/mm	36.5	33.5	3
后焦距/mm	0.89	2.901	−2.011(更好)
MTF @ 68lp/mm	>0.5	>0.6	>0.1
是否校正二级光谱	未校正	校正	校正

综上所述，使用衍射光学元件的混合成像光学系统比传统光学元件设计的光学系统的设计自由度更高，为传统方法提供了更高的设计自由度。在提高系统图像质量的同时，光学透镜的片数也从8个减少到4个，系统结构更简单，系统总长度更短，后焦距更长，检测更容易，并且重量更轻。

3. 双层衍射光学元件的参数计算

1) 双层衍射光学元件表面微结构高度的计算

可以根据7.2.3节2. 小节得到双层衍射光学元件的优化设计结构中入射角度的变化范围是从0°到20.1°，基于角度带宽积分平均衍射效率最大化方法，可以得到此入射角度范围下的入射波段和衍射效率之间的关系，其中，假定衍射级次为1级衍射，计算结果如图7.20所示，选择当角度带宽积分平均衍射效率最大时对应的入射波长为设计波长。

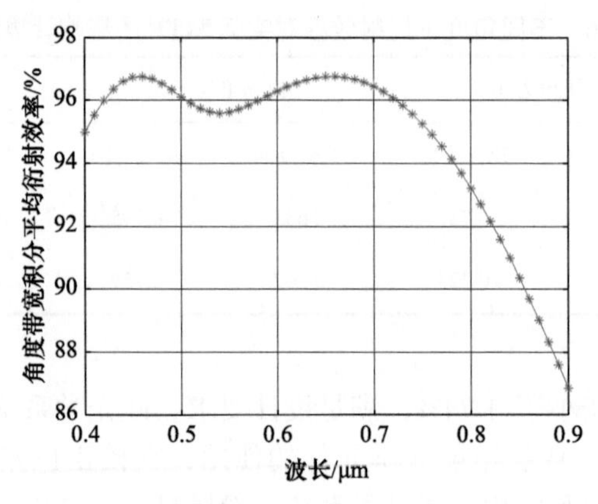

图 7.20　基于角度带宽积分平均衍射效率最大化方法的设计波长的选择

根据图7.20，最大角度带宽积分平均衍射效率最大时对应的设计波长分别为0.46 μm和 0.66 μm。 因此，双层衍射光学元件的微结构高度分别为21.769 μm和–17.230 μm。 传统设计的双层衍射光学元件波长对为0.5213 μm和0.1766 μm，微结构高度分别为22.213 μm和–17.566 μm。然后对两种设计进行分析和比较：图7.21(a) 显示了当入射角设置为 20°时，两种设计下衍射效率与波长的关系；此外，图7.21(b)通过在整个实际角度范围内分析两种设计，描绘了设计波长处的衍射效率的分布曲线。

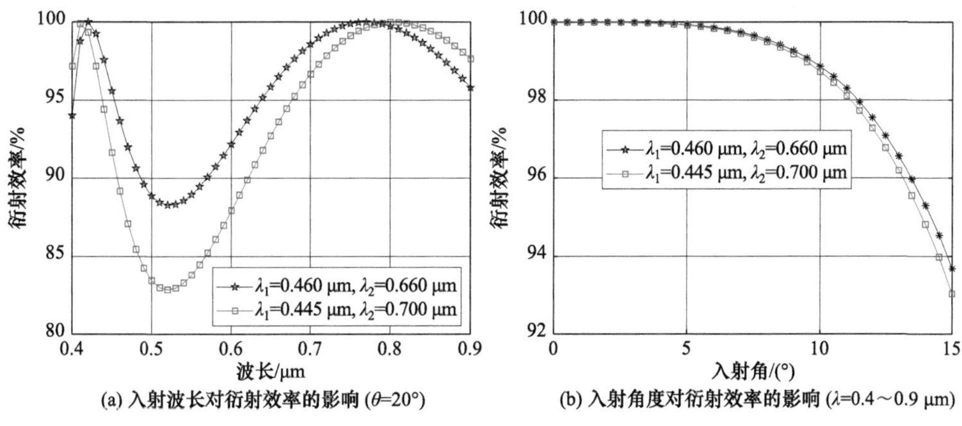

图 7.21　两种设计方法下对衍射效率特性的影响

如图7.21和表7.8所示，在设计方法中，基于入射角范围的设计方法包括两个基于入射角范围的设计，即20.1°处的带宽积分平均衍射效率和0°～20.1°内的角度带宽积分平均衍射效率分别为95.543%和99.364%，大于传统设计得到的衍射效率，相差分别为2.064%和2.489%。此外，微结构高度数值更小，元件更薄，这意味着更小的制造误差，降低了对混合光学系统的调制传递函数的影响。

表 7.8　两种设计方法下的光学系统结构和性能的对比

设计波长对 λ_1, λ_2/nm	H_1/ μm	H_2/ μm	衍射级次	带宽积分平均衍射效率 / % (θ=20.1°)	角度带宽积分平均衍射效率 / % (θ=0°～20.1°)
460 和 660	21.769	–17.230	24 和 –23	95.543	99.364
445 和 700	22.213	–17.566	25 和 –24	93.479	96.875

2) 双层衍射光学元件表面微结构的可加工性分析

在完成优化设计后，也应该对衍射光学元件的可加工性进行分析。图7.22给出了双层衍射光学元件每一层的相位图，表7.9中给出了对应的相位分布函数下的径向尺寸分布。

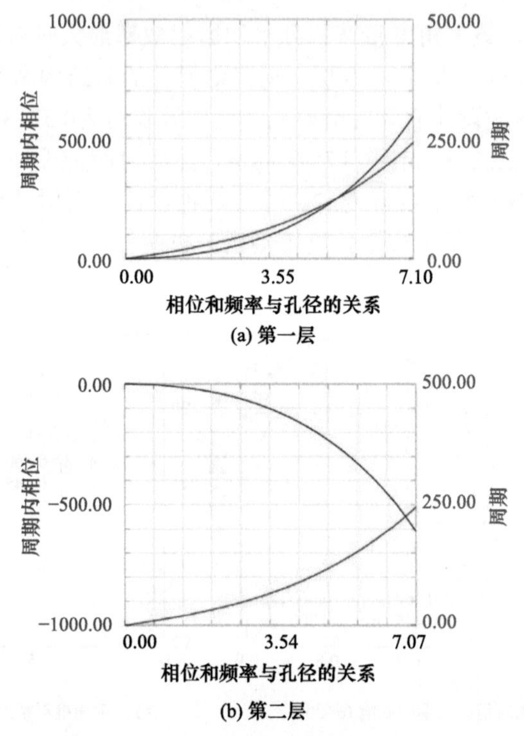

(a) 第一层

(b) 第二层

图 7.22　双层衍射光学元件的相位分布图

表 7.9　双层衍射光学元件的径向尺寸分布

环带	R_1	R_2	……	R_{32}	R_{33}
环带位置/mm	1.652090	2.289416	……	7.025146	7.099416

由表 7.9 可以看出，双层衍射光学元件两层基底层环带分别对应，且分别一共有 33 个环带，最小微结构尺寸为 74.27 μm，考虑到使用的单点金刚石车削技术的加工精度，其加工能力和加工精度能够满足此双层衍射光学元件的设计指标和要求。

考虑到传统带宽积分平均衍射效率设计下的衍射光学元件的衍射效率，会对图像质量评估不准确，本节使用了一种具有综合衍射效率的优化设计方法，并将其扩展至混合成像光学系统中的实际成像质量中，可以得到与波段高度相对应的最佳设计波长，以实现衍射光学元件表面微结构和性能的最佳设计。此外，它从原理上实现了混合成像光学系统的更加准确的图像质量评估，这对于实际工程混合成像光学系统的定量和优化设计具有重要意义。

7.3　双层衍射光学元件在双波段红外光学系统的设计

红外光学系统在目标信息获取、真实性识别、反隐身、多目标跟踪等方面具有独特的优势。此外，红外探测器和红外成像系统的发展，也促使着红外光学系统在军事和高端商业的快速应用。然而，单波段红外光学系统在获取目标信息方面存在局限性，解决这个问题的有效途径是拓宽红外光学系统的工作波段，实现对更多目标信息的探测和识别。一般地，为提高自身生存能力以及对目标的探测和识别能力，红外光学系统至少需要两个工作波段，这意味着红外光学成像系统应该在两个甚至更多波段内都具有成像功能，并且要求有良好的成像质量。因此，多波段红外光学系统的研究和应用便成为光学工程领域的热点之一。双波段红外光学成像系统要求在 3～5 μm 中波波段和 8～12 μm 长波波段范围内具有同步成像特性，并且要求成像质量能够满足目标探测和识别要求。由于传统折射式红外成像光学系统性能的局限性，很难在两个波段同时高质量成像，因此，必须采用特殊方法以满足双波段红外光学系统的高质量成像要求。

本节中，根据角度带宽积分平均衍射效率的设计方法，提出应用于双波段双层衍射光学元件的综合带宽积分平均衍射效率(Comprehensive Bandwidth Integral Average Diffraction Efficiency, CBIADE)的设计方法，通过建立相应的数学模型，详细阐述斜入射时双波段红外双层衍射光学元件的优化设计。在双波段和入射角度范围内双层衍射光学元件的综合带宽积分平均衍射效率达到最大时，选取双层衍射光学元件的设计波长对，计算出对应的衍射微结构高度。最后通过对含有此双层衍射光学元件的双波段红外混合成像光学系统进行优化设计，验证所提出设计方法的准确性和有效性。

7.3.1　双波段红外双层衍射光学元件优化设计

双层衍射光学元件具有较多的设计自由度，能够为光学系统设计提供更多的优化变量，并且确保在宽波段范围内具有高衍射效率。目前，三层衍射光学元件和双层衍射光学元件是常用的双层衍射光学元件类型。然而，由于红外光学材料的特殊性，现阶段三层衍射光学元件仅在可见光波段范围内得以应用；在红外成像光学系统中最常用的仍是双层衍射光学元件。斜入射下双波段双层衍射光学元件的传输光路如图 7.23 所示。

对于折衍混合成像光学系统，调制传递函数(MTF)与衍射光学元件综合带宽积分平均衍射效率直接相关。事实上，双层衍射光学元件的实际衍射效率取决于入射波长和入射角度两个因素，可表示为综合带宽积分平均衍射效率($\bar{\eta}(\lambda,\theta)$)。

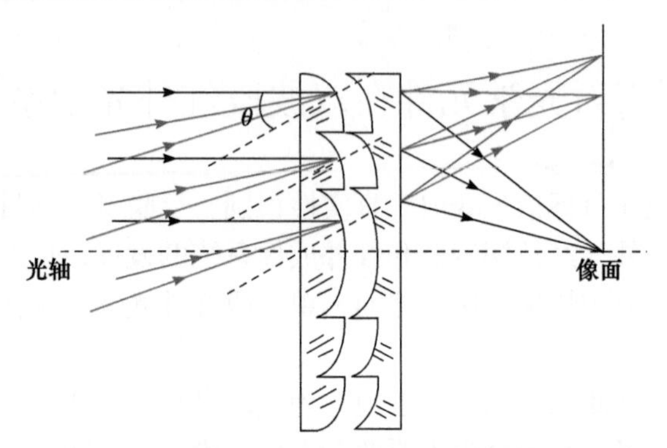

图 7.23　斜入射下双波段双层衍射光学元件的传输光路

基于此 MTF 计算方法，折衍混合成像光学系统的实际 MTF(MTF_{real})受双层衍射光学元件的 CBIADE 影响，可表示为

$$\mathrm{MTF}_{\mathrm{real}}=\begin{cases}\overline{\eta}(\lambda,\theta)\mathrm{MTF}_{\mathrm{ideal}}(f_x,f_y), & f_x\neq 0, f_y\neq 0\\ 1, & f_x=f_y=0\end{cases} \tag{7-6}$$

式(7-6)中，MTF_{ideal} (f_x, f_y)代表由光学设计软件(例如 ZEMAX 或者 CODE V)得出的光学系统的 MTF，不考虑双层衍射光学元件的衍射效率，其中 f_x 和 f_y 分别为 x 和 y 方向的采样频率；$\overline{\eta}(\lambda,\theta)$ 是入射角度和入射波长的函数，其与 MTF_{ideal} 的乘积等于混合成像光学系统的 MTF_{real}。可以看出，为提高折衍混合成像光学系统 MTF_{real}，应在提高系统 MTF_{ideal} (f_x, f_y)的基础上，最大程度地提高双层衍射光学元件的 CBIADE。

考虑到入射角度和入射波长对双波段双层衍射光学元件衍射效率的综合影响，其 CBIADE 可以表示为

$$\begin{aligned}\overline{\eta}_m(\theta;\lambda_1,\lambda_2)&=\sum_{i=1}^{2}\omega_i\frac{1}{\theta_{\max}-\theta_{\min}}\frac{1}{\lambda_{\max\text{-}i}-\lambda_{\min\text{-}i}}\int_{\theta_{\min}}^{\theta_{\max}}\int_{\lambda_{\min\text{-}i}}^{\lambda_{\max\text{-}i}}\eta_{i\text{-}m}(\lambda_i,\theta)\,\mathrm{d}\lambda_i\mathrm{d}\theta\\&=\omega_1\frac{1}{\theta_{\max}-\theta_{\min}}\frac{1}{\lambda_{\max\text{-}1}-\lambda_{\min\text{-}1}}\int_{\theta_{\min}}^{\theta_{\max}}\int_{\lambda_{\min\text{-}1}}^{\lambda_{\max\text{-}1}}\eta_{1\text{-}m}(\lambda_1,\theta)\,\mathrm{d}\lambda_1\mathrm{d}\theta\\&\quad+\omega_2\frac{1}{\theta_{\max}-\theta_{\min}}\frac{1}{\lambda_{\max\text{-}2}-\lambda_{\min\text{-}2}}\int_{\theta_{\min}}^{\theta_{\max}}\int_{\lambda_{\min\text{-}2}}^{\lambda_{\max\text{-}2}}\eta_{2\text{-}m}(\lambda_2,\theta)\,\mathrm{d}\lambda_2\mathrm{d}\theta\end{aligned} \tag{7-7}$$

式(7-7)中，m 为衍射级次，一般选 1 级衍射；$\overline{\eta}_m(\theta;\lambda_1,\lambda_2)$ 为式(7-6)中的 $\overline{\eta}(\lambda,\theta)$，$\lambda$ 和 θ 分别代表实际入射波长和入射角度；$\lambda_{max\text{-}i}$ 和 $\lambda_{min\text{-}i}$ 分别代表第 $i(i=1,2)$个波段的最大和最小波长；(λ_1,λ_2)代表两个波段内的两个设计波长，构成一组设计波长对；θ_{max} 和 θ_{min} 分别代表最大和最小入射角；$\eta_{i\text{-}m}(\lambda,\theta)$是双层衍射光学元件在第 i 个波段的衍射效率；ω_i 是第 i 个波段的权重因子且$\sum\omega_i=1$。

标量和矢量衍射理论是衍射光学元件设计的两大主要理论。对于光学成像系统，衍射微结构高度远大于入射波长，因此采用标量衍射理论就可以满足设计精度要求。根据标量衍射理论，具有连续表面面型的衍射光学元件的一级衍射效率表示为

$$\eta_m(\lambda,\theta)=\left\{\operatorname{sinc}\left[1-\frac{\phi(\lambda,\theta)}{2\pi}\right]\right\}^2 \tag{7-8}$$

式(7-8)中的双层衍射光学元件相位延迟可表示为

$$\begin{aligned}\phi(\lambda,\theta)&=\sum_{k=1}^{2}\frac{H_k\left(\sqrt{n_{k-1,t}(\lambda)^2-(n_{1i}\sin\theta)^2}-\sqrt{n_{kt}{}^2(\lambda)-(n_{1i}(\lambda)\sin\theta)^2}\right)}{\lambda}\\&=\frac{H_1}{\lambda}\left[\sqrt{1-n_1^2(\lambda)\sin^2\theta}-n_1^2(\lambda)\cos\theta\right]\\&\quad+\frac{H_2}{\lambda}\left[\sqrt{n_2^2(\lambda)-n_1^2(\lambda)\sin^2\theta}-\sqrt{1-n_1^2(\lambda)\sin^2\theta}\right]\end{aligned} \tag{7-9}$$

式(7-9)中，H_k 代表双层衍射光学元件的第 k 层衍射微结构高度，符号取决于其所在基底透镜的光焦度分配；$n_{k-1,t}(\lambda)$代表出射光在第 $k-1$ 层基底的折射率，$n_{1i}(\lambda)$代表入射光在第一层基底的折射率，$n_{kt}(\lambda)$代表出射光在第 k 层基底的折射率，$n_1(\lambda)$和 $n_2(\lambda)$分别为第一层基底和第二层基底在波长 λ 处的折射率；θ 代表入射到第一层基底的入射角度。

当光线斜入射至双层衍射光学元件第一层基底上时，为了确保 100%的衍射效率，双层衍射光学元件衍射微结构高度、入射角度、入射波长和基底材料色散特性之间的关系可以表示为

$$\begin{cases}\displaystyle\sum_{k=1}^{2}H_k(n_{ki}(\lambda_1)\cos\theta_{ki}-n_{kt}(\lambda_1)\cos\theta_{kt})=m\lambda_1\\\displaystyle\sum_{k=1}^{2}H_k(n_{ki}(\lambda_2)\cos\theta_{ki}-n_{kt}(\lambda_2)\cos\theta_{kt})=m\lambda_2\end{cases} \tag{7-10}$$

式(7-10)中，$n_{ki}(\lambda_1)$和 $n_{kt}(\lambda_1)$分别代表第 k 层入射和出射介质的折射率；θ_{kt} 和 θ_{ki} 分别代表在第 k 层介质入射光和出射光的角度值。

对式(7-10)求解，可以得到双层衍射光学元件的第一层和第二层衍射微结构的高度分别为

$$\begin{cases}H_1=\dfrac{m\lambda_2A(\lambda_1)-m\lambda_1A(\lambda_2)}{B(\lambda_2)A(\lambda_1)-B(\lambda_1)A(\lambda_2)}\\H_2=\dfrac{m\lambda_1A(\lambda_2)-m\lambda_2A(\lambda_1)}{B(\lambda_2)A(\lambda_1)-B(\lambda_1)A(\lambda_2)}\end{cases} \tag{7-11}$$

式(7-11)中，

$$
\begin{cases}
A(\lambda)=\sqrt{n_2^2(\lambda)-n_1^2(\lambda)\sin^2\theta}-\sqrt{1-n_1^2(\lambda)\sin^2\theta}\\
B(\lambda)=n_1(\lambda)\cos\theta-\sqrt{1-n_1^2(\lambda)\sin^2\theta}
\end{cases}
$$

综合式(7-6)～(7-11)可以看出，当光束斜入射至双波段双层衍射光学元件时，其综合带宽积分平均衍射效率在给定不同入射波长和入射角度时，衍射微结构高度(H_1，H_2)不同。双层衍射光学元件优化设计的最终目标是使其在整个角度范围和两个波段范围内具有最高衍射效率。当确定了双层衍射光学元件的基底材料组合、设计波长对和入射角范围时，综合带宽积分平均衍射效率为常数，而双层衍射光学元件的衍射微结构高度是唯一的过渡值。一般地，光学系统的入射角度固定，一旦确定了工作波段，就可以确定最佳设计波长对，以确保在整个波段和入射角范围内具有最大的综合带宽积分平均衍射效率，最终计算出衍射微结构高度。

综上所述，斜入射下双波段双层衍射光学元件的优化设计过程主要分为四步：①获得双波段双层衍射光学元件的带宽积分平均衍射效率；②在入射角范围内，根据带宽积分平均衍射效率获得对应的综合带宽积分平均衍射效率；③根据最大综合带宽积分平均衍射效率，确定最优设计波长对；④根据最优设计波长对，计算双层衍射光学元件的衍射微结构高度。值得注意的是，当将此方法推广至多波段成像光学系统中双层衍射光学元件的设计时，首先应该确定工作波段数和入射角度范围，判断工作波段是否连续。为实现工作波段范围内的高衍射效率，应该剔除非连续波段，然后按照上述方法计算双层衍射光学元件相关参数。最后，计算双波段甚至多波段折衍混合成像光学系统的实际像质。

现以工作在 3～5 μm 中波波段和 8～12 μm 长波波段光学系统中的双层衍射光学元件为例进行优化设计和分析。首先，应该剔除非连续波段 5～8 μm；然后假定两个波段对像质的影响相同，确定权重因子 ω_i (ω_1 和 ω_2)均为 0.5。考虑到宽波段红外光学材料的光学特性和可加工性，选取硒化锌(ZnSe)和硫化锌(ZnS)作为双层衍射光学元件的基底材料组合。

当光线垂直入射至双波段双层衍射光学元件第一层基底时，基于带宽积分平均衍射效率最大化方法，双层衍射光学元件的设计波长对为 3.8 μm 和 10.196 μm，对应的衍射级次和衍射微结构高度如表 7.10 所示。

表 7.10　垂直入射时双波段双层衍射光学元件设计结果

基底材料组合		ZnSe	ZnS
衍射级次	长波红外波段	70	−69
	中波红外波段	27	−26
衍射微结构高度	H_1 和 H_2 / μm	195.219	−220.240

对双波段双层衍射光学元件的优化设计，应当综合考虑入射角度和入射波长对综合带宽积分平均衍射效率的影响。只有在完成对光学系统 MTF_{ideal} 最优设计的基础上，对综合带宽积分平均衍射效率进行最优设计才能保证混合成像光学系统整体最优。采用 MATLAB 软件，图 7.24 中模拟了入射角度范围为 0°～10°，双波段内工作波长对综合带宽积分平均衍射效率的影响。

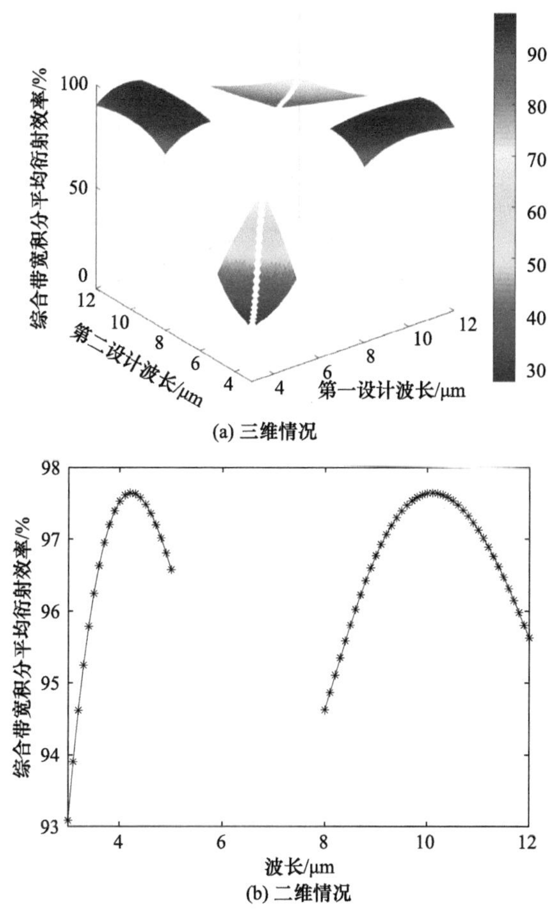

图 7.24　0°～10°入射下，入射波长对双层衍射光学元件的综合带宽积分平均衍射效率的影响

根据图 7.24(b)，当综合带宽积分平均衍射效率达到最大时，对应的横坐标即为最佳设计波长对。在确定最佳波长对后，可以计算双层衍射光学元件的相关参数。该双层衍射光学元件的计算结果如表 7.11 所示，包括衍射微结构高度、设计级次、每个波段及双波段中的综合带宽积分平均衍射效率。

表 7.11 0°～10°入射时双层衍射光学元件计算结果

项目		数值
入射角度范围		0°～10°
设计波长对/μm		4.2 和 10.1
双波段综合带宽积分平均衍射效率/ %		97.64
独立波段的综合带宽积分平均衍射效率/ %	3～5 μm	95.96
	8～12 μm	98.50
3～5 μm 波段设计级次	ZnSe	71
	ZnS	–70
8～12 μm 波段设计级次	ZnSe	23
	ZnS	–22
H_1 / μm	ZnSe	183.953
H_2 / μm	ZnS	–207.286

从图 7.24 和表 7.11 可以看出，相比较光线垂直入射至双层衍射光学元件的情况，基于角度带宽积分平均衍射效率设计的双层衍射光学元件的衍射级更小，并且相应的衍射微结构高度数值也变小。

7.3.2 含有双层衍射光学元件的红外双波段折衍混合成像光学系统设计

选用 ZnSe-ZnS 作为双层衍射光学元件的基底材料，对含有双层衍射光学元件的双波段红外折衍混合成像系统进行优化设计和分析，设计指标如表 7.12 所示。

表 7.12 双波段红外折衍混合成像光学系统设计指标

项目		数值
光学系统	工作波段/μm	3～5 和 8～12
	F 数	1.6
	焦距/mm	100
	视场角	2ω=10°
探测器	MTF @17lp/mm	>0.5 @ 3～5 μm >0.4 @ 8～12 μm
	类型	HgCdTe
	阵列（长 × 宽）	320 × 256
	像元/μm	30

根据表 7.12 的要求，该光学系统在长波和中波波段都应获得高质量图像。采用 ZEMAX Optics Studio 光学设计软件对该系统进行优化设计后，得到含有双层衍射光学元件的双波段红外折衍混合成像光学系统的结构如图 7.25 所示。

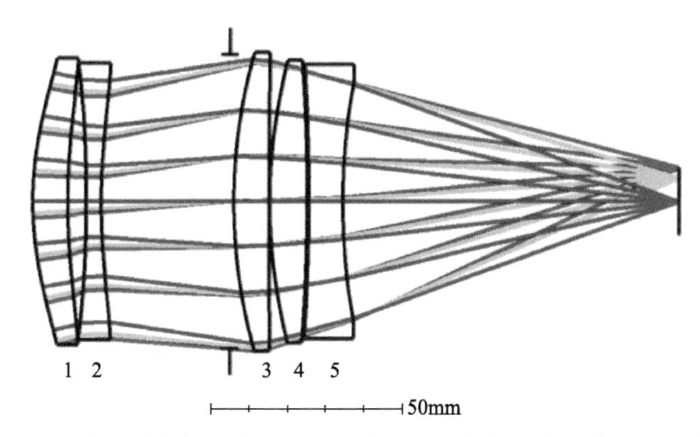

图 7.25　含有双层衍射光学元件的双波段红外折衍混合成像光学系统结构

从图 7.25 中可以看出，该光学系统由 5 片透镜组成，编号为 1～5，其中，透镜 1 和透镜 2 的光学材料是锗(Ge)，透镜 3 和透镜 4 的光学材料是硒化锌(ZnSe)，透镜 5 的光学材料是硫化锌(ZnS)。并且，双层衍射光学元件的第 1 层和第 2 层光学结构分别在透镜 4 的后表面和透镜 5 的前表面上。优化设计后的光学系统的具体设计参数如表 7.13 所示，其中第 0 表面是物面，第 5 表面是光阑面，最后一个表面是像平面。

从表 7.13 可以看出，该光学系统由标准球面、偶次非球面和衍射面（二元表面）组成，光学表面参数如表 7.14 所示，其中：c 代表圆锥系数，4th 和 6th 分别代表第 4 级、第 6 级非球面系数。

表 7.13　含有双层衍射光学元件的双波段红外折衍混合成像光学系统结构参数

表面: 类型		曲率半径/mm	厚度/mm	材料
0	标准面	无限	无限	
1	偶次非球面	85.227	9.256	Ge
2	偶次非球面	148.585	4.977	
3	偶次非球面	–351.237	4.0	Ge
4	偶次非球面	157.869	33.770	
5	标准面	无限	1.084	
6	标准面	136.692	9.293	ZnSe
7	标准面	3932.194	0.1	

续表

表面: 类型		曲率半径/mm	厚度/mm	材料
8	标准面	127.540	9.943	ZnSe
9	二元表面	–494.784	0.5	
10	二元表面	–494.784	9.000	ZnS
11	标准面	177.350	88.534	
12	标准面	无限		

表 7.14 双波段红外折衍混合成像光学系统非球面表面参数

表面	c	4th	6th
1	–3.156	$-2.802153498613580\times10^{-7}$	$-1.376989788612052\times10^{-10}$
2	–10.438	$-7.581807547567688\times10^{-7}$	$7.568253935139011\times10^{-11}$
3	50.421	$0.000000000000000\times10^{0}$	$0.000000000000000\times10^{0}$
4	–24.662	$-2.828305895348544\times10^{-7}$	$-1.242057108420291\times10^{-10}$

双波段内对应的理论 MTF 如图 7.26 所示，图 7.26(a)为长波波段 MTF 曲线，图 7.26(b)为中波波段 MTF 曲线。对于截止频率的计算，是基于表 7.13 中关于双波段探测器参数的计算结果，计算公式为 1/2pixel(pixel 代表像元大小)。其中，黑色代表衍射极限，蓝色曲线代表 0°视场下的 MTF，绿色实线和虚线分别代表 3.5°半视场角下的子午面和弧矢面的 MTF 曲线，红色实线和虚线代表 5°半视场角下的子午面和弧矢面的 MTF 曲线。

从图 7.26 可以看出，该混合光学系统的最优设计结果是：在截止频率为 17 lp/mm 时，长波波段和中波波段在各视场的 MTF 数值分别达到 0.5 和 0.6，达到了理论设计要求，并且系统在整个视场范围内成像良好。

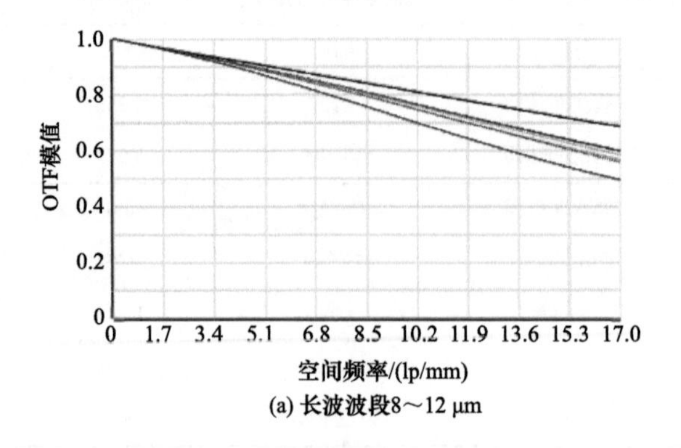

(a) 长波波段8～12 μm

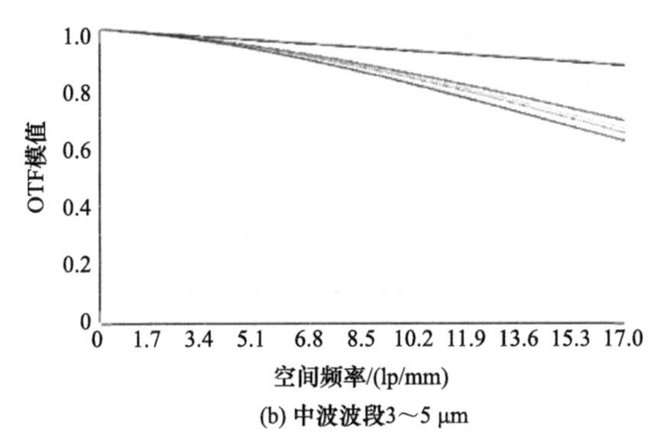

(b) 中波波段3～5 μm

图 7.26　双波段红外折衍混合成像光学系统的 MTF

此外，双波段内对应的包圆能量如图 7.27 所示，图 7.27(a)为长波波段包圆能量曲线，图 7.27(b)为中波波段包圆能量曲线。

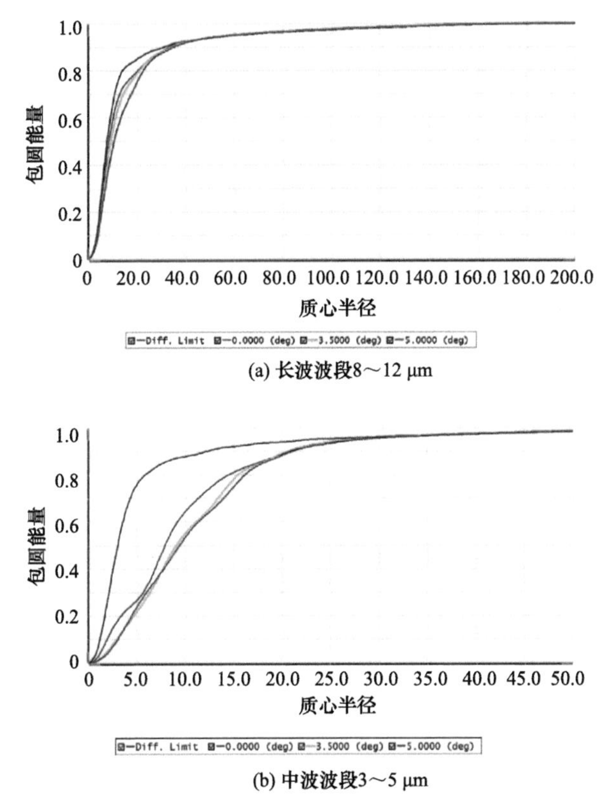

(a) 长波波段8～12 μm

(b) 中波波段3～5 μm

图 7.27　双波段红外折衍混合成像光学系统的包圆能量

图 7.27 中，长波波段全视场在半径 21 μm 的包圆能量达到 80%；中波波段

全视场在半径 16 μm 的包圆能量达到 80%；因此，两波段全视场的包圆能量均能保证在 1.4 个像元内不低于 80%，系统成像质量良好。

7.3.3　双层衍射光学元件衍射效率和对像质的影响

为了准确评价含有双层衍射光学元件的折衍混合成像光学系统的像质，还应该考虑双层衍射光学元件的综合带宽积分平均衍射效率对 MTF_{real} 的影响。在该光学系统中，光线不是垂直入射至双层衍射光学元件第 1 层基底的，其最大入射角度为 6.2°，因此，采用所提出的优化设计方法完成双层衍射光学元件的设计和计算，在 0°～6.1°入射下，入射波长与综合带宽积分平均衍射效率的关系如图 7.28 所示。

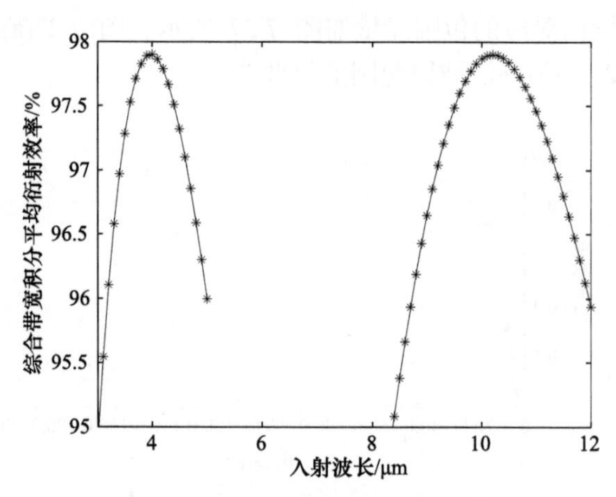

图 7.28　0°～6.1°入射下，入射波长对双层衍射光学元件的综合带宽积分平均衍射效率的影响

从图 7.28 可以看出，在 0°～6.1°入射角下，双层衍射光学元件的优化设计波长应选择为 4 μm 和 10.2 μm，对应的综合带宽积分平均衍射效率均为 97.90%，设计结果如表 7.15 所示。

表 7.15　双层衍射光学元件的设计结果

基底材料	衍射级次		H_1 和 H_2/μm
	3～5 μm	8～12 μm	
ZnSe	74	23	185.267
ZnS	–73	–22	–208.879

衍射微结构高度是衍射光学元件加工的重要参数，从表 7.15 可以看出，该双层衍射光学元件的衍射微结构高度分别为 185.267 μm 和–208.879 μm，可以采

用单点金刚石车削加工完成，加工设备可以选择型号为 Nanoform® 700 ultra 的金刚石车床，并且能够实现衍射表面粗糙度为 1 nm。

最后，计算折衍混合成像光学系统的 MTF_{real}。考虑到双波段双层衍射光学元件的角度带宽积分平均衍射效率对混合成像光学系统 MTF_{real} 的影响，将角度带宽积分平均衍射效率代入对 MTF_{real} 进行计算，可以得到在截止频率为 17 lp/mm 处，该系统在不同入射角度下的 MTF_{real} 如表 7.16 所示，其中子午和弧矢分别代表子午方向和弧矢方向。可以看出，混合成像系统 MTF_{real} 也完全满足设计要求。

表 7.16　双层衍射光学元件衍射效率对 MTF_{real} 的影响

入射角度	MTF	中波红外波段		长波红外波段	
		理论值	实际值	理论值	实际值
0°	子午面	0.686	0.665	0.599	0.589
	弧矢面	0.686	0.665	0.599	0.589
3.5°	子午面	0.614	0.595	0.568	0.559
	弧矢面	0.661	0.641	0.586	0.577
5°	子午面	0.616	0.597	0.494	0.486
	弧矢面	0.643	0.623	0.557	0.548

传统双波段双层衍射光学元件的设计没有考虑到衍射效率对入射角度的敏感性，导致双层衍射光学元件设计理论的不完整和对含有此类衍射光学元件的折衍混合成像系统像质评价的不准确。基于标量衍射理论，提出了基于 CBIADE 的设计方法，对斜入射下双波段双层衍射光学元件进行了优化设计与分析。在给定双层衍射光学元件基底材料和权重因子情况下，可根据最大 CBIADE 确定双波段内的最佳设计波长对，进而计算出对应的衍射微结构高度和衍射级次。以含有双层衍射光学元件的双波红外折衍混合成像系统为例，进行了优化设计和像质分析。研究结果表明，基于角度带宽积分平均衍射效率的设计方法能够提高斜入射下双波段双层衍射光学元件的衍射效率，确保双波段折衍混合光学系统的成像质量最优，双层衍射光学元件衍射微结构高度最小，从而在设计和制造两方面均保证了系统的最佳像质。研究方法和结论有助于从原理上完善衍射光学元件的设计，既能够准确评价折衍混合成像光学系统的像质，也能够扩展至多波段双层衍射光学元件的设计中。

7.4　双层衍射光学元件在双波段无热化光学系统的设计

7.4.1　基于衍射光学元件的光学系统无热化设计原理

光学元件的制造以及成像光学系统的制造、检测和装配大多是在常温环境下进行，但是使用过程中可能由环境温度的变化使光学元件、光学系统等结构、性能发生改变，主要包括：光学透镜的面型改变(膨胀、收缩等)、机械结构的改变(膨胀、收缩等)、透镜折射率的改变(增大或减小)，这些都会造成理想成像面的偏移，最终导致光学系统整体性能的降低和成像质量变差。因此，对于工作在温度变化环境中的光学系统，特别是红外光学系统应该进行无热化设计。

光学系统的无热化设计目标是确保光学系统在宽温度变化的环境中其成像性能仍然能够满足使用要求，目前常用的无热化设计方法主要包括机电主动式无热化[1]、机械被动式无热化[2]和光学被动式无热化[3]三种，下面分别做阐述。

(1)机电主动式无热化：通过使用温度传感器测试环境温度的变化，然后计算得到补偿件需要进行补偿的移动量，实现机械补偿。

(2)机械被动式无热化：通过计算环境温度变化对机械结构产生的膨胀或者收缩量，从而移动透镜，完成无热化设计。

(3)光学被动式无热化：利用光学系统中机械材料的热特性和不同光学材料的热特性进行相互补偿，消除环境温度变化的影响。

相比较以上三种无热化设计方法，光学被动式无热化设计方法能够降低光学系统体积和重量，原因是不需要除了光学系统自身结构外的额外特殊机械结构。

此外，除了以上三种方法外，波前编码技术也能够实现光学系统的无热化设计，原理是：通过编码方式对未处理的图像进行处理，使其像质不会随着光学焦平面的移动而改变，探测器位置不变，而图像复原技术可以满足清晰成像的要求[4–6]。此方法目前还处于实验室研究阶段，还未完全进入工程化应用。本节将分析成像衍射光学元件的特殊温度性质，将其应用于混合成像光学系统的无热化设计中，并完成双波段红外光学系统的无热化光学系统设计。

为了使混合成像光学系统实现无热化设计，应当从光学结构上分析透镜的结构，为了便于初始结构的分析，基于密接薄透镜的假设分析光学无热化的初始结构材料选择及光焦度的匹配。在设计光学系统时，假设光学系统中有 K 个光学透镜(包括折射光学元件和衍射光学元件等)，首先应当使系统各个光学透镜单元满足总体光焦度的设计要求，即

$$\phi_T = \sum_{i=1}^{K} \phi_i \tag{7-12}$$

式(7-12)中，系统总的光焦度为ϕ_T，第i个光学透镜的光焦度为ϕ_i。

其次是要满足消色差要求，通过各个光学透镜不同材料及光焦度之间的配合消除系统的轴向色差，使系统满足色差方程，即

$$\sum_{i=1}^{K}\omega_i\phi_i=0 \tag{7-13}$$

式(7-13)中，ω_i为第 i 个透镜的色差系数，与第 i 个光学透镜的材料阿贝数v_i有关，可以表示为

$$\omega_i=\frac{1}{v_i} \tag{7-14}$$

为了实现系统热稳定，需要将光学元件产生的热离焦量与镜筒材料产生的热离焦量相互抵消，使整个系统在温度变化时保持像面的相对稳定，需要满足下式

$$\Delta f=\Delta f_H-\Delta f_L=-\left[f^2\sum_{1}^{i}\left(\frac{\gamma_i}{f_i}\right)+\alpha_b f\right]\Delta t \tag{7-15}$$

式(7-15)中，γ_i代表第 i 个透镜的消热差系数；f代表光学系统的焦距，同时也是镜筒的总长；f_i代表第 i 个透镜的焦距；α_b代表镜筒的线膨胀系数；Δt代表温度变化量。令消热差系数γ_i的表达式为

$$\gamma_i=\frac{\mathrm{d}n_i/\mathrm{d}t}{n_{\mathrm{rel}i}-1}-\alpha_{Li} \tag{7-16}$$

式(7-16)中，$\mathrm{d}n_i/\mathrm{d}t$表示第$i$个透镜的折射率温度系数，$n_{\mathrm{rel}i}$表示第$i$个透镜的相对折射率，$\alpha_{Li}$表示第$i$个透镜的线膨胀系数。

光学材料的温度特性可以由消热差系数γ来表示，γ表示变化微小的环境温度引起的透镜光焦度的变化，即

$$\gamma=\frac{\mathrm{d}\varphi/\mathrm{d}t}{\varphi}=-\frac{1}{f}\frac{\mathrm{d}f}{\mathrm{d}t} \tag{7-17}$$

式(7-17)中，φ代表单透镜的光焦度，对于折射式透镜(薄透镜光焦度公式)有$\varphi=(n_{\mathrm{air}}-n_{\mathrm{rel}})(c_1-c_2)$，可以得到折射式透镜的热差系数为

$$\gamma=-\frac{1}{f}\frac{\mathrm{d}f}{\mathrm{d}t}=\frac{1}{n_{\mathrm{rel}}-n_{\mathrm{air}}}\left(\frac{\mathrm{d}n_{\mathrm{rel}}}{\mathrm{d}t}-n\frac{\mathrm{d}n_{\mathrm{air}}}{\mathrm{d}t}\right)-\alpha_L \tag{7-18}$$

式(7-18)中，n_{rel}代表光学透镜材料的相对折射率，$\frac{n_{\mathrm{rel}}}{\mathrm{d}t}$代表光学透镜材料的相对折射率温度系数，$n_{\mathrm{air}}$代表空气的折射率，$\frac{n_{\mathrm{air}}}{\mathrm{d}t}$代表空气的折射率温度系数，$\alpha_L$代表透镜的线膨胀系数。通常情况下，空气的折射率$n_{\mathrm{air}}=1$，空气的折射率温度

系数值接近 0，则式(7-18)变为

$$\gamma = \frac{\mathrm{d}n_{\mathrm{rel}} / \mathrm{d}t}{n_{\mathrm{rel}} - 1} - \alpha_L \tag{7-19}$$

由式(7-19)可知，光学透镜的温度特性与透镜形状无关，仅与材料的线膨胀系数和折射率温度系数有关。

光学被动式无热化主要是使系统的透镜及机械结构满足光焦度要求、色差要求及热稳定性要求，各透镜参数需满足光焦度、色差及热差方程[7]，如下所示

$$\begin{cases} \phi_T = \sum_{i=1}^{K} \phi_i \\ \sum_{i=1}^{K} \omega_i \phi_i = 0 \\ \sum_{i=1}^{K} \gamma_i \phi_i = -\alpha_b \phi_T \end{cases} \tag{7-20}$$

传统红外光学材料的 $\mathrm{d}n/\mathrm{d}t$ 参数如表 7.17 所示，由图中可以看出相比较于可见光波段的材料，例如 BK7 玻璃的 $\mathrm{d}n/\mathrm{d}t$ 为 0.0000036℃，红外材料的 $\mathrm{d}n/\mathrm{d}t$ 值较大，这不利于实现光学系统的无热化，所以十分有必要将衍射光学元件引入红外光学系统中进行无热化设计。

表 7.17　红外光学材料的温度特性

光学材料	(d*n*/d*t*)/℃
锗	0.000396
硅	0.000150
硫化锌	0.0000433
硒化锌	0.000060
AMTIR1	0.000072
氟化镁	0.000020
蓝宝石	0.000010
氟化钙	0.000011
氟化钡	−0.000016

由第 2 章的分析可知，衍射光学元件的热差系数仅仅与基底材料的线膨胀系数有关，表示为

$$\gamma_i = 2\alpha_{Li} \tag{7-21}$$

在计算初始结构时，只需要将衍射光学元件的热特性及色散特性代入式(7-20)，求解该方程组，即可得到该无热化光学系统的初始结构，再对初始结构进行像差的优化，得到最终的无热化设计方案。

7.4.2　光学系统设计实例

为了验证此双波段红外光学系统的设计方法以及优势，本节将使用传统光学无热化设计方法设计一款双波段红外光学系统，该系统设计环境温度范围在 −40～60℃，焦距为 100 mm，F 数为 2，全视场 4°，探测器选用 320×256 像元尺寸 30 μm 的双波段制冷探测器，具体参数如表 7.18 所示。

表 7.18　双波段红外光学系统无热化设计指标

参数	指标
波长/μm	3.7～4.8 和 8～12
全视场/(°)	4
有效焦距/mm	100
F 数	2.5
镜筒材料	AL($\alpha_b = 23.6\times10^{-6}$)
温度范围/℃	−20～60

查阅相关参考书籍、专利等，选取合适的光学系统初始结构，对光学系统进行无热化设计。该设计采用一次成像的方案，初始结构选用 Petzval 型的结构，Petzval 型的结构对温度变化不敏感，更易实现无热化。

利用光学设计软件 ZEMAX 对该双波段红外变焦镜头进行优化设计。设定 3.7 μm，4.2 μm 和 4.8 μm 为中波波段的工作波长，设定 7.7 μm，8.6 μm 和 9.5 μm 为长波波段的工作波长。中波波段和长波波段的主波长分别为 4.2 μm 和 8.6 μm。在中波波段中，衍射级次为 m_1 = 33 且 m_2 =34，在长波波段中衍射级次 m_1 = 70 且 m_2 = 71。将曲率半径、透镜间隔、透镜厚度和衍射光学元件的相位系数等设置为变量进行成像质量的优化设计。

加入双层衍射光学元件，使用该元件特殊的色差特性及热特性与折射元件配合共同校正系统的色差及热差。经过优化，系统共使用六片透镜且均为球面透镜，透镜材料为 AMTIR1、Ge、ZnS 和 ZnSe 四种红外材料，光阑位于系统后端，达到 100%冷光阑效率，系统总长为 346.5 mm，其参数如表 7.19 所示，其结构如图 7.29 所示。

表 7.19　基于双层衍射光学元件的无热化光学系统数据

表面	类型	半径/mm	厚度/mm	材料	TCE/($\times10^{-6}$)
物面	标准面	无限	无限	—	—
1	标准面	117.744	16.481	AMTIR1	—
2	标准面	272.931	4.970	—	23.6

续表

表面	类型	半径/mm	厚度/mm	材料	TCE/($\times 10^{-6}$)
3	标准面	9.793×10^5	12.650	Ge	—
4	标准面	1027.119	0.1	—	23.6
5	标准面	441.957	12.819	ZnS	—
6	标准面	247.541	80.641	—	23.6
7	标准面	69.898	10.444	ZnSe	—
8	标准面	998.210	1.672	—	23.6
9	标准面	2194.902	9.999	ZnSe	
10	二元表面	239.218	0.044	—	
11	二元表面	239.218	8.820	ZnS	
12	标准面	111.391	12.276	—	
光阑	标准面	无限	19.995	—	23.6
像面	标准面	无限	—	—	—

成像光学系统二维图如图 7.29 所示，分别为中波波段和长波波段二维结构图。

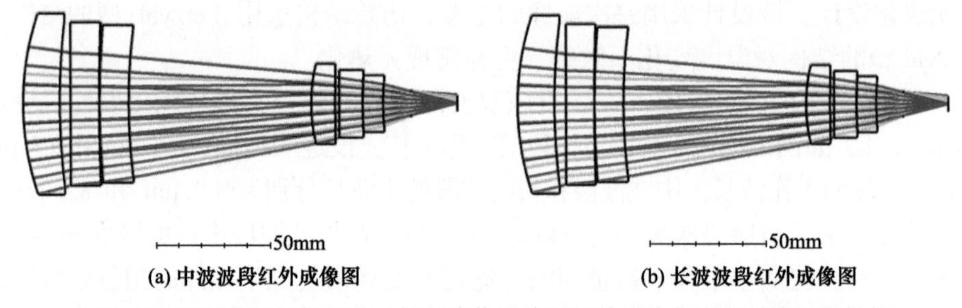

(a) 中波波段红外成像图　　(b) 长波波段红外成像图

图 7.29　基于双层衍射光学元件的成像双波段红外无热化光学系统光学结构

7.4.3　像质分析

另外，我们选择的双层衍射光学元件的基底材料分别为 ZnSe 和 ZnS，根据之前章节内容可知，此材料能够在双波段红外波段具有较高的衍射效率，是最适合做无热化设计的材料，其带宽积分平均衍射效率对混合成像光学系统光学传递函数的影响可以忽略。

经过一系列优化设计后，其 MTF 如图 7.30 所示，在 20℃时，中波大于 0.78，长波大于 0.55；在−40℃时，中波大于 0.49，长波大于 0.48；在 60℃时，中波大于 0.70，长波大于 0.58。该设计方案在不考虑衍射效率的前提下，在−40～60℃的范围内所有波长的 MTF 表明，此双波段红外光学系统均可以清晰成像。

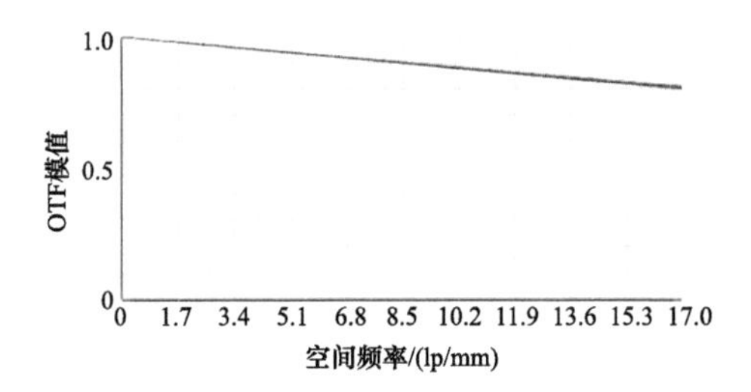

-Diff. Limit-Tangential -Diff. Limit-Sagittal -0.0000 (deg)-Tangential -0.0000 (deg)-Sagittal
-1.4000 (deg)-Tangential 1.4000 (deg)-Sagittal -2.0000 (deg)-Tangential -2.0000 (deg)-Sagittal

复色光衍射MTF

(a) 20℃中波MTF

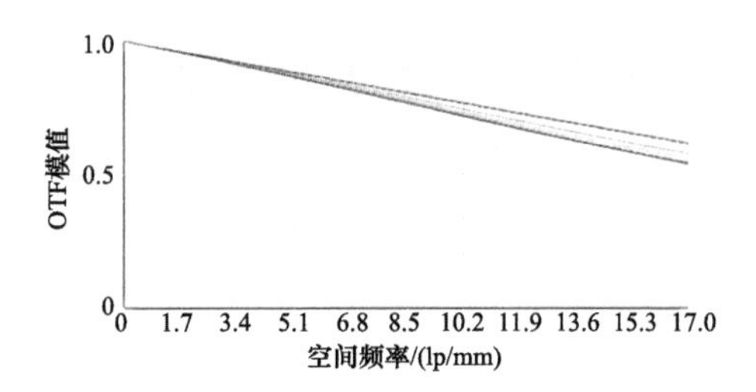

-Diff. Limit-Tangential -Diff. Limit-Sagittal -0.0000 (deg)-Tangential 0.0000 (deg)-Sagittal
1.4000 (deg)-Tangential 1.4000 (deg)-Sagittal -2.0000 (deg)-Tangential 2.0000 (deg)-Sagittal

复色光衍射MTF

(b) 20℃长波MTF

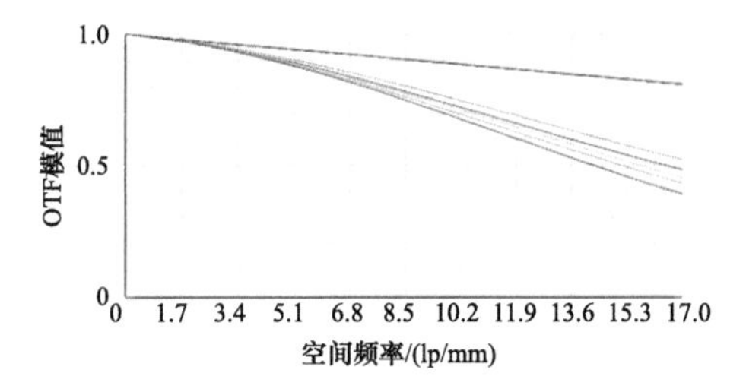

-Diff. Limit-Tangential -Diff. Limit-Sagittal -0.0000 (deg)-Tangential 0.0000 (deg)-Sagittal
1.4000 (deg)-Tangential 1.4000 (deg)-Sagittal -2.0000 (deg)-Tangential 2.0000 (deg)-Sagittal

复色光衍射MTF

(c) −40℃中波MTF

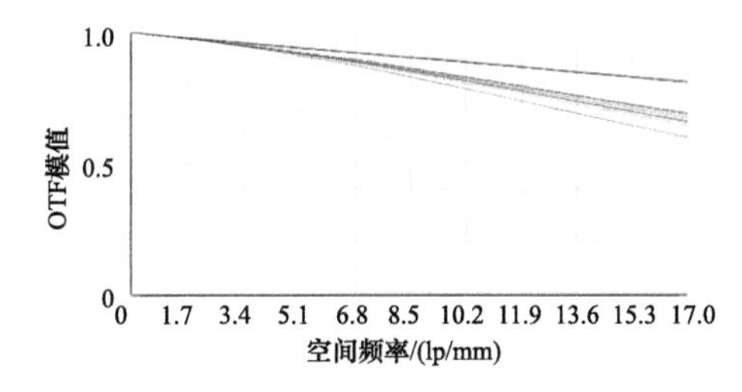

-Diff. Limit-Tangential -Diff. Limit-Sagittal -0.0000 (deg)-Tangential 0.0000 (deg)-Sagittal
1.4000 (deg)-Tangential 1.4000 (deg)-Sagittal -2.0000 (deg)-Tangential 2.0000 (deg)-Sagittal

复色光衍射MTF

(d) 60℃中波MTF

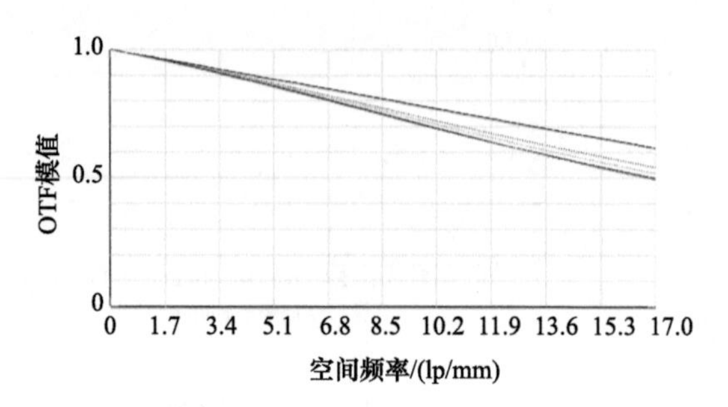

复色光衍射MTF

(e) -40℃长波MTF

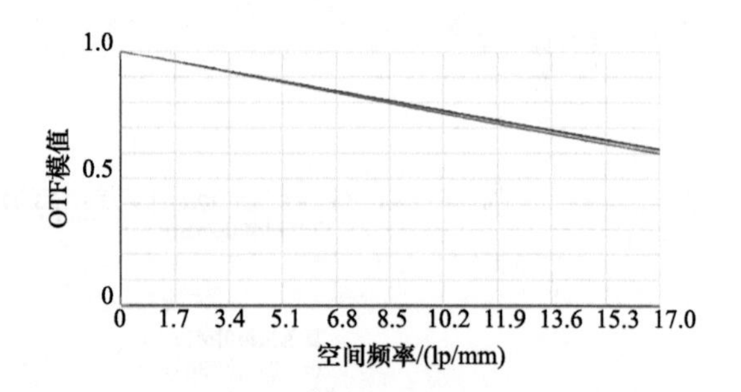

复色光衍射MTF

(f) 60℃长波MTF

图 7.30　双波段红外无热化光学系统 MTF

参 考 文 献

[1] Nei A I. Infrared objective lens systems[P]. USA, 4, 505, 535, 1985.

[2] Fischer R E, Tadic-Galeb B. Optical System Design[M]. New York: McGraw Hill, 2000.

[3] Schwertz K, Dillon D, Sparrold S. Graphically selecting optical components and housing material for color correction and passive athermalization[J]. Pro. SPIE-The International Society for Optical Engineering, 2012, 8486: 84860E-1-18.

[4] Liu W, Xu Y, Yao Y, et al. Relationship analysis between transient thermal control mode and image quality for an aerial camera[J]. Appl. Opt., 2017, 56(4): 1028-1034.

[5] Lee T, Wang W W, Rhea K, et al. Thermal interference in high density magneto-optical recording and a method of compensation[J]. Optical Data Storage, Technical Digest Series (Optica Publishing Group, 1994), Paper TuD9, 1994.

[6] Friedman I. Thermo-optical analysis of two long-focal-length aerial reconnaissance lenses[J]. Opt. Eng., 1981, 20(2): 161-165.

[7] Roberts M. Athermalization of infrared optics: a review[J]. Proceedings of SPIE-The International Society for Optical Engineering, 1989, 1049: 72.

编 后 记

“博士后文库”是汇集自然科学领域博士后研究人员优秀学术成果的系列丛书。“博士后文库”致力于打造专属于博士后学术创新的旗舰品牌，营造博士后百花齐放的学术氛围，提升博士后优秀成果的学术影响力和社会影响力。

“博士后文库”出版资助工作开展以来，得到了全国博士后管委会办公室、中国博士后科学基金会、中国科学院、科学出版社等有关单位领导的大力支持，众多热心博士后事业的专家学者给予积极的建议，工作人员做了大量艰苦细致的工作。在此，我们一并表示感谢！

“博士后文库”编委会